AutoCAD工程绘图实例教程

主　编　武国平　李有权　张　烁
副主编　罗玉柱　袁晓文　高　鹤　苗轶华
主　审　贺振通

西南交通大学出版社
·成　都·

图书在版编目（CIP）数据

AutoCAD 工程绘图实例教程 / 武国平，李有权，张烁主编. -- 成都 ：西南交通大学出版社，2024. 7.

ISBN 978-7-5643-9915-3

Ⅰ. TB237

中国国家版本馆 CIP 数据核字第 2024GS3930 号

AutoCAD Gongcheng Huitu Shili Jiaocheng

AutoCAD 工程绘图实例教程

主　编 / 武国平　李有权　张　烁

责任编辑 / 黄淑文

封面设计 / 吴　兵

西南交通大学出版社出版发行

（四川省成都市金牛区二环路北一段 111 号西南交通大学创新大厦 21 楼　610031）

营销部电话：028-87600564　　028-87600533

网址：http://www.xnjdcbs.com

印刷：成都中永印务有限责任公司

成品尺寸　185 mm × 260 mm

印张　19.75　　字数　492 千

版次　2024 年 7 月第 1 版　　印次　2024 年 7 月第 1 次

书号　ISBN 978-7-5643-9915-3

定价　56.00 元

课件咨询电话：028-81435775

前　言

随着计算机技术的广泛应用，计算机辅助设计和计算机辅助绘图也在许多领域得到了推广和普及。AutoCAD 为广大图形设计者提供了强大的计算机绘图平台，计算机绘图已经成为工程技术人员必须掌握的一项基本技能。

本书主要用作高等院校教材，也可以作为工程技术人员参考用书。全书内容采用项目教学模式组织教学内容，体现了职业教育课程改革的精神，突出了专业特色，适应任务驱动、项目教学和“做中学”的教学新模式。通过完成绘图项目，使学生在实做中掌握相关知识和技能。全书还配有 100 多个微课视频，并且标注了二维码图标，读者可以通过手机等移动终端扫码观看。

本书共设 9 个教学项目，每个项目中包括多个典型教学任务，按由简到难的顺序排列，符合学生的心理特点和认知规律。每个任务基本上包括“任务分析”“相关知识”“任务实施”“训练与提高”（能力拓展）四个教学环节。其中，“任务分析”是对任务目标进行分析，梳理出需要的相关知识；“相关知识”则是将任务中用到的基本知识、相关命令进行介绍，原则是用时即讲、以例代述、学以致用；“任务实施”是详细介绍任务完成的方法和步骤；“训练与提高”是通过课后练习题将所学的知识和技能进行巩固训练；“能力拓展”是通过介绍拓展知识，实现学生能力的再提高。

在编写本书的过程中，我们始终抱着求实的作风、严谨的态度和探索的精神，对本书中的每一个实例、细节进行精心设计，力争做到准确、通俗和实用，以尽量完美的内容和形式奉献给读者。

本书由石家庄铁路职业技术学院武国平、四川铁路职业技术学院张烁、成都工贸技师学院李有权任主编，石家庄铁路职业技术学院罗玉柱、袁晓文、高鹤、苗铁华任副主编，石家庄铁路职业技术学院贺振通任主审。全书由武国平负责策划、组织、统稿、校审。参加本书编写工作的还有成都工贸技师学院傅文娜，石家庄铁路职业技术学院张伟宁、李志通、李运鹏、赵建伟、张志英、霍仁崇、郎怀威、聂海荣、靳晓静、霍仁崇、贺云鹏等。

由于编者水平有限，书中还有许多需要完善之处，我们将以虚心和诚恳的态度听取广大读者和同行的批评指正。

编　者

2024 年 1 月

视频资源索引

序号	名称	页码	序号	名称	页码
1	CAD 课程简介	2	27	多段线编辑命令	57
2	图形文件管理	7	28	绘制星状图	59
3	直线命令与点坐标的输入	11	29	绘制椭圆命令	63
4	绘制七边形	13	30	绘制圆环命令	64
5	系统参数设置	14	31	绘制样条曲线命令	65
6	使用自动保存功能恢复未保存的图形内容	15	32	镜像命令	66
7	绘制正多边形命令	18	33	绘制脸谱	66
8	旋转命令	19	34	等分命令与点样式设置	69
9	修剪命令	21	35	图块的创建与插入命令	69
10	移动命令和复制命令	24	36	使用图块进行对象的等分	71
11	阵列命令	25	37	绘制里程标	73
12	对象捕捉的使用	29	38	面域的概念及创建	75
13	图案填充	32	39	创建边界命令	76
14	对象颜色的控制	34	40	查询对象几何特性的命令	77
15	绘制五角星	35	41	查询面域质量特性的命令	78
16	绘制圆的命令	37	42	查询型材截面的几何性质参数	80
17	圆弧绘制命令	39	43	缩放命令	82
18	两段线之间光滑连接的技巧	41	44	夹点编辑	83
19	绘制太极图	42	45	绘制标靶与贝壳	86
20	绘制矩形的命令	46	46	自基点捕捉功能的使用	92
21	偏移对象命令	47	47	圆角命令	93
22	拉伸对象命令	48	48	对象特性的控制	94
23	拉长命令	49	49	图层的使用	96
24	分解命令	51	50	绘制曲线图形	99
25	绘制运动场跑道	52	51	极轴追踪	105
26	多段线绘制命令	54	52	对象追踪	106

续表

序号	名称	页码	序号	名称	页码
53	绘制拱桥的三面投影图	107	78	利用图纸空间规划图纸布局	202
54	文字样式设置	112	79	三维模型的显示控制	208
55	给 AutoCAD 添加新的字体文件	112	80	创建基本体的模型	213
56	单行文字注写	114	81	布尔运算（并集、差集与交集）	215
57	特殊字符的输入	115	82	三维实体的圆角与倒角命令	216
58	多行文字注写	116	83	着色面命令	217
59	绘制标题栏并定义为属性块	119	84	创建骰子模型	218
60	图形中文字乱码的处理	120	85	创建拉伸体的命令	225
61	属性块的使用	120	86	剖切命令	226
62	表格样式设置	125	87	创建五角星的三维模型	228
63	表格的插入与编辑	126	88	抽壳命令	236
64	字段的使用	127	89	创建旋转体	238
65	尺寸标注样式设置	134	90	三维旋转命令	239
66	尺寸标注命令	139	91	创建抽屉的模型	241
67	多重引线标注的使用	145	92	命名视图的使用	246
68	标注样式中的两个比例的功能	148	93	实体表面编辑命令	249
69	CAD 绘图与手工绘图在思路上的区别	162	94	三维对齐命令	255
70	工程图比例的计算	163	95	三维用户坐标的使用	256
71	绘图环境中的比例控制及图形样板的建立	164	96	创建笔架模型	259
72	AutoCAD 二次开发程序的使用	174	97	放样实体创建命令	268
73	绘制构造线的命令	175	98	创建桥墩模型	270
74	利用多线命令绘制墙线	178	99	截面创建命令	279
75	图形打印命令	188	100	创建扫掠实体	289
76	模型空间与图纸空间的使用	198	101	将三维实体模型转化为三视图	302
77	图纸集的使用	199			

目　录

第 1 篇　AutoCAD 二维图形绘制 ………… 001

项目 1　绘制简单二维图形 ………… 001

任务 1　绘制七边形 ………… 001
任务 2　绘制五角星 ………… 017
任务 3　绘制太极图 ………… 036
任务 4　绘制运动场跑道 ………… 045
任务 5　绘制星状图 ………… 053
任务 6　绘制脸谱 ………… 062
任务 7　绘制公路里程标 ………… 068
任务 8　利用 AutoCAD 进行工程计算 ………… 074
任务 9　绘制靶标与贝壳 ………… 082

项目 2　绘制综合二维图形 ………… 089

任务 1　绘制曲线图形 ………… 089
任务 2　绘制拱桥的三面投影图 ………… 104

项目 3　给图形注写文字 ………… 111

任务 1　给标题栏注写文字 ………… 111
任务 2　创建钢筋明细表 ………… 123

项目 4　图形的尺寸标注 ………… 133

任务 1　标注曲线图形的尺寸 ………… 133
任务 2　涵洞断面的参数化设计 ………… 150

项目 5　绘制工程图 ………… 162

任务 1　绘制桥台总图 ………… 162
任务 2　绘制房屋建筑平面图 ………… 175

项目 6　图形的打印与规划图纸布局 ………… 188

任务 1　图形的打印 ………… 188
任务 2　在图纸空间中规划图纸布局 ………… 196

第 2 篇　AutoCAD 三维模型制作 …… 207
项目 7　建立三维实体模型 …… 207
任务 1　制作骰子模型 …… 207
任务 2　制作五角星的三维模型 …… 224
任务 3　制作抽屉剖切模型 …… 235
任务 4　制作笔架模型 …… 248
项目 8　建立工程体三维实体模型 …… 266
任务 1　制作桥墩模型 …… 266
任务 2　制作翼墙式涵洞入口的模型 …… 276
任务 3　制作钢筋混凝土梁模型 …… 286
项目 9　将三维实体模型转化成三视图 …… 300
任务 1　将物体的三维模型转化成三视图 …… 300
参考文献 …… 308

第 1 篇　AutoCAD 二维图形绘制

项目 1　绘制简单二维图形

任务 1　绘制七边形

素质目标

1. 能够理论联系实际解决问题，具备绘制施工图所必需的职业素质；
2. 拥有吃苦耐劳、诚实守信、求真务实的职业道德素养，养成严谨、踏实、认真负责的工作作风；
3. 具备良好的学习能力和团队协作意识。

知识目标

1. 熟悉 AutoCAD 2022 的操作界面；
2. 熟悉三种界面的模式；
3. 掌握保存命令；
4. 掌握绘制直线命令；
5. 掌握绘制点的坐标形式；
6. 能够设置任务栏。

能力目标

1. 具备 AutoCAD 软件的初步应用能力；
2. 具备简单二维图形的绘制能力。

【任务分析】

图 1.1.1 所示为七边形，主要由直线段构成，在 AutoCAD 中可以用绘制直线的命令 LINE 来完成。工程图样的绘制都需要严谨、认真、精确的工作态度，而 AutoCAD 可以通过坐标输入来实现精确绘图。坐标输入方式有绝对坐标输入法和相对坐标输入法，坐标形式有直角坐标和极坐标。本任务中直线的绘制，就可以通过输入直线端点的相对直角坐标或相对极坐标来完成。

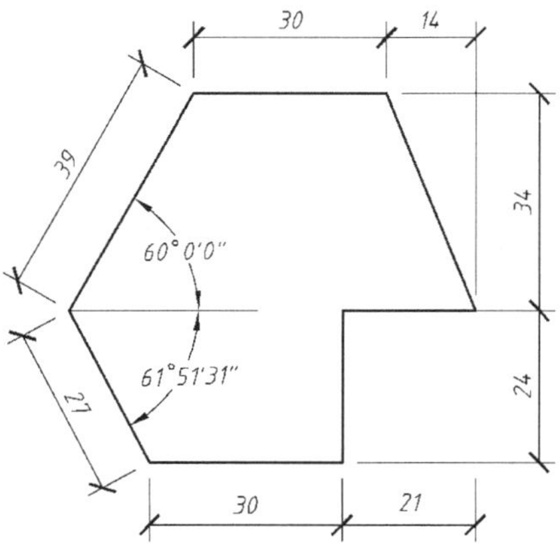

图 1.1.1　七边形

微课

CAD 课程简介

【相关知识】

一、AutoCAD 2022 的用户界面

AutoCAD 2022 为用户提供了 3 种工作空间界面，即“草图与注释”“三维基础”“三维建模”。一个工作空间是一组菜单、工具栏、选项板和功能区面板的组合，将它们进行编组和组织来创建一个基于任务的绘图环境。

工作空间控件方便用户切换到不同的工作空间，不同的工作空间显示的图形界面有所不同，除“AutoCAD 经典”工作空间外，其他每个工作空间都显示有功能区和应用程序菜单。打开 AutoCAD 2022，直接进入的是 AutoCAD 新工作界面“草图与注释”，如图 1.1.2 所示。

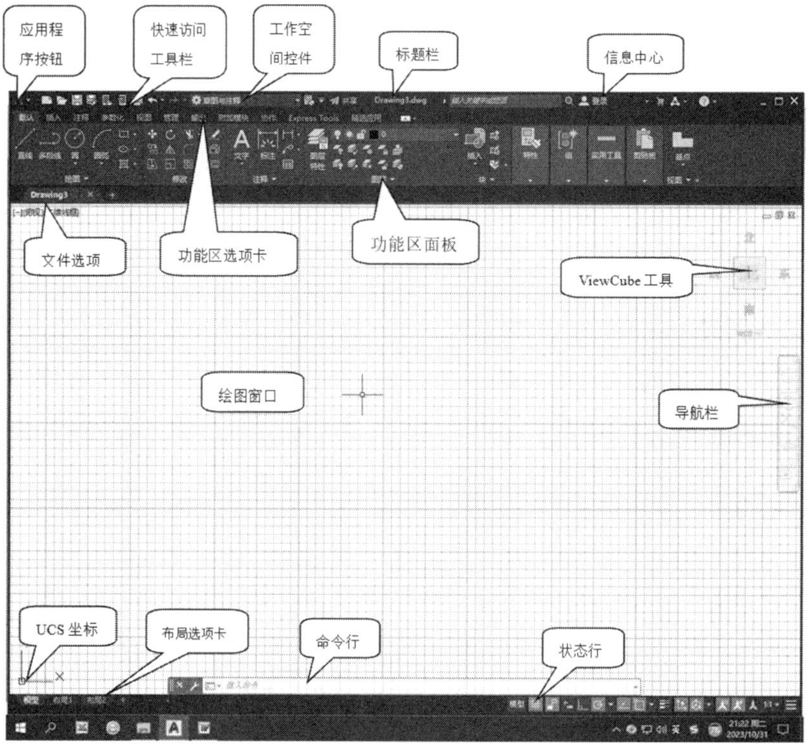

图 1.1.2　AutoCAD 2022“草图与注释”用户界面

本书是以新工作界面“草图与注释”来讲述的，如图 1.1.2 所示。

（一）标题栏

标题栏位于程序窗口的最上方，用于显示软件名称、版本和当前正在使用的文件名，默认文件名为 Drawing1。位于标题栏右侧的各个窗口管理按钮用于实现窗口的最小化、最大化（或还原）或关闭程序。

（二）快速访问工具栏

快速访问工具栏位于应用程序窗口顶部左侧，它提供了对定义的命令集的直接访问。用户可以添加、删除和重新定位命令和控件。默认状态下，快速访问工具栏包括新建、打开、保存、另存为、打印、放弃、重做命令和工作空间控件。

（三）功能区

功能区是当前工作空间相关命令的放置区域，由许多不同标签的选项卡组成，切换到不同的选项卡，AutoCAD 显示不同的功能区面板。

功能区包含了设计绘图的绝大多数命令，用户只要单击面板上的按钮就可以激活相应命令，单击面板上的按钮还可以显示更多的命令按钮。

功能区可以水平显示、垂直显示，也可以将功能区设置显示为浮动选项板。默认情况下，在图形窗口的顶部将显示水平的功能区。

（四）绘图窗口

绘图窗口类似于手工绘图时的图纸，是显示、绘制和编辑图形的工作区域。绘图区域可以随意扩展，在屏幕上显示的可能是图形的一部分或全部区域，用户可以通过缩放、平移等命令来控制图形的显示。

图形光标绘制图形时显示为十字形“＋”，拾取编辑对象时图形光标显示为拾取框“□”。

绘图窗口左下角是直角坐标系显示标志，用于指示图形设计的平面。

窗口底部有一个模型标签和一个以上的布局标签，在 AutoCAD 中有两个工作空间，模型代表模型空间，布局代表图纸空间，单击标签可以在这两个空间中切换。

绘图窗口可以全屏显示，单击应用程序状态栏右下角全屏显示按钮，或使用快捷键“Ctrl+0”，激活全屏显示命令，可以使屏幕上只显示快速访问工具栏、命令行和状态栏。再次单击全屏显示按钮或使用快捷键“Ctrl+0”，恢复原来界面设置。

绘图窗口中显示的“文件选项卡”“布局选项卡”“UCS 坐标”“Viewcube”“导航栏”等工具的“显示/隐藏”，可通过功能区“视图”选项卡/“视口工具”面板/“文件选项卡”按钮、“布局选项卡”按钮、“UCS 坐标图标”按钮“View Cube”按钮、“导航栏”按钮进行控制。

通过功能区“视图”标签/“用户界面”面板/“工具栏”下拉列表，可调出 AutoCAD 所有的工具栏。

（五）命令行

命令行位于图形窗口的下面，是一个输入命令、反馈命令参数提示、实现人机交互的窗口，而且在命令行中还可以修改系统变量。在输入命令时，AutoCAD 能自动完成命令输入首字符、中间字符串搜索、同义词建议、自动更正错误命令等。

AutoCAD 会将所有的操作过程都记录在命令行中。命令行的显示行数可以调节，将光标移至命令窗口和绘图窗口的分界线时，光标会变化为⇕，这时拖动光标可以调节命令行的显示行数。

如果想查看命令行中已经运行过的命令，可以按功能键“F2”进行切换，AutoCAD 将弹出文本窗口，其中记录了命令运行的过程和参数设置，默认文本窗口一共有 500 行。可以选择命令窗口左侧的标题处并拖动使其成为浮动窗口，并且可以将其放置在图形界面的任意位置。单击命令行的按钮▲，可显示半透明的提示历史记录。

用鼠标单击命令行的自定义按钮，可弹出命令行的自定义菜单。“显示/关闭”命令行的快捷键为“Ctrl+9”，也可通过功能区“视图”选项卡/“选项板”面板/“命令行”按钮控制。

（六）状态栏

状态栏位于命令行下方，如图 1.1.3 所示，主要对当前的绘图状态进行显示或设置。

左侧的数字显示为当前光标的 *XYZ* 坐标值；正交、对象捕捉、极轴追踪、对象追踪等绘图辅助工具是用来帮助快速、精确地作图；模型与布局用来控制当前图形设计是在模型空间还是布局空间；注释工具可以设置注释比例、注释对象可见性以及随注释比例自动缩放；工作空间菜单方便用户切换不同的工作空间；锁定的作用是可以锁定或解锁浮动工具栏、固定工具栏、浮动窗口或固定窗口在图形中位置。隔离对象是控制对象在当前图形上显示与否；全屏显示按钮控制绘图窗口全屏显示。单击某一按钮可以实现启用或关闭相应功能的切换。

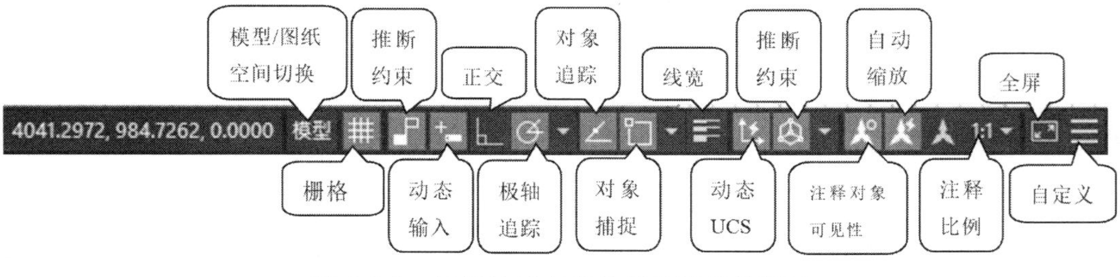

图 1.1.3　显示的状态栏按钮绘制好的图形

“自定义”按钮控制状态栏中各个功能按钮的显示与隐藏，如图 1.1.4 所示。

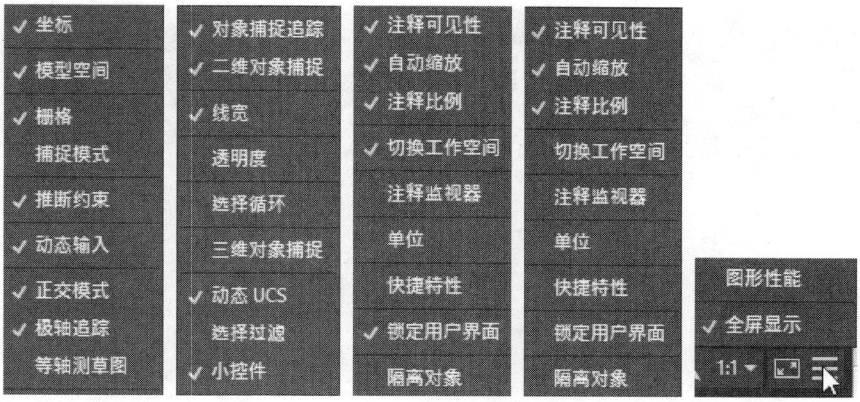

图 1.1.4 “自定义”按钮控制状态栏按钮的显示与隐藏

AutoCAD 中命令调用方式除了功能区、命令行，还有菜单、工具栏等方式。

1. 菜　单

若要显示“菜单”，依次单击“快速访问工具栏”下拉菜单/“显示菜单栏”即可。

菜单由“文件”“编辑”“视图”“格式”“绘图”“标注”“修改”和“帮助”等几部分组成，包括了 AutoCAD 的常用功能和命令。

AutoCAD 的下拉菜单具有以下几个特点：

（1）命令后带“▶”表示该命令有下一级菜单，称为级联菜单，如“圆弧”的子菜单。

（2）命令后带“…”表示执行该命令时将弹出一个对话框。

（3）若命令呈灰色，表示该命令在当前状态下不可使用。

2. 工具栏

工具栏是用图标表示的命令执行按钮。

若要显示某工具栏，在显示出菜单之后，依次单击“工具”菜单/“工具栏”/“AutoCAD”，然后选择要显示的工具栏。如图 1.1.5 所示，为显示的“菜单”工具栏，有图标“√”的菜单项表示相应的工具栏已被打开，否则表示工具栏处于关闭状态。

在已显示某工具栏的情况下，还可以通过右击已显示工具栏的任意按钮，弹出其他工具栏的名称，进而显示或隐藏其他工具栏，如图 1.1.6 所示。

二、AutoCAD 命令的使用方法

（一）AutoCAD 命令的调用方式

（1）单击功能区面板上的命令按钮。

（2）利用右键快捷菜单的选项选择相应的命令。

（3）在命令行直接输入命令。此方式为最基本的命令调用方式，尤其是记住一些常用命令的简化命令（一般为一个或两个字符，如圆命令为“C”、复制命令为“CO”）后，绘图效率非常高；另外，无论哪种调用命令，都会在命令行显示命令提示和操作过程。

（4）按键盘上的“Enter”键或“空格”键，可重复调用上次使用的命令。

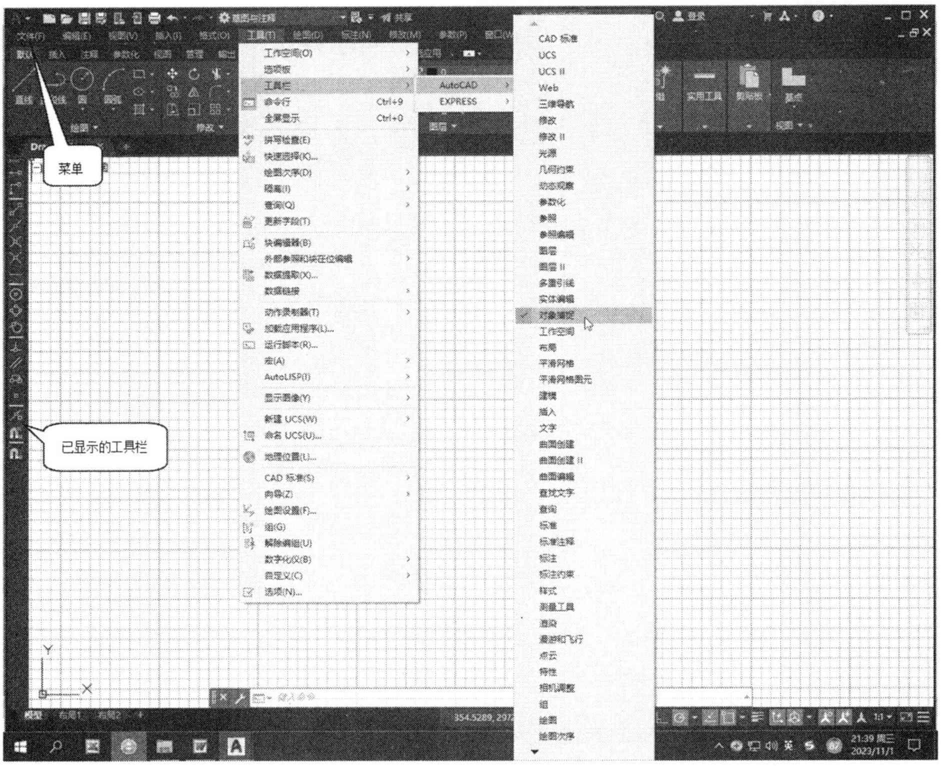

图 1.1.5　通过显示“菜单”再显示“工具栏

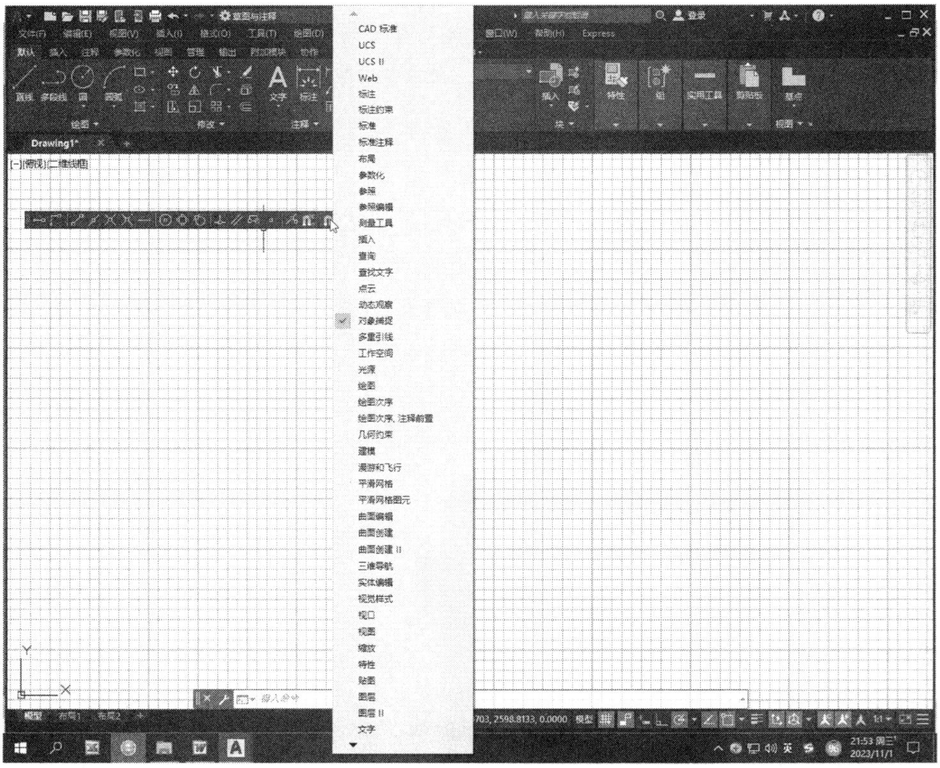

图 1.1.6　通过右击已显示“工具栏”按钮控制其他“工具栏”的显示/隐藏

（5）关闭“动态输入”的状态下，按键盘上的“↑”键可在命令行循环显示最近几次调用过的命令；在打开“动态输入”的状态下，按键盘上的“↑”键可在光标处循环显示最近几次调用过的命令。

（6）按键盘上的“Esc”键，可终止正在执行的命令。

（二）AutoCAD 命令的响应方式

调用命令后需根据不同的提示做出不同的响应。

（1）出现“指定点”的提示，可输入点的坐标值，也可用鼠标左键在屏幕上拾取一点。

（2）出现“选择对象”的提示，可用鼠标在屏幕上选取对象，然后用“Enter”键或右键结束选择。

（3）出现“指定半径、直径、边长、高度、距离”等长度的提示时，可直接输入一个数值，也可用光标在屏幕上拾取两点指定长度（系统将自动两点之间的距离）。

（4）命令提示中出现“[　]”选项为非默认选项，可在命令行中输入提示的相应字符，然后回车进行响应；也可直接单击“[　]”选项中的内容做出选择，例如用两点方式画圆，如图 1.1.7 所示。

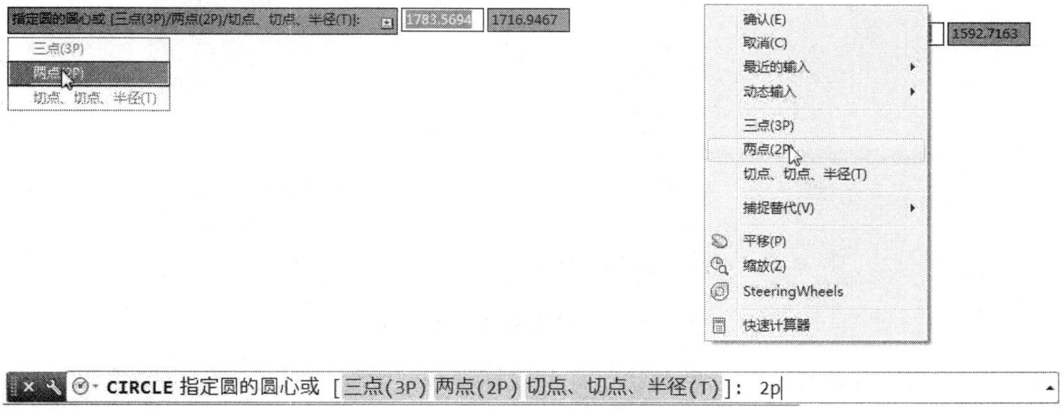

图 1.1.7　两点方式画圆的三种响应方式

三、AutoCAD 2022 帮助系统的使用方法

（1）单击信息中心上的命令按钮 ? 或按“F1”键，可调用在线帮助窗口。

（2）激活某一命令后，按“F1”键，可调用在线帮助窗口，并且直接定位到该命令的帮助信息。

（3）将光标放到某一命令按钮后并悬停，按“F1”键，可调用在线帮助窗口，并且直接定位到该命令的帮助信息。

微课

图形文件管理

四、图形文件管理

图形文件管理包括创建新的图形文件、打开原有的图形文件以及图形文件的保存等操作。

（一）创建新的图形

1. 命令调用方式

应用程序：/"新建"。

快速访问工具栏："新建"。

文件选项卡：。

命令行：NEW。

快捷键：Ctrl+N。

2. 命令执行

命令执行后，系统会弹出"选择样板"对话框，如图 1.1.8 所示。

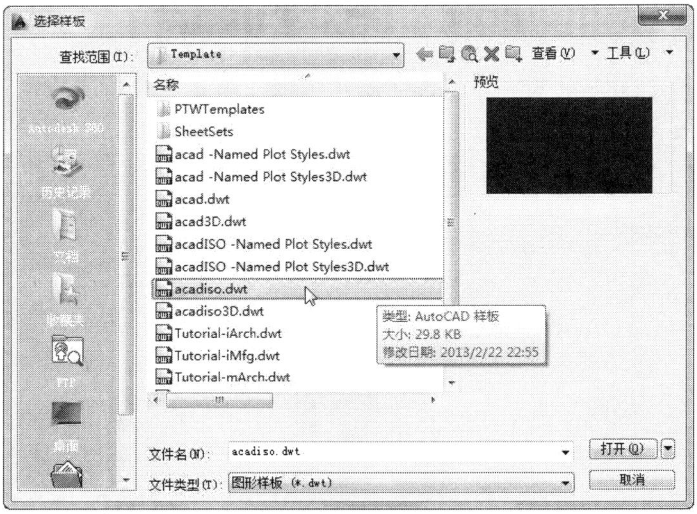

图 1.1.8 "选择样板"对话框

样板文件是绘图的模板，通常包含了一些绘图环境的设置，样板文件的扩展名为.dwt。通过此对话框选择相应的样板后，单击"打开"按钮，就可以创建一个默认文件名为"Drawing1.dwg"的图形文件，AutoCAD 图形文件的扩展名为.dwg。

（二）打开图形

1. 命令调用方式

应用程序：/"打开"。

快速访问工具栏："打开"。

命令行：OPEN。

快捷键：Ctrl+O。

2. 命令执行

（1）命令执行后，系统弹出"选择文件"对话框，如图 1.1.9 所示。通过"搜索"下拉列表框，找到需要打开文件的目录路径，选定文件，单击"打开"按钮，即可打开已有的图形文件。

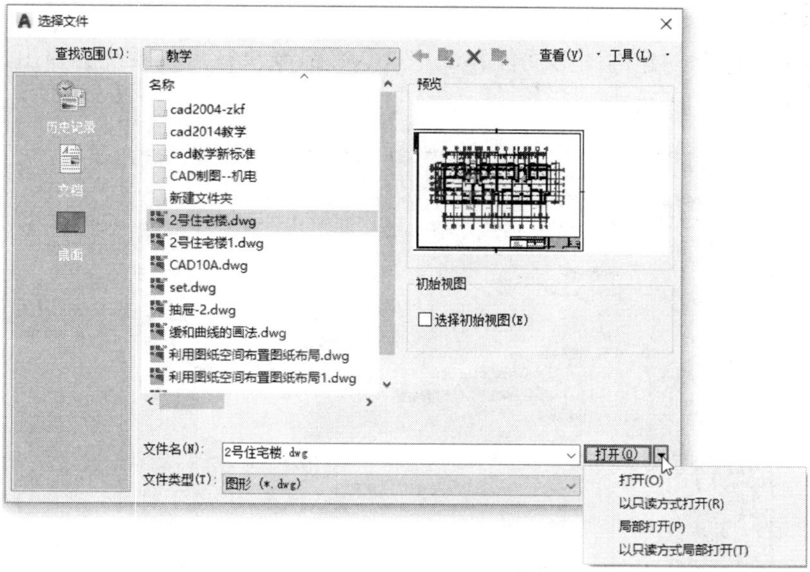

图 1.1.9 “选择文件”对话框

（2）单击“打开”按钮右面的打开方式列表按钮“局部打开”“以只读方式打开”功能，如果一个图形文件很大，为节省时间，可以根据需要选择加载部分图层进行局部打开，如图 1.1.10 所示。

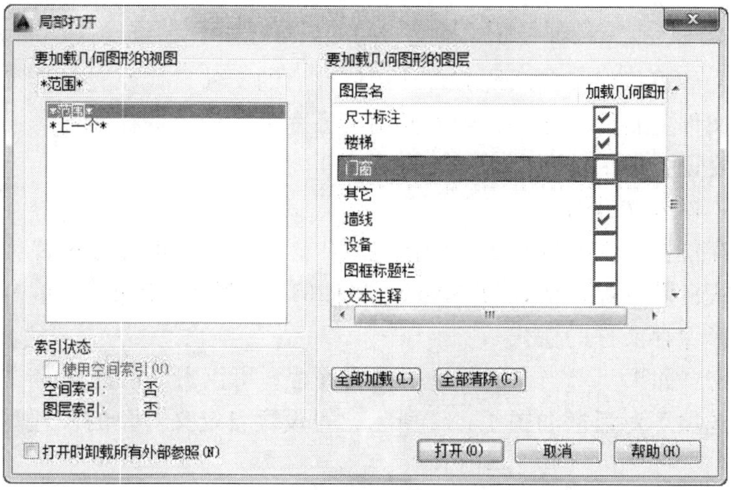

图 1.1.10 “局部打开”对话框

（三）保存图形文件

1. 命令调用方式

应用程序：/“保存”或“另存为”。

快速访问工具栏：“保存”或“另存为”。

命令行：SAVE、QSAVE、SAVE AS。

快捷键：Ctrl+S。

2. 命令执行

若是第一次保存创建的图形文件，调用 SAVE 命令执行后，系统会弹出“图形另存为”对话框，如图 1.1.11 所示。

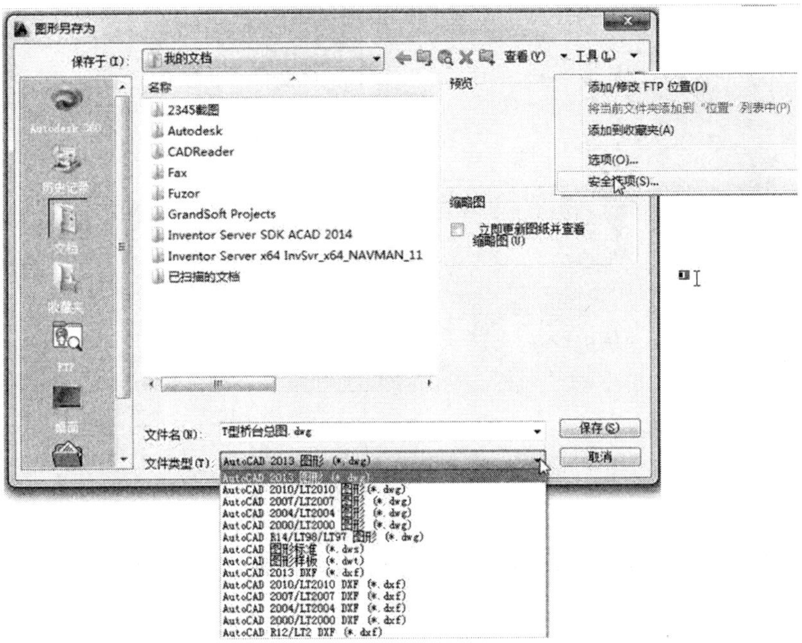

图 1.1.11 “图形另存为”对话框

若是对原有文件进行保存，系统会自动用修改后的文件替代原文件，实现覆盖保存。

若要将当前文件重新命名保存，则需使用“另存为”命令保存文件。

保存文件需要设置以下选项：

（1）文件名：输入文件名。

（2）文件保存位置：在“保存于”的浏览框中，选择文件的保存位置。

（3）文件格式：默认保存格式为“AutoCAD 2018 图形（*.dwg）”，单击“文件类型”选项，可以重新选择保存文件的格式。

（4）文件加密：如果要对当前文件进行加密保存，可点击对话框中的“工具”/“选项”，弹出的“另存为选项”对话框如图 1.1.12 所示，可设置自定义对象的代理图像是否保存。

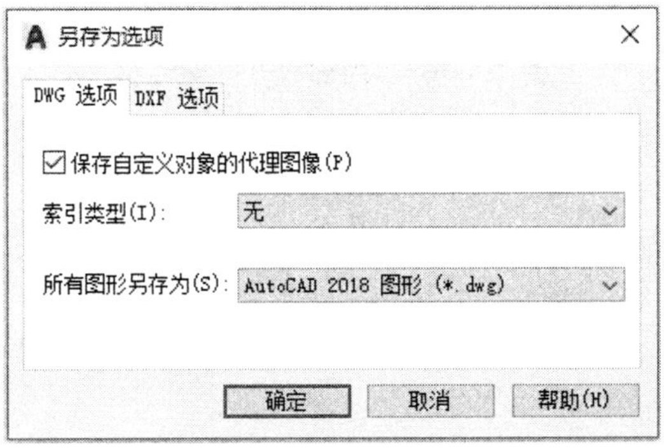

图 1.1.12 “图形另存为”对话框

五、关闭文件和退出程序

（一）关闭文件

AutoCAD 支持多窗口操作，选择“文件选项卡”/按钮，或单击绘图窗口右上角的关闭按钮，即可关闭当前正在操作的文件，但并不退出 AutoCAD 程序，还可对新建或打开的其他图形文件进行操作。

（二）退出 AutoCAD 程序

选择/“关闭”按钮，或单击 AutoCAD 工作界面右上角的关闭图标，或双击左上角的控制图标，即可退出 AutoCAD 的工作界面。

六、绘制直线命令

微课

直线命令与点坐标的输入

（一）功　能

绘制一段或几段直线段，每个线段都是一个单独的对象。

直线命令是最常用、最简单的命令，当命令行提示输入点时，可用鼠标单击指定点的位置，也可在命令提示行输入点的坐标绘制一条直线。

（二）命令调用方式

功能区：“默认”标签/“绘图”面板/“直线”按钮。

命令行：LINE（L）。（本书中命令后面的括弧中为简化命令）

（三）命令举例

例 1.1.1　绘制三角形，如图 1.1.13 所示。

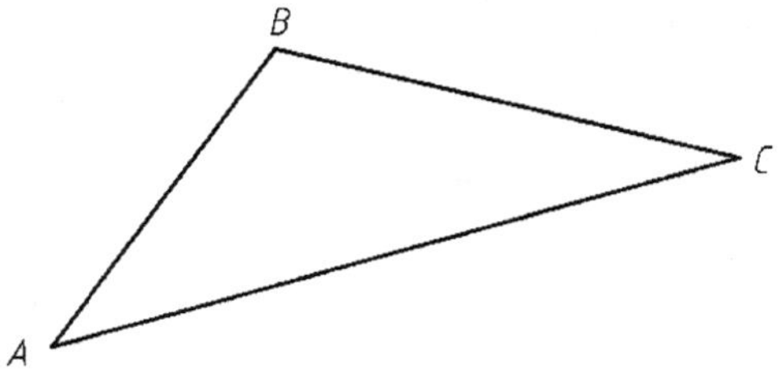

图 1.1.13　直线的绘制

操作步骤如下：

命令：	LINE	调用直线命令
指定第一点：	单击 *A* 点	指定 *A* 点作为直线的第一点
指定下一点或［放弃（U）］：	单击 *B* 点	指定 *B* 点作为直线的下二点
指定下一点或［放弃（U）］：	单击 *C* 点	指定 *C* 点作为直线的下三点
指定下一点或［闭合（C）/放弃（U）］：	*C*	闭合直线段，结束命令

七、在 AutoCAD 中输入点的坐标

（一）点的坐标形式

点的坐标形式有直角坐标和极坐标两种。

1. 直角坐标

直角坐标是用点在 *X*、*Y*、*Z* 三个坐标轴方向上的位移值来表示点位置的坐标形式，坐标值用 *X*，*Y*，*Z* 表示，并用英文逗号隔开，其坐标格式为（*X*，*Y*，*Z*）。比如 *X* 方向位置值为 5、*Y* 方向位置值为 2 的点坐标为（5，2），*Z* 坐标值默认为 0，如图 1.1.14（a）所示。

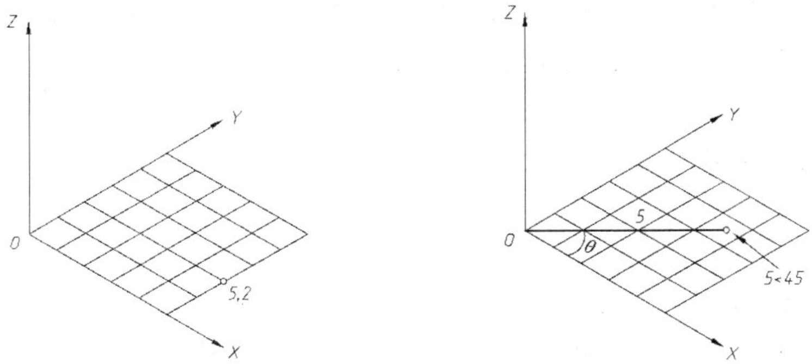

（a）直角坐标　　　　（b）极坐标

图 1.1.14　坐标形式

2. 极坐标

极坐标是用点的距离和角度方向来表示点位置的坐标形式，距离叫极径，角度叫极角，极径与极角之间用“<”号隔开，极坐标格式为（$d<\theta$）。

极角以正右方（正东方向）为 0 角度，逆时针方向为角度正方向，顺时针方向为角度负方向。

角度的单位“度”“分”“秒”分别用“d”“′”“″”输入，比如距离为 100、角度方向为 45°26′34″的点极坐标为（100<45d26′34″）；如果角度只精确到“度”时，“d”可省略，比如距离为 100、角度方向为 45° 的点坐标为（100<45），如图 1.1.14（b）所示。

二维绘图中，点的 *Z* 坐标都是“0”，可以省略。

（二）点坐标的输入方式

点坐标的输入方式有绝对坐标和相对坐标两种，其中相对坐标方式用起来最为方便。

绝对坐标是点相对于 AutoCAD 坐标系原点（0，0）的坐标；相对坐标则是点相对于前一点的坐标，表示时需要在坐标值前加“@”。

例如，图 1.1.15 中的点 *A*、*B*、*C* 的绝对直角坐标分别为（−2，1）、（3，4）、（3，1）；图 1.1.16 中的点 *C* 相对于 *A* 点的直角坐标为（@5，0），点 *B* 相对于点 *C* 的直角坐标为（@0，3），点 *B* 相对于点 *A* 的直角坐标为（@5，3）；图 1.1.17 中的点 *A*、*B* 的绝对极坐标分别为（4<120）、（5<30）；图 1.1.18 中的点 *A* 相对于原点 *O* 的极坐标为（@10<30），点 *B* 相对于点 *A* 的极坐标为（@20<90），点 *C* 相对于点 *B* 的极坐标为（@50<−45）。

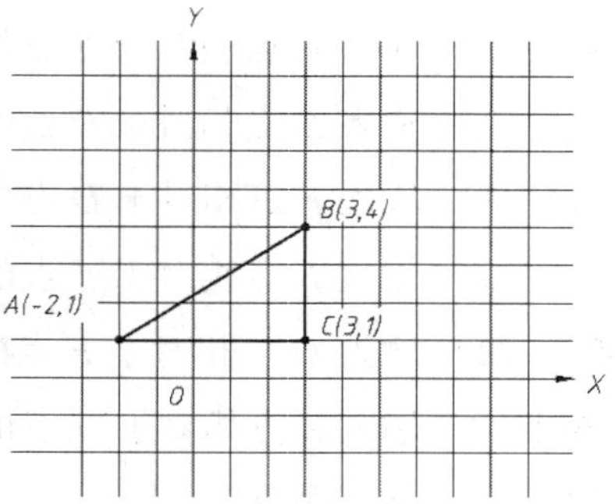

图 1.1.15　绝对直角坐标

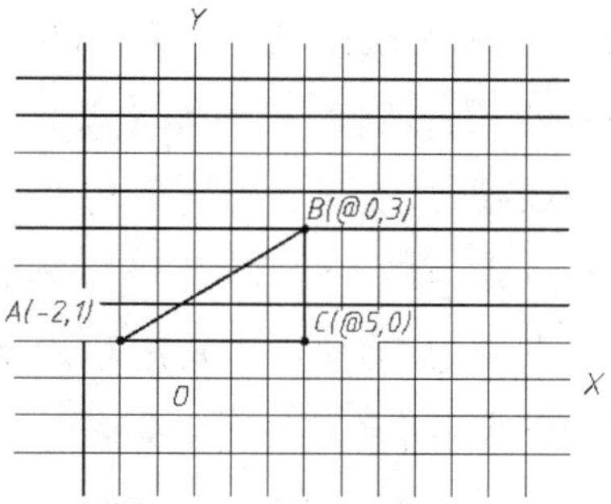

图 1.1.16　相对直角坐标

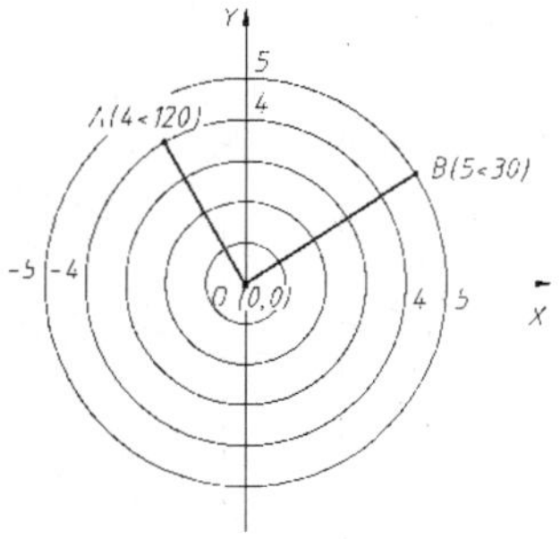

图 1.1.17　绝对极坐标

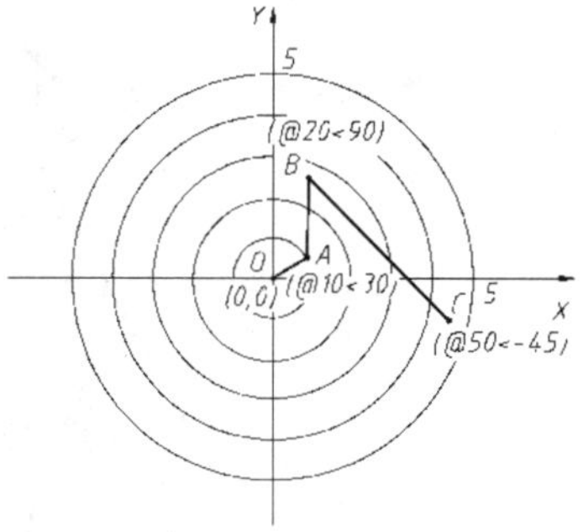

图 1.1.18　相对极坐标

【任务实施】

微课

绘制七边形

一、新建图形文件

（一）新建文件

单击“快速访问”工具栏上的“新建”按钮，在弹出的“选择样板”对话框中选择样板文件 acadiso.dwt 后，单击“打开”按钮，即可创建一个名为 Drawing1.dwg 的图形文件。

（二）保存文件

将文件命名为“七边形.dwg”。单击“快速访问”工具栏上的“保存”按钮，在弹出的“图形另存为”对话框中将当前名为 Drawing1.dwg 的图形文件重新命名为“七边形.dwg”并单击“保存”按钮。

二、绘制七边形

操作步骤如下：

命令：　LINE　　调用直线命令

指定第一点：　单击任一点 *A*　　指定 *A* 点作为直线的第一点

指定下一点或 [放弃（U）]：　@30，0　　输入 *B* 点相对于 *A* 点的直角坐标

指定下一点或 [放弃（U）]：　@0，24　　输入 *C* 点相对于 *B* 点的直角坐标

指定下一点或 [闭合（C）/放弃（U）]：　@21，0　　输入 *D* 点相对于 *C* 点的直角坐标

指定下一点或 [闭合（C）/放弃（U）]：　@－14，34　　输入 *E* 点相对于 *D* 点的直角坐标

指定下一点或 [闭合（C）/放弃（U）]：　@－30，0　　输入 *F* 点相对于 *E* 点的直角坐标

指定下一点或 [闭合（C）/放弃（U）]：　@39<－120　　输入 *G* 点相对于 *F* 点的极坐标

指定下一点或 [闭合(C)/放弃(U)]：　@27<－61d51′31″　输入 *A* 点相对于 *G* 点的极角坐标

指定下一点或 [闭合（C）/放弃（U）]：　回车　　结束命令

绘制好的图形如图 1.1.9 所示。

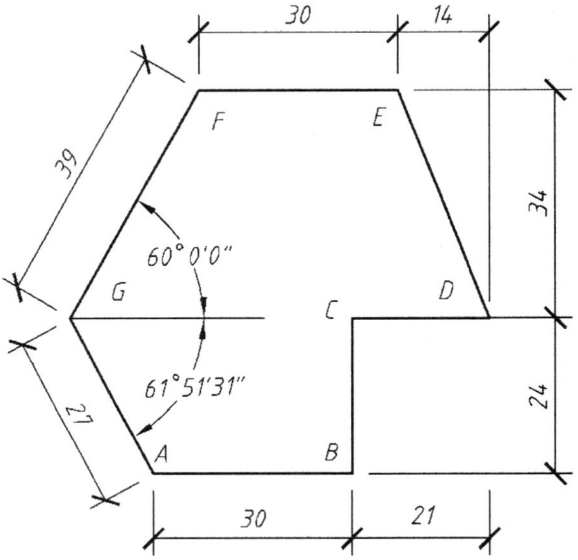

图 1.1.19　七边形

三、保存文件并退出

（一）保存文件

图形绘制完成后，再次单击“标准”工具栏上的“保存”按钮，即可对文件进行保存。

（二）关闭图形文件

选择“文件”/“退出”菜单，即可退出 AutoCAD 的工作界面。

微课

系统参数设置

【能力拓展】

一、AutoCAD 的系统参数设置

通过如图 1.1.20 所示的“选项”对话框，可以进行 AutoCAD 的各种系统参数设置。

“选项”对话框的打开方式：

① 应用程序：/图形用工具/选项；

右键快捷菜单：“选项(O)”；

命令行：OPTIONS（OP）。

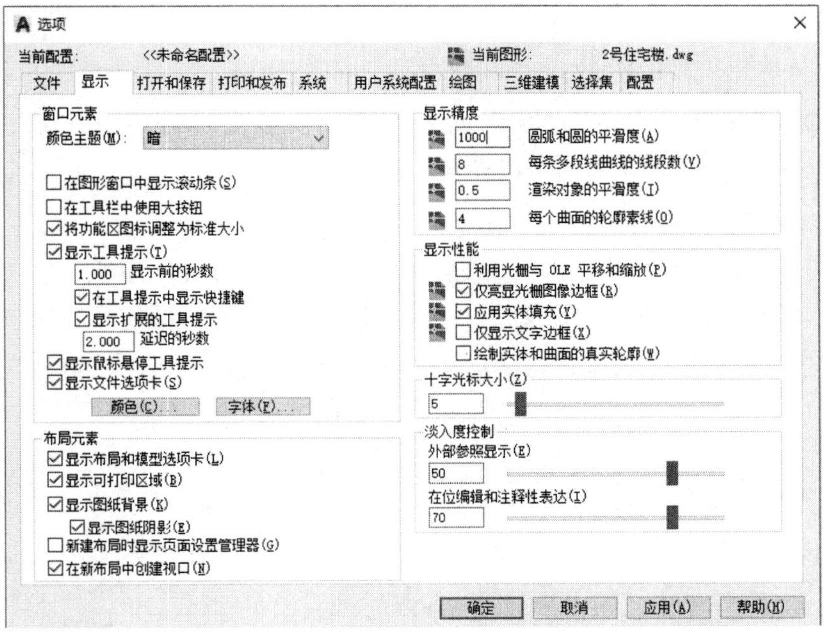

图 1.1.20 “选项”对话框

（一）更改图形窗口的背景颜色

AutoCAD 图形窗口的背景颜色默认为黑色，可通过下面的步骤改变它的背景颜色。

打开“选项”对话框的“显示”选项卡，单击“颜色”按钮将弹出“图形窗口颜色”对话框，在“颜色”的下拉列表中选择“白色”，单击“应用并关闭”按钮，这时图形窗口颜色被改变成白色。

（二）更改自动捕捉标记的颜色和大小

（1）调整自动捕捉标记的大小：打开“选项”对话框的“绘图”选项卡，在“自动捕捉标记大小”栏中，调整自动捕捉标记的大小。

（2）调整自动捕捉标记的颜色：打开“选项”对话框的“绘图”选项卡，在“自动捕捉设置”选项组中单击“颜色”按钮，将弹出“图形窗口颜色”对话框，在“颜色”的下拉列表中选择红色，单击“应用并关闭”按钮。进行对象捕捉时自动捕捉标记将变为红色。

注意：自动捕捉标记的颜色与图形窗口颜色要匹配，如果图形窗口颜色为白色，自动捕捉标记颜色要设成蓝色，以求醒目。

（三）选择模式设置

打开“选项”对话框的“选择集”选项卡。

（1）“先选择后执行”选项：选定此选项后，允许在启动命令之前选择对象，然后再调用命令对已经选定的对象执行命令。

（2）“用 Shift 键添加至选择集”选项：选定此选项后，要想向选择集中添加新对象，必须同时按下 Shift 键并选择新对象才能添加，建议不要选中此选项。

二、利用自动保存文件功能加强文件的安全性

微课

使用自动保存功能恢复未保存的图形内容

（一）自动保存功能设置

AutoCAD 给用户提供定时自动存盘功能，以防出现意外（如出现死机、断电等）将用户绘制的最新图形内容丢失。

1. 设置自动保存文件的位置

打开“选项”对话框的“文件”选项卡，双击“自动保存文件位置”，再双击当前的自动保存路径，在弹出的“浏览文件夹”对话框中重新选择自动保存路径，如图 1.1.21 所示。

图 1.1.21　指定自动保存路径

2. 设置自动保存文件的时间间隔

打开“选项”对话框的“打开和保存”选项卡，选中“文件安全措施”栏的“自动保存”选项，在“保存间隔分钟数”中输入自动存盘的间隔时间即可，一般设为 5 min 或 10 min，如图 1.1.22 所示。

（二）恢复因故障丢失的图形内容

在 AutoCAD 软件安装之后，先设置自动保存文件的位置和时间间隔，系统将当前打开的图形文件产生一个自动保存文件，保存在设置的路径下，比如“桥墩图.dwg”的自动保存文件为“桥墩图_1_1_6827.sv$”。自动保存文件是一个临时文件，每隔一个时间间隔进行一次自动刷新，在图形正常关闭时，自动保存文件将被自动删除，若出现程序故障或断电故障时，自动保存文件被保留下来。

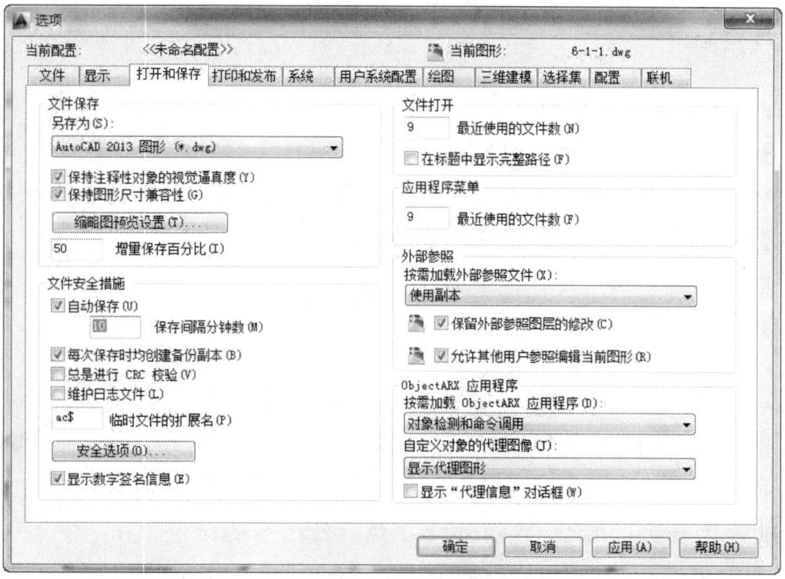

图 1.1.22　设置自动保存时间间隔

出现故障后，可到设置的自动保存文件路径下找到自动保存文件，将其扩展名“sv$”改为“dwg”，即可打开图形并恢复丢失的部分内容。也可以打开 AutoCAD 软件，使用“应用程序”/“实用程序”/“打开图形修复管理器”，打开“图形修复管理器”对话框，双击备份文件中的扩展名为“sv$”的自动保存文件，恢复图形。

以上两种恢复方法的本质是相同的，操作效果也是相同的。

任务 2　绘制五角星

素质目标

1. 具备绘制和识读施工图所必需的职业素质，拥有吃苦耐劳、诚实守信、求真务实的职业道德观念；

2. 养成严谨、踏实、认真负责的工作作风，具备良好的学习能力和团队协作观念，能够理论联系实际解决问题，培养创新意识。

知识目标

1. 掌握绘制正多边形的命令；
2. 掌握旋转命令；
3. 掌握修剪命令；
4. 掌握移动命令；
5. 掌握阵列命令；
6. 掌握对象捕捉命令；
7. 掌握图案填充命令。

能力目标

1. 具备 CAD 软件初步应用能力；
2. 具备简单二维图形的绘制能力；
3. 具备绘制五角星所需的正多边形、旋转、修剪等绘制和编辑命令的操作能力；
4. 具备熟练使用“对象捕捉”功能的能力。

【任务分析】

图 1.2.1 是一个五角星，五角星是中华人民共和国国旗和中国人民解放军军旗上的图案，绘制五角星关键是要确定五个角点的位置，AutoCAD 中可使用正多边形命令 Polygon 直接绘制出五边形，再利用“对象捕捉”功能连接五边形端点绘制五角星，然后使用修剪命令 Trim、删除命令 Erase，编辑修改图形，最后使用图案填充命令 Bhatch 对五角星进行颜色填充。

图 1.2.1　五角星

【相关知识】

微课

正多边形绘制命令

一、正多边形绘制命令

（一）功　能

创建正多边形，边数可以是 3 ~ 1 024 条。

绘制正多边形有三种方法：（1）指定多边形的中心与内接圆半径绘制多边形；（2）指定多边形的中心与外切圆半径绘制多边形；（3）指定一条边绘制多边形。

（二）命令调用方式

功能区：“默认”标签/“绘图”面板/“矩形”下拉列表/“多边形”按钮。

命令行：POLYGON（POL）。

（三）命令举例

例 1.2.1　指定一条边绘制多边形，如图 1.2.2（a）所示。

操作步骤如下：

命令：POLYGON	调用正多边形命令
输入边的数目 <4>：　6	输入正多边形边的数目
指定正多边形的中心点或 [边（E）]：　E	选择指定一条边的方式绘制
指定边的第一个端点：　拾取 *A* 点	指定多边形某条边的第一个端点
指定边的第二个端点：　拾取 *B* 点	指定边的第二个端点

例 1.2.2 指定中心与内接圆半径，绘制多边形，如图 1.2.2（b）所示。

操作步骤如下：

命令：POLYGON	调用正多边形命令
输入边的数目 <4>：6	输入多边形边的数目
指定正多边形的中心点或 [边（E）]：拾取 *A* 点	拾取圆心
输入选项 [内接于圆（I）/外切于圆（C）] <I>：I	选择输入正多边形内接圆半径的方式
指定圆的半径：拾取 *B* 点	输入圆的半径值

例 1.2.3 指定中心与外切圆半径，绘制正多边形，如图 1.2.2（c）所示。

操作步骤如下：

命令：POLYGON	调用正多边形命令
输入边的数目 <4>：6	输入多边形边的数目
指定正多边形的中心点或 [边（E）]：拾取 *C* 点	拾取圆心
输入选项 [内接于圆（I）/外切于圆（C）] <I>：C	选择输入正多边形外切圆半径的方式
指定圆的半径：50	直接输入圆的半径值为 50

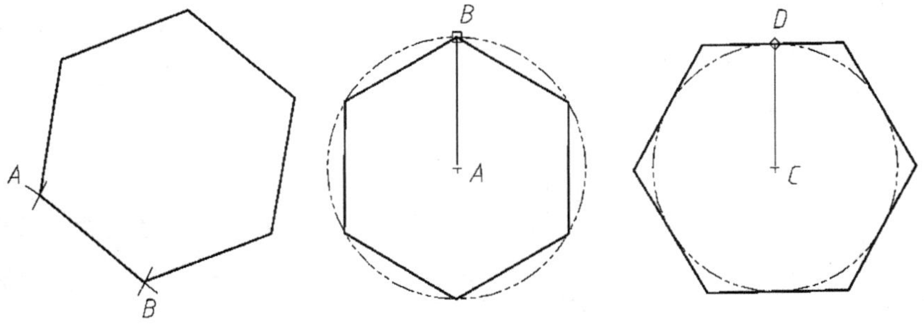

（a）指定一条边的两个端点　（b）正多边形内接于圆　（c）正多边形外切于圆

图 1.2.2 正多边形的三种绘制方法

二、旋转命令

微课

旋转命令

（一）功 能

可以绕指定基点图形对象进行旋转，源对象可以删除，也可以通过“复制（C）”选项保留。

旋转对象有两种方式：一种是将对象旋转过指定的角度；另一种是将对象旋转到某一指定角度。

（二）命令调用方式

功能区：“默认”标签/“修改”面板/“旋转” 按钮。

命令行：ROTATE（RO）。

（三）命令举例

例 1.2.4 将球拍逆时针旋转 30°，如图 1.2.3 所示。

操作步骤如下：

命令：ROTATE	调用旋转命令
选择对象：选择直线与圆	选择旋转的对象
选择对象：回车	结束选择
指定基点：选择 *A* 点	指定旋转的基点
指定旋转角度，或 [复制（C）/参照（R）]：30	输入旋转角度

例 1.2.5 通过光标拖动的方式将房屋平面图旋转一个角度，如图 1.2.4 所示。

操作步骤如下：

命令：ROTATE	调用旋转命令
选择对象：单击 *A* 点和 *B* 点	使用交叉窗口选择对象，如图 1.2.4（a）所示
选择对象：回车	结束选择
指定基点：拾取“2”点	指定旋转的基点
指定旋转角度，或 [复制（C）/参照（R）]：拖动到“3”点	拖动指定旋转到的位置，如图 1.2.4（b）所示

旋转结果如图 1.2.4（c）所示。

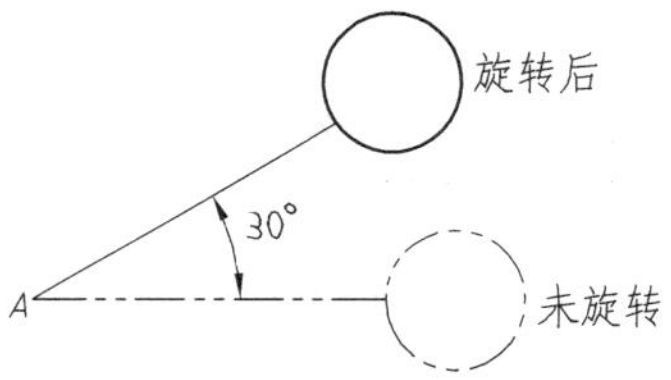

图 1.2.3 指定角度旋转对象

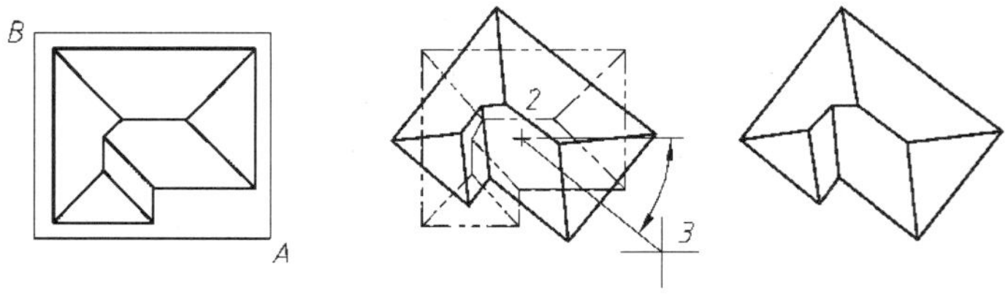

（a）选择对象　（b）指定基点，拖动旋转　（c）旋转结果

图 1.2.4 用拖动方式输入旋转角度

例 1.2.6 将正五边形旋转到底边为水平的位置，如图 1.2.5 所示。

操作步骤如下：

命令：ROTATE	调用旋转命令
选择对象：选择正五边形	选择旋转的对象
指定基点：指定 *A* 点	指定旋转的基点
指定旋转角度，或 [复制（C）/参照（R）] <90>：R	选择“参照”选项
指定参照角 <0>：单击 *A* 点和 *B* 点	指定 *AB* 边原来的角度
指定新角度或 [点（P）] <0>：0	指定 *AB* 边的新角度

如果不知道源对象的位置和要旋转的角度，只知道最终要转到的角度，可采用此“参照（R）”选项来旋转对象。

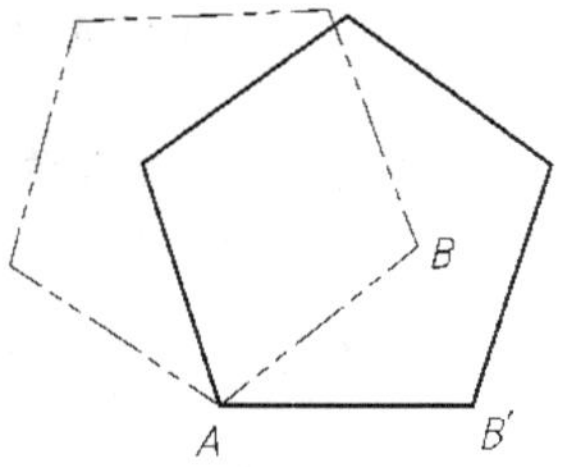

图 1.2.5 “参照”方式旋转对象

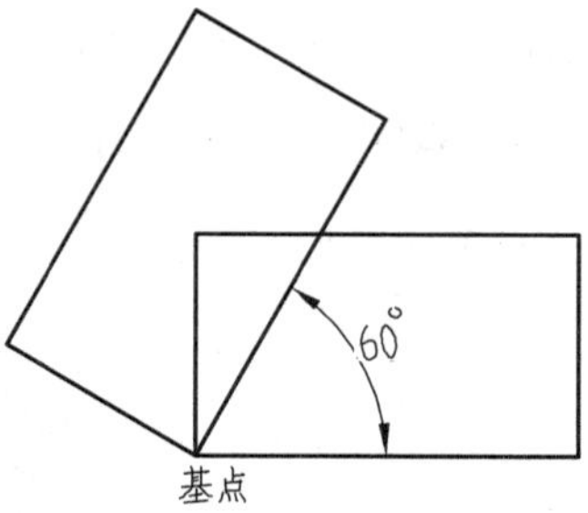

图 1.2.6 “复制”旋转对象

例 1.2.7 将矩形旋转 60°，并保留原矩形，如图 1.2.6 所示。

操作步骤如下：

命令：	ROTATE	调用旋转命令
选择对象：	选择矩形	指定旋转对象
选择对象：	回车	结束选择
指定基点：	选择基点	指定旋转时的基点
指定旋转角度，或 [复制（C）/参照（R）] <0>：	C	输入复制选项
指定旋转角度，或 [复制（C）/参照（R）] <0>：	60	输入旋转的角度

三、修剪命令

（一）功　能

用一个或多个对象去修剪一个与它们相交的对象。修剪有两种模式：一种是标准模式，即先选裁剪边，再选被剪对象，选择的剪切边对象也可以互相修剪；另一种是快速模式，即裁剪边不需要选择，由系统默认，只需直接选被剪对象即可。系统默认的修剪模式是快速模式。

（二）命令调用方式

微课

修剪命令

功能区：“默认”标签/“修改”面板/“修剪” 按钮。

命令行：TRIM（TR）。

（三）命令举例

例 1.2.8 利用快速模式，剪去圆弧左侧的直线，选择被剪对象默认的是“单选”方式，如图 1.2.7 所示。

操作步骤如下：

命令: _trim	调用修剪命令
当前设置: 投影=UCS,边=无,模式=快速	
选择要修剪的对象，或按住 Shift 键选择要延伸的对象或 [剪切边(T)/窗交(C)/模式(O)/投影(P)/删除(R)]: 选择直线左段	选择被剪去的部分
选择要修剪的对象，或按住 Shift 键选择要延伸的对象或 [剪切边(T)/窗交(C)/模式(O)/投影(P)/删除(R)/放弃(U)]: 选择圆弧上段	继续选择被剪去的部分

选择要修剪的对象，或按住 Shift 键选择要延伸的对象或 [剪切边(T)/窗交(C)/模式(O)/投影(P)/删除(R)/放弃(U)]: 回车　　结束命令

注：在快速模式下，也可以通过“剪切边(T)”选项重新选择裁剪边，再选择被剪对象。

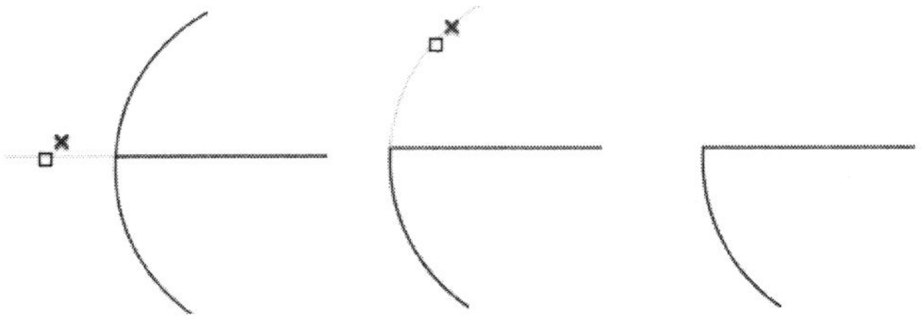

（a）选择剪去直线左段　（b）选择剪去圆弧上段　（c）修剪对象后效果

图 1.2.7　剪去直线左段和圆弧上段

例 1.2.9　利用标准模式，进行修剪，选择被剪对象采用“窗交”方式，如图 1.2.8 所示。

操作步骤如下：

命令:TRIM　　调用修剪命令

当前设置: 投影=UCS,边=无,模式=快速

选择要修剪的对象，或按住 Shift 键选择要延伸的对象或 [剪切边(T)/窗交(C)/模式(O)/投影(P)/删除(R)]: o　　设置修剪模式

输入修剪模式选项 [快速(Q)/标准(S)] <快速(Q)>: s　　选择标准模式

选择要修剪的对象，或按住 Shift 键选择要延伸的对象或 [剪切边(T)/栏选(F)/窗交(C)/模式(O)/投影(P)/边(E)/删除(R)/放弃(U)]: 回车　　结束命令

命令: _trim　　重新调用修剪命令

当前设置: 投影=UCS,边=无,模式=标准

选择剪切边...

选择对象或 [模式(O)] <全部选择>: 找到 1 个

选择对象: 找到 1 个，总计 2 个　　选择作为剪切边的对象

选择对象: 回车　　结束剪切边选择

选择要修剪的对象，或按住 Shift 键选择要延伸的对象或 [剪切边(T)/栏选(F)/窗交(C)/模式(O)/投影(P)/边(E)/删除(R)]: C　　用“窗交”方式选择被剪去的部分

指定第一个角点:　　指定选择窗口第一点

指定对角点: 指定选择窗口对角点　　指定选择窗口对角点

选择要修剪的对象，或按住 Shift 键选择要延伸的对象或 [剪切边(T)/栏选(F)/窗交(C)/模式(O)/投影(P)/边(E)/删除(R)]: 回车　　结束命令

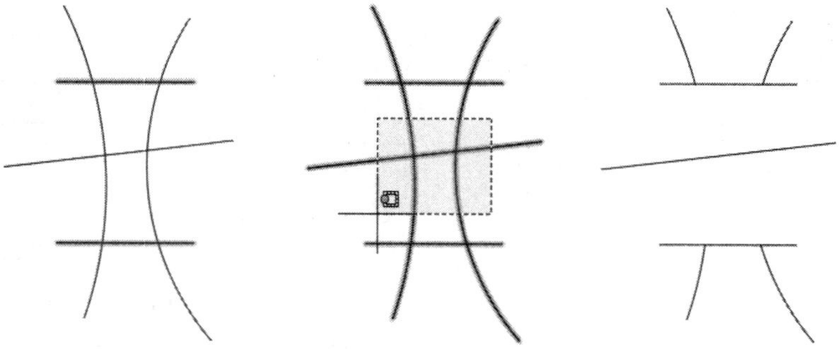

（a）选择裁剪边　（b）“窗交”方式选择被剪去的部分　（c）修剪对象后效果

图 1.2.8　使用“标准模式”修剪

例 1.2.10　进行修剪，选择被剪对象采用“栏选”方式，如图 1.2.8 所示。

栏选：当选择要剪除的对象时，输入“F”，然后在屏幕上画出一条穿过被剪切线段的虚线，然后回车，这时与该虚线相交的图形全部被剪切掉，如图 1.2.9 所示。

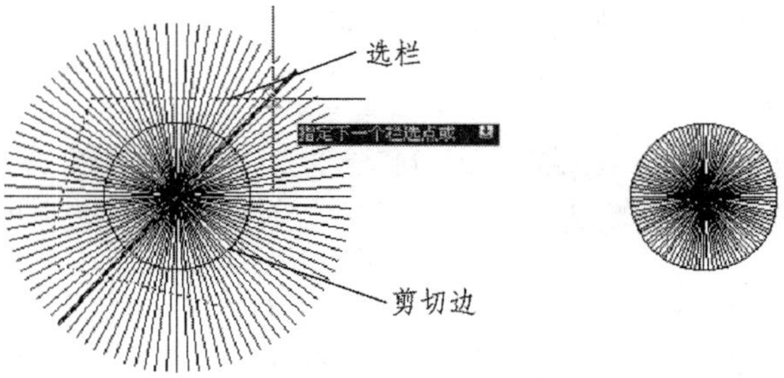

图 1.2.9　使用“栏选”方式选择被剪对象

例 1.2.11　修剪边互相修剪，如图 1.2.10 所示。

操作步骤如下：

命令：TRIM　　调用修剪命令

选择剪切边...

选择对象或 <全部选择>：使用交叉选择方式，第 1 点在右，第 2 点在左　　选择作为剪切边的对象

选择对象或：　回车　　结束选择

选择要修剪的对象，或按住 Shift 键选择要延伸的对象，或[栏选（F）/窗交（C）/投影（P）/边（E）/删除（R）/放弃（U）]：　依次单击轮廓边 *A*、*B*、*C*、*D*　　选择被剪去的部分

选择要修剪的对象，或按住 Shift 键选择要延伸的对象，或[栏选（F）/窗交（C）/投影（P）/边（E）/删除（R）/放弃（U）]：回车　　结束命令

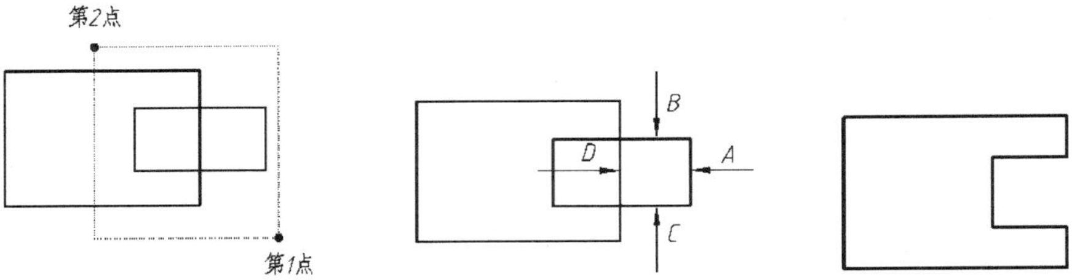

（a）交叉方式选择修剪边　（b）选择要修剪对象　（c）修剪对象后效果

图 1.2.10　交叉选择修剪对象

（四）其他选项功能说明

1. 全　选

在“标准模式”下，当选择修剪边时可直接按回车键（回车键）实现全选，此时屏幕中图形没有高亮形式显示，但所有图形已被选择为剪切边；在“快速模式”下，默认的就是全选所有图形为剪切边，如图 1.2.11 所示。

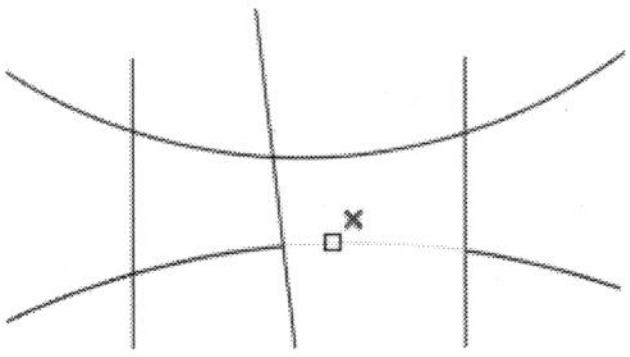

图 1.2.11　剪切边相交的“全选”

2. “边（E）”选项

当对象不与修剪边相交时，系统默认为“隐含边不延伸”模式，则只有与修剪边相交的对象可以被修剪；若设置为“隐含边延伸”模式，不相交仍可修剪对象，如图 1.2.12 所示。

3. 按住 Shift 键选择对象

按住 Shift 键选择对象，可将不与修剪边相交的对象延伸到修剪边上，如图 1.2.13 所示。

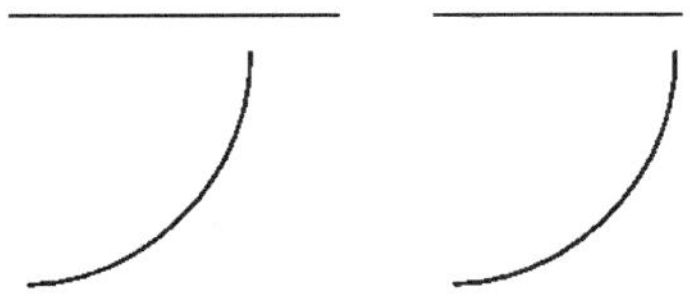

（a）修剪前　（b）修剪后

图 1.2.12　剪去不与修剪边相交的对象

（a）延伸前　（b）延伸后

图 1.2.13　延伸对象对修剪边上

四、移动命令

（一）功　能

将对象移动位置。可以指定移动的基点和目标点，也可以使用输入相对坐标精确控制移动的距离和位置。

微课

移动命令和复制命令

（二）命令调用方式

功能区：“默认”标签/“修改”面板/“移动” 按钮。

命令行：MOVE（M）。

（三）命令举例

例 1.2.12 指定基点和目标点移动对象，如图 1.2.14 所示。

命令：	MOVE	调用移动命令
选择对象：	单击 *A* 点和 *B* 点	选择要移动的对象
选择对象：	回车	结束选择
指定基点或 [位移（D）] <位移>：	拾取基点	选择移动的基点
指定第二个点或 <使用第一个点作为位移>：	单击 *C* 点	选择移动的目标点

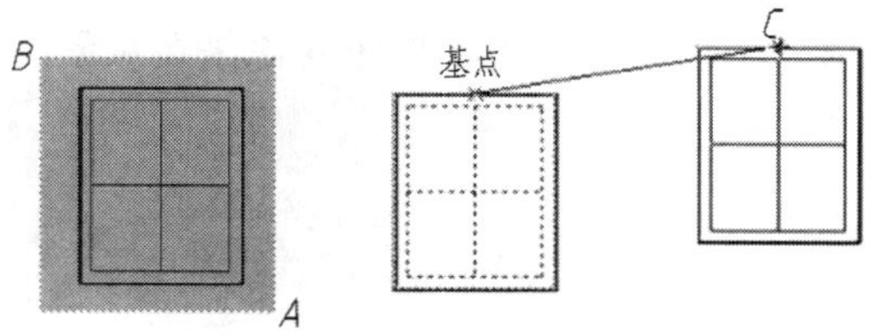

（a）选择对象　　（b）选择基点和目标点

图 1.2.14 选择基点和目标点移动

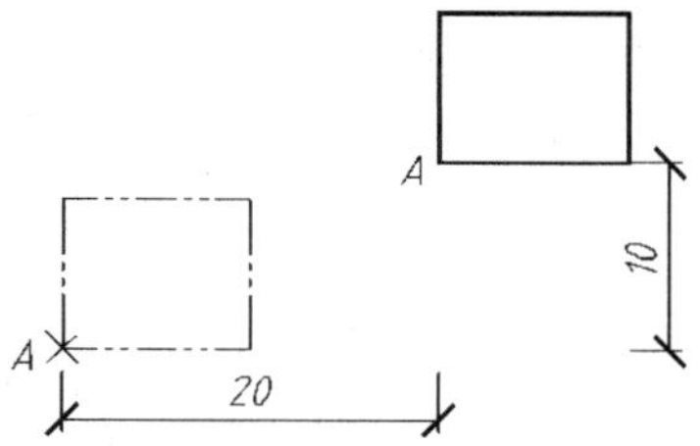

图 1.2.15 输入相对坐标移动对象

例 1.2.13 使用相对坐标控制移动距离，如图 1.2.15 所示。

命令：	MOVE	调用移动命令
选择对象：	选择矩形	选择要移动的对象
选择对象：	回车	结束选择
指定基点或 [位移（D）] <位移>：	单击 *A* 点	选择移动的基点
指定第二个点或 <使用第一个点作为位移>：	@20，10	选择移动的目标点

五、阵列命令

微课

阵列命令

（一）功　能

将对象复制成多个，并将复制的这些对象按矩形、环形、路径方式排列。

（二）命令调用方式

功能区："默认"标签/"修改"面板/"阵列"下拉列表/"矩形""环形""路径"按钮。

命令行：ARRAY（AR）或 ARRAYRECT、ARRAYPOLAR、ARRAYPATH。

（三）命令举例

例 1.2.14 进行多行多列的矩形阵列，如图 1.2.16 所示。

操作步骤如下：

命令：ARRAY

选择对象：选择矩形　　调用阵列命令

选择对象：回车　　选择阵列对象

输入阵列类型 [矩形(R)/路径(PA)/极轴(PO)] <路径>：r　　结束选择

类型 = 矩形　关联 = 是　　选择“矩形列阵”

选择夹点以编辑阵列或 [关联(AS)/基点(B)/计数(COU)/间距(S)/列数(COL)/行数(R)/层数(L)/退出(X)] <退出>：　　设置矩形阵列参数

在功能区面板显示的“阵列创建”专用选项卡中输入阵列参数，如图 1.2.17 所示，然后单击“关闭阵列”按钮，完成矩形阵列，操作结果如图 1.2.16 所示。

若选“关联”选项，阵列产生的全部对象为一个整体，不能单独修改各独立对象。

图 1.2.16　按三行四列矩形阵列

图 1.2.17　“多行多列阵列”对话框

例 1.2.15　创建五子棋棋盘，如图 1.2.18 所示。

首先用直线命令 LINE 绘制长度为 1 400 的一条水平线和一条竖直线，如图 1.2.18（a）所示；选择水平线，用矩形阵列命令可以多行单列阵列出其他水平线，如图 1.2.18（b）所示；选择竖直线，用矩形阵列命令可以单行多列阵列出其他竖直线，如图 1.2.18（c）所示。

（a）绘制两条直线　（b）水平线阵列　（c）垂直线阵列

图 1.2.18　创建五子棋棋盘

例 1.2.16　将椅子进行环形阵列，如图 1.2.19 所示。

操作步骤如下：

命令：ARRAY　　调用阵列命令

选择对象：单击 *A* 点和 *B* 点，选择椅子　　选择阵列对象

选择对象：回车　　结束选择

输入阵列类型 [矩形(R)/路径(PA)/极轴(PO)] <路径>：po　　选择“环形列阵”

类型 = 极轴　关联 = 是

指定阵列的中心点或 [基点(B)/旋转轴(A)]：单击桌子的圆心　　选择列阵中心

选择夹点以编辑阵列或 [关联(AS)/基点(B)/项目(I)/项目间角度(A)/填充角度(F)/行(ROW)/层(L)/旋转项目(ROT)/退出(X)] <退出>：　　设置阵列参数

在功能区面板显示的“阵列创建”专用选项卡中输入阵列参数，如图 1.2.20 所示，然后单击“关闭阵列”按钮，完成环形阵列，操作结果如图 1.2.19（b）所示。

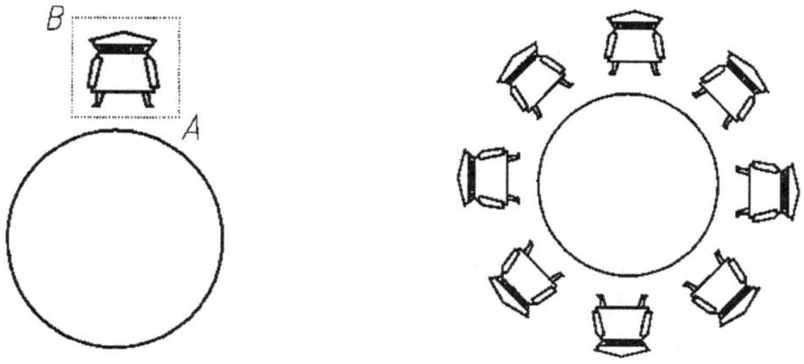

（a）选择对象　　（b）完成效果

图 1.2.19　环行阵列

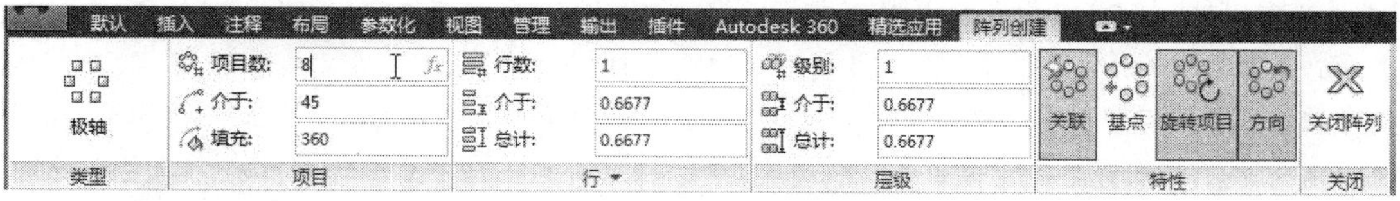

图 1.2.20　“环行阵列”对话框

注：重点选项功能举例

1.“中心点”位置的影响

“中心点”拾取的位置不同，阵列出的结果也各不相同，如图 1.2.21 所示。

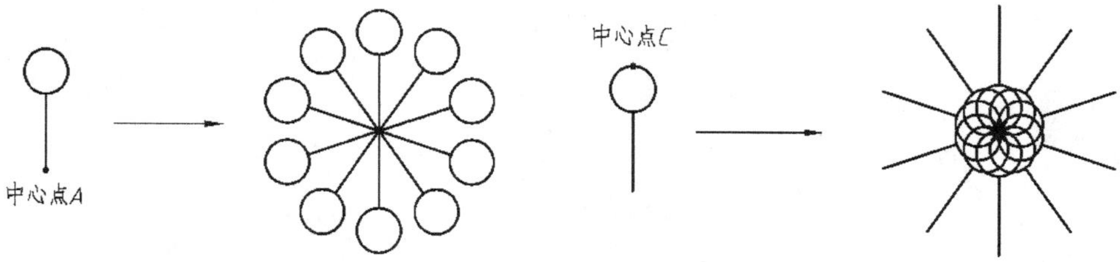

（a）中心点选 *A* 点　　（b）中心点选 *C* 点

图 1.2.21　选取不同中心点的阵列结果

2.“复制时旋转项目”选项

控制阵列对象是否随旋转阵列的方向旋转，其结果如图 1.2.22 所示。

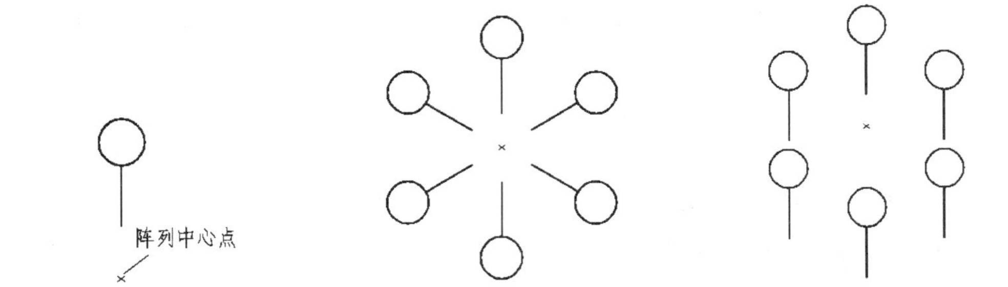

（a）阵列对象与阵列中心　（b）阵列时旋转项目　（c）阵列时不能旋转项目

图 1.2.22　阵列时是否旋转项目的不同结果

例 1.2.17　将椅子进行路径阵列，如图 1.2.23（a）所示。

操作步骤如下：

命令： ARRAY	调用阵列命令
选择对象：直线和圆	选择阵列对象
选择对象： 回车	结束选择
输入阵列类型[矩形(R)/路径(PA)/极轴(PO)] <路径>: pa	选择“路径列阵”
类型 = 路径　关联 = 是	选择列阵路径
选择路径曲线: 单击曲线	
选择夹点以编辑阵列或[关联(AS)/基点(B)/项目(I)/项目间角度(A)/填充角度(F)/行(ROW)/层(L)/旋转项目(ROT)/退出(X)] <退出>:b	选择列阵对象的基点
指定基点或[关键点(K)] <路径曲线的终点>:选择直线下端点 *A* 点	
在功能区面板显示的“阵列创建”专用选项卡中单击“切线方向”按钮，设置切线方向为水平向右。	设置切线方向为水平向右

输入阵列其他参数，如图 1.2.24 所示，然后单击“关闭阵列”按钮，完成路径阵列，操作结果如图 1.2.23（b）、（c）、（d）所示。

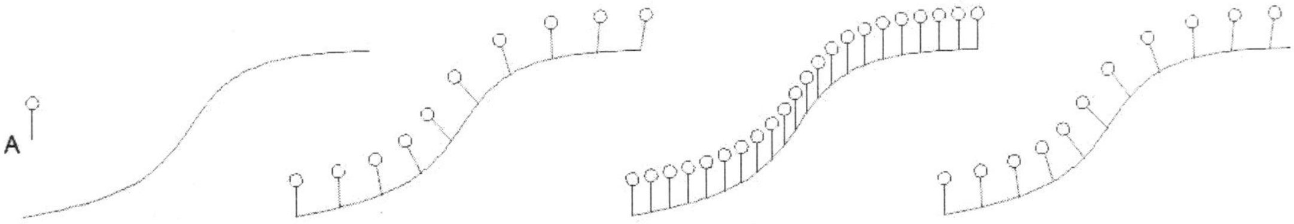

（a）选择对象和路径　（b）定数等分、对齐项目（c）定数等分、不对齐项目　（d）定距等分

图 1.2.23　路径阵列的几种结果

图 1.2.24　“路径阵列”对话框

六、对象捕捉的使用

微课

对象捕捉的使用

（一）自动捕捉

1. 功　能

“自动捕捉”功能，用于绘图过程中光标自动定位到对象上的特殊点，如线段的中点、端点，圆和圆弧的圆心等，可以同时设置多种捕捉点，属于永久性捕捉。

2. 命令调用方式

状态栏：右击状态栏中的“对象捕捉”按钮，可弹出“对象捕捉”快捷菜单，如图 1.2.25（a）所示；在“对象捕捉”快捷菜单选择“设置”，打开“草图设置”对话框的“对象捕捉”选项卡，如图 1.2.25（b）所示。

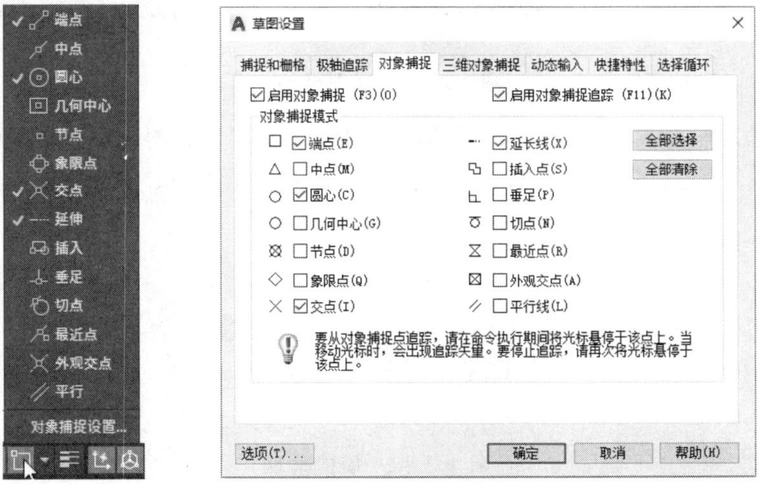

（a）“对象捕捉”快捷菜单　（b）“草图设置”对话框的“对象捕捉”选项卡

图 1.2.25 “对象捕捉”设置

命令行：OSNAP

注：以上任务栏中的设置捕捉方式为“永久性”捕捉，只要任务栏中“对象捕捉”按钮打开，设置的特殊点捕捉就一直起作用。

3. 捕捉点的类型

（1）“端点”，用于捕捉直线段、圆弧等对象上离光标最近的端点。

（2）“中点”，用于捕捉直线段、圆弧等对象的中点。

（3）“圆心”，用于捕捉圆或圆弧的圆心位置。

（4）“几何中心”，用于捕捉封闭多段线的几何中心位置。

（5）“节点”，用于捕捉 POINT 命令绘制的单点以及 DIVIDE 和 MEASURE 命令插入的等分点。

（6）“象限点”，用于捕捉圆、圆弧、椭圆上的象限点，即周边上位于 0°、90°、180° 或 270° 位置的点，捕捉标记如图 1.2.26 所示。

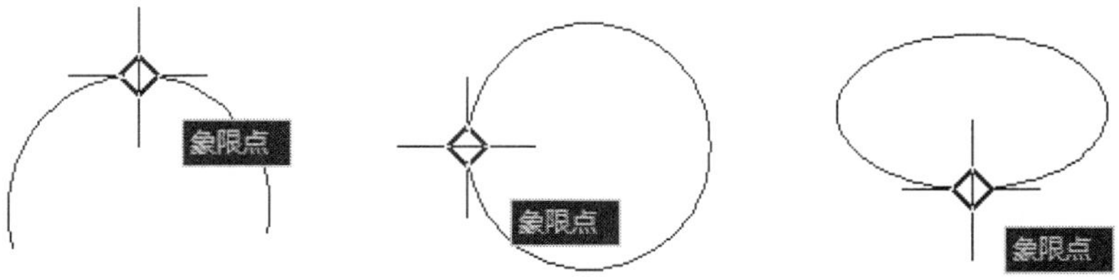

图 1.2.26　捕捉象限点

（7）“交点” ，用于捕捉直线段、圆弧、圆及椭圆等对象之间的交点。

（8）“延伸点” ，用于捕捉将已有直线段、圆弧延长线上的点，将光标放在对象上不要单击，然后向延长线方向移动，捕捉标记如图 1.2.27 所示。

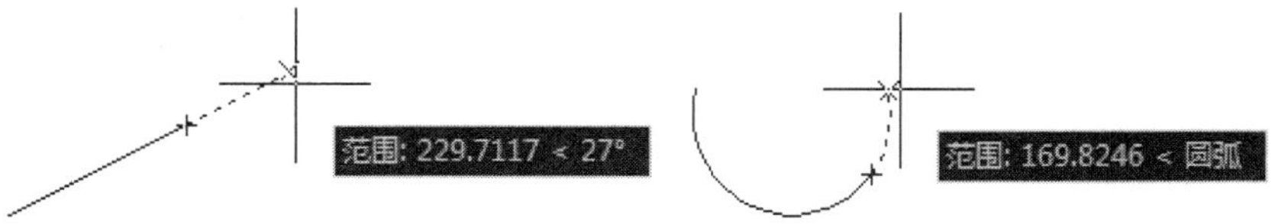

图 1.2.27　捕捉延伸点

（9）捕捉插入点 ，“捕捉插入点”用于捕捉文字、属性、图块、图片等对象的插入点。

（10）“垂足” ，用于捕捉从空间一点到一个对象的垂足，捕捉标记如图 1.2.28 所示。

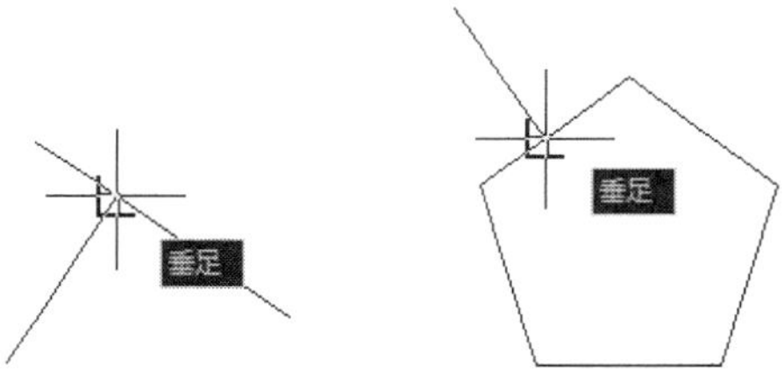

图 1.2.28　捕捉垂足

（11）“切点” ，用于捕捉直线与圆、圆弧或椭圆等对象的切点，捕捉标记如图 1.2.29 所示。

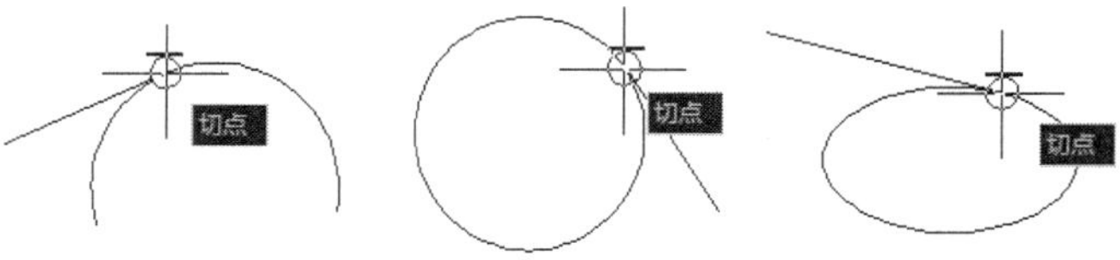

图 1.2.29　捕捉切点

（12）“最近点” ，用于捕捉图形对象上与光标最近的点，捕捉标记如图 1.2.30 所示。

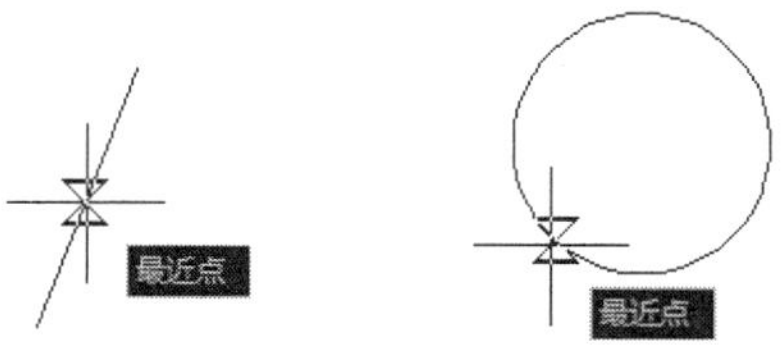

图 1.2.30　捕捉最近点

（13）“外观交点” ，用于捕捉两个对象之间延长线的交点。

例如，如果希望将直线延伸后与圆的交点作为新绘直线的起始点，捕捉标记如图 1.2.31 所示。

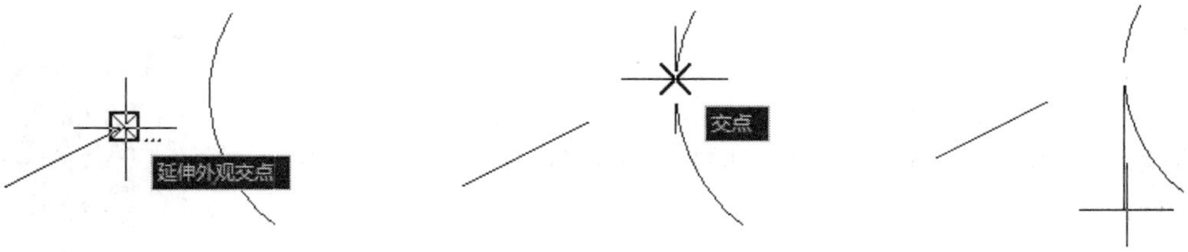

（a）单击选择延长对象　（b）将光标移动到另一相交对象　（c）新绘直线起点

图 1.2.31　捕捉外观交点

（14）“平行线” ，可以用于绘制与已有直线平行的直线。具体做法是：先确定直线第一点，调用“平行”命令，将光标放在已有直线上，出现平行捕捉标记如图 1.2.32（a）所示，不要单击，再移到大致平行的方向上，将出现捕捉到的平行线方向如图 1.2.32（b）所示。

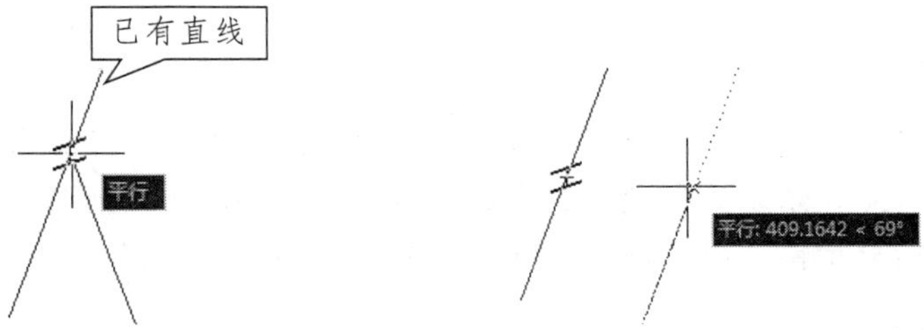

（a）确定被平行对象　（b）显示平行线方向

图 1.2.32　捕捉到平行线

（二）单点捕捉

1. 功　能

在绘图过程中，根据选择的捕捉点类型临时捕捉图上的一个特殊点，属于一次性捕捉；在这一次捕捉过程中，会屏蔽掉自动捕捉设置的捕捉点类型。

2. 命令调用方式

在执行绘图命令过程中需要“指定点”的状态下，单击右键，在弹出的右键快捷菜单中选择“捕捉替代（V）”，可弹出“单点对象捕捉”快捷菜单，如图 1.2.33 所示。

在任意情况下，“Ctrl+右键”“Shift+右键”，也可随时弹出“单点对象捕捉”快捷菜单。

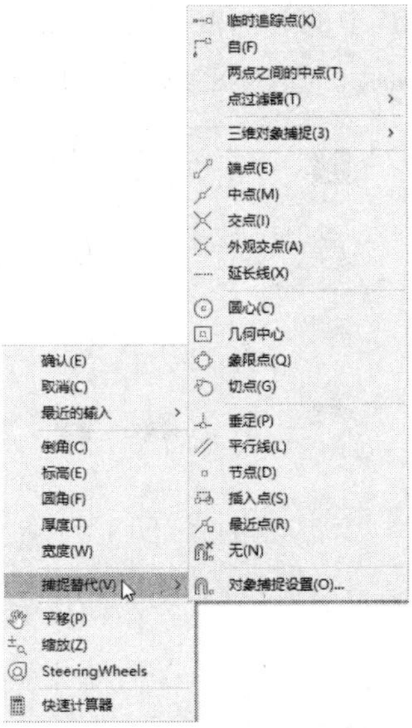

图 1.2.33　“单点对象捕捉”快捷菜单

七、填充命令

（一）功　能

在指定的封闭区域内填充上指定的图案。可用于绘制剖面线，表明物体材料图例或表面的纹理。

微课

图案填充

（二）命令调用方式

功能区：“默认”标签/“绘图”面板/“图案填充”按钮。

命令行：HATCH（H）。

（三）命令说明

执行 HATCH 命令后，功能区面板转化为“图案填充创建”专用选项卡，如图 1.2.34 所示。

图 1.2.34 “图案填充与渐变色”对话框

完成 HATCH 命令，必须进行以下 5 项工作：

1. 选择填充区域

填充区域必须是封闭图形，选择方式可用“边界”选项组中的“拾取点”按钮，单击要填充区域内的任意一点，系统会自动计算出包围该点的最小区域，同时高亮显示。

如果在拾取点后显示错误提示信息，则说明要填充的区域没有完全封闭。

2. 选择填充图案

单击“类型和图案”选项组中“图案”名称右面的按钮，可以打开“填充图案选项板”对话框，如图 1.2.35 所示。其中经常用到的图案在“ANSI”组和“其他预定义组”中，比如：“ANSI”中的“ANSI31”为一般剖面线、“其他预定义组”中的“SOLID”为实心填充、“AR-CONC”为混凝土、“AR-SAND”为砂子、“GRAVEL”为砌片石。

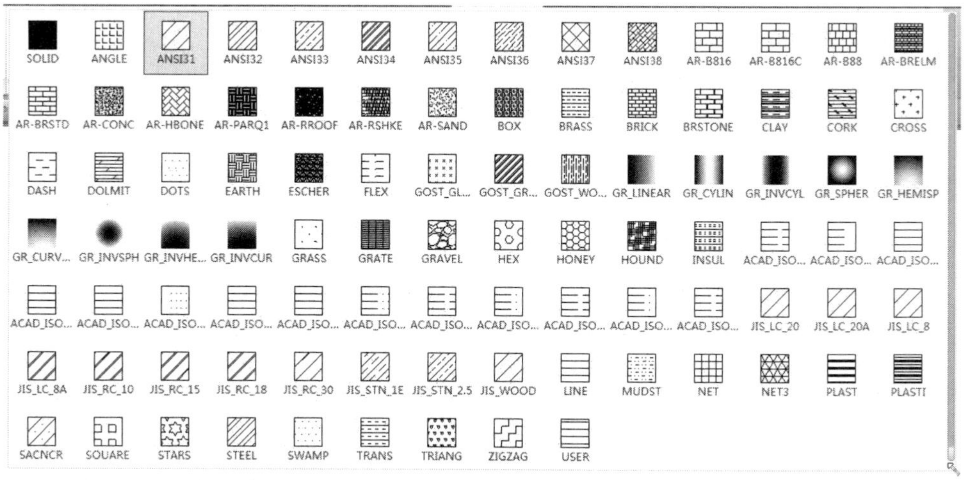

图 1.2.35 “填充图案选项板”对话框

3. 选择填充图案角度

控制填充图案的填充角度，不同填充角度产生的填充结果如图 1.2.36 所示。

（a）填充角度为 0°　　（b）填充角度为 45°

图 1.2.36　填充图案的角度

4. 选择填充图案比例

每种填充图案相对于一个填充区域来说都有一个合适的比例，比例太大则图案太稀，比例太小则图案太密，如图 1.2.37 所示。

5. 图案填充原点

默认情况下，是使用当前坐标系的原点（0，0）作为图案填充的原点，但是有时可能需要移动图案填充的起点（原点）。例如，如果创建砖形图案，可能希望在填充区域的左下角以完整的砖块开始，在这种情况下，可使用“指定的原点”单选框，如图 1.2.38 所示。

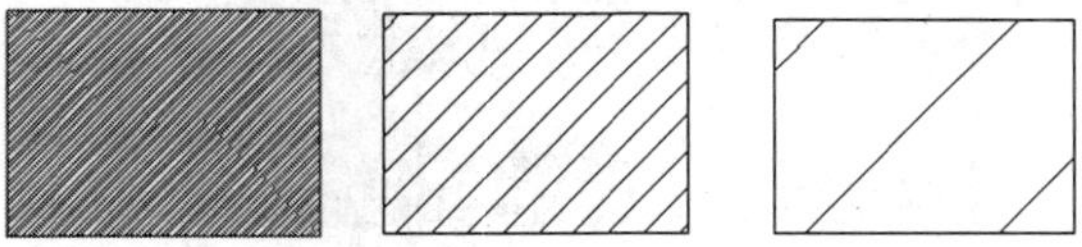

（a）比例太小　（b）比例适中　（c）比例太大

图 1.2.37　填充图案的比例

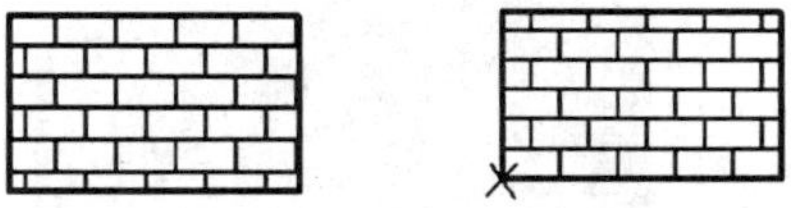

（a）使用当前原点　　（b）指定原点

图 1.2.38　填充原点不同的效果

（四）命令举例

绘制基础详图的剖视图，如图 1.2.39 所示。

（1）调用图案填充命令：执行 HATCH 命令后，在功能区打开“图案填充创建”专用选项卡。

（2）选择填充区域：单击“边界”面板中的“拾取点”按钮，在 *A* 区域内单击鼠标，系统将高亮显示该边界。

（3）选择填充图案：在“图案”面板中，选择 AR-CONC 预定义图案。

（4）调整填充比例：调整“特性”面板中“填充图案比例”，直到效果满意，单击“关闭”按键 ✕，完成图案填充命令。

（5）填充 *B*、*C* 和 *D* 区域：选择图案“ANSI31”填充 *B*、*C* 和 *D* 区域，*C* 区域需要填充两次，分别用图案“ANSI31”和“AR-CONC”各填充一次，步骤同上。

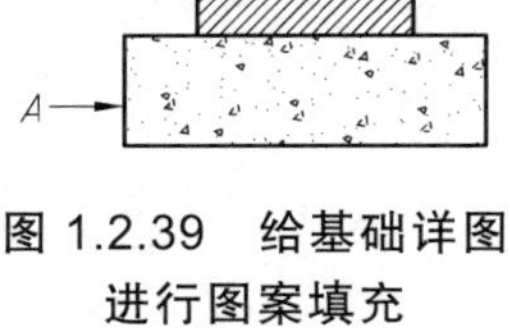

图 1.2.39　给基础详图进行图案填充

八、控制图形图线颜色

（一）功　能

控制对象的颜色。

可以先设置好颜色再绘图，也可以先绘制好图形再改颜色。

（二）命令调用方式

微课

对象颜色的控制

功能区：“默认”标签/“特性”面板/“对象颜色”下拉列表。

命令行：COLOR（COL）。

（三）命令使用

1．提前设定当前颜色

利用“特性”工具栏设置颜色。单击“特性”工具栏中“颜色”下拉列表的按钮，弹出如图 1.2.40 所示的下拉列表。可以直接选择下拉列表中的某种颜色作为当前颜色，若要选择其他颜色，可选择“选择颜色”选项，在弹出的“选择颜色”对话框中进行选择，如图 1.2.41 所示。

设置好当前颜色后，绘制的图形的颜色都是这种颜色。

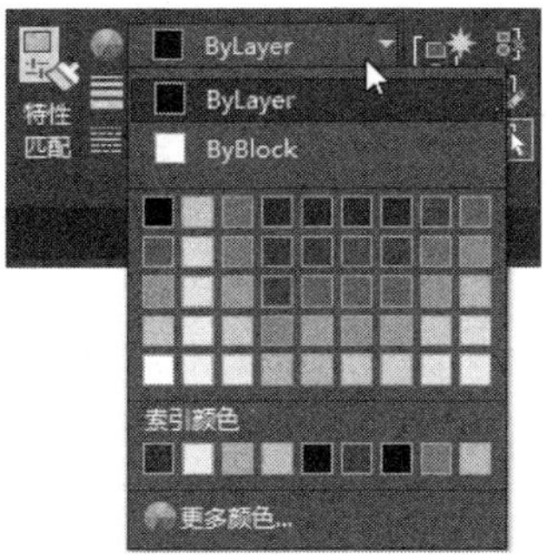

图 1.2.40 “颜色”下拉列表

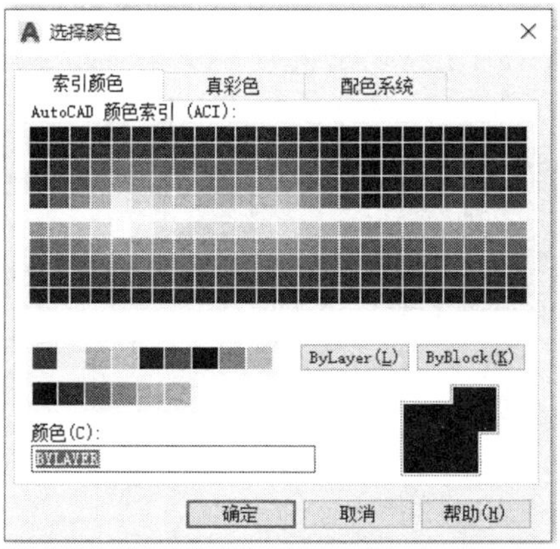

图 1.2.41 设置当前颜色

2．修改已有对象的颜色

选中要改颜色的对象，单击功能区：“默认”标签/“特性”面板/“对象颜色”下拉列表，选择要改成的颜色，按“Esc”键退出选中状态。

九、删除对象命令

（一）功 能

删除图形文件中选取的对象。

（二）命令调用方式

功能区：“默认”标签/“修改”面板/“删除” 按钮。

命令行：ERASE（E）。

快捷键：DEL。

（三）命令举例

例 1.2.18 删除图 1.2.42（a）中的两个圆，结果如图 1.2.42（b）所示。

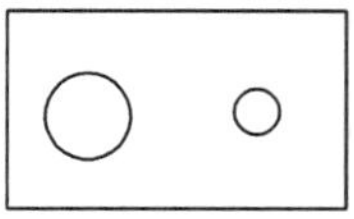

（a）原图

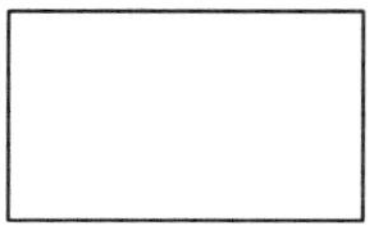

（b）执行删除命令之后的图形

图 1.2.42 删除对象

【任务实施】

微课

绘制五角星

一、方法一

（1）用正多边形命令 POLGON 绘制正五边形，如图 1.2.43 所示。

操作步骤如下：

命令：　POLYGON	调用正多边形命令
输入边的数目 <4>：　5	正多边形边数
指定正多边形的中心点或 [边（E）]：　指定绘图区内任一点	指定正多边形的中心点
输入选项 [内接于圆（I）/外切于圆（C）] <I>：　回车	选择内接于圆选项
指定圆的半径：　120	指定正多边形内接圆半径

（2）打开“端点”“交点”捕捉功能，用直线命令 LINE 相互连接正五边形的 5 个顶点，如图 1.2.44 所示。

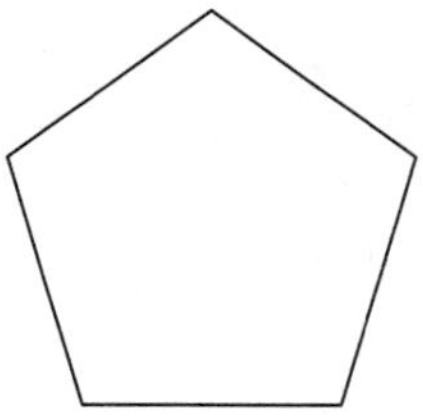

图 1.2.43　绘制正五边形

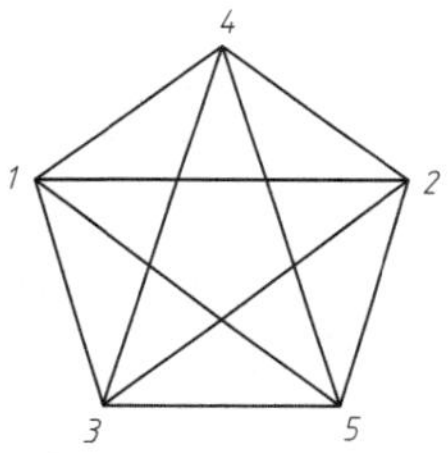

图 1.2.44　连接正五边形的顶点

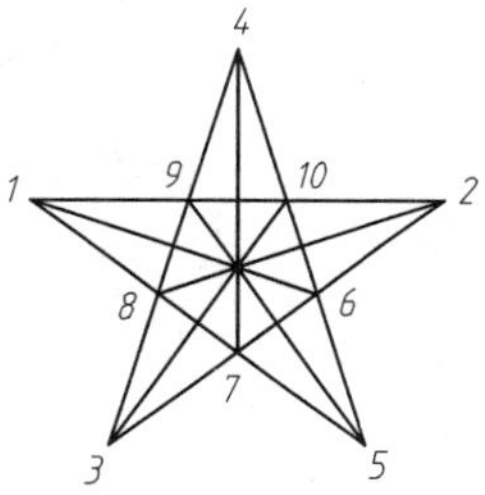

图 1.2.45　连接正五边形的顶点与对应的交点

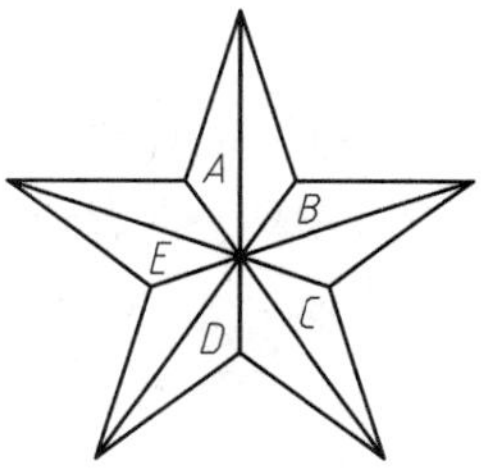

图 1.2.46　剪去多余线段

（3）用直线命令 LINE 分别连接正五边形的五个顶点与对应的交点，选中并按按钮删除五边形，如图 1.2.45 所示。

（4）用修剪命令 TRIM 剪去多余的线段，如图 1.2.46 所示。

操作步骤如下：

命令：　TRIM	调用修剪命令
选择剪切边...	
选择对象或 <全部选择>：　选择线段 12、23、34、45、51	选择剪切边
选择对象：　回车	结束选择
选择要修剪的对象，或按住 Shift 键选择要延伸的对象，或[栏选（F）/窗交（C）/投影（P）/边（E）/删除（R）/放弃（U）]：　选择 67、8、89、910、106 线段	选择要修剪的对象
选择要修剪的对象，或按住 Shift 键选择要延伸的对象，或[栏选（F）/窗交（C）/投影（P）/边（E）/删除（R）/放弃（U）]：　回车	结束选择

（5）用填充命令 HATCH 给五角星填充颜色。

① 执行 HATCH 命令，在功能区打开“图案填充创建”专用选项卡。

② 在“类型和图案”选项组中，选择图案“SOLID”。

③ 在“样例”中选择“红色”。

④ 填充区域选择 A、B、C、D、E 区域。

填充结果如图 1.2.47 所示。

图 1.2.47　填充图案颜色

二、方法二

（1）用正多边形命令 POLGON 绘制正五边形。

调用正五边形命令，绘制正五边形，如图 1.2.48（a）所示。

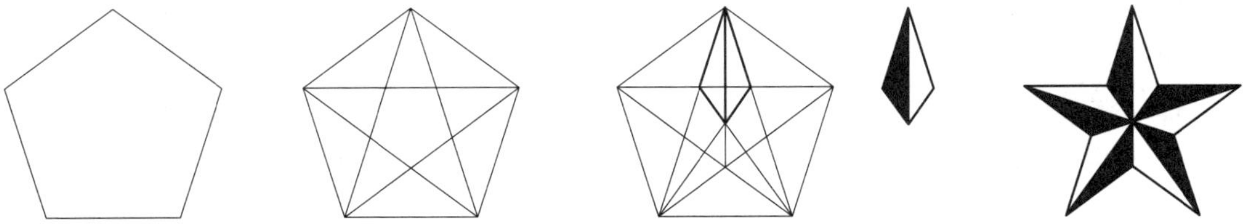

（a）绘制五边形　（b）连接正五边形顶点　（c）绘制五角星一角并填充　（d）阵列五角星一角

图 1.2.48　绘制五角星（方法二）

（2）用直线命令 LINE 相互连接正五边形的五个顶点，如图 1.2.48（b）所示。

（3）绘制五角星的一个角并填充。

① 用直线命令 LINE 连接正五边形的顶点与对应的交点，形成五角星的一个角。

② 移出上步中的五角星一角。

③ 用填充命令 BHATCH 对五角星一角的左半个三角形进行填充，填充 SOLID 预定义图案，颜色为红色，如图 1.2.48（c）所示。

（4）将五角星一角进行阵列。

① 调用阵列 ARRAY 命令，打开“阵列”对话框。

② 选择环形阵列。

③ 阵列中心选择五角星一角的最下点。

④ 项目总数输入“5”。

⑤ 填充角度输入“360”。

阵列结果如图 1.2.48（d）所示。

【训练与提高】

绘制如图 1.2.49 所示的图形。

图 1.2.49　练习图形

任务 3　绘制太极图

素质目标

1. 具备绘制和识读施工图所必需的职业素质，拥有吃苦耐劳、诚实守信、求真务实的职业道德观念；

2. 养成严谨、踏实、认真负责的工作作风，具备良好的学习能力和团队协作观念，能够理论联系实际解决问题，培养创新意识。

知识目标

1. 掌握绘制圆的命令；
2. 掌握两段线之间光滑连接的技巧；
3. 掌握绘制圆弧的命令；
4. 掌握对象复制的命令。

能力目标

1. 具备 CAD 软件初步应用能力；
2. 具备简单二维图形的绘制能力；
3. 具备绘制太极图所需的圆、圆弧、复制等绘制和编辑命令的操作能力。

【任务分析】

图 1.3.1 所示为太极图，太极作为中国传统文化中的重要组成部分，是中国传统文化中的一种哲学思想，其象征生命中的对比和平衡，例如阴阳平衡、动静平衡、内外平衡等。它不仅仅是一种哲学思想，也是一种生活方式和文化信仰。它代表了中国传统文化中对宇宙和生命的理解和认识。在中国武术界，“太极拳”是一种以“太极”思想为基础的武术形式，强调动静平衡，力量的控制和内外协调。

图 1.3.1 太极图

绘制太极图主要使用绘制圆命令 CIRTCLE 和绘制圆弧命令 ARC 来完成图线绘制，再使用图案填充 HATCH 命令对太极图进行填充。

【相关知识】

微课

绘制圆的命令

一、绘制圆的命令

（一）功 能

绘制圆，可以用 6 种方式。

（二）命令调用方式

功能区：“默认”标签/“绘图”面板/“圆”下拉列表（6 种绘制圆的方式如图 1.3.2 所示）。

命令行：CIRCLE（C）。

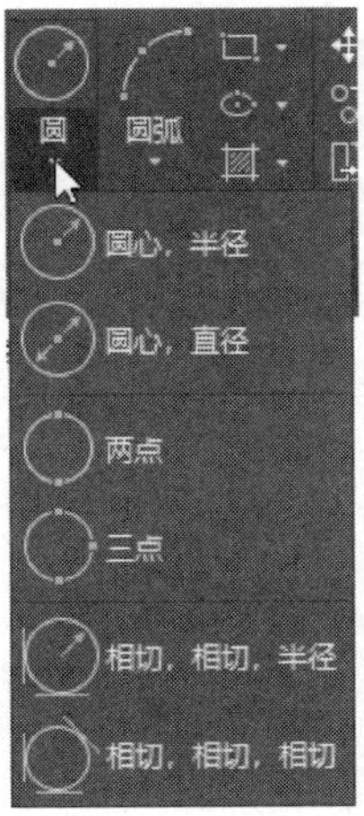

图 1.3.2 6 种绘制圆的方式

（三）命令举例

例 1.3.1 根据圆心、半径画圆（默认方式），如图 1.3.3（a）所示。

操作步骤如下：

命令：CIRCLE	调用圆命令
指定圆的圆心或 [三点（3P）/两点（2P）/相切、相切、半径（T）]：单击 *A* 点	指定圆心
指定圆的半径或 [直径（D）]：单击 *B* 点或输入 50	具体操作如图 1.3.3（a）(b）所示

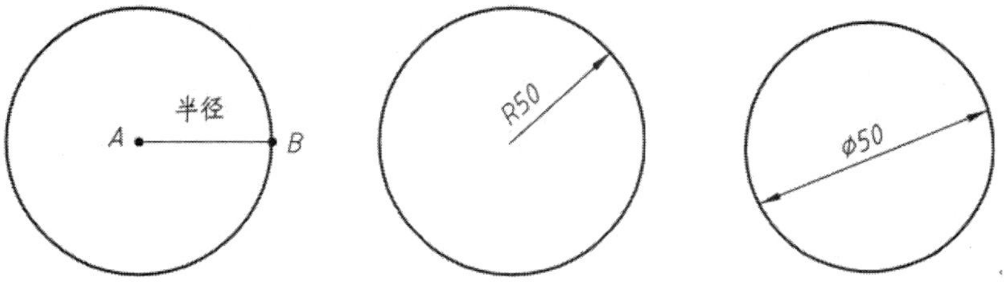

（a）通过两点指定半径　（b）直接输入半径值　（c）圆心、直径画圆

图 1.3.3　圆心、半径方式画圆

例 1.3.2 根据圆心、直径画圆，如图 1.3.3（c）所示。

操作步骤如下：

命令：CIRCLE	调用圆命令
指定圆的圆心或 [三点（3P）/两点（2P）/相切、相切、半径（T）]：单击 *A* 点	指定圆心
指定圆的半径或 [直径（D）]：D	选择输入直径的方式
指定圆的直径：单击 *C* 点或直接输入直径值 50	具体操作如图 1.3.3（c）所示

例 1.3.3 以直线 *AB* 为直径画圆，如图 1.3.4 所示。

操作步骤如下：

命令：CIRCLE	调用圆命令
指定圆的圆心或 [三点（3P）/两点（2P）/相切、相切、半径（T）]：2P	选择两点画圆方式
指定圆直径的第一个端点：单击 *A* 点	
指定圆直径的第二个端点：单击 *B* 点	

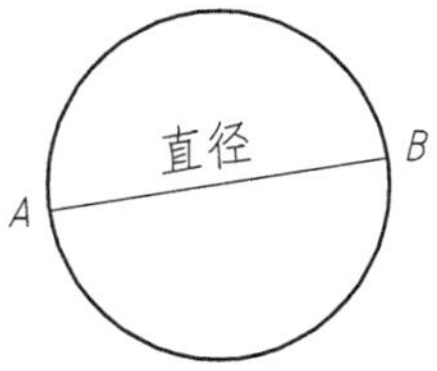

图 1.3.4　两点定圆

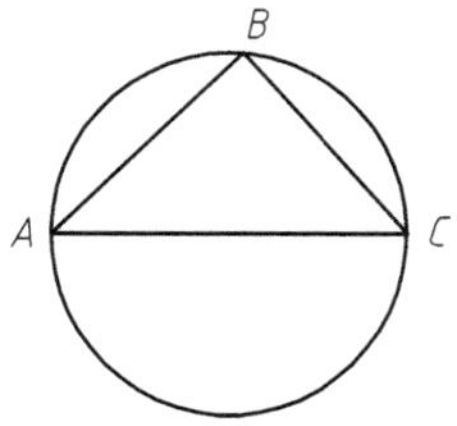

图 1.3.5　三点定圆

例 1.3.4　绘制三角形 *ABC* 的外接圆，如图 1.3.5 所示。

操作步骤如下：

命令：CIRCLE　　调用圆命令

指定圆的圆心或 [三点（3P）/两点（2P）/相切、相切、半径（T）]：3P　　选择三点画圆方式

指定圆上的第一个点：单击 *A* 点

指定圆上的第二个点：单击 *B* 点

指定圆上的第三个点：单击 *C* 点

例 1.3.5　绘制与两直线同时相切的圆，如图 1.3.6 所示。

操作步骤如下：

命令：CIRCLE　　调用圆命令

指定圆的圆心或 [三点（3P）/两点（2P）/相切、相切、半径（T）]：T　　选择相切、相切、半径方式画圆

指定对象与圆的第一个切点：单击 *A* 点　　选择第一个相切对象

指定对象与圆的第二个切点：单击 *B* 点　　选择第二个相切对象

指定圆的半径 <187.4547>：100　　输入圆的半径

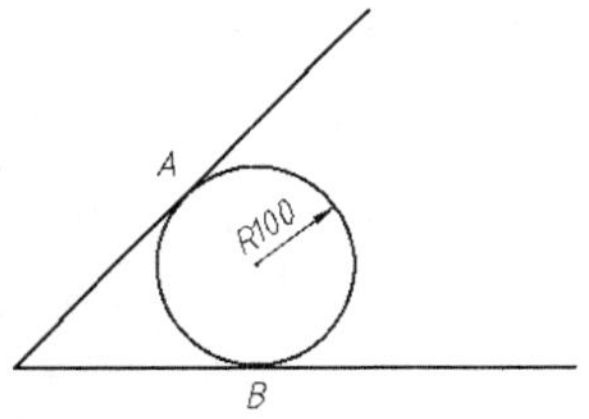

图 1.3.6　指定两相切对象、半径定圆

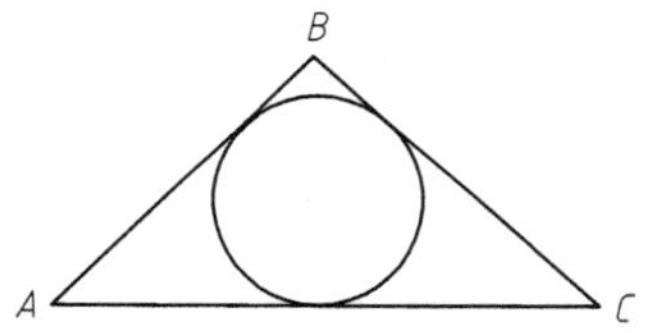

图 1.3.7　指定 3 个相切对象定圆

例 1.3.6　绘制三角形的内切圆，如图 1.3.7 所示。

对象捕捉只打开“切点”捕捉功能。

命令：CIRCLE　　调用圆命令

指定圆的圆心或 [三点（3P）/两点（2P）/相切、相切、半径（T）]：3P　　选择三点画圆方式

指定圆上的第一个点：tan 到 单击边 *AB*　　选择第一个相切对象

指定圆上的第二个点：tan 到 单击边 *BC*　　选择第二个相切对象

指定圆上的第三个点：tan 到 单击边 *AC*　　选择第三个相切对象

二、圆弧绘制命令

微课

圆弧绘制命令

（一）功　能

绘制圆弧，共有 11 种方式。

（二）命令调用方式

功能区：“默认”标签/“绘图”面板/“圆弧”下拉列表（11 种绘制圆弧的方式如图 1.3.8 所示）。

命令行：ARC（A）。

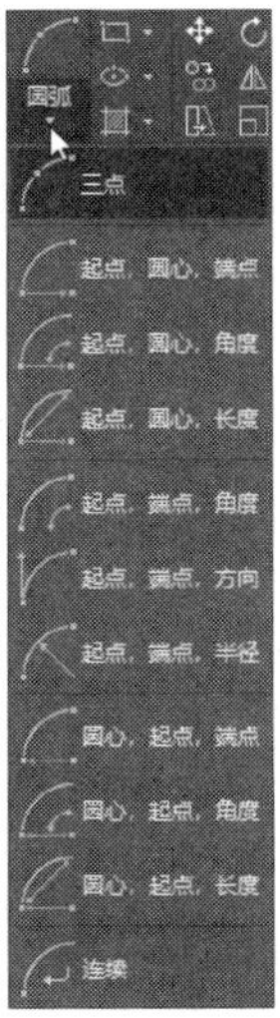

图 1.3.8　11 种绘制圆弧的方式

（三）命令说明

执行 ARC 命令，默认方式是三点绘制圆弧，即用光标指定圆弧起点、第二点、端点，即可绘制圆弧。如果选择其他绘制圆弧方式，可通过根据命令行输入其他圆弧要素选项，也可通过下拉菜单“绘图”/“圆弧”右边的级联子菜单来选择绘制方式，下拉菜单中有 11 种绘制圆弧方式，其中有 3 种与其他方式重复，实际上是有 8 种，如图 1.3.9 所示。

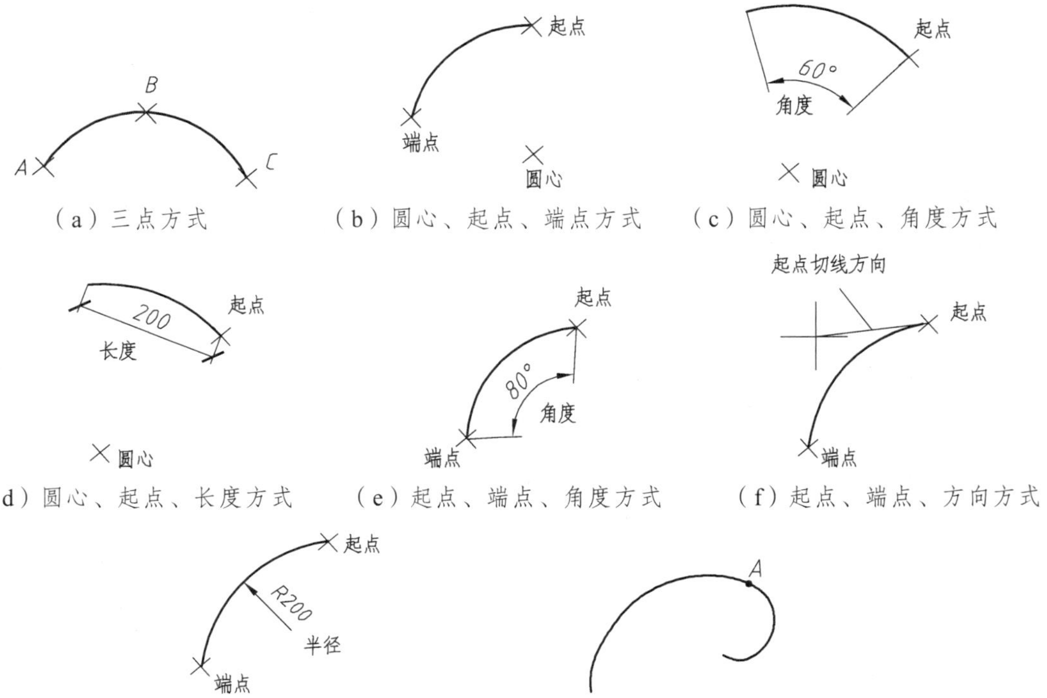

（a）三点方式　（b）圆心、起点、端点方式　（c）圆心、起点、角度方式

（d）圆心、起点、长度方式　（e）起点、端点、角度方式　（f）起点、端点、方向方式

（j）起点、端点、半径方式　（k）连续绘制圆弧方式

图 1.3.9　绘制圆弧的各种方式

注：（1）“角度”是指圆弧所对的圆心角的角度。在默认角度正方向设置下，当提示“指定包含角”时，若输入正角度值，将沿逆时针方向绘制圆弧；如果输入负角度值，则沿顺时针方向绘制圆弧。

（2）“方向”是指圆弧起点的切线方向。

（3）“长度”是指圆弧的弦长。

微课

两段线之间光滑连接的技巧

三、两段线之间光滑连接的技巧

在绘制完一条直线或圆弧后，AutoCAD 系统能自动记住最后一点的位置坐标和切线方向，在绘制下一条直线或圆弧时，当系统提示让指定第一点时，直接按回车键，系统则自动将上一段最后一点的位置坐标和切线方向作为下一段的起点和切线方向，从而实现两段之间的光滑连接。

例 1.3.7 绘制一个圆端形桥墩的墩身断面，如图 1.3.10 所示。

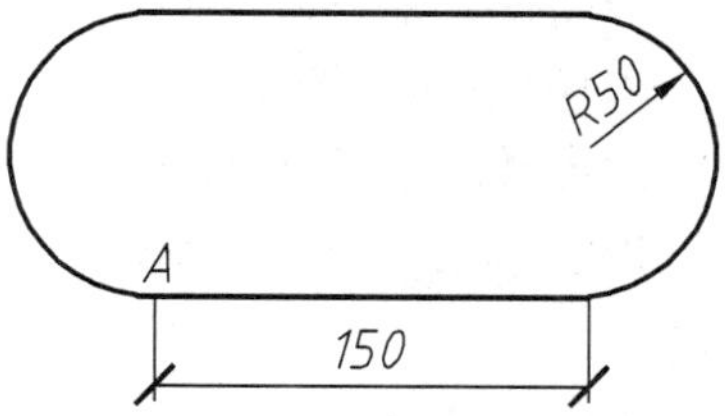

图 1.3.10 绘制圆端形桥墩的墩身断面

操作步骤如下：

命令： LINE	调用直线命令
指定第一点： 单击任一点 *A*	输入直线的第一点
指定下一点或 [放弃（U）]： @150，0	输入直线下一点相对于起点的坐标
指定下一点或 [放弃（U）]： 回车	结束直线命令
命令： A	调用圆弧命令
ARC 指定圆弧的起点或 [圆心（C）]： 回车	用上一段的终点作为起点
指定圆弧的端点： @0，100	输入圆弧端点相对于起点的坐标
命令： L	再次调用直线命令
LINE 指定第一点：回车	用上一段的终点作为起点
直线长度： 150	输入直线的长度
指定下一点或 [放弃（U）]： 回车	结束直线命令
命令： A	再次调用圆弧命令
ARC 指定圆弧的起点或 [圆心（C）]： 回车	用上一段的终点作为起点
指定圆弧的端点： 选择 *A* 点	选择 *A* 点作为圆弧的端点

四、对象复制命令

（一）功　能

将选定的对象复制到指定位置。该命令通过“模式”设置，可以指定目标点进行单个复制、多重复制，也可以指定间距向量进行阵列复制。

（二）命令调用方式

功能区：“默认”标签/“修改”面板/“复制”  按钮。
命令行：COPY（CO）。

（三）命令举例

例 1.3.8 将圆进行多重复制、阵列复制，如图 1.3.11 所示。
操作步骤如下：

命令： COPY	调用复制命令
选择对象： 选择圆	选择复制对象
选择对象： 回车	结束选择
指定基点或 [位移(D)/模式(O)] <位移>: 拾取圆心 *O*	以圆心 O 作为复制的基点
指定第二个点或 [阵列(A)/退出(E)/放弃(U)] <退出>: 选择 *A* 点	指定复制的目标点位置
指定第二个点或 [阵列(A)/退出(E)/放弃(U)] <退出>: 依次选择 *B*、*C*、*D*、*E*、*F*	指定其他目标点的位置，实现多重复制
指定第二个点或 <使用第一个点作为位移>: 回车	结束命令
命令： COPY	调用复制命令
选择对象： 选择圆	选择复制对象
选择对象： 回车	结束选择
指定基点或 [位移(D)/模式(O)] <位移>: 拾取圆心 O	以圆心 O 作为复制的基点
指定第二个点或 [阵列(A)/退出(E)/放弃(U)] <退出>: A	选择阵列复制方式
输入要进行阵列的项目数: 5	指定阵列数目
指定第二个点或 [布满(F)]: 拾取 A 点	指定阵列间距向量
指定第二个点或 [阵列(A)/退出(E)/放弃(U)] <退出>: 回车	结束命令

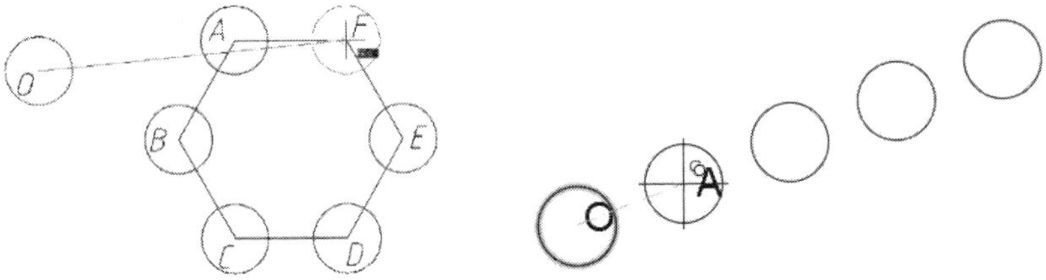

（a）多重复制　　（b）阵列复制

图 1.3.11 复制对象

【任务实施】

绘制太极图。

微课
绘制太极图

一、方法一

（1）绘制任意一个圆。

（2）分别以大圆圆心 O 和左右两个象限点 A、B 为小圆直径的两端点，绘制两个小圆。

打开对象捕捉的“端点”“圆心”“象限点”“交点”选项。

操作步骤如下：

命令： CIRCLE

指定圆的圆心或 [三点（3P）/两点（2P）/相切、相切、半径（T）]： 2P

指定圆直径的第一个端点： 拾取点 A

指定圆直径的第二个端点： 拾取圆心 O

重复 CIRCLE 命令，操作同上，绘制第二个圆，如图 1.3.12 所示。

（3）修剪左圆的上半圆和右圆的下半圆。

操作步骤如下：

命令： TRIM

选择剪切边...

选择对象或 <全部选择>： 选择一个大圆和两个小圆

选择对象： 回车（结束选择）

选择要修剪的对象，或按住 Shift 键选择要延伸的对象，或[栏选（F）/窗交（C）/投影（P）/边（E）/删除（R）/放弃（U）]： 单击左圆的上半部分和右圆的下半部分

选择要修剪的对象，或按住 Shift 键选择要延伸的对象，或[栏选（F）/窗交（C）/投影（P）/边（E）/删除（R）/放弃（U）]： 回车（结束命令）

绘制结果如图 1.3.13 所示。

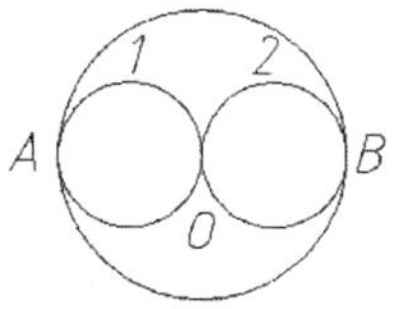

图 1.3.12 绘制两个小圆

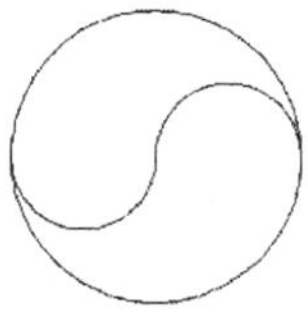

图 1.3.13 修剪两个小圆

（4）绘制双头鱼的一个眼睛。

操作步骤如下：

命令： CIRCLE

指定圆的圆心或 [三点（3P）/两点（2P）/相切、相切、半径（T）]： 拾取左圆的圆心 C

指定圆的半径或 [直径（D）]： 光标拖动指定半径

绘制结果如图 1.3.14 所示。

（5）复制出双头鱼的另一只眼睛。

操作步骤如下：

命令： COPY

选择对象： 选择眼睛

选择对象： 回车（结束选择）

指定基点或 [位移（D）] <位移>： 拾取左圆的圆心 *C*

指定第二个点或 <使用第一个点作为位移>： 拾取右圆的圆心 *D*

指定第二个点或 [退出（E）/放弃（U）] <退出>： 回车（结束命令）

绘制结果如图 1.3.15 所示。

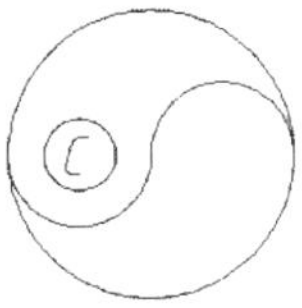

图 1.3.14 绘制双头鱼的一只眼睛

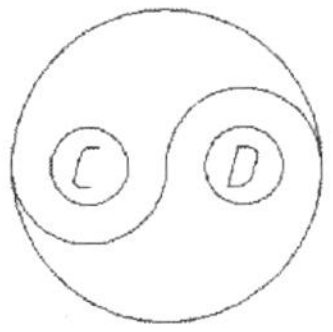

图 1.3.15 复制出另一只眼睛

（6）填充颜色。

调用图案填充命令，打开功能区“图案填充”专用选项卡。

在“类型和图案”选项组中，选择 SOLID 预定义图案，在样例中选择黑色。

填充边界选择左眼睛内的区域和右眼睛外的鱼身区域。

填充结果如图 1.3.16 所示。

图 1.3.16 填充颜色

二、方法二

（1）绘制一个圆。

（2）用圆弧命令绘制左侧的下半圆和右侧的上半圆。

操作步骤如下：

命令： ARC	调用圆弧命令
指定圆弧的起点或 [圆心（C）]： 选择 *A* 点	指定圆弧的起点
指定圆弧的第二个点或 [圆心（C）/端点（E）]： E	选择输入圆弧端点的方式
指定圆弧的端点： 选择圆心 *O*	指定圆弧的端点
指定圆弧的圆心或 [角度（A）/方向（D）/半径（R）]： A	选择输入圆弧角度的方式
指定包含角： 180	输入圆弧的角度
命令：回车	重新调用圆弧命令
ARC 指定圆弧的起点或 [圆心（C）]： 回车	用上一段圆弧的端点作为下一段的起点
指定圆弧的端点： 选择 *B* 点	指定圆弧的端点

绘制结果如图 1.3.17 所示。

（3）绘制双头鱼的眼睛（与方法一同）。

（4）填充颜色（与方法一同）。

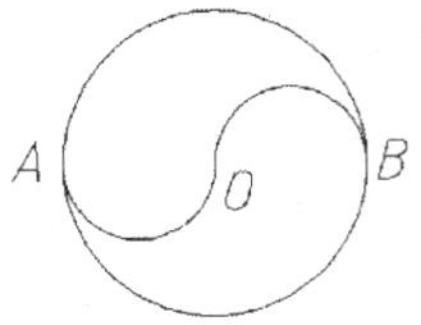

图 1.3.17 绘制两个半圆弧

【训练与提高】

绘制如图 1.3.18 所示的各种图形。

图 1.3.18　练习图形

任务 4　绘制运动场跑道

素质目标

1. 具备绘制和识读施工图所必需的职业素质，拥有吃苦耐劳、诚实守信、求真务实的职业道德观念；

2. 养成严谨、踏实、认真负责的工作作风，具备良好的学习能力和团队协作观念，能够理论联系实际解决问题，培养创新意识。

知识目标

1. 掌握绘制矩形的命令；
2. 掌握修改长度的命令；
3. 掌握分解命令；
4. 绘制运动场跑道。

能力目标

1. 具备 CAD 软件初步应用能力；
2. 具备简单二维图形的绘制能力；
3. 具备绘制运动场跑道所需的矩形、偏移、拉伸、修改长度等绘制和编辑命令的操作能力。

【任务分析】

身体是革命的本钱。一个人要想做成一件事，必须具有多方面的素质，但所有这些都必须依托于一个前提条件——要有健康的体魄。体育作为强健人体魄的重要教育途径，其重要价值不言而喻。

图 1.4.1 所示为一个运动场的跑道。跑道的形状为几条圆端形平行线，绘制时可以用矩形命令 RECTANG 的圆角矩形方式绘制一个圆端形，再用偏移命令 OFFSET 作出其他平行线。

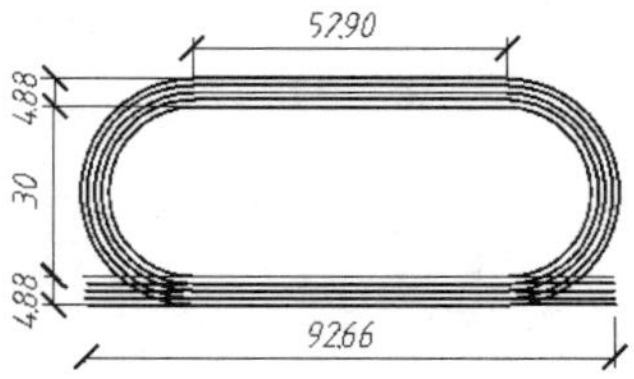

图 1.4.1　运动场跑道

【相关知识】

一、矩形绘制命令

微课

矩形绘制命令

（一）功　能

绘制矩形、带倒角的矩形、带圆角的矩形。

（二）命令调用方式

功能区："默认"标签/"绘图"面板/"矩形" 按钮。
命令行：RECTANG（REC）。

（三）命令举例

例 1.4.1　绘制一个长 100、宽 80 的矩形，如图 1.4.2（a）所示。

操作步骤如下：

命令：　RECTANG	调用矩形命令
指定第一个角点或 [倒角（C）/标高（E）/圆角（F）/厚度（T）/宽度（W）]：　单击任一点	指定矩形的第一个角点
指定另一个角点或 [面积（A）/尺寸（D）/旋转（R）]：　@100，80	输入对角点的相对坐标

例 1.4.2　绘制一个长 100、宽 80 的矩形，四个角带 20×20 的倒角，如图 1.4.2（b）所示。

操作步骤如下：

命令：　RECTANG	调用矩形命令
指定第一个角点或 [倒角（C）/标高（E）/圆角（F）/厚度（T）/宽度（W）]：　C	选择设置倒角
指定矩形的第一个倒角距离 <0.0000>：　20	输入第一倒角距离
指定矩形的第二个倒角距离 <20.0000>：　20	输入第二倒角距离
指定第一个角点或 [倒角（C）/标高（E）/圆角（F）/厚度（T）/宽度（W）]：　单击任一点	指定矩形的第一个角点
指定另一个角点或 [面积（A）/尺寸（D）/旋转（R）]：　@100，80	输入对角点的相对坐标

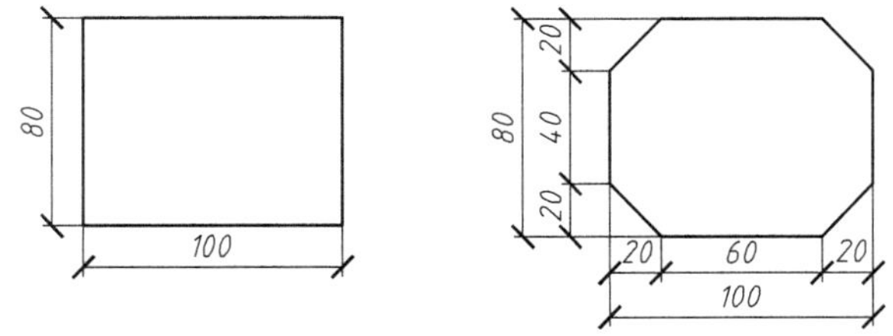

（a）直角矩形　　（b）倒角矩形

图 1.4.2　绘制直角和倒角矩形

例 1.4.3　绘制一个长 100、宽 80 的矩形，四个角带半径为 20 的圆角，矩形的线宽为 2，如图 1.4.3（a）所示。

操作步骤如下：

命令： RECTANG　　调用矩形命令

指定第一个角点或 [倒角（C）/标高（E）/圆角（F）/厚度（T）/宽度（W）]： W　　选择设置矩形线宽

指定矩形的线宽 <0.0000>： 2　　输入矩形线宽

指定第一个角点或 [倒角（C）/标高（E）/圆角（F）/厚度（T）/宽度（W）]： F　　选择设置圆角

指定矩形的圆角半径 <0.0000>： 20　　输入圆角半径

指定第一个角点或 [倒角（C）/标高（E）/圆角（F）/厚度（T）/宽度（W）]： 单击任一点　　指定矩形的第一个角点

指定另一个角点或 [面积（A）/尺寸（D）/旋转（R）]： @100，80　　输入对角点的相对坐标

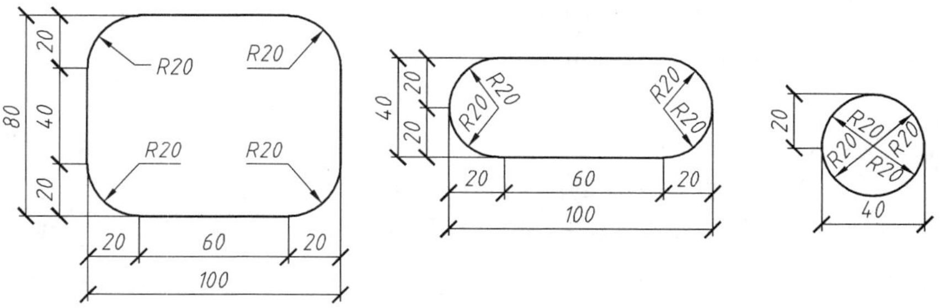

（a）圆角矩形　　（b）圆端形　　（c）圆形

图 1.4.3　绘制圆角矩形

（四）圆角矩形的形状分析与应用

1. 圆角矩形的形状分析

分析图 1.4.3（a）中的圆角矩形可知：

（1）圆角矩形的长边长度 100 = 中间直线段长度 60 + 两个圆角半径 40。

（2）圆角矩形的短边长度 80 = 中间直线段长度 40 + 两个圆角半径 40。

若将圆角矩形的短边长度改为 40 = 中间直线段长度 0 + 两个圆角半径 40，则圆角矩形变为图 1.4.3（b）中的圆端形。

若将长边、短边的长度都改为 40 = 中间直线段长度 0 + 两个圆角半径 40，则圆角矩形变为图 1.4.3（c）中的圆形。

2. 圆角矩形的应用

通过以上分析可知，用圆角矩形命令可以绘制出圆端形，绘制时只需将参数作以下处理：

（1）圆角半径设为圆端形的宽度的一半。

（2）圆角矩形的长边长度 = 圆端形两个半圆的圆心距 + 两个圆角半径长。

（3）圆角矩形的短边长度 = 两个圆角半径长。

二、偏移对象命令

微课

偏移对象命令

（一）功　能

用于创建同心圆、平行线或等距曲线，偏移操作又称为偏移复制。

偏移有两种方式：可以指定偏移距离创建偏移对象，也可以通过一个点创建偏移对象。

（二）命令调用方式

功能区：“默认”标签/“修改”面板/“偏移”按钮。

命令行：OFFSET（O）。

（三）命令举例

例 1.4.4　绘制洗菜盆的平面图，如图 1.4.4 所示。

（1）用圆角矩形命令绘制洗菜盆的内边，矩形长 120，宽 80，圆角半径 20。

（2）用圆命令绘制洗菜盆下水口的外边，圆的直径为 16。

（3）用偏移命令 OFFSET 偏移出洗菜盆的外边、下水口的内边。

操作步骤如下：

命令：OFFSET　　调用偏移命令

当前设置：删除源 = 否　图层 = 源　OFFSETGAPTYPE = 0

指定偏移距离或 [通过（T）/删除（E）/图层（L）] <通过>：5　　指定偏移距离

选择要偏移的对象，或 [退出（E）/放弃（U）] <退出>：选择矩形　　选择偏移对象

指定要偏移的那一侧上的点，或 [退出（E）/多个（M）/放弃（U）] <退出>：向矩形外单击一点　　指定偏移的方向

选择要偏移的对象，或 [退出（E）/放弃（U）] <退出>：选择圆　　选择偏移对象

指定要偏移的那一侧上的点，或 [退出（E）/多个（M）/放弃（U）] <退出>：向圆内单击一点　　指定偏移的方向

选择要偏移的对象，或 [退出（E）/放弃（U）] <退出>：回车　　结束命令

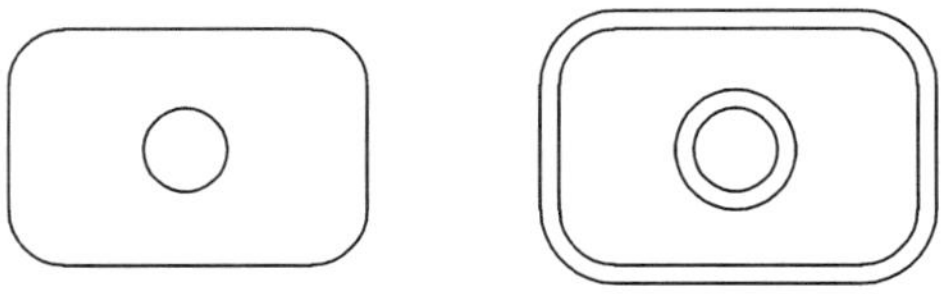

（a）偏移前　　（b）偏移后

图 1.4.4　指定距离偏移对象

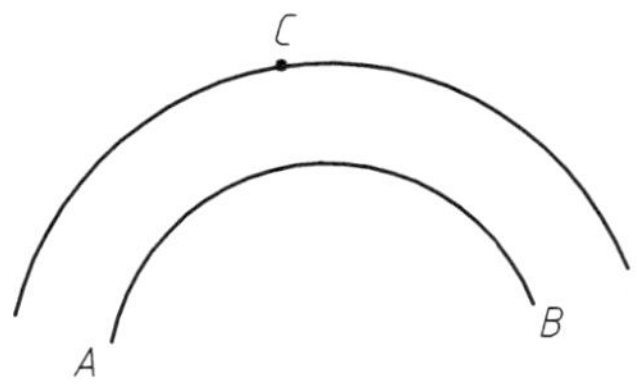

图 1.4.5　指定对象通过点的方式偏移

例 1.4.5　作一个圆弧通过 *C* 点且与圆弧 *AB* 平行，如图 1.4.5 所示。

操作步骤如下：

命令：OFFSET　　调用偏移命令

当前设置：删除源 = 否　图层 = 源　OFFSETGAPTYPE = 0

指定偏移距离或 [通过（T）/删除（E）/图层（L）] <通过>：T　　选择通过点的方式偏移

选择要偏移的对象，或 [退出（E）/放弃（U）] <退出>：选择圆弧 *AB*　　　　选择偏移对象

指定通过点或 [退出（E）/多个（M）/放弃（U）] <退出>：拾取 *C* 点　　　　选择偏移对象的通过点

选择要偏移的对象，或 [退出（E）/放弃（U）] <退出>：回车　　　　结束命令

三、拉伸对象命令

（一）功　能

拉伸改变对象中被选中的特征点位置，选择对象的方式只能用交叉窗口的方式。

（二）命令调用方式

功能区：“默认”标签/“修改”面板/“拉伸”  按钮。

命令行：STRETCH（S）。

微课

拉伸对象命令

（三）命令举例

例 1.4.6　将汽车水平拉长成加长汽车，如图 1.4.6 所示。

操作步骤如下：

命令：STRETCH	调用拉长命令
以交叉窗口或交叉多边形选择要拉伸的对象...	
选择对象：拾取点 *A*	指定窗口的第一点
指定对角点：拾取点 *B*	指定窗口的对角点
选择对象：回车	结束选择
指定基点或 [位移（D）] <位移>：拾取点 *C*	指定拉伸的基点
指定第二个点或 <使用第一个点作为位移>：@30，0	指定拉伸的目标点

（a）原图形　　　　（b）拉伸结果

图 1.4.6　拉伸对象

注：（1）STRETCH 命令能拉伸线段、弧、多义线等对象，但是不能拉伸圆、文本、图块等，只能将其移动。

（2）选择拉伸对象时位于选择窗口内的对象将被移动，与窗口相交的对象则被拉伸。

四、拉长命令

微课

拉长命令

（一）功　能

用于改变直线、多段线、圆弧、椭圆弧和非封闭的曲线的长度。

（二）命令调用方式

功能区：“默认”标签/“修改”面板/“修改”下拉列表/“拉长” 按钮。
命令行：LENGTHEN（LEN）。

（三）命令举例

例 1.4.7 将直线的长度延长 50，如图 1.4.7 所示。

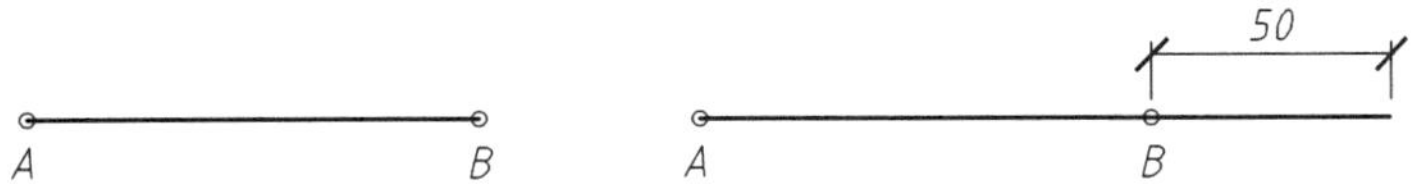

图 1.4.7 直线延长 50

操作步骤如下：

命令：LENGTHEN		调用延长命令
当前长度：94.376486		
选择对象或 [增量（DE）/百分数（P）/总计（T）/动态（DY）]：	DE	采用指定延长量的方式
输入长度增量或 [角度（A）] <10.0000>：	50	输入延长量
选择要修改的对象或 [放弃（U）]：	选择直线 *AB*	选择拉长对象
选择要修改的对象或 [放弃（U）]：	回车	结束命令

例 1.4.8 将直线的总长度改为 200，如图 1.4.8 所示。
操作步骤如下：

命令：LENGTHEN		调用延长命令
选择对象或 [增量（DE）/百分数（P）/总计（T）/动态（DY）]：	T	采用修改总长的方式
指定总长度或 [角度（A）] <1.0000）>：	200	将总长改为 200
选择要修改的对象或 [放弃（U）]：	选择直线 *AB*	选择拉长对象
选择要修改的对象或 [放弃（U）]：	回车	结束命令

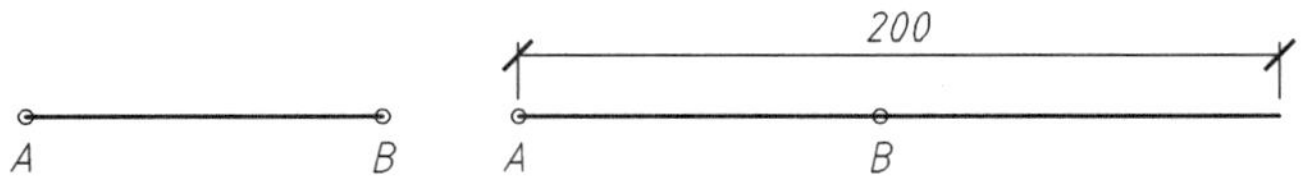

图 1.4.8 直线总长度改为 200

例 1.4.9 将图 1.4.9（a）中圆弧的角度改为 60°，如图 1.4.9（b）所示。
操作步骤如下：

命令：LENGTHEN		调用延长命令
选择对象或 [增量（DE）/百分数（P）/总计（T）/动态（DY）]：	T	采用修改总长的方式
输入长度增量或 [角度（A）] <50.000000>：	A	采用控制角度的方式
输入角度增量 <0d0′0″>：	60	将圆弧角度改为 60°
选择要修改的对象或 [放弃（U）]：	选择圆弧	选择要修改的圆弧
选择要修改的对象或 [放弃（U）]：	回车	结束命令

例 1.4.10 将图 1.4.9（a）中圆弧的角度增加 30°，如图 1.4.9（c）所示。

操作步骤如下：

命令：LENGTHEN	调用延长命令
选择对象或 [增量（DE）/百分数（P）/总计（T）/动态（DY）]：DE	采用指定延长量的方式
输入长度增量或 [角度（A）] <50.000000>：A	采用控制角度的方式
输入角度增量 <0d0′0″>：30	将圆弧角度增加 30°
选择要修改的对象或 [放弃（U）]：选择圆弧	选择要修改的圆弧
选择要修改的对象或 [放弃（U）]：回车	结束命令

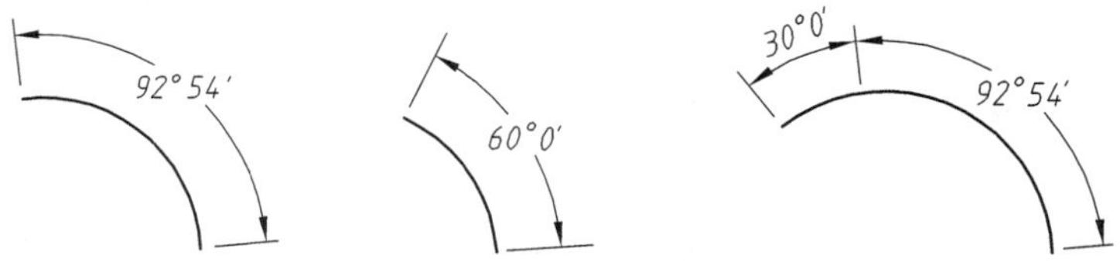

（a）圆弧　（b）角度改为 60°　（c）角度增加 30°

图 1.4.9　修改圆弧的角度

例 1.4.11 用 LENGTHEN 命令的动态选项，可以用光标拖动改变直线或圆弧的长度，而不改变方向，拉长过程与结果非常直观。

操作步骤如下：

命令：LENGTHEN	调用延长命令
当前长度：33.736076	
选择对象或 [增量（DE）/百分数（P）/总计（T）/动态（DY）]：DY	采用动态的拉长方式
选择要修改的对象或 [放弃（U）]：选择一直线或圆弧	选择拉长对象
指定新端点：拖动光标观察长度变化，单击一点	完成拉长
选择要修改的对象或 [放弃（U）]：回车	结束命令

五、分解命令

（一）功　能

将复合对象如多段线、块、图案填充等分解成多个独立的、简单的直线或圆弧对象。

（二）命名调用方式

微课

功能区："默认"标签/"修改"面板/"分解"按钮。

命令行：EXPLODE（X）。

分解命令

（三）命名举例

例 1.4.12 将一个矩形对象分解成 4 个直线对象，如图 1.4.10 所示。

操作步骤如下：

命令： EXPLODE 调用分解命令
选择对象： 选择矩形 选择分解对象
选择对象： 回车 结束选择并执行

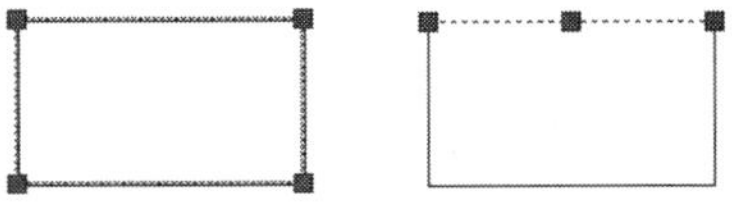
（a）分解前 （b）分解后
图 1.4.10 矩形的分解

【任务实施】

步骤如下：

（1）绘制跑道的内圈圆端形。

用矩形命令 RECTANG 的圆角方式绘制圆端形。

操作步骤如下：

命令： RECTANG
当前矩形模式： 圆角 = 0.000000
指定第一个角点或 [倒角(C)/标高(E)/圆角(F)/厚度(T)/宽度(W)]： F
指定矩形的圆角半径 <20.000000>： 15
指定第一个角点或 [倒角(C)/标高(E)/圆角(F)/厚度(T)/宽度(W)]： 单击任一点
指定另一个角点或 [面积(A)/尺寸(D)/旋转(R)]： @82.9，30
命令： ZOOM
指定窗口的角点，输入比例因子 (nX 或 nXP)，或者[全部(A)/中心(C)/动态(D)/范围(E)/上一个(P)/比例(S)/窗口(W)/对象(O)] <实时>： a

用图形显示命令 ZOOM 绘制结果如图 1.4.11 所示。

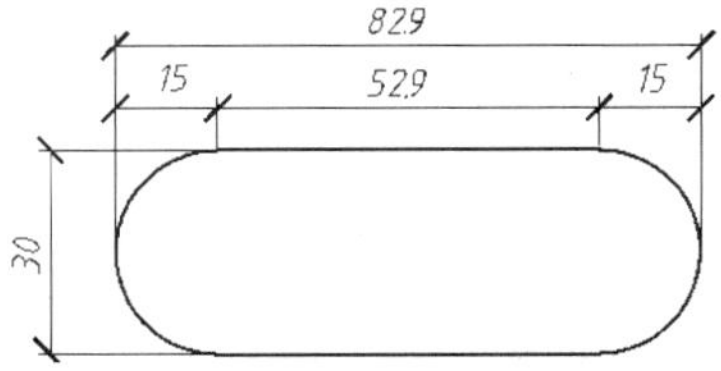

图 1.4.11 绘制圆端形

（2）用偏移命令 OFFSET 偏移出跑道外圈的四个圆端形。

操作步骤如下：

命令： OFFSET
当前设置：删除源 = 否 图层 = 源 OFFSETGAPTYPE = 0
指定偏移距离或 [通过（T）/删除（E）/图层（L）] <通过>： 1.22
选择要偏移的对象，或 [退出（E）/放弃（U）] <退出>： 选择圆端形
指定要偏移的那一侧上的点，或 [退出（E）/多个（M）/放弃（U）] <退出>： 单击圆端形外侧的一点
选择要偏移的对象，或 [退出（E）/放弃（U）] <退出>： 选择第二个圆端形
指定要偏移的那一侧上的点，或 [退出（E）/多个（M）/放弃（U）] <退出>： 单击第二个圆端形外侧的一点
选择要偏移的对象，或 [退出（E）/放弃（U）] <退出>： 选择第三个圆端形
指定要偏移的那一侧上的点，或 [退出（E）/多个（M）/放弃（U）] <退出>： 单击第三个圆端形外侧的一点
选择要偏移的对象，或 [退出（E）/放弃（U）] <退出>： 选择第四个圆端形

指定要偏移的那一侧上的点，或 [退出（E）/多个（M）/放弃（U）] <退出>：　单击第四个圆端形外侧的一点

选择要偏移的对象，或 [退出（E）/放弃（U）] <退出>：　回车（结束命令）

绘制结果如图 1.4.12 所示。

（3）分解五个圆端形。

用分解命令 EXPLODE 将五个圆端形分解成直线或圆弧。输入 EXPLDE 命令后，再选中五个圆端形，回车，即可将五个圆端形分解成直线或圆弧。

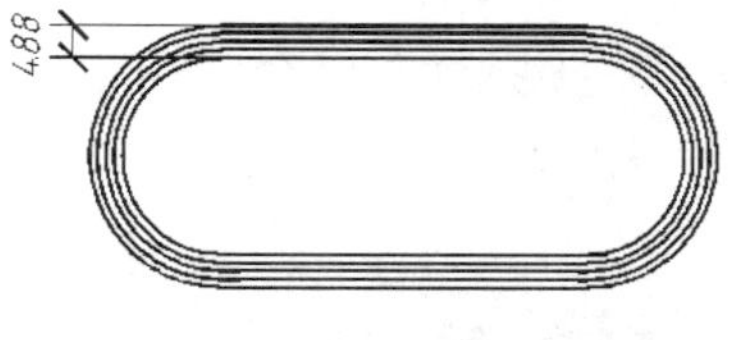

图 1.4.12　偏移出跑道外圈

（4）用拉长命令延长跑道的直线段（见图 1.4.13）。

操作步骤如下：

命令：　LENGTHEN

选择对象或 [增量（DE）/百分数（P）/总计（T）/动态（DY）]：　DE

输入长度增量或 [角度（A）] <0.0000>：　19.88

选择要修改的对象或 [放弃（U）]：　在靠近直线的左端依次选择五条线段

选择要修改的对象或 [放弃（U）]：　在靠近直线的右端依次选择五条线段

选择要修改的对象或 [放弃（U）]：　回车（结束命令）

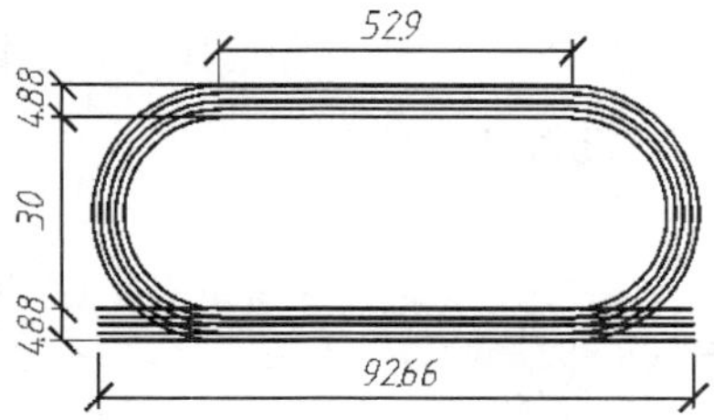

图 1.4.13　延长跑道的直线段

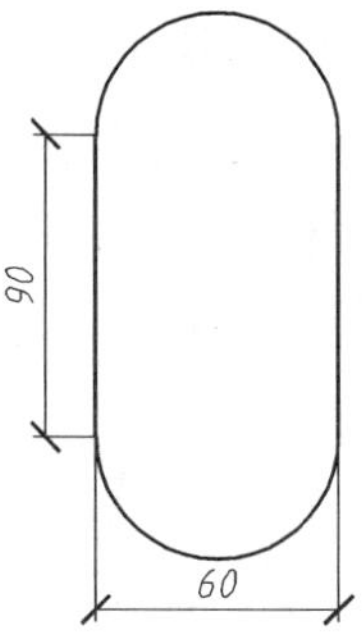

图 1.4.14　绘制圆端形

【训练与提高】

（1）用矩形命令绘制如图 1.4.14 所示的圆端形。

（2）想一想绘制圆端形还有什么其他方法？

任务 5　绘制星状图

素质目标

1. 具备绘制和识读施工图所必需的职业素质，拥有吃苦耐劳、诚实守信、求真务实的职业道德观念；

2. 养成严谨、踏实、认真负责的工作作风，具备良好的学习能力和团队协作观念，能够理论联系实际解决问题，培养创新意识。

知识目标

1. 掌握多段线绘制命令；
2. 多段线编辑命令；
3. 掌握阵列命令；
4. 绘制星状图。

能力目标

1. 具备 CAD 软件初步应用能力；
2. 具备简单二维图形的绘制能力；
3. 具备绘制星状图所需的多段线绘制和编辑命令的操作能力。

【任务分析】

图 1.5.1 所示为一个星状图，是由 20 条曲线在一个圆周内均匀分布而成的。每条曲线由四段宽度变化的圆弧组成，四段圆弧颜色从中心向外依次为黄、绿、红、黑，它们的线宽缓和变化，圆弧之间的连接处光滑过渡。

星状图的具体画法：分 4 次调用多线段命令 PLINE 绘制 4 条线宽均匀变化的圆弧状多段线，拼成一条曲线，然后利用阵列命令 ARRAY 进行环形阵列，作出 20 条曲线，得到星状图。

图 1.5.1　星状图

微课

多段线绘制命令

【相关知识】

一、多段线绘制命令

（一）功　能

用于绘制一条包含若干条直线段和圆弧段并且线宽可以变化的复合线，无论一条多段线含有多少条直线段或圆弧段，它们都是一个整体。

（二）命令调用方式

功能区：“默认”标签/“绘图”面板/“多段线” 按钮。
命令行：PLINE（PL）。

（三）命令举例

例 1.5.1　绘制一个长度为 5、宽度为 1 的直线箭头，如图 1.5.2 所示。
操作步骤如下：

命令：PLINE　　调用多段线命令

指定起点：单击 *A* 点　　指定 *A* 点作为多段线起点

当前线宽为 0.0000

指定下一个点或 [圆弧（A）/半宽（H）/长度（L）/放弃（U）/宽度（W）]：W　　选择设置线宽选项

指定起点宽度 <0.0000>：1　　指定多段线起点宽度

指定端点宽度 <1.0000>：0　　指定多段线端点宽度

指定下一个点或 [圆弧（A）/半宽（H）/长度（L）/放弃（U）/宽度（W）]：@5，0　　输入下一点的相对坐标

指定下一个点或 [圆弧（A）/半宽（H）/长度（L）/放弃（U）/宽度（W）]：回车（结束命令）

图 1.5.2　直线箭头

例 1.5.2　绘制圆弧箭头，如图 1.5.3 所示。

操作步骤如下：

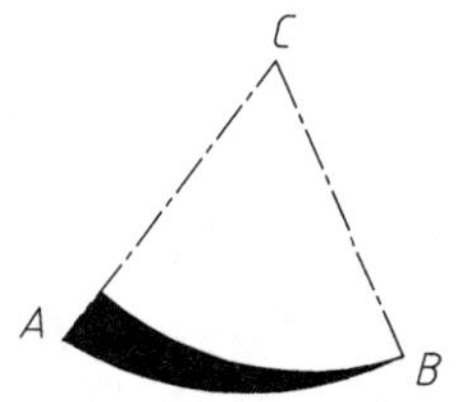

图 1.5.3　圆弧箭头

命令：PLINE　　调用多段线命令

指定起点：单击任一点 *A*　　指定点 *A* 为多段线的起点

当前线宽为 0.0000

指定下一个点或 [圆弧（A）/半宽（H）/长度（L）/放弃（U）/宽度（W）]：W　　选择设置线宽选项

指定起点宽度 <0.0000>：1　　指定起点宽度

指定端点宽度 <1.0000>：0　　指定端点宽度

指定下一个点或 [圆弧（A）/半宽（H）/长度（L）/放弃（U）/宽度（W）]：A　　选择绘制圆弧段选项

指定圆弧的端点或[角度（A）/圆心（CE）/方向（D）/半宽（H）/直线（L）/半径（R）/第二个点（S）/放弃（U）/宽度（W）]：CE　　选择指定圆弧圆心选项

指定圆弧的圆心：单击 *C* 点　　指定 *C* 点为圆弧段的圆心

指定圆弧的端点或 [角度（A）/长度（L）]：A　　选择指定圆心角的方式

指定包含角：60　　指定圆弧的圆心角为 60°

指定圆弧的端点或[角度（A）/圆心（CE）/闭合（CL）/方向（D）/半宽（H）/直线（L）/半径（R）/第二个点（S）/放弃（U）/宽度]：单击端点 *B*　　指定 *B* 点为圆弧多段线的端点

指定圆弧的端点或[角度（A）/圆心（CE）/闭合（CL）/方向（D）/半宽（H）/直线（L）/半径（R）/第二个点（S）/放弃（U）/宽度（W）]：回车　　结束命令

例 1.5.3 绘制包含圆弧和直线的多段线，如图 1.5.4 所示。

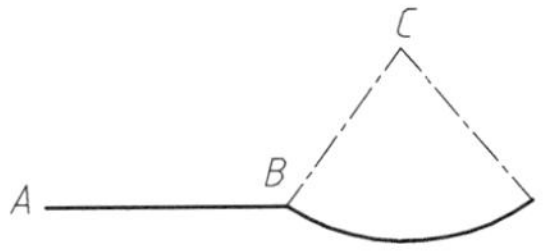

图 1.5.4 包含直线和圆弧的多段线

操作步骤如下：

命令：PLINE 调用多段线命令

指定起点：单击任一点 *A* 指定多段线的起点

当前线宽为 1.0000

指定下一个点或 [圆弧（A）/半宽（H）/长度（L）/放弃（U）/宽度（W）]：W 选择设置线宽选项

指定起点宽度 <1.0000>：1 指定起点宽度

指定端点宽度 <1.0000>：1 指定端点宽度

指定下一个点或 [圆弧（A）/半宽（H）/长度（L）/放弃（U）/宽度（W）]：@20，0 指定下一点的相对坐标

指定下一点或 [圆弧（A）/闭合（C）/半宽（H）/长度（L）/放弃（U）/宽度（W）]：A 选择绘制圆弧选项

指定圆弧的端点或[角度（A）/圆心（CE）/闭合（CL）/方向（D）/半宽（H）/直线（L）/半径（R）/第二个点（S）/放弃（U）/宽度（W）]：CE 选择指定圆心选项

指定圆弧的圆心：指定圆弧圆心 *C* 指定圆弧圆心

指定圆弧的端点或 [角度（A）/长度（L）]：A 选择指定角度选项

指定包含角：60 输入圆弧的角度 60°

指定圆弧的端点或[角度（A）/圆心（CE）/闭合（CL）/方向（D）/半宽（H）/直线（L）/半径（R）/第二个点（S）/放弃（U）/宽度（W）]：回车 结束命令

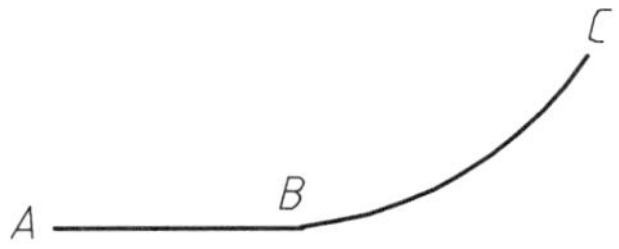

图 1.5.5 直线和圆弧相切的多段线

例 1.5.4 创建包括圆弧和直线的多段线，其中圆弧和多段线相切，如图 1.5.5 所示。

操作步骤如下：

命令：PLINE 调用多段线命令

指定起点：单击任一点 *A* 指定多段线起点

当前线宽为 1.0000

指定下一个点或 [圆弧（A）/半宽（H）/长度（L）/放弃（U）/宽度（W）]：@20，0 输入下一点 *B* 的相对坐标

指定下一点或 [圆弧（A）/闭合（C）/半宽（H）/长度（L）/放弃（U）/宽度（W）]：A 选择绘制圆弧选项

指定圆弧的端点或[角度（A）/圆心（CE）/闭合（CL）/方向（D）/半宽（H）/直线（L）/半径（R）/第二个点（S）/放弃（U）/宽度（W）]：　单击点 C　　指定某一点 *C* 作为圆弧端点

指定圆弧的端点或[角度（A）/圆心（CE）/闭合（CL）/方向（D）/半宽（H）/直线（L）/半径（R）/第二个点（S）/放弃（U）/宽度（W）]：　回车　　结束命令

例 1.5.5　绘制一个半径为 10、线宽为 2 的粗线圆，如图 1.5.6 所示。

操作步骤如下：

命令：PLINE　　调用多段线命令

指定起点：单击任一点　　指定多段线起点

当前线宽为 1.0000

指定下一个点或 [圆弧（A）/半宽（H）/长度（L）/放弃（U）/宽度（W）]：A　　选择绘制圆弧选项

图 1.5.6　粗线圆

指定圆弧的端点或[角度（A）/圆心（CE）/方向（D）/半宽（H）/直线（L）/半径（R）/第二个点（S）/放弃（U）/宽度（W）]：W　　选择设置线宽选项

指定起点宽度 <1.0000>：2　　设置起点宽度

指定端点宽度 <2.0000>：2　　设置端点宽度

指定圆弧的端点或[角度（A）/圆心（CE）/方向（D）/半宽（H）/直线（L）/半径（R）/第二个点（S）/放弃（U）/宽度（W）]：R　　选择指定半径选项

指定圆弧的半径：10　　输入圆弧半径值

指定圆弧的端点或 [角度（A）]：@20，0　　指定圆弧下一点的相对坐标

指定圆弧的端点或[角度（A）/圆心（CE）/闭合（CL）/方向（D）/半宽（H）/直线（L）/半径（R）/第二个点（S）/放弃（U）/宽度（W）]：CL　　闭合圆弧

二、多段线编辑命令

微课

多段线编辑命令

（一）功　能

修改多段线，并且可以把直线或者圆弧转换成多段线进行修改。

（二）命令调用方式

功能区：“默认”标签/“修改”面板/“修改”下拉列表/“编辑多段线”按钮。

命令行：PEDIT（PE）。

（三）命令举例

例 1.5.6　闭合多段线 *ABC*，并改变多段线宽度，如图 1.5.7 所示。

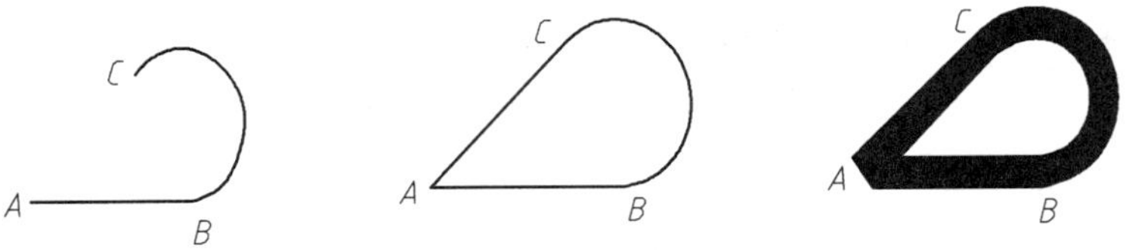

（a）修改前　　（b）闭合后的多段线　　（c）改变线宽后的多段线

图 1.5.7　闭合多段线，修改线宽

操作步骤如下：

命令： PEDIT	调用多段线编辑命令
选择多段线或 [多条（M）]： 选择多段线 *ABC*	选择要修改的多段线
输入选项 [闭合（C）/合并（J）/宽度（W）/编辑顶点（E）/拟合（F）/样条曲线（S）/非曲线化（D）/线型生成（L）/放弃（U）]： C	选择闭合多段线选项，如图 1.5.7（b）所示
输入选项 [打开（O）/合并（J）/宽度（W）/编辑顶点（E）/拟合（F）/样条曲线（S）/非曲线化（D）/线型生成（L）/放弃（U）]： W	选择修改线宽选项
指定所有线段的新宽度： 1	输入多段线的新宽度，如图 1.5.7（c）所示

例 1.5.7　将两条不同宽度的多段线修改为同一宽度，如图 1.5.8 所示。

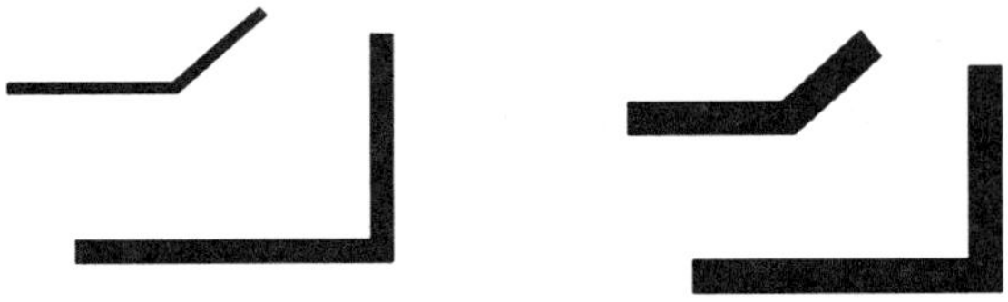

（a）不同宽度的多段线　　（b）修改成为同一宽度的多段线

图 1.5.8

操作步骤如下：

命令： PEDIT	调用多段线编辑命令
PEDIT 选择多段线或 [多条（M）]： M	选择多条多段线选项
选择对象： 选择两条多段线	选择修改对象
选择对象： 回车	结束选择
输入选项 [闭合（C）/打开（O）/合并（J）/宽度（W）/拟合（F）/样条曲线（S）/非曲线化（D）/线型生成（L）/放弃（U）]： W	选择修改宽度选项
指定所有线段的新宽度： 3	输入新宽度

例 1.5.8　多段线的拟合，如图 1.5.9 所示。

操作步骤如下：

命令： PEDIT	调用多段线编辑命令
PEDIT 选择多段线或 [多条（M）]： 单击多段线	选取想要编辑的多段线

输入选项 [闭合（C）/合并（J）/宽度（W）/编辑顶点（E）/拟合（F）/样条曲线（S）/非曲线化（D）/线型生成（L）/放弃（U）]： F　　选择拟合选项

回车　　结束命令

（a）多段线　　（b）拟合后的多段线

图 1.5.9　多段线的拟合

（a）多段线　　（b）样条曲线

图 1.5.10　多段线转化为样条曲线

例 1.5.9　多段线转化为样条曲线，如图 1.5.10。

操作步骤如下：

命令： PEDIT　　调用多段线编辑命令

选择多段线或 [多条（M）]： 单击多段线　　选取想要编辑的多段线

输入选项 [闭合（C）/合并（J）/宽度（W）/编辑顶点（E）/拟合（F）/样条曲线（S）/非曲线化（D）/线型生成（L）/放弃（U）]： S　　选择样条曲线选项

回车　　结束命令

微课

绘制星状图

【任务实施】

步骤如下：

（1）绘制第一段圆弧 *AB*，如图 1.5.11 所示。

操作步骤如下：

命令：PLINE　　调用多段线命令

指定起点：指定绘图区域任一点 *A*　　指定多段线起点

指定下一个点或 [圆弧（A）/半宽（H）/长度（L）/放弃（U）/宽度（W）]： *A*　　选择绘制圆弧选项

指定圆弧的端点或[角度（A）/圆心（CE）/方向（D）/半宽（H）/直线（L）/半径（R）/第二个点（S）/放弃（U）/宽度（W）]： W　　选择设置线宽选项

指定起点宽度 <5.0000>： 0　　指定多段线起点宽度

指定端点宽度 <0.0000>： 5　　指定多段线端点宽度

指定圆弧的端点或[角度（A）/圆心（CE）/方向（D）/半宽（H）/直线（L）/半径（R）/第二个点（S）/放弃（U）/宽度（W）]： 拾取 *B* 点　　指定多段线的端点

回车　　结束命令

图 1.5.11　绘制第一段圆弧 *AB*

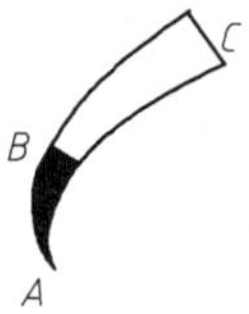

图 1.5.12　第二段圆弧 *BC*

（2）绘制第二段圆弧 *BC*，如图 1.5.12 所示。

操作步骤如下：

命令： PLINE	调用多段线命令
指定起点： 回车	直接回车，捕捉上一段线的端点 *B* 点和切线方向作为下一段线的起点和切线方向
指定下一个点或 [圆弧（A）/半宽（H）/长度（L）/放弃（U）/宽度（W）]： A	选择绘制圆弧选项
指定圆弧的端点或[角度（A）/圆心（CE）/方向（D）/半宽（H）/直线（L）/半径（R）/第二个点（S）/放弃（U）/宽度（W）]： W	选择设置线宽选项
指定起点宽度 <10.0000>： 5	指定起点宽度
指定端点宽度 <5.0000>： 10	指定端点宽度
指定圆弧的端点或[角度（A）/圆心（CE）/方向（D）/半宽（H）/直线（L）/半径（R）/第二个点（S）/放弃（U）/宽度（W）]： 拾取 *C* 点	指定第二条多段线端点
回车	结束命令

（3）绘制第三段圆弧 *CD*，如图 1.5.13 所示。

操作步骤如下：

命令： PLINE	调用多段线命令
指定起点： 回车	直接回车，捕捉上一段线的端点 *C* 点和切线方向作为下一段线的起点和切线方向
指定下一个点或 [圆弧（A）/半宽（H）/长度（L）/放弃（U）/宽度（W）]： A	选择绘制圆弧选项
指定圆弧的端点或[角度（A）/圆心（CE）/方向（D）/半宽（H）/直线（L）/半径（R）/第二个点（S）/放弃（U）/宽度（W）]： W	选择设置线宽选项
指定起点宽度 <10.0000>： 10	指定起点宽度
指定端点宽度 <5.0000>： 5	指定端点宽度
指定圆弧的端点或[角度（A）/圆心（CE）/方向（D）/半宽（H）/直线（L）/半径（R）/第二个点（S）/放弃（U）/宽度（W）]： 拾取 *D* 点	指定第三条多段线端点
回车	结束命令

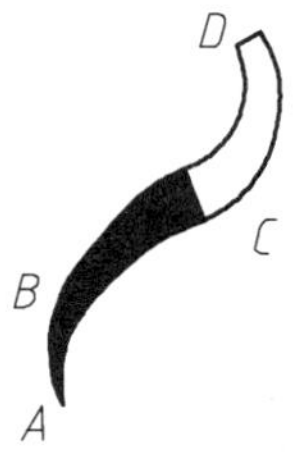

图 1.5.13　绘制第三段圆弧 *CD*

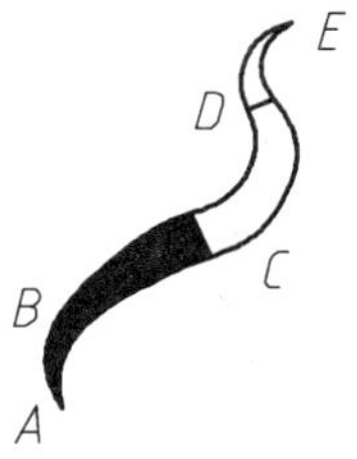

图 1.5.14　绘制第四段圆弧 *DE*

（4）绘制第四段圆弧 *DE*，如图 1.5.14 所示。

操作步骤如下：

命令： PLINE	调用多段线命令
指定起点： 回车	直接回车，捕捉上一段线的端点 *D* 点和切线方向作为下一段线的起点和切线方向
指定下一个点或 [圆弧（A）/半宽（H）/长度（L）/放弃（U）/宽度（W）]： A	选择绘制圆弧选项
指定圆弧的端点或[角度（A）/圆心（CE）/方向（D）/半宽（H）/直线（L）/半径（R）/第二个点（S）/放弃（U）/宽度（W）]： W	选择设置线宽选项
指定起点宽度 <10.0000>： 5	指定起点宽度
指定端点宽度 <5.0000>： 0	指定端点宽度
指定圆弧的端点或[角度（A）/圆心（CE）/方向（D）/半宽（H）/直线（L）/半径（R）/第二个点（S）/放弃（U）/宽度（W）]： 拾取 *E* 点	指定第四条多段线端点
回车	结束命令

（5）修改四段多段线的颜色。

修改四段多段线的颜色，依次为黑、红、绿、黄。

（6）调用“阵列”命令 ARRAY，选择环形阵列，对象选择多线段 *AB*，*BC*，*CD*，*DE* 共四个，中心点选择 *E* 点，项目总数 20，得到的星状图，如图 1.5.15 所示。

图 1.5.15 环形阵列

【训练与提高】

（1）采用多段线命令绘制一个圆端形。

（2）采用多段线命令绘制一个太极图的内部圆弧。

（3）多段线与直线、圆弧的相互转化。

① 一条多段线用分解命令 EXPLODE 可以分解为直线和圆弧。

② 首尾连接的几段直线、圆弧可以用修改多段线命令 PEDIT 转成多段线进行修改，如图 1.5.16 所示。

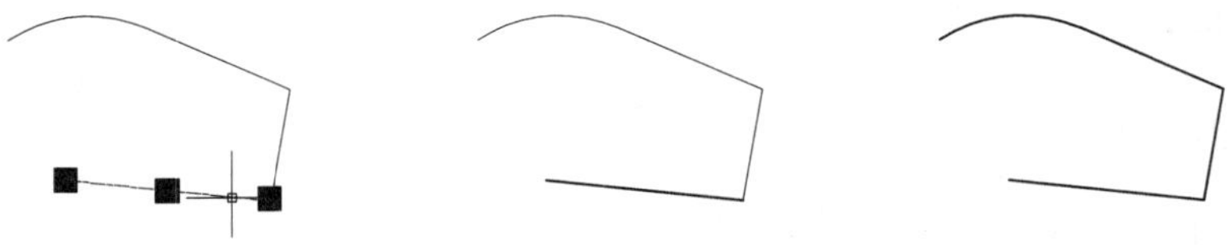

（a）直线与圆弧　（b）直线转为多段线　（c）合并其他线

图 1.5.16 直线与圆弧转为多段线

操作步骤如下：

命令：PEDIT	调用修改多段线命令
选择多段线或 [多条（M）]：选择一直线	选择修改对象
选定的对象不是多段线	
是否将其转换为多段线? <Y> Y	将直线转为多段线
输入选项 [闭合（C）/合并（J）/宽度（W）/编辑顶点（E）/拟合（F）/样条曲线（S）/非曲线化（D）/线型生成（L）/放弃（U）]：W	选择修改线宽选项
指定所有线段的新宽度：2	指定线宽
输入选项 [闭合（C）/合并（J）/宽度（W）/编辑顶点（E）/拟合（F）/样条曲线（S）/非曲线化（D）/线型生成（L）/放弃（U）]：J	选择合并选项
选择对象：选择其他几条线	选择合并对象
选择对象：回车	结束选择
3 条线段已添加到多段线	
输入选项 [闭合（C）/合并（J）/宽度（W）/编辑顶点（E）/拟合（F）/样条曲线（S）/非曲线化（D）/线型生成（L）/放弃（U）]：回车	结束命令

任务 6　绘制脸谱

素质目标

1. 具备绘制和识读施工图所必需的职业素质，拥有吃苦耐劳、诚实守信、求真务实的职业道德观念；

2. 养成严谨、踏实、认真负责的工作作风，具备良好的学习能力和团队协作观念，能够理论联系实际解决问题，培养创新意识。

知识目标

1. 掌握绘制椭圆命令；
2. 掌握绘制圆环命令；
3. 掌握绘制样条曲线命令；
4. 掌握镜像命令；
5. 绘制脸谱。

能力目标

1. 具备 CAD 软件初步应用能力；
2. 具备简单二维图形的绘制能力；
3. 具备绘制脸谱所需的椭圆、圆环、样条曲线、镜像等绘制和编辑命令的操作能力。

【任务分析】

戏曲脸谱是在唐、宋涂面化妆的基础上发展起来的，它具有深刻的内涵，对戏剧人物有一种象征意义，脸谱的夸张性、装饰性，不仅使人物的神情鲜明起来，同时也使创作者的思想倾向鲜明起来。寓褒贬、别善恶，也是脸谱艺术的重要特色。

图 1.6.1 所示为一张脸谱，是一个左右对称的图形，绘图时可以先画出图形的一半，然后用镜像命令 MIRROR，镜像出图形的另一半。

绘制图形左面的一半，可以利用绘制椭圆的命令 ELLIPSE 绘制左边的眼圈，用圆弧命令 ARC 绘制眉毛，用绘制圆环的命令 DONUT 绘制眼球，用绘制样条曲线的命令 SPLINE 绘制一半鼻子和嘴。

图 1.6.1 脸谱

【相关知识】

微课

绘制椭圆命令

一、绘制椭圆命令

（一）功 能

绘制椭圆或者椭圆弧，有两种绘制椭圆方式：一种是“圆心”方式，另一种是“轴、端点”方式。

（二）命令调用方式

功能区：“默认”标签/“绘图”面板/“椭圆”按钮。

命令行：ELLIPSE（EL）。

（三）命令举例

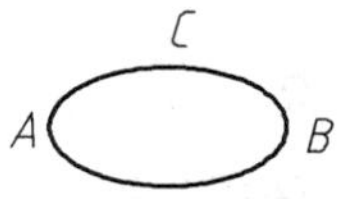

图 1.6.2 椭圆

例 1.6.1 用“轴、端点”方式，绘制一个椭圆，如图 1.6.2 所示。

操作步骤如下：

命令： ELLIPSE 调用椭圆命令

指定椭圆的轴端点或 [圆弧（A）/中心点（C）]: 拾取 *A* 点 指定椭圆一条轴的第一个端点

指定轴的另一个端点： 拾取 *B* 点 指定椭圆一条轴的第二个端点

指定另一条半轴长度或 [旋转（R）]： 拾取 *C* 点 指定另一个轴的半轴长

例 1.6.2 绘制一段椭圆弧，如图 1.6.3 所示。

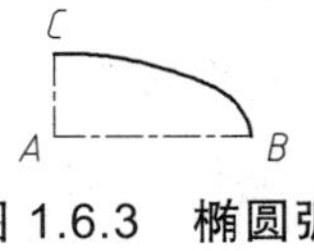

图 1.6.3 椭圆弧

操作步骤如下：

命令： ELLIPSE 调用椭圆命令

指定椭圆的轴端点或 [圆弧（A）/中心点（C）]: A 选择绘制圆弧选项

指定椭圆弧的轴端点或 [中心点（C）]： C 选择椭圆中心点选项

指定椭圆弧的中心点： 指定 *A* 点 指定 *A* 点作为圆弧中心点

指定轴的端点： 指定 *B* 点 指定 *B* 点作为长轴端点

指定另一条半轴长度或 [旋转（R）]：　指定 C 点　　指定 C 点作为短轴端点
指定起始角度或 [参数（P）]：　0　　指定起始角度为 0°
指定终止角度或 [参数（P）/包含角度（I）]：　90　　指定终止角度为 90°

二、绘制圆环命令

微课
绘制圆环命令

（一）功　能

通过指定圆环的内部直径、外部直径绘制圆环。

（二）命令调用方式

功能区：“默认”标签/“绘图”面板/“绘图”下拉列表/“圆环”按钮。
命令行：DONUT（DO）。

（三）命令举例

例 1.6.3　绘制一个圆环，如图 1.6.4 所示。

图 1.6.4　圆环

操作步骤如下：

命令：　DONUT　　调用圆环命令
指定圆环的内径 <0.5000>：　30　　指定圆环的内部直径大小
指定圆环的外径 <1.0000>：　60　　指定圆环的外部直径大小
指定圆环的中心点或 <退出>：　拾取绘图区内一点　　指定圆环的中心点
回车　　结束命令

例 1.6.4　绘制一个实心圆，如图 1.6.5 所示。

图 1.6.5　实心圆

操作步骤如下：

命令：　DONUT　　调用圆环命令
指定圆环的内径 <0.5000>：　0　　指定圆环的内径大小
指定圆环的外径 <1.0000>：　60　　指定圆环的外径大小
指定圆环的中心点或 <退出>：　拾取绘图区内一点　　指定圆环的中心点
回车　　结束命令

例 1.6.5　绘制一个线宽为 1 的粗线圆，如图 1.6.6 所示。

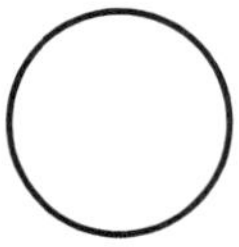

图 1.6.6　粗线圆

操作步骤如下：

命令：　DONUT　　调用圆环命令
指定圆环的内径 <0.0000>：　18　　指定圆环的内径大小
指定圆环的外径 <0.0000>：　20　　指定圆环的外径大小
指定圆环的中心点或 <退出>：　拾取绘图区内一点　　指定圆环的中心点
回车

三、样条曲线绘制命令

微课

样条曲线绘制命令

（一）功　能

通过拟合一系列的已知点绘制的光滑曲线称为样条曲线。样条曲线有两种，一种是曲线通过拟合已知点，另一种是曲线不通过已知点，而是将它们作为控制点。

（二）命令调用方式

功能区：“默认”标签/“绘图”面板/“绘图”下拉列表/“样条曲线”按钮。

命令行：SPLINE（SPL）。

（三）命令举例

例 1.6.6　利用拟合通过点的样条曲线方式绘制“S”形，如图 1.6.7 所示。

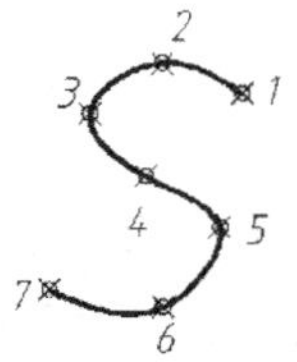

图 1.6.7　样条曲线绘制的“S”形

操作步骤如下：

命令：_SPLINE	调用样条曲线命令
当前设置：方式=拟合　节点=弦	
指定第一个点或 [方式(M)/节点(K)/对象(O)]：_M	
输入样条曲线创建方式 [拟合(F)/控制点(CV)] <拟合>：_FIT	
当前设置：方式=拟合　节点=弦	
指定第一个点或 [方式(M)/节点(K)/对象(O)]：拾取点 1	光标指定起点
输入下一个点或 [起点切向(T)/公差(L)]：拾取点 2	光标指定第 2 点
输入下一个点或 [端点相切(T)/公差(L)/放弃(U)]：拾取点 3	光标指定第 3 点
输入下一个点或 [端点相切(T)/公差(L)/放弃(U)/闭合(C)]：拾取点 4	光标指定第 4 点
输入下一个点或 [端点相切(T)/公差(L)/放弃(U)/闭合(C)]：拾取点 5	光标指定第 5 点
输入下一个点或 [端点相切(T)/公差(L)/放弃(U)/闭合(C)]：拾取点 6	光标指定第 6 点
输入下一个点或 [端点相切(T)/公差(L)/放弃(U)/闭合(C)]：拾取点 7（也可以在此控制端点的切线方向）	光标指定第 7 点
回车	结束命令

四、镜像命令

微课

镜像命令

（一）功　能

以一条线段为对称轴，创建对象的轴对称图形。

（二）命令调用方式

功能区：“默认”标签/“修改”面板/“镜像”按钮。

命令行：MIRROR（MI）。

（三）命令举例

例 1.6.7　以直线 12 为对称轴，镜像出六边形的对称图形，如图 1.6.8 所示。

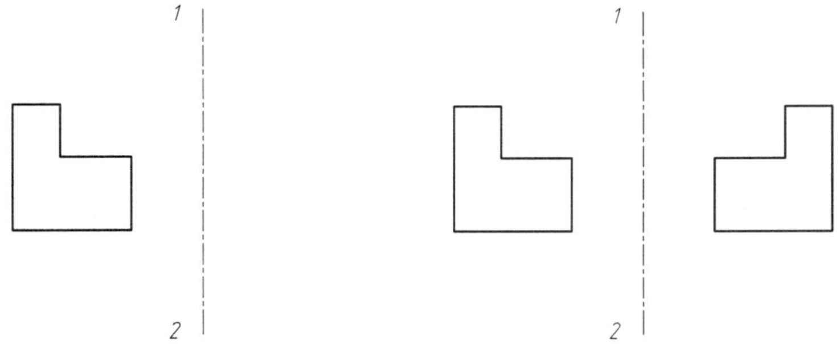

（a）六边形及对称轴　　（b）镜像后的六边形

图 1.6.8　例 1.6.7 图

操作步骤如下：

命令：MIRROR	调用镜像命令
选择对象：选择六边形	选择要镜像的对象
选择对象：回车	结束选择
指定镜像线的第一点：选择点 1	指定对称轴的第 1 点
指定镜像线的第二点：选择点 2	指定对称轴的第 2 点
要删除源对象吗？[是（Y）/否（N）] <N>：N 回车	选择不删除源对象

【任务实施】

微课

绘制脸谱

步骤如下：

（1）利用椭圆命令绘制眼圈，如图 1.6.9 所示。

操作步骤如下：

命令：ELLIPSE	调用椭圆命令
指定椭圆的轴端点或［圆弧（A）/中心点（C）］：C	选择椭圆中心点选项
指定椭圆的中心点：指定绘图区域内任一点 *A*	指定椭圆的中心点
指定轴的端点：指定点 *B*	指定一条半轴的端点
指定另一条半轴长度或[旋转（R）]：指定点 *C*	指定另一条半轴端点

（2）利用圆弧命令的三点方式绘制眉毛，如图 1.6.10 所示。

（3）利用圆环命令绘制眼球，如图 1.6.11 所示。

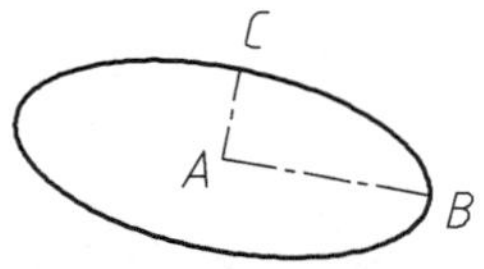

图 1.6.9　用椭圆命令绘制眼圈

图 1.6.10　用圆弧命令绘制眉毛

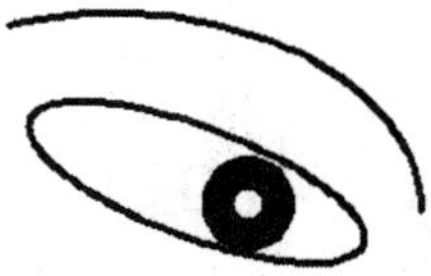

图 1.6.11　用圆环命令绘制眼球

（4）利用 SPLINE 命令绘制人面部鼻子和嘴的一半，如图 1.6.12 所示。

（5）利用镜像命令绘制人面部，如图 1.6.13 所示。

操作步骤如下：

命令：MIRROR	调用镜像命令
选择对象：选择人面部左半部分	选择要镜像的图形
选择对象：回车	确认选择
指定镜像线的第一点：选择点 1	指定对称轴第 1 点
指定镜像线的第二点：选择点 2	指定对称轴第 2 点
要删除源对象吗？[是（Y）/否（N）] <N>：N 回车	确认不删除源对象

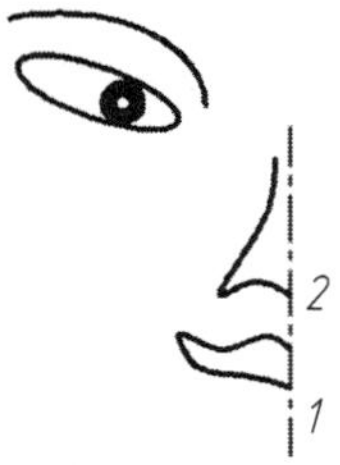

图 1.6.12　用样条曲线命令绘制鼻子和嘴的一半

图 1.6.13　镜像出面部的另一半

【训练与提高】

（1）用样条曲线命令绘制实验数据曲线，如图 1.6.14 所示。

（2）文字镜像效果的控制变量。

文字镜像时，可以利用系统变量 mirrtext 改变文字效果，如设置 mirrtext 为 0，则镜像效果如图 1.6.15（b）所示；如设置该变量为 1，则效果如图 1.6.15（c）所示。

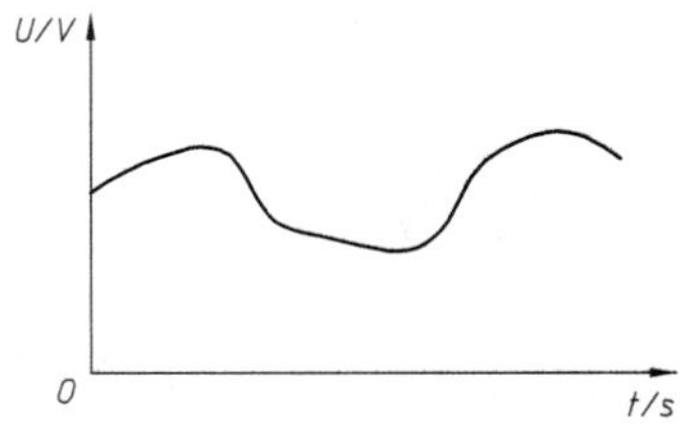

图 1.6.14　实验数据曲线

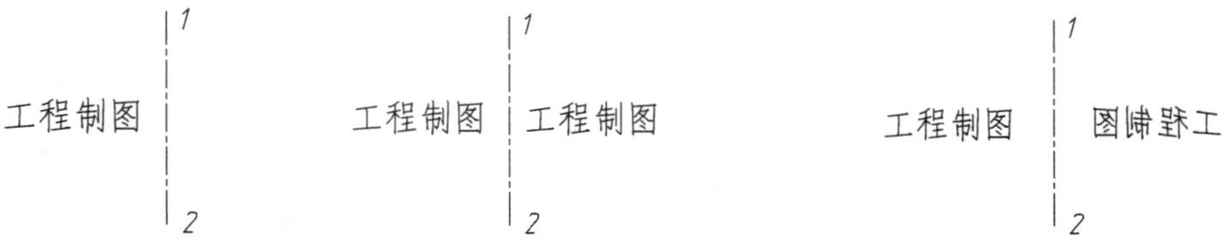

（a）原图　（b）mirrtext 设为 0 时的镜像效果　（c）mirrtext 设为 1 时的镜像效果

图 1.6.15　系统变量 mirrtext 控制文字的镜像效果

任务 7　绘制公路里程标

素质目标

1. 具备绘制和识读施工图所必需的职业素质，拥有吃苦耐劳、诚实守信、求真务实的职业道德观念；

2. 养成严谨、踏实、认真负责的工作作风，具备良好的学习能力和团队协作观念，能够理论联系实际解决问题，培养创新意识。

知识目标

1. 掌握设置点的类型的命令；
2. 掌握图块创建命令；
3. 掌握插入命令；
4. 掌握定数等分命令；
5. 掌握定距等分命令；
6. 绘制公路里程标。

能力目标

1. 具备 CAD 软件初步应用能力；
2. 具备简单二维图形的绘制能力；
3. 具备绘制公里桩所需的点设置、图块创建、定数、定距等分等绘图命令的操作能力。

【任务分析】

图 1.7.1 所示为公路的里程标，是用于公路路线平面图中表明公路里程的一种标记，沿公路每隔 1 km 的里程设置一个里程标，里程标沿线方向绘制在线路左侧。首先绘制里程标符号，然后利用图块创建 WBLOCK 命令定义成块，最后利用定距等分 MEASURE 命令将里程标插入道路线路中。

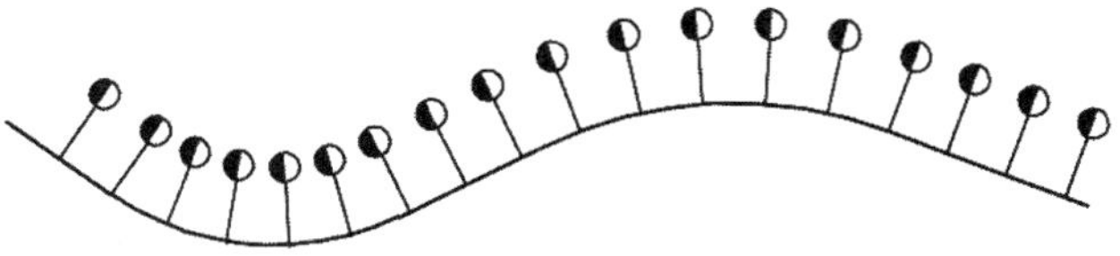

图 1.7.1　里程标

【相关知识】

微课

等分命令与
点样式设置

一、设置点的类型的命令

（一）功　能

设置图形中所有的点（包括等分点、节点）的形状样式。

（二）命令调用方式

功能区：“默认”标签/“实用工具”面板/“实用工具”下拉列表/“点样式”按钮。

命令行：PTYPE。

（三）命令操作

弹出“点样式”对话框，在“点样式”对话框中可以选择点的样式和点的大小，如图 1.7.2 所示。

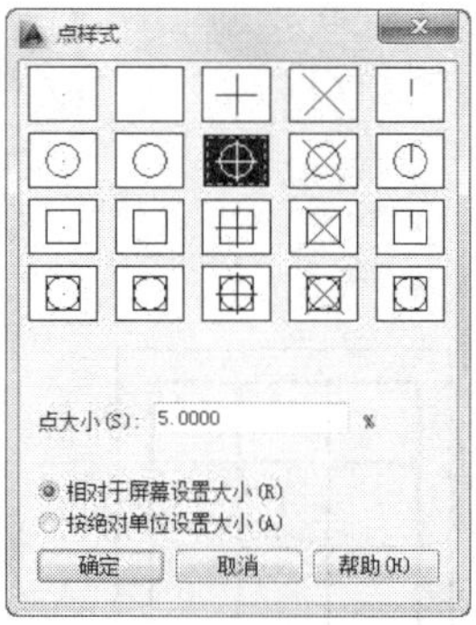

图 1.7.2 “点样式”对话框

点样式设置为某种类型之后，可以用点命令“POINT”、定数等分命令“DIVDE”、定距等分命令“MEASURE”插入到图中，对象捕捉类型为“节点”。

微课

图块的创建与
插入命令

二、图块创建命令

（一）功　能

图块是将多个实体组合成一个整体，并给这个整体起一个名称，在以后需要时可以使用插入块命令 INSERT 插入图形中，它用于绘制重复使用的图形，插入的图块是一个整体对象。

使用创建图块命令 BLOCK 可以将经常使用的符号创建成图块，叫内部块，内部块只能在本图形文件中使用；写块命令 WBLOCK 命令可以将经常使用的符号创建成一个定义了基点的图形文件，并指定文件名，也叫外部块，外部块能同时用于不同的图形文件中。可以通过外部块组成一个图块库，在绘图需要的时候以图块的形式插入到图形中，而不需要重新绘制该符号。

（二）命令调用方式

功能区：“默认”标签/“块”面板/“创建块”按钮；

“插入”标签/“块定义”面板/“创建块”按钮；

“插入”标签/“块定义”面板/“创建块”下拉列表/“写块”按钮。

命令行：WBLOCK。

（三）命令举例

例 1.7.1 将图 1.7.3 中的窗户图例定义为一个名称为“窗 1”的图块。

调用创建图块命令 WBLOCK，在“块定义”对话框中设置参数，如图 1.7.4 所示。

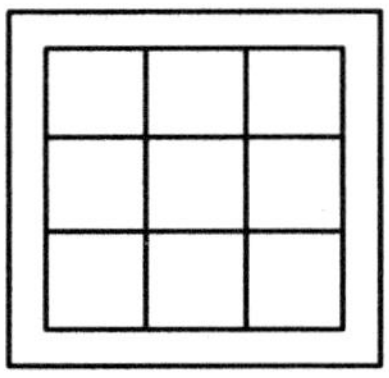

图 1.7.3 窗户图例

图 1.7.4 定义名称为“窗 1”的图块

创建图块需要完成 3 项工作：

（1）给图块起名称。在“名称”栏输入“窗 1”，图块名称必须是以前没有别的图块用过的。

（2）选择要定义为图块的对象。单击“对象”下面的“选择对象”按钮，选择窗户图例，回车结束选择。

（3）选择基点。单击“基点”下面的“拾取点”按钮，选择窗户图例的左下角点作为基点，这里的基点对应着插入图块时的插入点。

三、插入命令

命令调用方式

功能区：“默认”标签/“块”面板/“插入”按钮。

命令行：INSERT（I）。

例 1.7.2 利用插入块 INSERT 命令，将图块“窗 1”插入到房屋的立面图中。

调用插入图块命令 INSERT，打开“插入”对话框如图 1.7.5 所示，在图块“插入”对话框中选择要插入图块的名称，设置比例及旋转角，单击“确定”按钮，在房屋立面图中插入一个“窗 1”图块，如图 1.7.6（a）所示。重复调用以上命令可插入多个“窗 1”图块，如图 1.7.6（b）所示。

若使用 INSERT 命令插入外部块，可以通过点击“”按钮，打开“文件导航”对话框，从相关文件夹中选择外部块文件来插入即可。

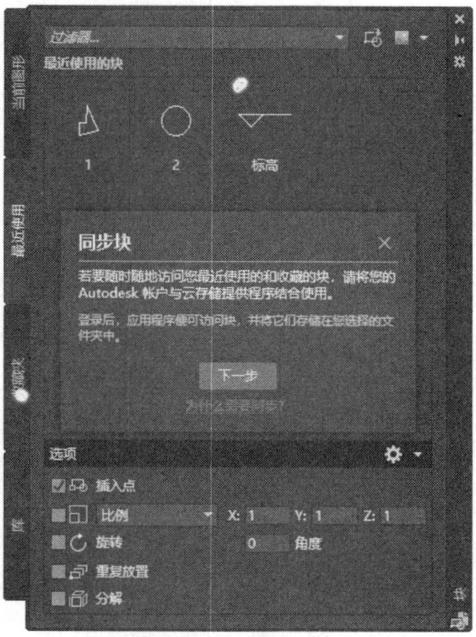

图 1.7.5　插入图块对话框

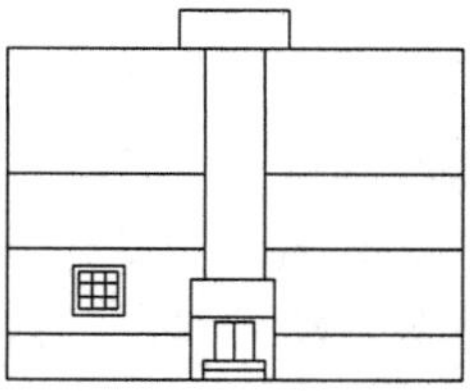

（a）插入“窗 1”图块到房屋立面图

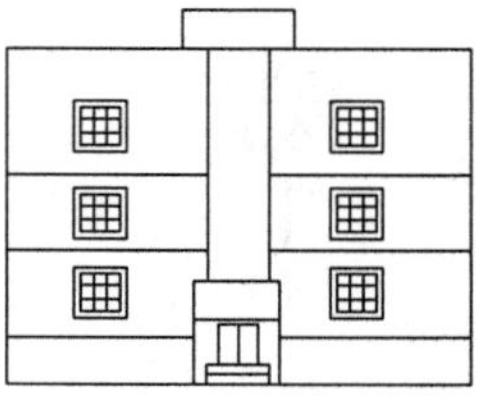

（b）多次插入图块

图 1.7.6　插入图块

四、定数等分命令

微课

使用图块进行对象的等分

（一）功　能

将一条线等分成几份，在等分点上插入一个点或者图块。

（二）命令调用方式

功能区：“默认”标签/“绘图”面板/“绘图”下拉列表/“定距等分”按钮。

下拉菜单：“绘图”/“点”/“定数等分”。

命令行：DIVIDE（DIV）。

操作步骤如下：

命令：　ERASE　　调用对象删除命令

选择对象：　选择矩形内的两个圆　　选择想要删除的对象

选择对象：　回车　　确定选择

（三）命令举例

例 1.7.3　先设置点样式为“⌖”，再调用定数等分命令 DIVIDE，将直线五等分，如图 1.7.7 所示。

图 1.7.7　用“点”将直线五等分

例 1.7.4　用图块将圆周六等分。

（1）绘制一个图形符号，并定义为名称“BT”的图块，如图 1.7.8 所示，基点选择直线的下端点。

（2）选择对齐块的方式定数等分圆周，如图 1.7.9（a）所示。

操作步骤如下：

命令： DIVIDE	调用定数等分命令
选择要定数等分的对象： 光标选择圆周	选择要定数等分的对象
输入线段数目或 [块（B）]： B	选择用图块等分的方式
输入要插入的块名： BT	输入块的名称
是否对齐块和对象？[是（Y）/否（N）] <Y>： 回车	选择对齐方式
输入线段数目： 6	指定等分数目

图 1.7.8 绘制图形，并定义为块

（a）对齐块定数等分圆周　　（b）不对齐块定数等分圆周

图 1.7.9 定数等分圆周

（3）选择不对齐块的方式定数等分圆周，如图 1.7.9（b）所示。

操作步骤如下：

命令： DIVIDE	调用定数等分命令
选择要定数等分的对象： 光标选择圆周	选择要定数等分的对象
输入线段数目或 [块（B）]： B	选择用图块等分的方式
输入要插入的块名： BT	输入块的名称
是否对齐块和对象？[是（Y）/否（N）] <Y>： N	选择不对齐方式
输入线段数目： 6	指定等分数目

五、定距等分命令

（一）功　能

在一条线上，每过一定距离插入一个点或者图块，基点均选择格线的上端点。

（二）命令调用方式

功能区：“默认”标签/“绘图”面板/“绘图”下拉列表/“定距等分”按钮。

命令行：MEASURE（ME）。

（三）命令举例

例 1.7.5 绘制一个 20 cm 的直尺的刻度（每 1 mm 一小格、每 5 mm 一中格、每 10 mm 一大格），如图 1.7.10 所示。

（1）定义名为“小格”“中格”“大格”的图块，基点均选择格线上的端点。

（2）利用定距等分命令插入块“小格”“中格”“大格”到直尺上。

（a）插入名为“大格”的图块　　（b）插入名为“中格”的图块

（c）插入名为“小格”的图块

图 1.7.10　绘制直尺上的刻度

① 插入名为“大格”的图块到直尺，如图 1.7.10（a）所示。

操作步骤如下：

命令：MEASURE	调用定距等分命令
选择要定距等分的对象：选取直尺上边	选择要定距等分的对象
指定线段长度或 [块（B）]：B	选择用图块等分的方式
输入要插入的块名：大格	插入图块的名称
是否对齐块和对象？[是（Y）/否（N）] <Y>：回车	选择对齐
指定线段长度：10	输入定距等分的间隔长度

② 插入名为“中格”的图块到直尺，如图 1.7.10（b）所示。

操作步骤如下：

命令：MEASURE	调用定距等分命令
选择要定距等分的对象：光标选取直尺上边	选择要定距等分的对象
指定线段长度或 [块（B）]：B	选择用图块等分的方式
输入要插入的块名：中格	插入图块的名称
是否对齐块和对象？[是（Y）/否（N）] <Y>：回车	选择对齐
指定线段长度：5	输入定距等分的间隔长度

③ 插入名为“小格”的图块到直尺，如图 1.7.10（c）所示。

操作步骤如下：

命令：MEASURE	调用定距等分命令
选择要定距等分的对象：光标选取直尺上边	选择要定距等分的对象
指定线段长度或 [块（B）]：B	选择用图块等分的方式
输入要插入的块名：小格	插入图块的名称
是否对齐块和对象？[是（Y）/否（N）] <Y>：回车	选择对齐
指定线段长度：1	输入定距等分的间隔长度

【任务实施】

微课

绘制里程标

步骤如下：

（1）绘制公路里程标，如图 1.7.11 所示。

（2）将里程标定义为图块，图块名称为“LCB”，基点选择直线的下端点。

（3）用多段线命令 PLINE 绘制道路线路曲线，如图 1.7.12 所示。

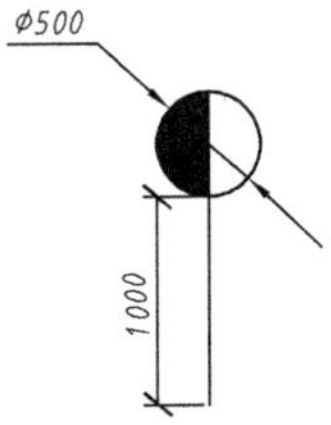

图 1.7.11　绘制里程标，定义块

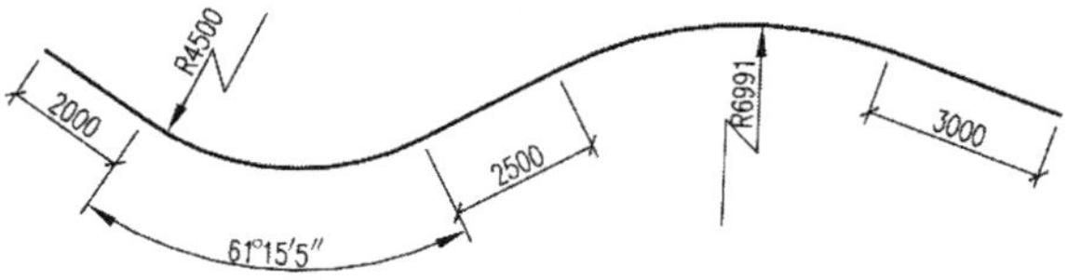

图 1.7.12　道路线路曲线

（4）利用定距等分命令，插入里程标，如图 1.7.13 所示。

命令：MEASURE	调用定距等分命令
选择要定距等分的对象：选择道路曲线	选择要定距等分的对象
指定线段长度或 [块（B）]：B	选择用图块等分的方式
输入要插入的块名：LCB	输入里程标图块的名称
是否对齐块和对象？[是（Y）/否（N）] <Y>：Y	选择对齐方式
指定线段长度：1 000	输入线路上里程标之间的间隔长度

【训练与提高】

绘制项链，如图 1.7.14 所示。

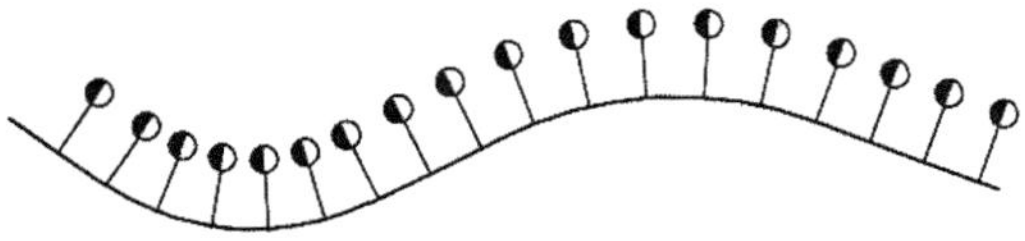

图 1.7.13　用定距等分插入里程标

图 1.7.14

任务 8　利用 AutoCAD 进行工程计算

素质目标

1. 具备绘制和识读施工图所必需的职业素质，拥有吃苦耐劳、诚实守信、求真务实的职业道德观念；

2. 养成严谨、踏实、认真负责的工作作风，具备良好的学习能力和团队协作观念，能够理论联系实际解决问题，培养创新意识。

知识目标

1. 掌握面域的概念及创建方法；
2. 掌握创建边界命令；
3. 掌握面域转化命令；

4. 掌握查询对象几何特性的命令；
5. 掌握查询面域质量特性的命令；
6. 会进行工程计算。

能力目标

1. 具备 CAD 软件初步应用能力；
2. 具备简单二维图形的绘制能力；
3. 具备工程量计算所需的面域、边界、面域转化命令的操作能力。
4. 具备查询对象几何特性、面域质量特性命令操作的能力。

【任务分析】

图 1.8.1 所示为钢结构工程中由槽钢型材背焊而成的组合截面形状。在进行结构计算中，标准型材的几何性质参数可以到相关的设计手册中去查阅，但是非标准型材截面的质心、惯性矩、惯性积等几何性质参数只能根据力学中的相关公式来计算，计算过程及方法很复杂。如果利用 AutoCAD 查询面域的功能，则可以很方便地获取截面的几何性质参数。

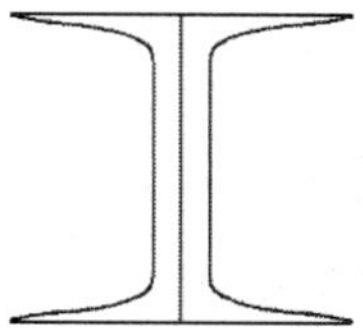

图 1.8.1　背焊槽钢形状

利用 AutoCAD 获取型材截面的几何性质参数的方法是：首先在 AutoCAD 中绘制出截面的图形，再用边界命令 BOUNDARY 或面域命令 REGION 将截面图形转化成为面域，最后通过查询面域质量特性命令 MASSPROP 获得型材截面的几何性质参数。

【相关知识】

微课

面域的概念及创建

一、面域的概念及创建方法

（一）面域的概念

面域是具有物理特性（如形心或质心）的由封闭边界所形成的二维封闭区域，与普通的线框图形不同。比如，用圆命令 CIRCLE 绘制的圆是一个圆形线框，而圆形面域则是一个圆形的板，将视觉样式设置成“真实”，二者区别如图 1.8.2 所示。

面域的边界由端点相连的直线或曲线组成，曲线上的每个端点仅连接两条边，AutoCAD 不接受所有相交或自交的曲线。

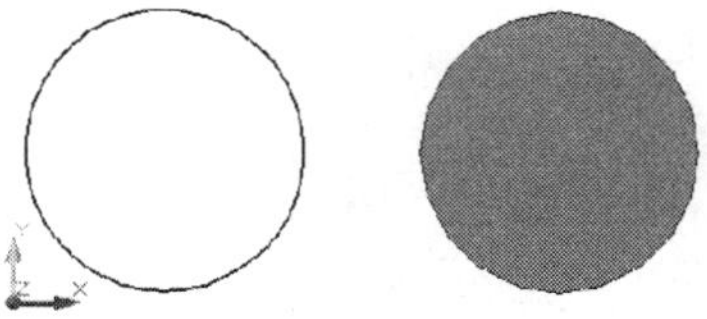

（a）圆　　（b）面域

图 1.8.2　圆与圆形面域

（二）面域的创建方法

面域的创建方法有两种：

（1）用边界命令 BOUNDARY 在图形中直接创建面域。
（2）用面域命令 REGION 将闭合图形转化为面域。

二、边界创建命令

微课

创建边界命令

（一）功　能

通过在图形内指定一点，创建出一条包围该点的最小区域的边界，创建的边界对象可以是多段线（POLYLINE），也可以是面域（REGION）。

（二）命令调用方式

功能区：“默认”标签/“绘图”面板/“图案填充”下拉列表/“边界”按钮。

命令行：BOUNDARY（BO）。

（三）命令举例

例 1.8.1　将图 1.8.3（a）中的右上部分区域创建成一个面域。

（1）调用创建边界命令 BOUNDARY，打开“边界创建”对话框，如图 1.8.4 所示。

（2）在“边界创建”对话框中，“对象类型”选项选择“面域”。

（3）单击在“边界创建”对话框中的“拾取点”按钮，返回 AutoCAD 主界面。

（4）单击图 1.8.3（a）中的 *A* 点，屏幕中将高亮显示将要创建的边界，按“回车”键完成边界的创建。

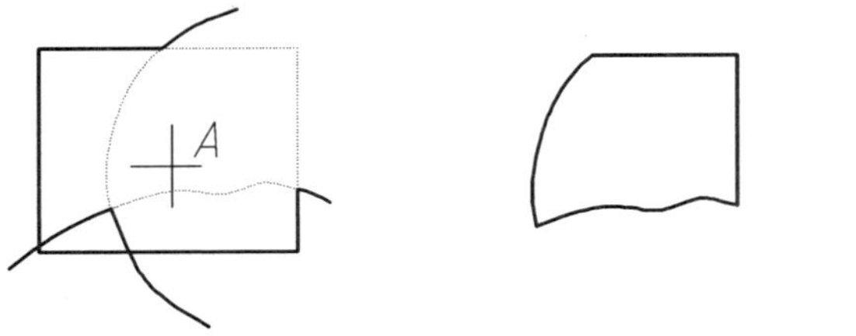

（a）拾取图形区域内的点 *A*　（b）创建的边界与面域

图 1.8.3　创建边界与面域

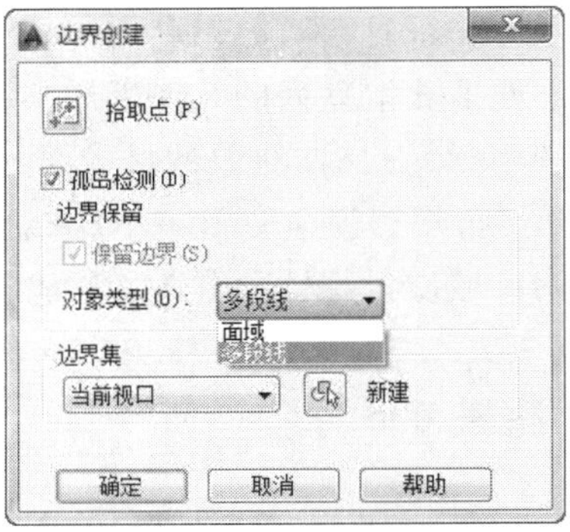

图 1.8.4　“边界创建”对话框

三、面域转化命令

（一）功　能

将二维封闭图形转成面域。

（二）命令调用方式

功能区：“默认”标签/“绘图”面板/“绘图”下拉列表/“面域”按钮。

命令行：REGION（REG）。

（三）命令举例

例 1.8.2　将直线围成的区域转换为面域，如图 1.8.5 所示。

操作步骤如下：

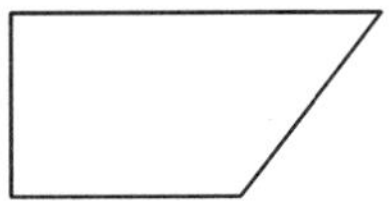

图 1.8.5　将封闭图形转成面域

命令：REGION　　调用面域转化命令

选择对象：选择围成封闭区域的四条直线　　选择想要转化为面域的对象

回车　　结束命令

四、查询对象几何特性的命令

微课

查询对象几何特性的命令

（一）功　能

查询两点之间的距离、半径、角度、面积、体积。

（二）命令调用方式

功能区："默认"标签/"实用工具"面板/"测量"下拉列表（显示按钮见图 1.8.6）。

命令行：MEASUREGEOM（MEA）。

（三）命令举例

例 1.8.3　查询图 1.8.7 所示图形的距离、半径、角度、面积。

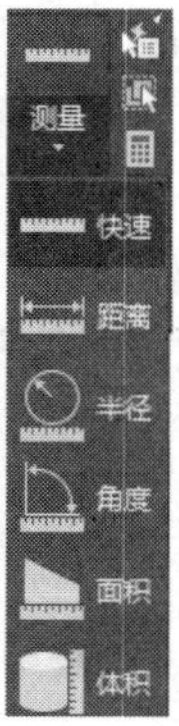

图 1.8.6　"几何特性"查询按钮

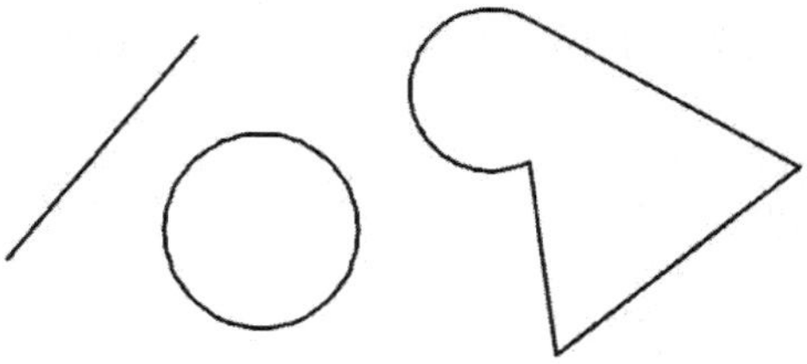

图 1.8.7　查询距离、半径、角度、面积

操作步骤如下：

命令：MEASUREGEOM　　调用查询命令

移动光标或[距离(D)/半径(R)/角度(A)/面积(AR)/体积(V)/快速(Q)/模式(M)/退出(X)] <退出>:d　　选择查询距离

指定第一点：选择直线的一端点　　选择距离的第一点

指定第二个点或 [多个点(M)]：选择直线的另一端点　　选择距离的第一点

距离 = 1552.4167，XY 平面中的倾角= 50，与 XY 平面的夹角= 0　　显示查询距离的结果

X 增量 = 1007.2525，Y 增量= 1181.2875，Z 增量 = 0.0000

命令：MEASUREGEOM　　调用查询命令

移动光标或[距离(D)/半径(R)/角度(A)/面积(AR)/体积(V)/快速(Q)/模式(M)/退出(X)] <退出>: r　　选择查询半径

选择圆弧或圆：选择图中的圆	选择待查半径的对象
半径 = 513.6660	显示查询半径的结果
直径 = 1027.3320	

命令：MEASUREGEOM	调用查询命令
移动光标或[距离(D)/半径(R)/角度(A)/面积(AR)/体积(V)/快速(Q)/模式(M)/退出(X)] <退出>:A	选择查询角度
选择圆弧、圆、直线或 <指定顶点>：选择角的第一边	选择角的第一边
选择第二条直线：选择角的第二边	选择角的第二边
角度 = 66d28'28"	显示查询角度的结果

命令：MEASUREGEOM	调用查询命令
移动光标或[距离(D)/半径(R)/角度(A)/面积(AR)/体积(V)/快速(Q)/模式(M)/退出(X)] <退出>:AR	选查询面积
指定第一个角点或 [对象(O)/增加面积(A)/减少面积(S)/退出(X)] <对象(O)>：o	选择查对象面积
选择对象：选择多段线	选择差面积的对象
区域 = 1735611.8853，长度 = 6081.1686	显示查询距离的结果

五、查询面域质量特性的命令

微课

查询面域质量特性的命令

（一）功　能

查询面域的质心、惯性矩、惯性积等几何性质参数，即质量特性。

（二）命令调用方式

命令行：MASSPROP（MAS）。

（三）命令举例

例 1.8.4　查询图 1.8.8 中面域的质量特性。

（1）用移动命令 MOVE 将截面面域移到原点，即以 *X*、*Y* 轴的交点 *O* 为基点，目标点为坐标原点（0，0）。

（2）用 MASSPROP 命令查询面域的质量特性。

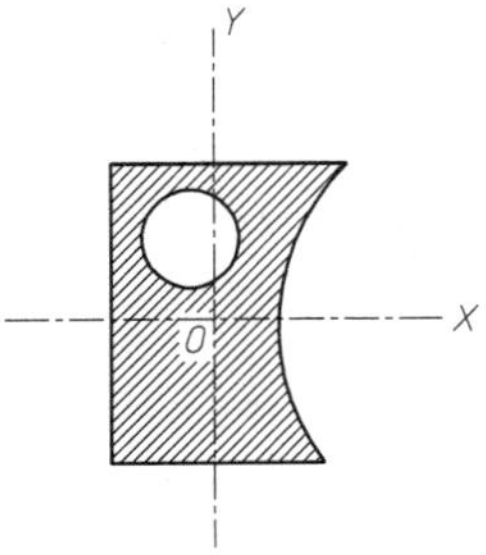

图 1.8.8　查询面域的质量特性

操作步骤如下：

命令：MASSPROP	调用查询面域质量特性命令
选择对象：单击面域的边界	选择想要查询的面域
选择对象：回车	结束选择

（3）查询得到结果如下：

---------------- 面域 ----------------

面积：		1083.3625
周长：		205.8027
边界框：	*X*：	− 15.3083 ~ 19.5185
	Y：	− 21.1982 ~ 23.3465
质心：	*X*：	− 0.9045
	Y：	− 0.3132
惯性矩：	*X*：	197280.1357
	Y：	83377.3182
惯性积：	*XY*：	9866.7887
旋转半径：	*X*：	13.4944
	Y：	8.7728

主力矩与质心的 *X-Y* 方向：

I： 81699.5918 沿 [0.0825 0.9966]

J： 197965.2869 沿 [− 0.9966 0.0825]

【任务实施】

步骤如下：

（1）绘制槽钢型材的截面图形，如图 1.8.9 所示。

（2）用镜像命令得到槽钢背焊的组合截面，如图 1.8.10 所示。

（3）用删除命令 ERASE 删除重合的边界线，如图 1.8.11 所示。

（4）用面域命令 REGION 将槽钢型材的截面图形转成面域。

（5）绘制组合截面的轴线 *OX*、*OY*，如图 1.8.12 所示。

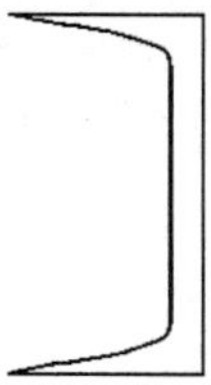

图 1.8.9　绘制槽钢的截面图形

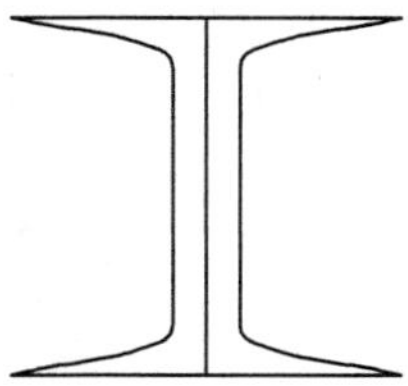

图 1.8.10　镜像得到组合截面

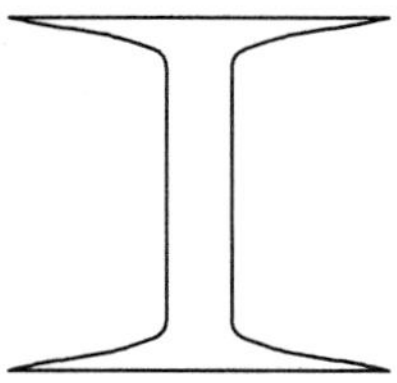

图 1.8.11　用并集得到组合截面面域

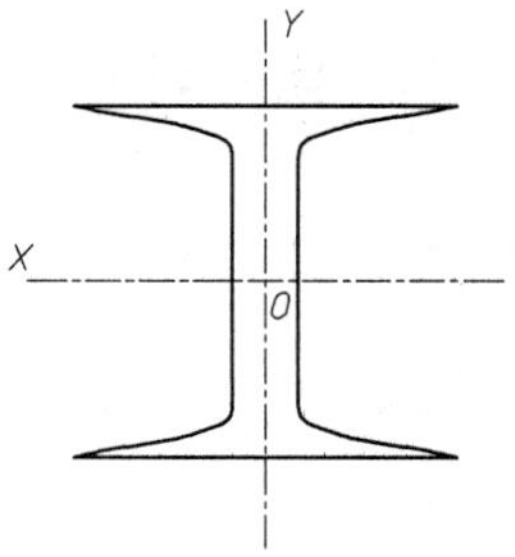

图 1.8.12　绘制组合截面的轴线

（6）用移动命令 MOVE 将组合截面的面域移到原点，即以 *X*、*Y* 轴的交点 O 为基点，目标点为坐标原点（0，0）。

操作命令如下：

命令： MOVE	调用移动命令
选择对象： 选择组合面域和轴线	选择想要移动的对象

选择对象：	回车	结束选择
指定基点或 [位移（D）] <位移>：	捕捉 X、Y 轴交点 O	指定移动的基点
指定第二个点或 <使用第一个点作为位移>：	0，0	指定移动的目标点

（7）查询组合截面面域的质量特性，即几何性质参数。

操作步骤如下：

命令：	MASSPROP	调用查询面域质量特性命令
选择对象：	选择组合截面面域	选择想要查询的面域
选择对象：	回车	结束选择

得到结果如下：

```
----------------    面域    ----------------
面积：                 234.3275
周长：                 168.1837
边界框：            X：  – 16.4572 ~ 16.4572
                    Y：  – 14.8013 ~ 14.8013
质心：              X：  0.0000
                    Y：  0.0000
惯性矩：            X：  26138.7713
                    Y：  5427.1365
惯性积：            XY：  0.0000
旋转半径：          X：  10.5616
                    Y：  4.8125
主力矩与质心的 X-Y 方向：
                    I：  5427.1365 沿 [0.0000  – 1.0000]
                    J：  26138.7713 沿 [1.0000 0.0000]
```

是否将分析结果写入文件？[是（Y）/否（N）] <否>： 回车

微课

查询型材截面的几何性质参数

【训练与提高】

（1）利用 AutoCAD 获取热轧钢和工字钢截面的惯性矩，如图 1.8.13 所示。

（2）利用 AutoCAD 获取型材组合截面的惯性矩，如图 1.8.14 所示。

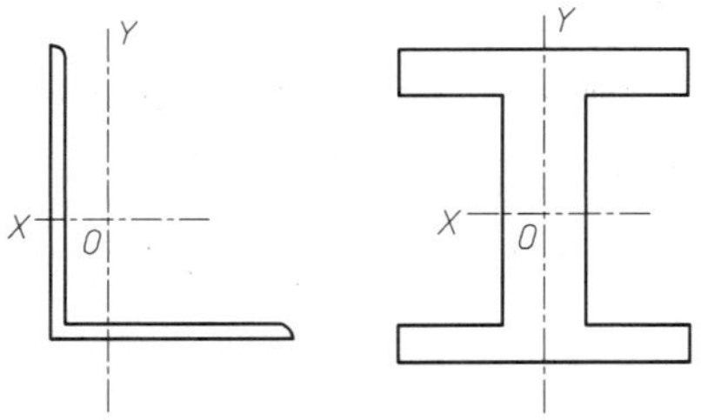

（a）热轧钢型材　（b）工字钢型材

图 1.8.13　型材截面

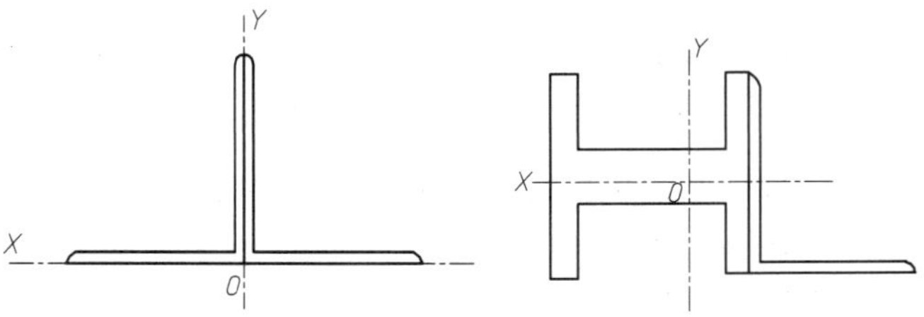

（a）背焊热轧角钢　（b）对焊工字钢、热轧角钢

图 1.8.14　型材的组合截面

【知识扩展】

一、单位设置命令 UNITS

（一）功　能

设置长度、角度的单位格式和精度，可以控制 AutoCAD 查询得到的数据单位格式和精度。

AutoCAD 中极坐标系统的默认设置是正东方向（俯视图中的正右方）为基准角度方向（零角度方向），逆时针方向为正角度方向，但在有些情况下可根据需要改变设置。

（二）命令调用方式

应用程序：/“图形实用工具”/“单位” 0.0。

命令行：UNITS。

（三）命令执行

1. 设置基准角度方向

在弹出的“图形单位”对话框中如图 1.8.15 所示，将“角度类型”设为“度/分/秒”格式，将“角度精度”设为“0d00’00”格式。

2. 设置基准角度方向

在弹出的“图形单位”对话框中如图 1.8.15 所示，单击“方向”按钮，弹出“方向控制”对话框，如图 1.8.16 所示，选择“其他”单选框，并单击“角度”按钮，在绘图区先后选取一条直线上的两个点 A、B，则拾取直线 AB 的方向为基准角度方向，如图 1.8.17 所示。

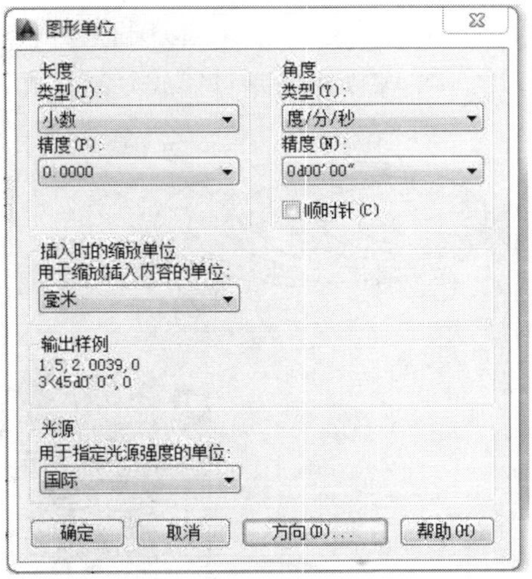

图 1.8.15 “图形单位”对话框

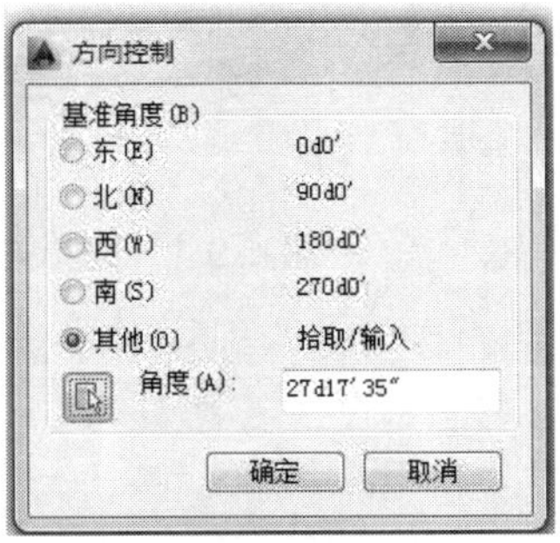

图 1.8.16 “方向控制”对话框

图 1.8.17 选择基准角度方向

3. 设置正角度方向

在“图形单位”对话框中，可以设置角度的正方向为顺时针或逆时针。

任务 9　绘制靶标与贝壳

素质目标

1. 具备绘制和识读施工图所必需的职业素质，拥有吃苦耐劳、诚实守信、求真务实的职业道德观念；

2. 养成严谨、踏实、认真负责的工作作风，具备良好的学习能力和团队协作观念，能够理论联系实际解决问题，培养创新意识。

知识目标

1. 掌握缩放命令；
2. 掌握夹点编辑；
3. 绘制标靶；
4. 绘制贝壳。

能力目标

1. 具备 CAD 软件初步应用能力；
2. 具备简单二维图形的绘制能力；
3. 具备绘制标靶与贝壳所需的缩放命令的操作能力；
4. 具备熟练使用“夹点编辑”功能的能力。

【任务分析】

图 1.9.1 中的标靶由 *N* 个同心圆构成，可以利用夹点编辑的缩放复制功能，以圆心为基点缩放复制而成；贝壳则是利用夹点编辑的缩放复制功能，以椭圆的象限点为基点缩放复制而成。

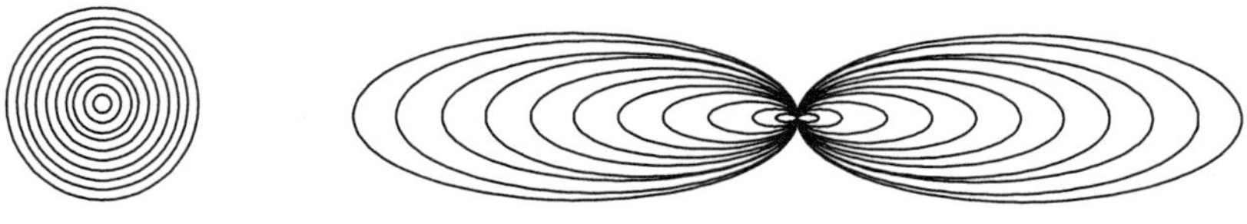

（a）标靶　　（b）贝壳

图 1.9.1　靶标与贝壳

微课

缩放命令

【相关知识】

一、缩放命令

（一）功　能

用于放大或缩小图形对象。有两种方式：一种是按一定的比例因子缩放对象；另一种是将对象缩放到一定的尺寸大小。

（二）命令调用方式

功能区：“默认”标签/“修改”面板/“缩放”按钮。
命令行：SCALE（SC）。

（三）命令举例

例 1.9.1 将图 1.9.2（a）中左边的圆放大至 2 倍，如图 1.9.2（b）所示。
操作步骤如下：

命令：	SCALE	调用缩放命令
选择对象：	选择左边的圆	选择缩放对象
选择对象：	回车	结束选择
指定基点：	选择圆心点 1	指定缩放中心
指定比例因子或[复制（C）/参照（R）]<1.000>：	2	输入比例因子

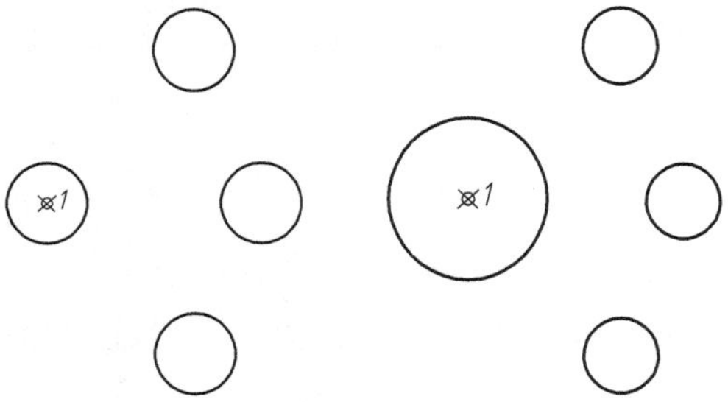

（a）缩放前　（b）缩放后
图 1.9.2 按比例缩放

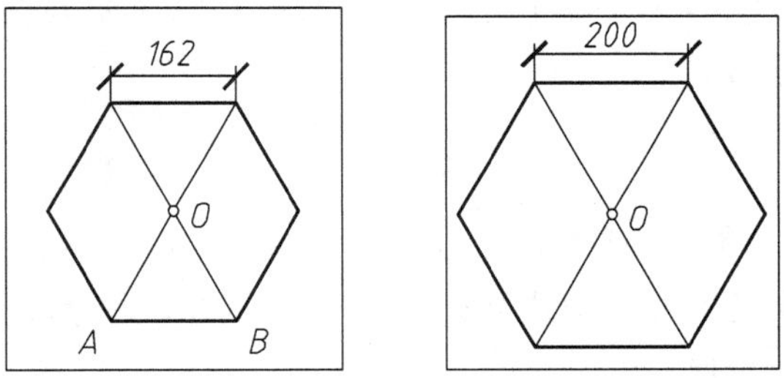

（a）缩放前　（b）缩放后
图 1.9.3 将正六边形缩放到边长为 200

例 1.9.2 将图 1.9.3（a）中的正六边形放大，使边长大小为 200。
操作步骤如下：

命令：	SCALE	调用缩放命令
选择对象：	选择六边形	选择缩放对象
选择对象：	回车	结束选择
指定基点：	六边形中心 *O*	指定缩放中心
指定比例因子或 [复制（C）/参照（R）]<1.0000>：	R	选择参照长度方式
指定参照长度 <1.0000>：	单击边的端点 *A*	选择参照长度第一点
指定第二点：	单击边的端点 *B*	选择参照长度第二点
指定新的长度或 [点（P）] <1.0000>：	200	输入参照长度 *AB* 缩放后的新长度

二、夹点编辑

微课
夹点编辑

（一）功　能

选中图形对象，则对象上将显示蓝色的小方框，称为夹点。

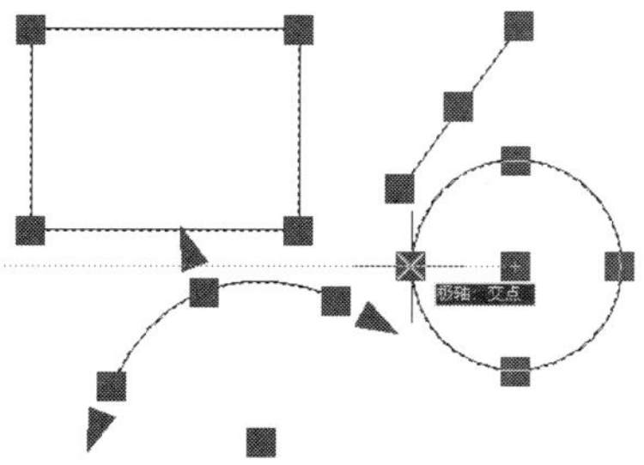

图 1.9.4　夹点与激活的夹点

使用夹点编辑可以实现镜像、移动、旋转、拉伸和缩放五种编辑功能，并且可以将五种编辑功能与复制叠加，形成新的功能。

（二）命令调用方式

选中图形对象，对象上将显示夹点。不同的对象，其夹点种类各不相同，如图 1.9.4 所示。单击某个夹点，就可以将这个夹点激活（激活的夹点颜色变为红色），从而进行夹点编辑。

（三）命令说明

（1）激活某个夹点后，有默认的编辑方式，如图 1.9.5 所示。激活直线的端点为拉伸；激活直线的中点为移动；激活圆的圆心为移动，激活圆的象限点为拉伸；激活多段线的端点为拉伸。

（2）激活某个夹点后若想改变默认的编辑方式，右击可弹出如图 1.9.6 所示菜单，再用单击选择其他编辑方式。

（3）激活某个夹点后，想要退出激活状态按“Esc”键即可。

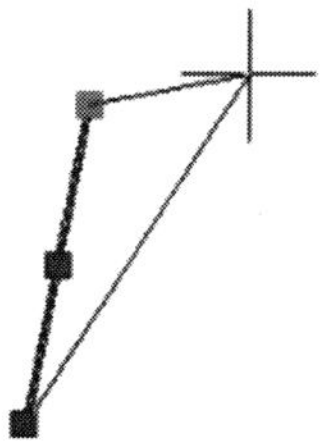

（a）直线端点

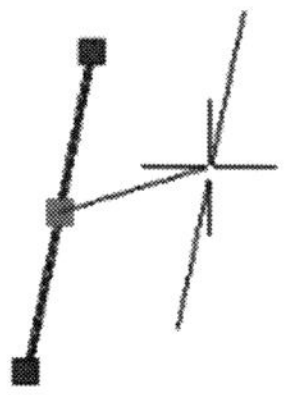

（b）直线中点

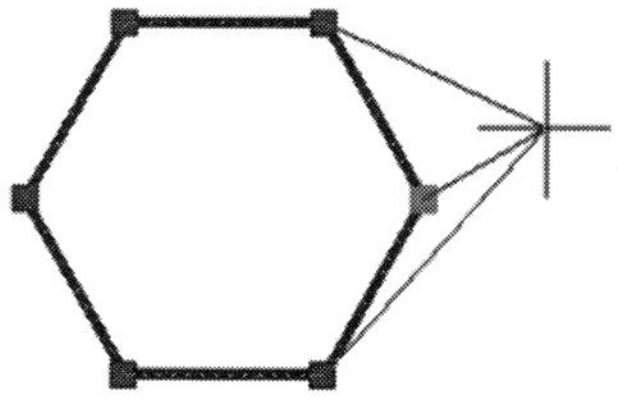

（c）斜投影法

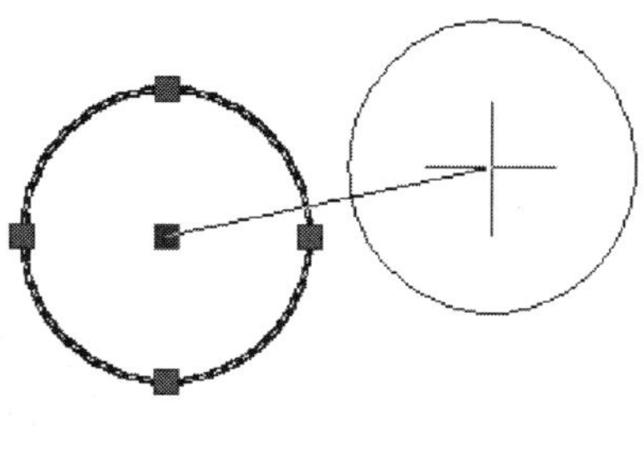

（d）圆心

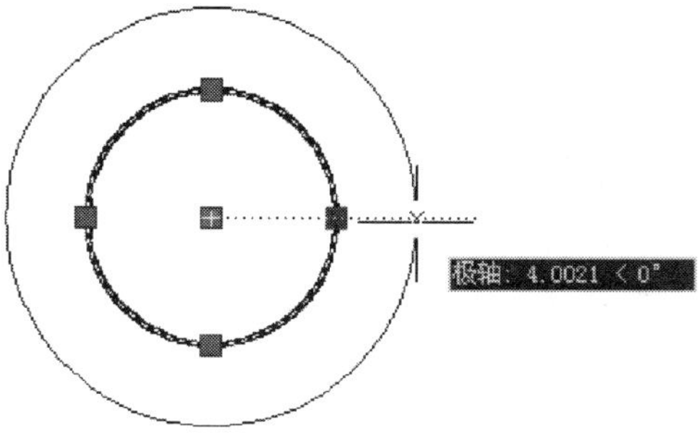

（e）象限点

图 1.9.5　几种默认的夹点编辑方式

（四）命令举例

例 1.9.3 利用夹点编辑将直线 *AB* 绕 *A* 点旋转 30°，如图 1.9.6 所示。

选中直线，再单击直线端点 *A* 将其激活。

操作步骤如下：

命令： 进入夹点编辑状态

** 拉伸 ** 默认编辑方式为拉伸

指定拉伸点或 [基点（B）/复制（C）/放弃（U）/退出（X）]： 右击，在弹出菜单中单击选择“旋转” 重新选择编辑方式，改为旋转

_rotate

** 旋转 **

指定旋转角度或 [基点（B）/复制（C）/放弃（U）/参照（R）/退出（X）]： 30 指定旋转角度

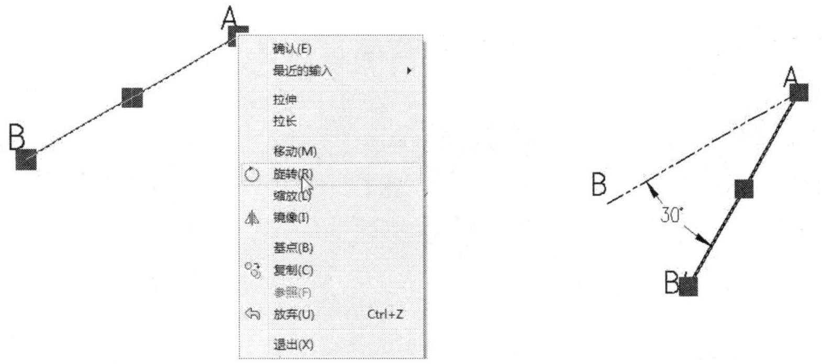

（a）改为“旋转”编辑方式　　（b）旋转后

图 1.9.6 重新选择夹点的其他编辑方式

例 1.9.4 利用夹点编辑的旋转复制方式，绘制如图 1.9.7（a）所示的盘状图形。

（1）绘制大圆及一个小圆的中心线，如图 1.9.7（b）所示。

（2）利用夹点编辑的旋转复制方式，复制出其他小圆及中心线，如图 1.9.7（c）所示。

操作步骤如下：

选中小圆与中心线，再单击大圆圆心处的中心线端点将其激活。 进入夹点编辑状态

命令：

** 拉伸 ** 默认编辑方式为拉伸

指定拉伸点或 [基点（B）/复制（C）/放弃（U）/退出（X）]： 右击，在弹出菜单中单击选择“旋转” 重新选择编辑方式，改为旋转

_rotate

** 旋转 **

指定旋转角度或 [基点(B)/复制(C)/放弃(U)/参照(R)/退出(X)]： C　　将复制功能叠加上

** 旋转 （多重） **

指定旋转角度或 [基点(B)/复制(C)/放弃(U)/参照(R)/退出(X)]： 30　　指定第 1 个旋转角度为 30°

指定旋转角度或 [基点(B)/复制(C)/放弃(U)/参照(R)/退出(X)]： 90　　指定第 2 个旋转角度为 90°

指定旋转角度或 [基点(B)/复制(C)/放弃(U)/参照(R)/退出(X)]： 150　　指定第 3 个旋转角度为 150°

指定旋转角度或 [基点(B)/复制(C)/放弃(U)/参照(R)/退出(X)]： 180　　指定第 4 个旋转角度为 180°

指定旋转角度或 [基点(B)/复制(C)/放弃(U)/参照(R)/退出(X)]： -45　　指定第 5 个旋转角度为 -45°

指定旋转角度或 [基点(B)/复制(C)/放弃(U)/参照(R)/退出(X)]： -90　　指定第 6 个旋转角度为 -90°

指定旋转角度或 [基点(B)/复制(C)/放弃(U)/参照(R)/退出(X)]： -135　　指定第 7 个旋转角度为 -135°

指定旋转角度或 [基点(B)/复制(C)/放弃(U)/参照(R)/退出(X)]： 回车　　结束命令

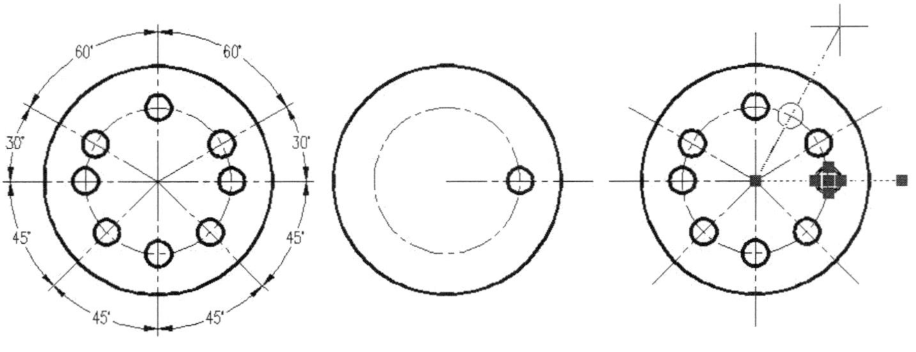

（a）盘状图形　　（b）绘制大圆及一个小圆的中心线　　（c）旋转复制

图 1.9.7　利用夹点编辑的旋转复制方式绘图

【任务实施】

微课

绘制标靶与贝壳

一、绘制标靶

步骤如下：

（1）绘制一个半径为 100 的圆。

（2）激活圆心夹点，利用夹点编辑的缩放复制得到同心圆，如图 1.9.8（a）、（b）所示。

操作步骤如下：

选中圆，再单击圆心夹点将其激活。 进入夹点编辑状态

** 拉伸 ** 默认编辑方式为拉伸

指定旋转角度或 [基点（B）/复制（C）/放弃（U）/参照（R）/退出（X）]： 右击，在弹出菜单中单击选择“缩放” 重新选择编辑方式，改为缩放

_scale

** 比例缩放 **

指定比例因子或 [基点（B）/复制（C）/放弃（U）/参照（R）/退出（X）]： C 将复制功能叠加上

** 比例缩放 （多重） **

指定比例因子或 [基点（B）/复制（C）/放弃（U）/参照（R）/退出（X）]： 0.9 指定第 1 个缩放比例为 0.9

指定比例因子或 [基点（B）/复制（C）/放弃（U）/参照（R）/退出（X）]： 0.8 指定第 2 个缩放比例为 0.8

指定比例因子或 [基点（B）/复制（C）/放弃（U）/参照（R）/退出（X）]： 0.7 指定第 3 个缩放比例为 0.7

指定比例因子或 [基点（B）/复制（C）/放弃（U）/参照（R）/退出（X）]： 0.6 指定第 4 个缩放比例为 0.6

指定比例因子或 [基点（B）/复制（C）/放弃（U）/参照（R）/退出（X）]： 0.5 指定第 5 个缩放比例为 0.5

指定比例因子或 [基点（B）/复制（C）/放弃（U）/参照（R）/退出（X）]： 0.4 指定第 6 个缩放比例为 0.4

指定比例因子或 [基点（B）/复制（C）/放弃（U）/参照（R）/退出（X）]： 0.3 指定第 7 个缩放比例为 0.3

指定比例因子或 [基点（B）/复制（C）/放弃（U）/参照（R）/退出（X）]： 0.2 指定第 8 个缩放比例为 0.2

指定比例因子或 [基点（B）/复制（C）/放弃（U）/参照（R）/退出（X）]： 0.1 指定第 9 个缩放比例为 0.1

指定比例因子或 [基点（B）/复制（C）/放弃（U）/参照（R）/退出（X）]： 回车 结束命令

结果得到图形如图 1.9.8（b）所示。

（3）用填充命令填充上颜色，如图 1.9.8（c）所示。

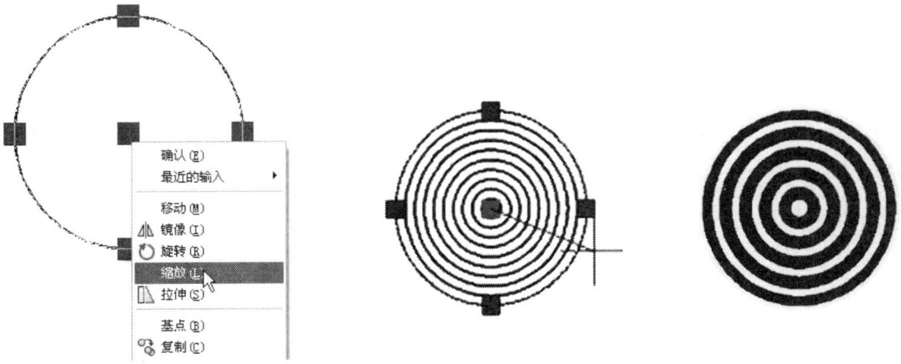

（a）激活圆心，选择缩放　　（b）缩放复制叠加　　（c）填充

图 1.9.8　绘制靶标

二、绘制贝壳

步骤如下：

（1）绘制椭圆。

（2）激活椭圆左象限点位置的夹点，利用夹点编辑的缩放复制其他椭圆，得到一片贝壳，方法与绘制靶标相同，如图 1.9.9（a）、（b）所示。

（3）利用镜像命令镜像出另一片贝壳，如图 1.9.9（c）所示。

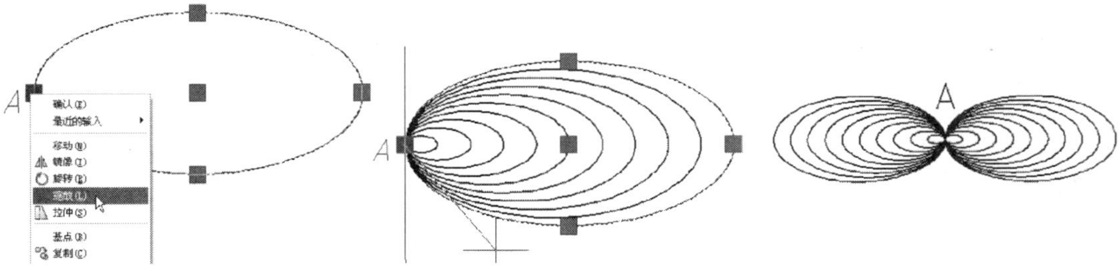

（a）激活象限点，选择缩放　　（b）缩放复制叠加　　（c）镜像

图 1.9.9　绘制贝壳

项目 2　绘制综合二维图形

任务 1　绘制曲线图形

素质目标

1. 具备绘制和识读施工图所必需的职业素质，拥有吃苦耐劳、诚实守信、求真务实的职业道德观念；

2. 养成严谨、踏实、认真负责的工作作风，具备良好的学习能力和团队协作观念，能够理论联系实际解决问题，培养创新意识。

知识目标

1. 掌握对象捕捉中的自基点捕捉功能；
2. 掌握圆角命令；
3. 掌握设置线型命令；
4. 掌握线宽设置命令；
5. 绘制曲线图形。

能力目标

1. 具备 CAD 软件熟练使用能力；
2. 具备综合二维图形的绘制能力；
3. 具备机械零件等曲线图形的分图层绘制能力。

【任务分析】

图 2.1.1 所示为一个由曲线与直线构成的复杂图形，绘图之前首先要进行图形分析。图形分析一般分为三步进行：首先确定开始分析的基准，然后找出能确定的图形部分，最后再分析过渡连接的图形部分。下面针对图 2.1.1 进行具体分析，分析要素如图 2.1.2 所示。

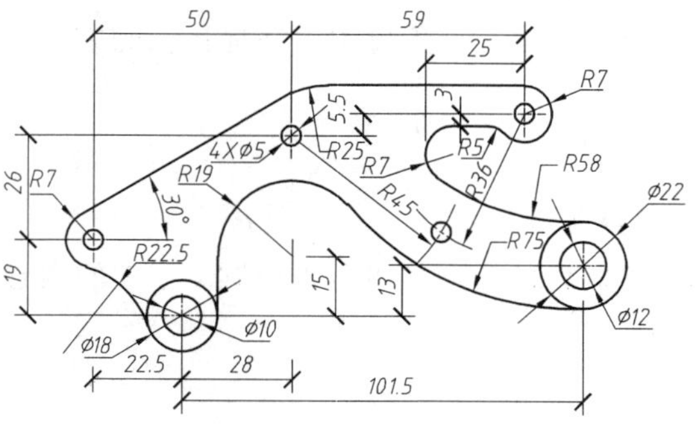

图 2.1.1　曲线图形

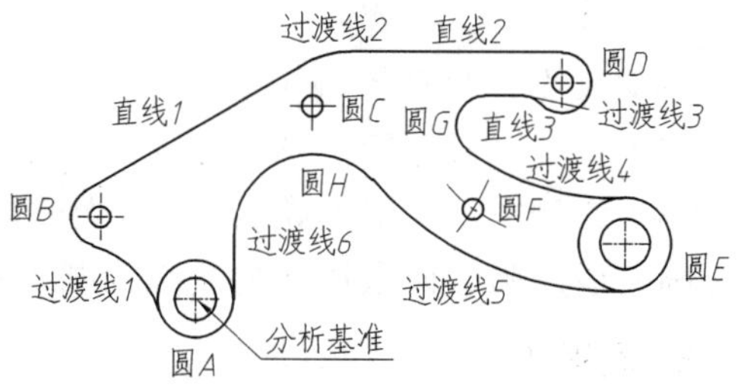

图 2.1.2　曲线图形的分析

一、确定分析基准

选择最下面的同心圆 *A* 的圆心作为分析基准。

二、找出能确定的图形部分的大小和位置

1. 最下面的同心圆 *A*

（1）大小：两个圆为同心圆，大圆直径为 18，小圆直径为 10。

（2）位置：圆心在基准上。

（3）绘制方法：可用绘制圆的命令 CIRCLE 绘制。

2. 最左面的同心圆 *B*

（1）大小：两个圆为同心圆，大圆弧半径为 7，小圆直径为 5。

（2）位置：圆心相对于 A 圆心的位置为向左 22.5，向上 19。

（3）绘制方法：可用绘制圆的命令 CIRCLE 绘制，圆心定位可用“捕捉自”的方式。

3. 上面的圆 *C*

（1）大小：圆直径为 5。

（2）位置：圆心相对于 *B* 圆心的位置为向右 50，向上 26。

（3）绘制方法：可用绘制圆的命令 CIRCLE 绘制，圆心定位可用“捕捉自”的方式。

4. 上面的同心圆 *D*

（1）大小：两个圆为同心圆，大圆弧半径为 7，小圆直径为 5。

（2）位置：圆心相对于 *C* 圆心的位置为向右 59，向上 5.5。

（3）绘制方法：可用绘制圆的命令 CIRCLE 绘制，圆心定位可用“捕捉自”的方式。

5. 圆弧 *G*

（1）大小：圆弧半径为 7。

（2）位置：与两条直线相切，一条是从圆心 *D* 左偏 25 的竖直线，另一条是从圆心 *D* 下偏 3 的水平线。

（3）绘制方法：可用绘制圆的命令 CIRCLE 中的“相切、相切、半径”方式绘制。

6. 右下面的同心圆 *E*

（1）大小：两个圆为同心圆，大圆直径为 22，小圆直径为 12。

（2）位置：圆心相对于圆心 A 的位置为向右 101.5，向上 13。

（3）绘制方法：可用绘制圆的命令 CIRCLE 绘制，圆心定位可用“捕捉自”的方式。

7. 小圆 *F*

（1）大小：圆直径为 5。

（2）位置：圆心距离圆心 *C* 为 45，距离圆心 *D* 为 36。

（3）绘制方法：可用绘制圆的命令 CIRCLE 绘制，圆心定位可分别以圆 *C*、*D* 的圆心为圆心画两段圆弧，两段圆弧的交点为圆 *F* 的圆心。

8. 圆弧 *H*

（1）大小：圆弧半径为 19。

（2）位置：圆心相对于 A 圆心的位置为向右 28，向上 15。

（3）绘制方法：可用绘制圆的命令 CIRCLE 绘制，圆心定位可用“捕捉自”的方式。

9. 直线 1

（1）位置：与圆 B 相切，倾斜角为 30°。

（2）绘制方法：可用直线命令 LINE 绘制，直线起点用“切点”的捕捉方式切圆 B，倾斜度可用输入相对极坐标的方式来保证。

10. 直线 2

（1）位置：与圆 D 相切，水平线。

（2）绘制方法：可用直线命令 LINE 绘制，直线起点用“象限点”的捕捉方式选择圆 D 的最上象限点，再用极轴追踪方式水平绘制。

11. 直线 3

（1）位置：由圆心 D 向下偏 3，水平线。

（2）绘制方法：用偏移命令 OFFERSET 偏移圆 D 的水平中心线。

三、连接过渡线

1. 过渡线 1

（1）过渡对象：圆 A、圆 B；

（2）过渡方式：圆弧过渡，半径 22.5，与两圆相切；

（3）绘制方法：用圆角命令 FILLET 绘制。

2. 过渡线 2

（1）过渡对象：直线 1、直线 2；

（2）过渡方式：圆弧过渡，半径 25，与两直线相切；

（3）绘制方法：用圆角命令 FILLET 绘制。

3. 过渡线 3

（1）过渡对象：圆 D、直线 3；

（2）过渡方式：圆弧过渡，半径 5，与圆 D、直线 3 相切；

（3）绘制方法：用圆角命令 FILLET 绘制。

4. 过渡线 4

（1）过渡对象：圆 G、圆 E；

（2）过渡方式：圆弧过渡，半径 58，与两圆相切；

（3）绘制方法：可用绘制圆的命令 CIRCLE 中的“相切、相切、半径”方式绘制。

5. 过渡线 5

（1）过渡对象：圆 E、圆 H；

（2）过渡方式：圆弧过渡，半径 75，与两圆相切；

（3）绘制方法：可用绘制圆的命令 CIRCLE 中的“相切、相切、半径”方式绘制。

6. 过渡线 6

（1）过渡对象：圆 *A*、圆 *H*；

（2）过渡方式：直线过渡，与两圆相切；

（3）绘制方法：可用绘制直线的命令 LINE 绘制，采用 “切点”的捕捉方式。

四、其他命令

其他命令在绘制图形过程中要用到：对象捕捉中的自基点捕捉功能 FROM 和圆角命令 FILLET、偏移命令 OFFSET、设置线型命令 LINETYPE、设置线宽命令 LWEIGHT、设置图层命令 LAYER。

微课

自基点捕捉
功能的使用

【相关知识】

一、对象捕捉中的自基点捕捉功能

（一）功　能

能够通过目标点到已知基点的相对坐标，准确地确定该目标点的位置。

（二）命令调用方式

弹出菜单：“Ctrl+右键”或 Shift + 右键/ “自（F）” 。

（三）命令举例

例 2.1.1　在一个矩形中绘制一个半径为 30 的圆，圆心 *O* 相对于矩形左上角 *A* 点向右 80、向下 50，绘制方法如图 2.1.3 所示。

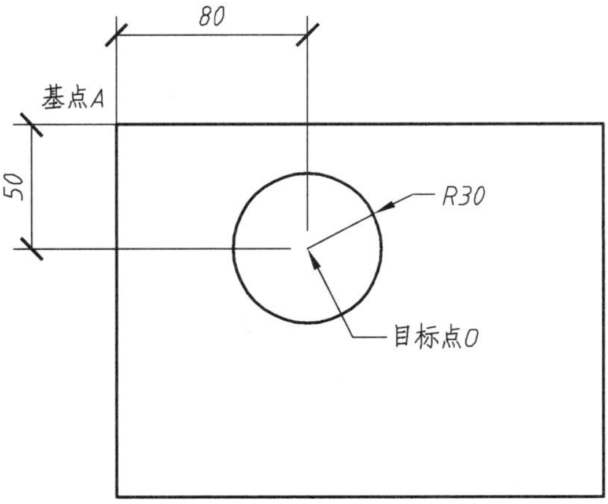

图 2.1.3　自基点捕捉功能 FROM 的使用

操作步骤如下：

命令： CIRCLE　　调用绘制圆命令

指定圆的圆心或 [三点（3P）/两点（2P）/相切、相切、半径（T）]:

点击捕捉自　　采用“捕捉自”的方式定位圆心

_from 基点： 选择矩形的角点 *A*　　选择矩形的角点 *A* 作为基点

<偏移>： @80，－50　　输入圆心 *O* 相对于基点 *A* 的坐标

指定圆的半径或 [直径（D）] <100.0000>： 30　　输入圆的半径

二、圆角命令

微课

圆角命令

（一）功　能

能够把两条线交点处的尖角倒成圆角，也可以同时保留尖角。

（二）命令调用方式

功能区：“默认”标签/“修改”面板/“圆角”按钮。

命令行：FILLET（F）。

（三）命令举例

例 2.1.2 将图 2.1.4（a）所示的直角顶点用圆角命令倒成半径为 10 的圆角，如图 2.1.4（b）所示。

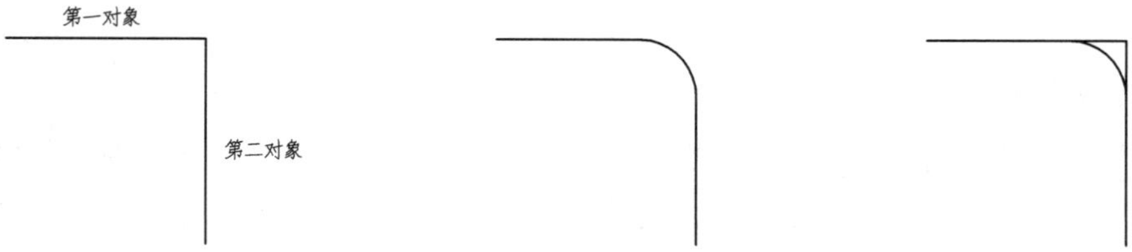

（a）尖角　　（b）圆角修剪　　（c）圆角不修剪

图 2.1.4 执行圆角命令

操作步骤如下：

命令： FILLET　　调用圆角命令

当前设置： 模式 = 修剪，半径 = 10.0000

选择第一个对象或 [放弃（U）/多段线（P）/半径（R）/修剪（T）/多个（M）]： R　　设置圆角半径

指定圆角半径 <10.0000>： 10　　输入圆角半径值

选择第一个对象或 [放弃（U）/多段线（P）/半径（R）/修剪（T）/多个（M）]： 选择横线　　选择第一个圆角对象

选择第二个对象，或按住 Shift 键选择要应用角点的对象：选择竖线　　选择第二个圆角对象

例 2.1.3 将图 2.1.4（a）所示的直角顶点用圆角命令倒圆角，不修剪角点，如图 2.1.4（c）所示。

命令： FILLET 调用圆角命令

当前设置： 模式 = 不修剪，半径 = 10.0000

选择第一个对象或 [放弃（U）/多段线（P）/半径（R）/修剪（T）/多个（M）]： T 设置修剪选项

输入修剪模式选项 [修剪（T）/不修剪（N）] <不修剪>： N 选择不修剪选项

选择第一个对象或 [放弃（U）/多段线（P）/半径（R）/修剪（T）/多个（M）]： 选择横线 选择第一个圆角对象

选择第二个对象，或按住 Shift 键选择要应用角点的对象：

选择横线 选择第二个圆角对象

三、设置线型命令

微课

对象特性的控制

（一）功 能

用于设置、修改图线的线型及线型比例。

（二）命令调用方式

功能区：“默认”标签/“特性”面板/“线型” ☰/“其他...”。

命令行：LINETYPE（LT）。

（三）线型的设置

1. 加载线型类型

打开“线型管理器”对话框，如图 2.1.5 所示，点击“加载”按钮，在“加载或重载线型”对话框中选择要加载的线型，实线选择 CONTINUE，虚线选择 DASHED2，点画线 CENTER2，双点画线选择 PHANTOM2，如图 2.1.6 所示。

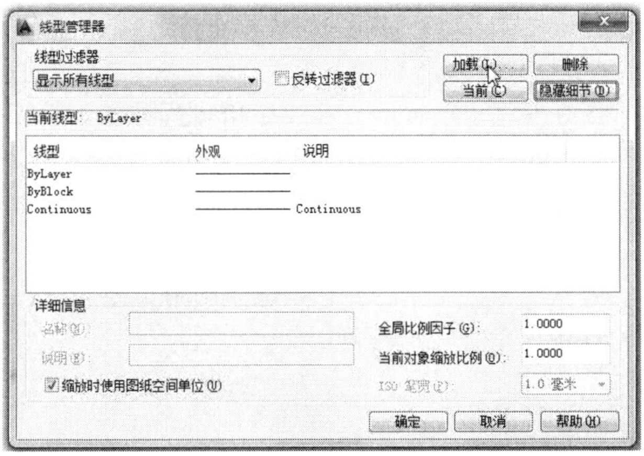

图 2.1.5 “线型管理器”对话框

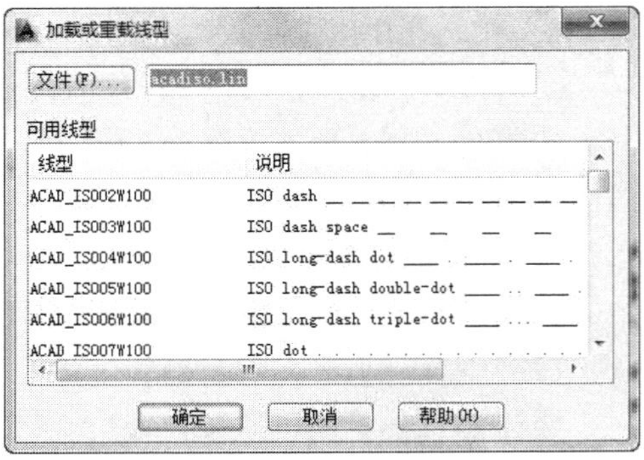

图 2.1.6 “加载或重载线型”对话框

2. **设置线型比例**

要想在图中显示合适的线型效果，必须有合适的线型比例。在“线型管理器”对话框单击“显示细节”按钮，可显示线型比例，不同线型比例的显示效果也不同，如图 2.1.7 所示。

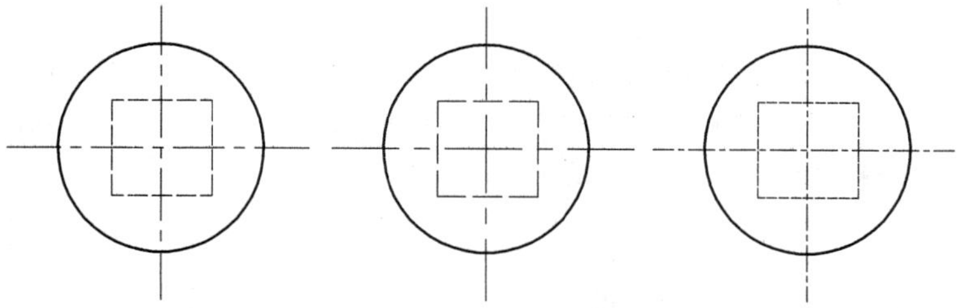

（a）线型比例为 1　（b）线型比例为 2　（c）线型比例为 0.5

图 2.1.7　设置不同线型比例的显示效果

线型比例有全局比例因子和对象线型比例。

（1）全局比例因子控制所有对象的线型比例，在“线型管理器”对话框中设置；

（2）对象线型比例只控制当前对象的线型比例，设置方法是选中一个对象后，在“对象特性”对话框中修改“线型比例”的值。

一个对象最终的线型比例 = 全局比例因子 × 该对象的线型比例。

3. **改变对象的线型**

选中对象，在功能区“特性”选项卡的“线型”下拉列表中修改对象的线型。

四、线宽设置

（一）功　能

设置、修改图线的宽度。

（二）命令调用方式

功能区：“默认”标签/“特性”面板/“线宽” 。
状态栏：“线宽”。
命令行：LWEIGHT（LW）。

（三）命令举例

1. **设置当前线宽**

执行线宽命令后，AutoCAD 弹出“线宽设置”对话框，如图 2.1.8 所示，在该对话框中可以进行线宽的选择、线宽单位的选择、默认线宽值的设定以及线宽显示等。还可以单击“特性”对话框中“线宽”下拉列表的按钮，弹出下拉列表来选择当前的线宽。只有打开状态栏中的“线宽”按钮，才能在图形中显示其线宽。

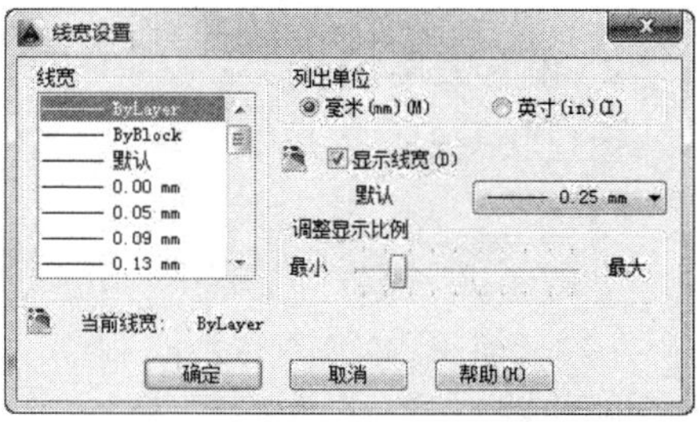

图 2.1.8　线宽设置

2. 改变对象的线宽

选中对象，在功能区“特性”选项卡的“线宽”下拉列表中修改线宽的值。

五、设置图层命令

使用图层绘图就好像把一张图的内容分为几部分，每部分分别画到不同的透明纸（图层）上，然后将所有透明纸重叠起来共同组成一幅整体图形。同一图层上的对象具有颜色、线型、线宽的对象特征。使用图层可方便地修改、管理图形。

微课

图层的使用

（一）功　能

创建、管理图层及设置图层的特性。

（二）命令调用方式

功能区：“默认”标签/“图层”面板/“图层特性”按钮。

命令行：LAYER（LA）。

（三）创建新图层，并设置图层的特性及状态

1. 创建新图层

执行图层命令后，AutoCAD 弹出“图层特性管理器”对话框，如图 2.1.9 所示。AutoCAD 中默认的只有一个 0 层。单击“图层特性管理器”对话框中的按钮，可以依照 0 层为模板创建一个新层，分别单击新图层的名称、颜色、线型、线宽进行设置，一般绘图可参照国标《CAD 制图规则》设置图层，如图 2.1.9 所示。

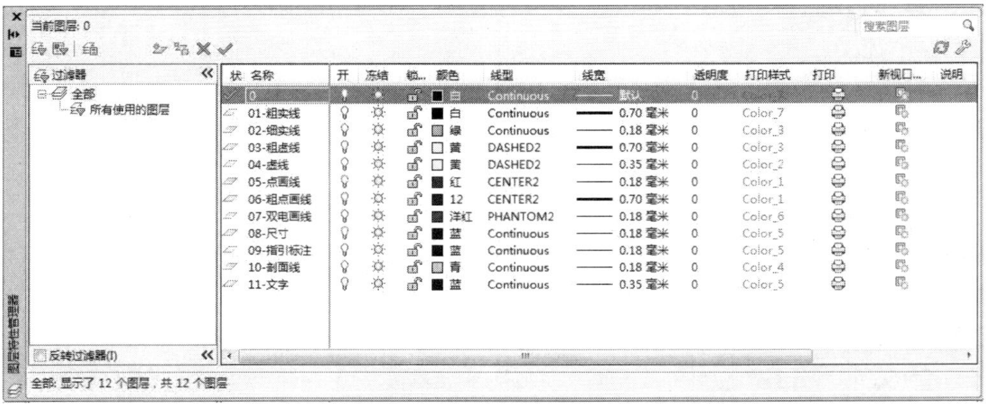

图 2.1.9 “图层特性管理器”对话框

2. 设置图层状态

图层状态包括“开/关”状态、“冻结/解冻”状态、“锁定/解锁”状态、“打印/不打印”状态。

（1）“开/关”状态：当图层处于“关闭”状态时，图层上的对象被隐藏，不能显示和打印，一般不能修改，但可用“all”的方式选中并修改。

（2）“锁定/解锁”状态：当图层处于“锁定”状态时，图层上的对象可以显示、打印，但不能修改。

（3）“冻结/解冻”状态：“冻结”状态是“关闭”和“锁定”的结合体，当图层处于“冻

结”状态时，图层上的对象不能显示、修改、打印或重新生成。在较大图形中经常“冻结”一部分不用的图层，这样可提高重新生成的速度。

（4）“打印/不打印”状态：当图层处于“打印”状态时，图层上的对象可以被打印；如果处于“不打印”状态，则图层上的对象不能打印。

六、使用“图层过滤器”控制图层的显示

在大图形中，利用“图层特性管理器”对话框左侧的“新建特性过滤器”“新建组过滤器”“图层状态管理器”可以对控制图层（注意不是对图层中的对象）的显示进行管理。

（一）创建、使用“特性过滤器”

在图 2.1.9 所示的“图层特性管理器”对话框中，单击“新建特性过滤器”按钮，在弹出的“图层过滤特性”对话框中，创建一个名称为“颜色为蓝色红色、线宽 0.18 图层”的特性过滤器。可以每行有多个特性过滤条件，各条件之间为“与”关系；各行之间的过滤条件为“并”关系，如图 2.1.10 所示。

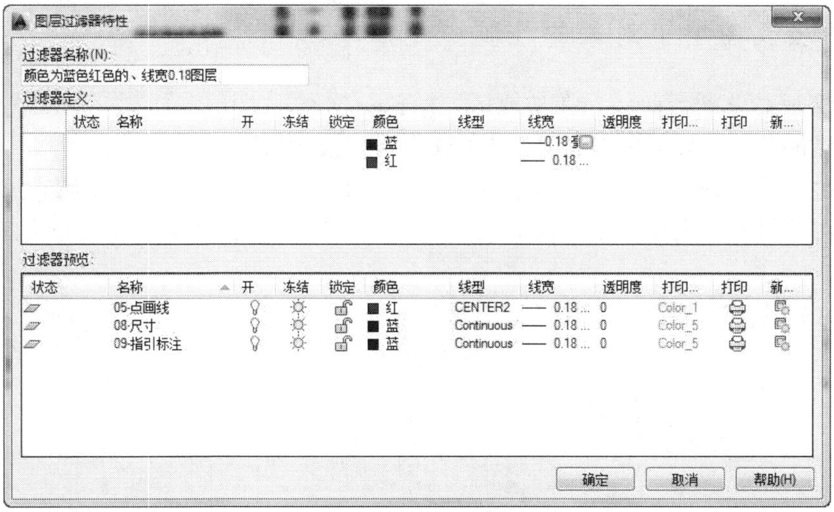

图 2.1.10 创建“颜色为蓝色红色、线宽 0.18 图层”的特性过滤器

使用时，在“图层特性管理器”对话框中，单击对话框左侧的“颜色为蓝色红色、线宽 0.18 图层”的特性过滤器，此时在“图层特性管理器”对话框中以及“图层列表”中只显示过滤出来的 3 个图层，如图 2.1.11 所示。

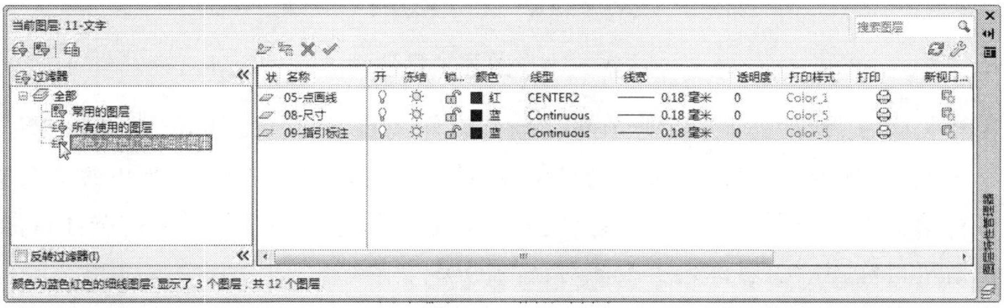

图 2.1.11 使用“颜色为蓝色红色、线宽 0.18 图层”的特性过滤器

（二）创建、使用“新建组过滤器”

在图 2.1.9 所示的“图层特性管理器”对话框中，单击“新建组过滤器” 按钮，创建一个名称为“常用的图层”的组过滤器。单击“所有使用的图层”过滤器，在右侧显示的图层中挑选经常用到的图层，拖动至左侧的“常用的图层”的组过滤器中。使用时，单击“常用的图层”的组过滤器，图 2.1.12 所示为该组过滤器现实的图层。

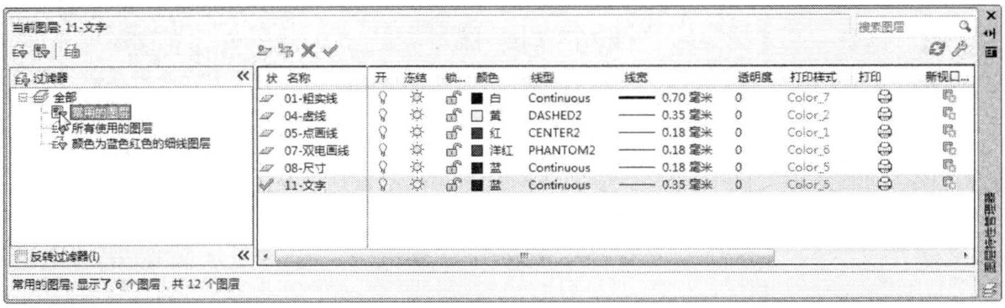

图 2.1.12　使用“常用的图层”的组过滤器

七、图层及图层上对象的控制

（1）新绘制对象到当前层：在功能区“默认”标签/“图层”面板/“图层”列表中显示的图层为“当前层”，新绘制的对象都自动放置到“当前层”。

（2）将对象放置到另一图层：选中对象，在功能区“默认”标签/“图层”面板/“图层”列表中显示对象目前所在的图层，重新选择另一目标层，则可以将对象从一个图层移到另一个图层。

（3）其他图层工具按钮，如图 2.1.13 所示。

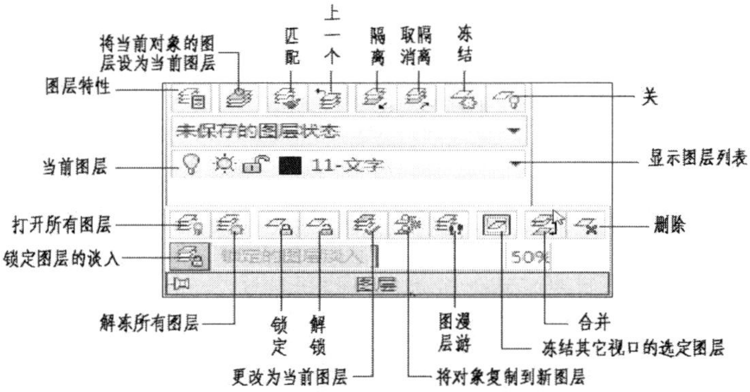

图 2.1.13　图层工具按钮

①“匹配” ：更改选定对象所在的图层，以使其匹配到目标图层。如果在错误的图层上创建了对象，可以通过选择目标图层上的对象或重新指定目标图层的名称来更改该对象的图层。

②“将对象复制到新图层” ：将选定对象复制到目标图层，可以通过选择目标图层上的对象或重新指定目标图层的名称来更改该对象的图层。

③“更改为当前层” ：将选定对象更改到当前层。

④“上一个”：放弃上一个图层命令做出的更改。

⑤“隔离”、“取消隔离”：打开选定对象所在的图层，并关闭或锁定其他图层。保持可见且未锁定的图层称为“隔离”。

⑥“冻结”、“关闭”、“锁定”、“解锁”：冻结、关闭、锁定、解锁选定对象所在的图层。

⑦“合并”：将所合并图层上的对象移动到目标图层，并从图形中清理原始图层。合并图层用来减少图形中的图层数。

⑧“删除”：删除选定对象所在的图层并清理图层。

⑨“图层漫游”：临时显示在“图层漫游”对话框中选定的图层上的对象。

【任务实施】

微课

绘制曲线图形

步骤如下：

一、新建文件

新建文件，命名为“曲线图形.dwg”。

二、建立图层

打开“图层特性管理器”对话框，建立图层并设置图层的颜色、线型、线宽，如图 2.1.14 所示。

三、绘制图形

（1）进入“0-粗实线”图层，绘制直径为 10 和 18 的同心圆，圆心为 *A*，如图 2.1.15 所示。

状	名称	开	冻结	锁...	颜色	线型	线宽
	0				白	Continuous	—— 默认
✓	01-粗实线				白	Continuous	—— 0.70 毫米
	02-细实线				绿	Continuous	—— 0.18 毫米
	03-粗虚线				黄	DASHED2	—— 0.70 毫米
	04-虚线				黄	DASHED2	—— 0.35 毫米
	05-点画线				红	CENTER2	—— 0.18 毫米
	06-粗点画线				12	CENTER2	—— 0.70 毫米
	07-双电画线				洋红	PHANTOM2	—— 0.18 毫米
	08-尺寸				蓝	Continuous	—— 0.18 毫米
	09-指引标注				蓝	Continuous	—— 0.18 毫米
	10-剖面线				青	Continuous	—— 0.18 毫米
	11-文字				蓝	Continuous	—— 0.35 毫米

图 2.1.14　建立图层

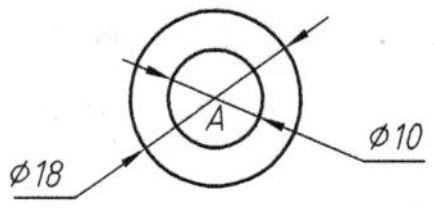

图 2.1.15　绘制圆心在 *A* 点的同心圆

（2）应用对象捕捉的“捕捉自”的定位方式，绘制圆心为 *B* 点的同心圆，如图 2.1.16 所示。

操作步骤如下：

命令：CIRCLE　　调用绘制圆的命令

指定圆的圆心或［三点（3P）/两点（2P）/相切、相切、半径（T）］：点击捕捉自　　圆心采用“捕捉自”的定位方式

_from 基点：选择圆心 *A*　　选择“捕捉自”的基点

<偏移>：　@－22.5，19　　　　输入圆心 B 相对于基点 A 的坐标

指定圆的半径或 [直径（D）] <7.000000>：　D　　　　选择直径方式

指定圆的直径 <14.000000>：　5　　　　输入直径值

命令：　CIRCLE　　　　调用绘制圆的命令

指定圆的圆心或 [三点（3P）/两点（2P）/相切、相切、半径（T）]：　选择圆心 *B*　　　　指定圆心

指定圆的半径或 [直径（D）] <2.500000>：　7　　　　输入半径值

（3）同样方法，应用“捕捉自”命令绘制圆心在 *C*、*D*、*E*、*H* 点的圆，如图 2.1.17 所示。

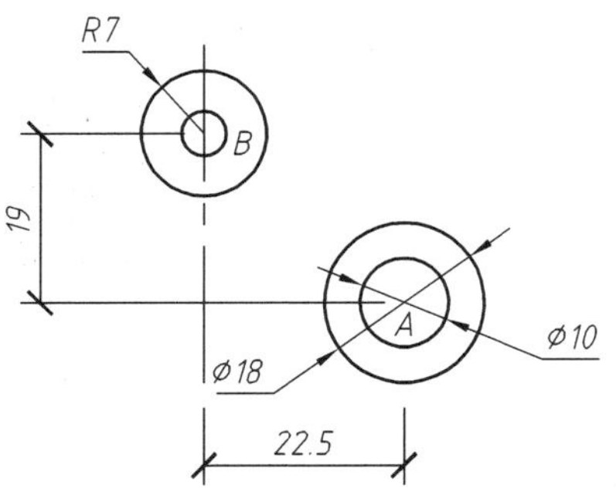

图 2.1.16　绘制圆心在 *B* 点的同心圆

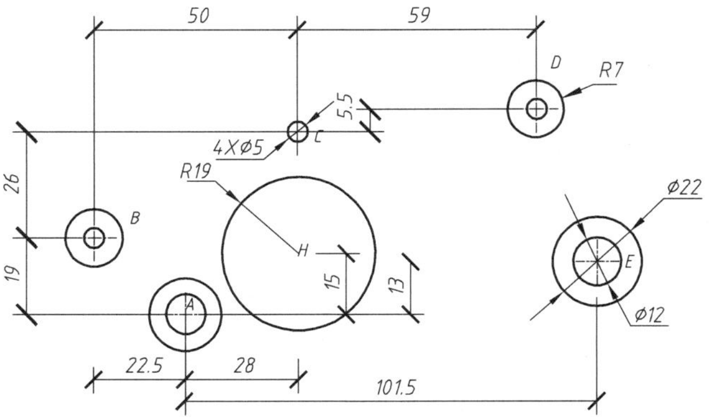

图 2.1.17　绘制圆心在 *C*、*D*、*E*、*H* 点的圆

（4）绘制圆心在 *F* 点的圆。

分别以点 *C*、*D* 为圆心，以 45、36 为半径画圆弧，两圆的交点即为圆心 *F*，绘制直径为 5 的圆，如图 2.1.18 所示。

（5）应用“切点”捕捉方式，绘制与圆 *B* 相切的倾斜直线 1，如图 2.1.19 所示。

操作步骤如下：

命令：　LINE　　　　调用直线命令

指定第一点：　点击捕捉到切点　　　　采用“切点”捕捉方式

_tan 到　单击圆 B 的左上部分　　　　选择切点的所在的象限

指定下一点或 [放弃（U）]：　@100<30　　　　输入下一点的相对极坐标

指定下一点或 [放弃（U）]：　回车

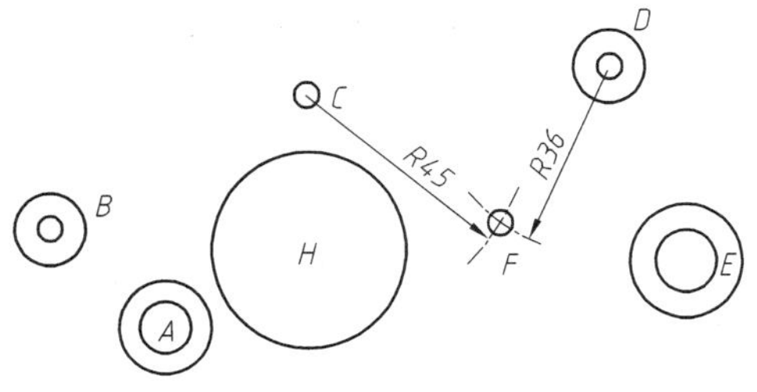

图 2.1.18　确定圆心 *F*，绘制圆

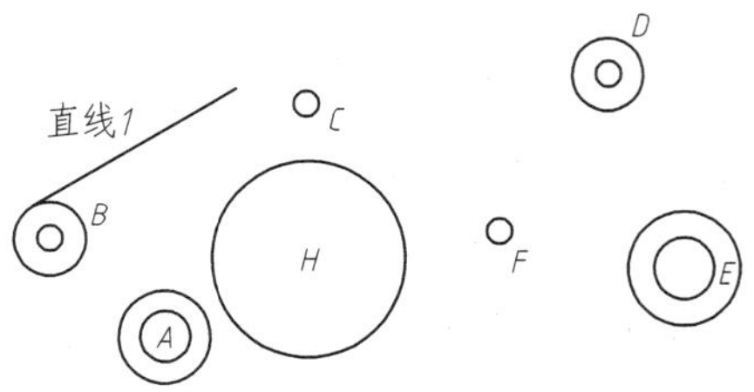

图 2.1.19　绘制直线 1

（6）绘制直线 2。

用“象限点”的捕捉方式、正交等辅助功能绘制直线 2，如图 2.1.20 所示。

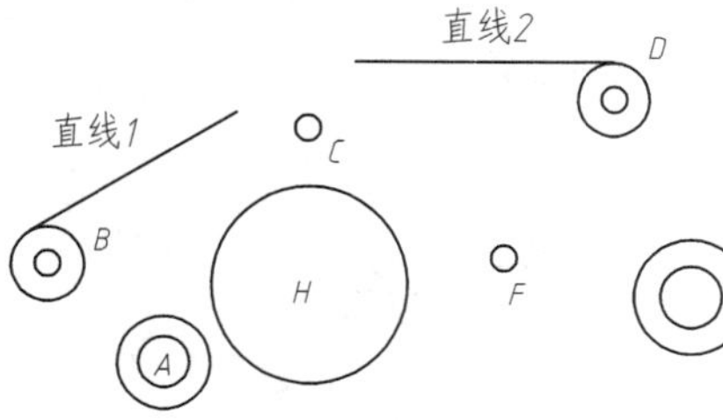

图 2.1.20　绘制直线 2

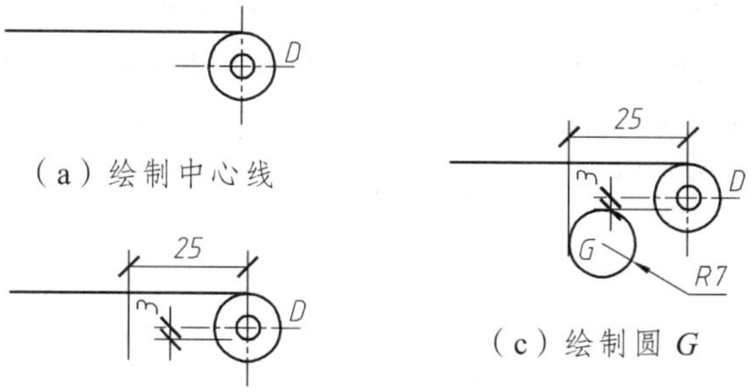

（a）绘制中心线

（b）偏移中心线

（c）绘制圆 *G*

图 2.1.21　绘制圆 *G*

（7）绘制圆 *G*。

① 绘制圆心 *D* 的中心线，如图 2.1.21（a）所示。

② 用偏移命令偏移圆心 *D* 的中心线，如图 2.1.21（b）所示。

③ 利用“相切、相切、半径”绘制圆 *G*，如图 2.1.21（c）所示。

操作步骤如下：

命令：	CIRCLE	调用绘制圆的命令
指定圆的圆心或[三点（3P）/两点（2P）/相切、相切、半径（T）]	T	选择相切、相切、半径方式画圆
指定对象与圆的第一个切点：	选择偏移出的横线	选择第一相切对象
指定对象与圆的第二个切点：	选择偏移出的竖线	选择第二相切对象
指定圆的半径 <36.000000>：	7	输入半径

（8）利用圆角命令绘制过渡线 1、2、3。

① 绘制过渡线 1，如图 2.1.22 所示。

操作步骤如下：

命令：	FILLET	调用圆角命令
当前设置：模式 = 修剪，半径 = 0.000000		
选择第一个对象或［放弃（U）/多段线（P）/半径（R）/修剪（T）/多个（M）]：	R	设置圆角半径
指定圆角半径 <0.000000>：	22.5	输入圆角半径值
选择第一个对象或［放弃（U）/多段线（P）/半径（R）/修剪（T）/多个（M）]：	选择圆心为 *A* 的大圆	选择第一圆角对象
选择第二个对象，或按住 Shift 键选择要应用角点的对象：	选择圆心为 *B* 的大圆	选择第二圆角对象

② 同样的方法绘制过渡线 2、3，如图 2.1.22 所示。

（9）利用“切点”捕捉绘制过渡线 6，如图 2.1.23 所示。

操作步骤如下：

命令： LINE　　调用直线命令

指定第一点： 点击捕捉到切点　　采用“切点”捕捉方式

_tan 到 选取圆心为 A 的大圆右面部分　　选择直线的第一相切对象

指定下一点或 [放弃（U）]： 点击捕捉到切点　　再次采用“切点”捕捉方式

_tan 到 选取圆心为 H 的圆左面部分　　选择直线的第二相切对象

指定下一点或 [放弃（U）]： 回车　　结束命令

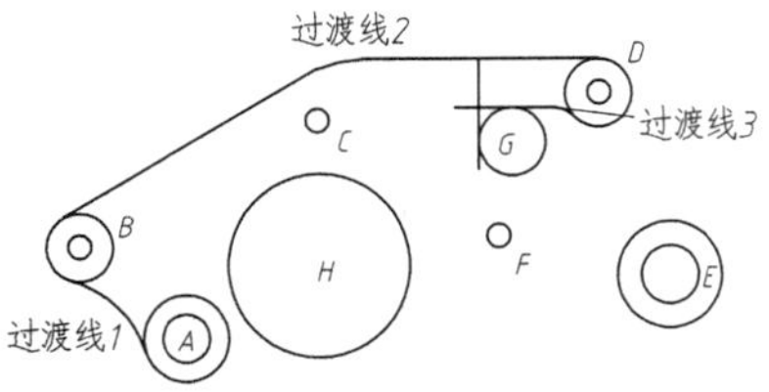

图 2.1.22 绘制过渡线 1、2、3

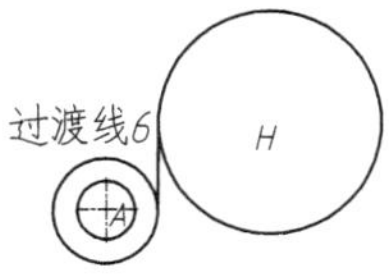

图 2.1.23 绘制过渡线 6

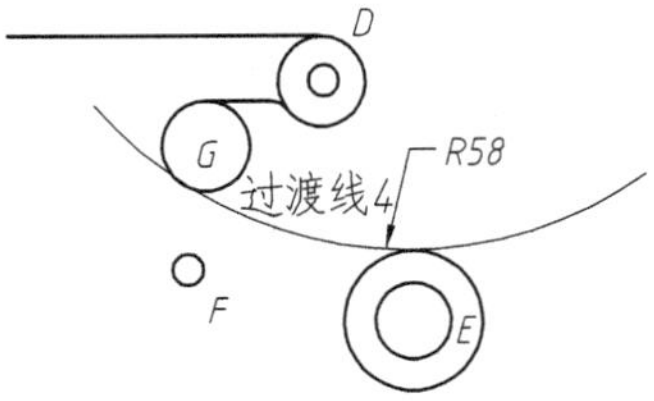

图 2.1.24 相切、相切、半径方式画圆

（10）绘制过渡线 4、5。

① 利用“相切、相切、半径”命令画圆，如图 2.1.24 所示。

操作步骤如下：

命令： CIRCLE　　调用绘制圆的命令

指定圆的圆心或 [三点（3P）/两点（2P）/相切、相切、半径（T）]： T　　选择相切、相切、半径方式画圆

指定对象与圆的第一个切点： 选取 G 圆左下部　　选择第一相切对象

指定对象与圆的第二个切点： 选取圆心在 E 点的大圆上部　　选择第二相切对象

指定圆的半径 <58.000000>： 58　　输入半径

② 利用修剪命令修剪得到过渡线 4，如图 2.1.25 所示。

操作操作如下：

命令： TRIM　　调用修剪命令

选择剪切边...

选择对象或 <全部选择>： 选取 G 圆　　选取修剪边

选择对象： 选取圆心在 E 点的大圆　　选取修剪边

选择对象： 回车　　结束选择

选择要修剪的对象，或按住 Shift 键选择要延伸的对象，或 [栏选（F）/窗交（C）/投影（P）/边（E）/删除（R）/放弃（U）]： 点击半径为 58 的圆上的被修剪部分　　选择被修剪部分

选择要修剪的对象，或按住 Shift 键选择要延伸的对象，或 [栏选(F)/窗交(C)/投影(P)/边(E)/删除(R)/放弃(U)]： 回车　　结束命令

③ 同样方法绘制过渡线 5。

利用“相切、相切、半径”命令绘制半径为 75 的圆。第一点选取 *H* 圆的右上部，第二点选取圆心为 E 点的大圆的左下部。利用修剪命令修剪得到过渡线 5，如图 2.1.26 所示。

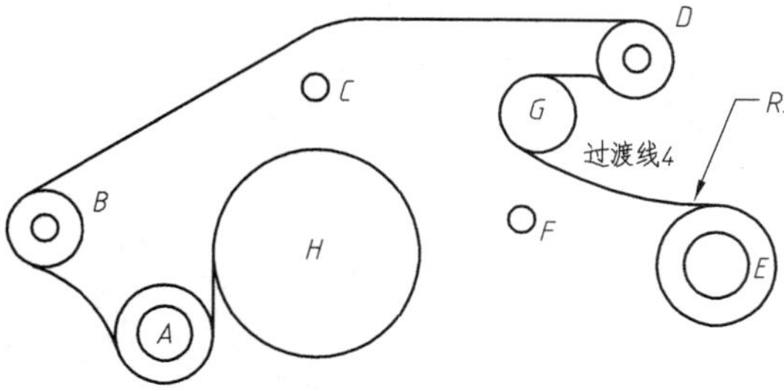

图 2.1.25　修剪圆上的多余部分得到过渡线 4

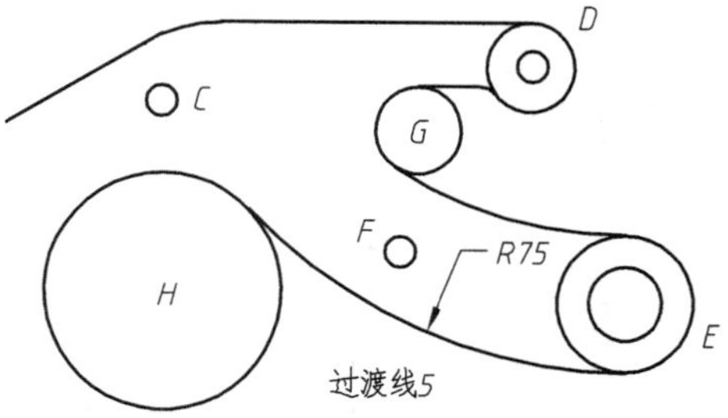

图 2.1.26　绘制过渡线 5

（11）修剪圆心在 *B*、*H*、*G*、*D* 点的部分圆弧，如图 2.1.27 所示。

（12）绘制圆的中心线。

进入“1-中心线”图层，用直线命令绘制中心线，用拉长命令 LENGTHEN 的“DY”选项调整中心线的长度，如图 2.1.28 所示。

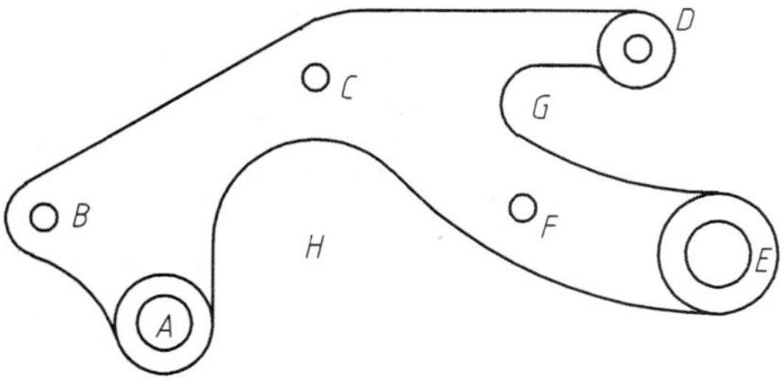

图 2.1.27　修剪多余的圆弧段

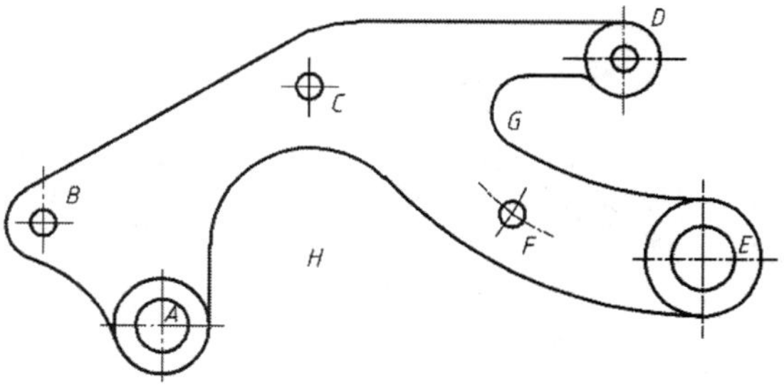

图 2.1.28　绘制中心线

【训练与提高】

绘制图 2.1.29 ~ 图 2.1.34。

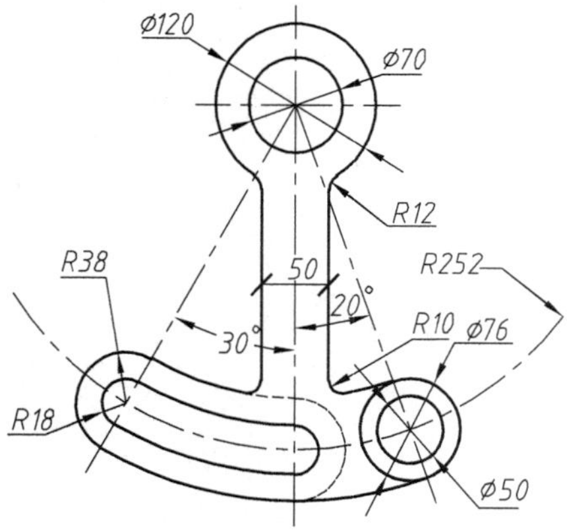

图 2.1.29

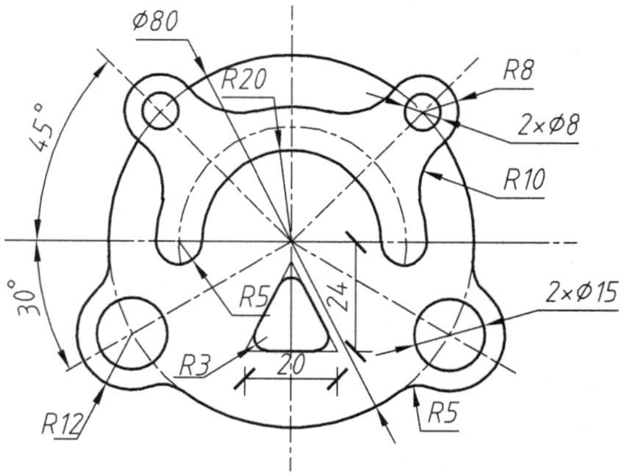

图 2.1.30

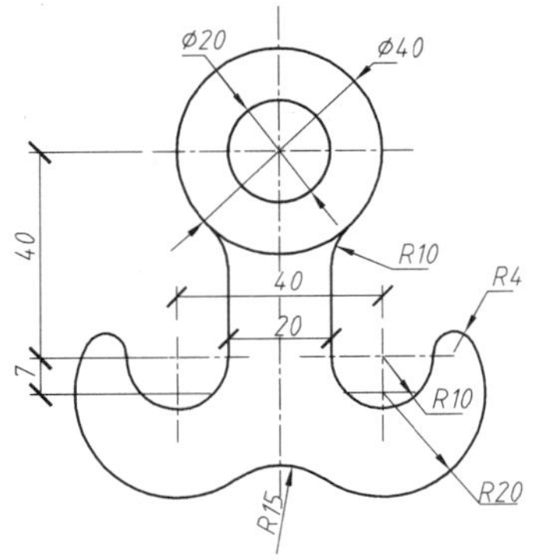

图 2.1.31

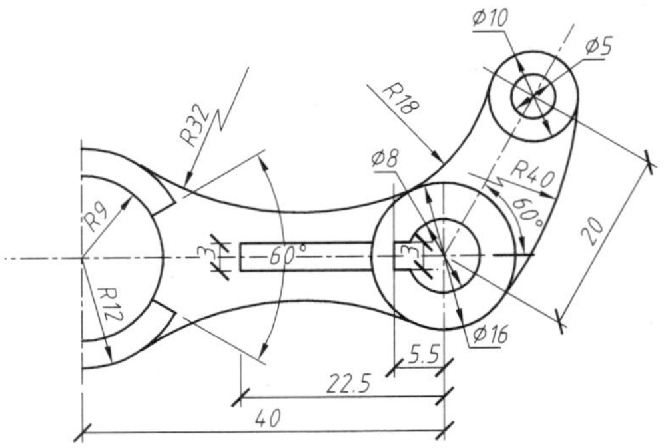

图 2.1.32

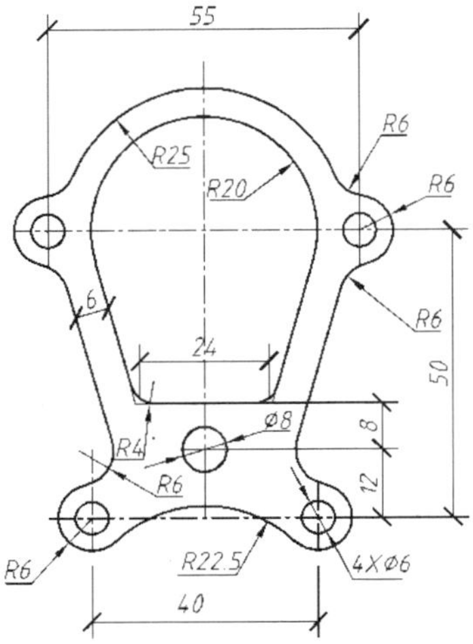

图 2.1.33

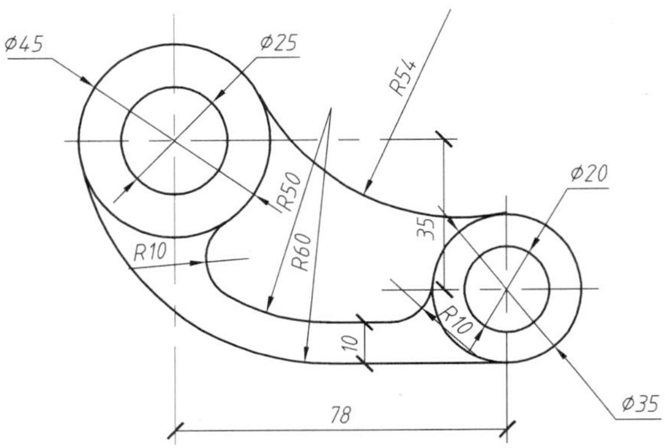

图 2.1.34

任务 2　绘制拱桥的三面投影图

素质目标

1. 具备绘制和识读施工图所必需的职业素质，拥有吃苦耐劳、诚实守信、求真务实的职业道德观念；

2. 养成严谨、踏实、认真负责的工作作风，具备良好的学习能力和团队协作观念，能够理论联系实际解决问题，培养创新意识。

知识目标

1. 掌握极轴追踪命令；
2. 掌握对象追踪命令；
3. 会建图层并设置图层参数；
4. 掌握绘制拱桥三面图的命令。

能力目标

1. 具备 CAD 软件熟练使用能力；
2. 具备综合二维图形的绘制能力；
3. 具备拱桥的三面图的绘制能力。

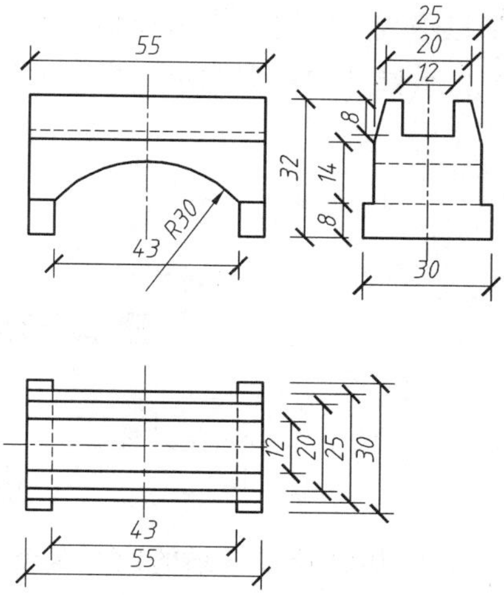

图 2.2.1　拱桥三视图

【任务分析】

图 2.2.1 所示为一个拱桥的三面图，拱桥由基础、桥身和桥面三部分组成。三面图符合“长对正、高平齐、宽相等”规律，可以利用 AutoCAD 的极轴追踪功能和对象追踪功能绘制形体的三面图。

微课

极轴追踪

【相关知识】

一、极轴追踪

（一）功　能

绘制直线或指定长度过程中，先指定一个点，再沿极轴追踪角方向拖动光标会出现极轴追踪线，可用于确定沿极轴追踪线方向的另一个点。

（二）命令调用方式

状态栏：“极轴”按钮。
命令行：Dsettings

（三）命令使用

1. 启用/关闭“极轴追踪”功能

单击状态栏上的“极轴”按钮或 F10 功能键，可切换极轴追踪功能的启用与关闭。

2. 极轴追踪“增量角”的设置及使用

右击状态栏上的“极轴”按钮，选择“设置”，在打开的“草图设置”对话框中的“极轴追踪”选项卡中，可以通过“增量角”下拉列表框设置极轴追踪方向的增量角，如图 2.2.2 所示。

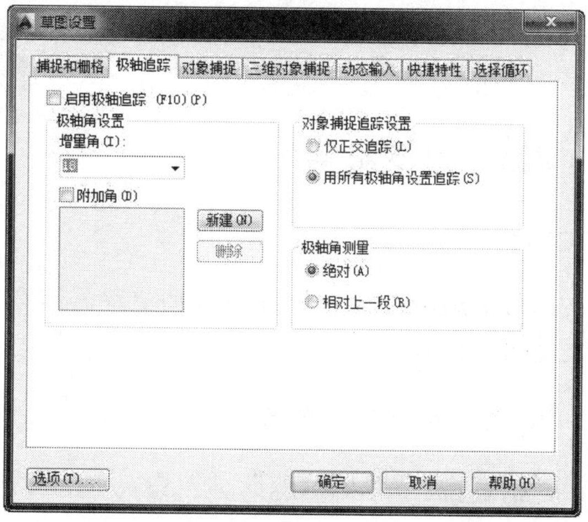

图 2.2.2　极轴追踪的“增量角”设置

比如，设定了极轴追踪“18°”的增量角。

当绘制直线时，指定了第一点后拖动光标就会出现倾斜角度为 18° 的整数倍的极轴追踪线，如图 2.2.3（a）所示。此时可以沿追踪线方向拖动光标，然后单击确定第二点的位置，也可以输入一个准确的距离值确定第二点的位置。

当移动或复制一个圆时，指定了基点后拖动光标就会出现倾斜角度为 18° 的整数倍的极轴追踪线。此时可以沿追踪线方向拖动光标，然后单击确定复制的目标点位置，也可以输入一个准确的距离值确定目标点的位置，如图 2.2.3（b）所示。

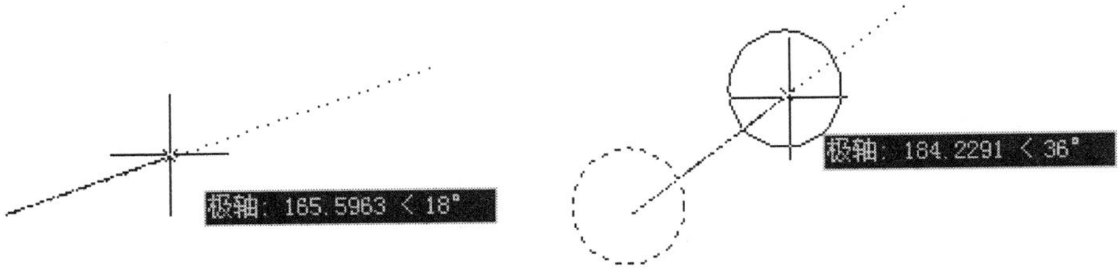

（a）使用极轴追踪绘制直线　　（b）使用极轴追踪复制或移动对象

图 2.2.3　极轴追踪功能的使用

3. 极轴角参考系的设置及使用

用“极轴角测量”选项可以设置极轴角的参考系。

“绝对”选项表示极轴角测量基准为正右方，如图 2.2.4（a）所示；而“相当于上一段”选项则表示极轴角测量基准为前一对象的方向，如图 2.2.4（b）所示。

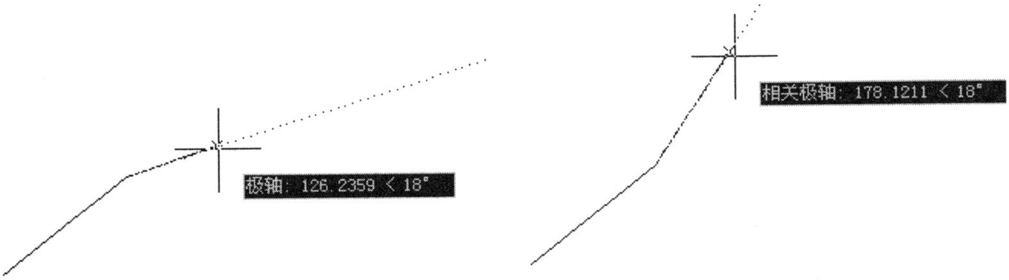

（a）“绝对”选项的效果　　（b）“相当于上一段”选项的效果

图 2.2.4　极轴角的两种不同参考系

二、对象追踪

（一）功　能

对象追踪是对象捕捉与极轴追踪的结合，可以实现由对象捕捉点沿极轴追踪方向确定点位置的定位方式。

微课

对象追踪

（二）命令调用方式

状态栏：“对象追踪”按钮。

（三）命令使用

1. 启用/关闭“对象追踪”功能

单击状态栏上的“对象追踪”按钮或 F11 功能键，可切换对象追踪功能的启用与关闭。

2. 命令举例

例 2.2.1　绘制一个圆，将圆心定在原有矩形的中心位置。

（1）将对象捕捉中的“中点”选项选中。

（2）将极轴追踪中的“增量角”设为 90°。

（3）将极轴追踪中的“仅正交追踪”选项选中。

（4）调用绘制圆命令 CIRCLE，在需要指定圆心时，将光标移到矩形的横边中点附近，出现“中点”捕捉图标时不要单击，再将光标移到矩形的竖边中点附近，出现“中点”捕捉图标时不要单击，沿水平追踪线移到矩形中心附近，当同时出现水平、竖直两条追踪线时，单击可捕捉到两条追踪线的交点作为圆心，如图 2.2.5 所示。

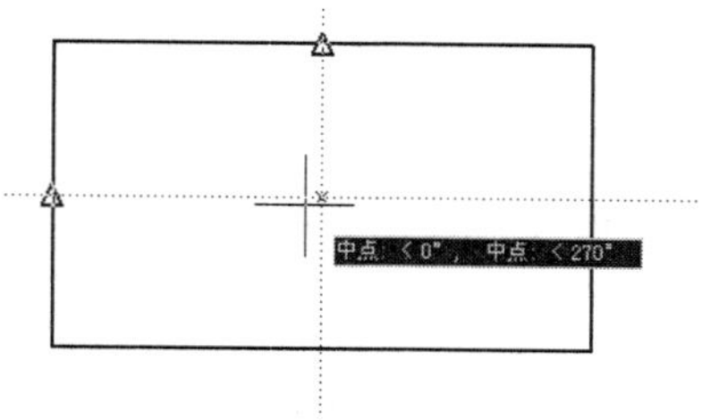

图 2.2.5　利用对象追踪定圆心

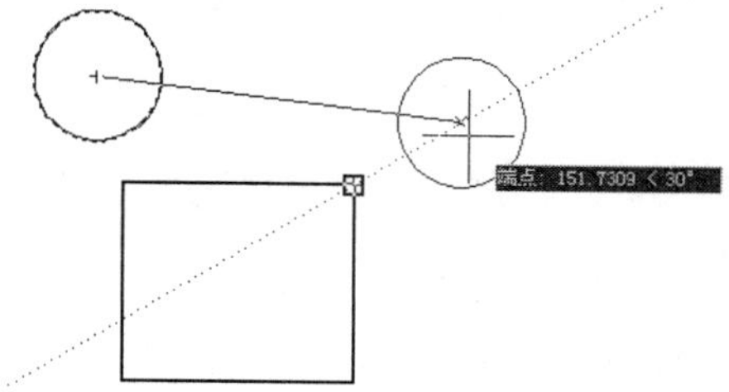

图 2.2.6　利用对象追踪定移动目标点

例 2.2.2　将矩形左上方的圆移动到矩形右上方，圆心目标点的位置是从矩形右上角沿右上 30° 方向，距离为 100。

（1）将对象捕捉中的“圆心”“端点”选项选中，启动对象捕捉功能。

（2）将极轴追踪中的“增量角”设为 30°，启动极轴追踪功能。

（3）将极轴追踪中的“用所有极轴角设置追踪”选项选中。

（4）调用移动命令 MOVE，移动对象选择圆，移动基点选择圆心，在选择移动的目标点时，将光标移到矩形右上角点附近，出现“端点”捕捉图标时不要单击，将光标向右上方移动，当出现极轴角为 30° 的追踪线时输入距离值为 100，即可确定移动目标点的位置，如图 2.2.6 所示。

【任务实施】

微课

绘制拱桥的三面投影图

步骤如下：

一、新建图形文件

新建图形文件，保存为“拱桥投影图.dwg”。

二、创建图层

打开“图层特性管理器”对话框，创建图层，设置图层的线型和线宽等，如图 2.2.7 所示。

三、绘制辅助线

进入 0 层，绘制投影轴线及 – 45° 斜线作为辅助线，如图 2.2.8 所示。

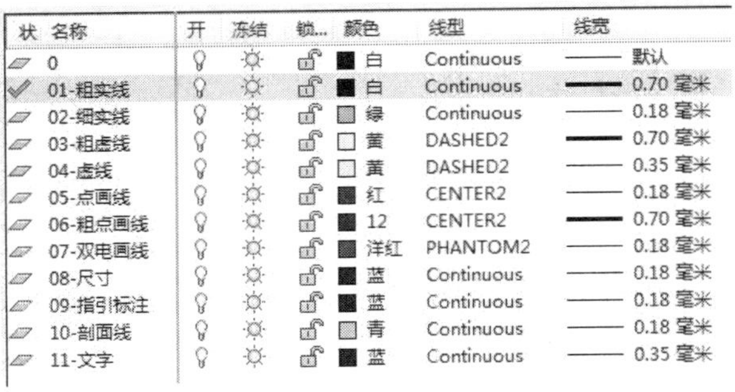

状	名称	开	冻结	锁...	颜色	线型	线宽
	0				白	Continuous	默认
✓	01-粗实线				白	Continuous	0.70 毫米
	02-细实线				绿	Continuous	0.18 毫米
	03-粗虚线				黄	DASHED2	0.70 毫米
	04-虚线				黄	DASHED2	0.35 毫米
	05-点画线				红	CENTER2	0.18 毫米
	06-粗点画线				12	CENTER2	0.70 毫米
	07-双电画线				洋红	PHANTOM2	0.18 毫米
	08-尺寸				蓝	Continuous	0.18 毫米
	09-指引标注				蓝	Continuous	0.18 毫米
	10-剖面线				青	Continuous	0.18 毫米
	11-文字				蓝	Continuous	0.35 毫米

图 2.2.7　创建图层

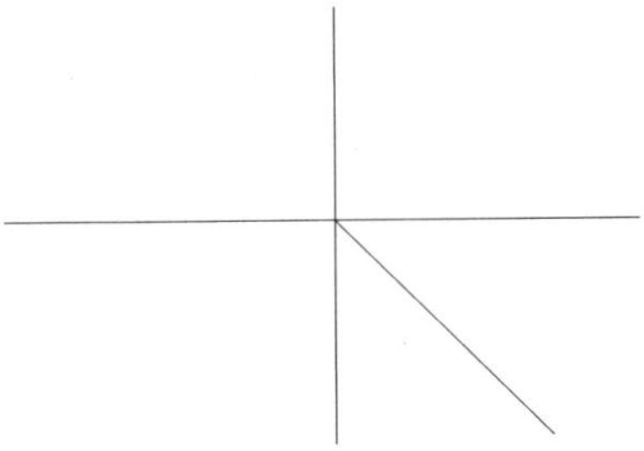

图 2.2.8　绘制投影轴线及 – 45° 斜线

四、绘制拱桥基础的三面图

（一）绘制基础正面图

进入“粗实线”图层，绘制基础的正面图。

1. 绘制左基础的正面图

用矩形命令绘制一个 6 × 8 的矩形，如图 2.2.9（a）所示。

2. 用复制命令绘出右面基础的正面图

（1）启动对象捕捉功能，选中“端点”“圆心”“交点”“象限点”选项。

（2）启动极轴追踪功能，选择“仅正交追踪”选项。

（3）启动对象追踪功能。

（4）利用对象追踪功能，复制出右基础的正面图。

调用复制命令 COPY，复制对象选择左基础矩形，基点选择矩形的一个角点，右移光标，出现极轴追踪线后输入距离值为 49，如图 2.2.9（b）、（c）所示。

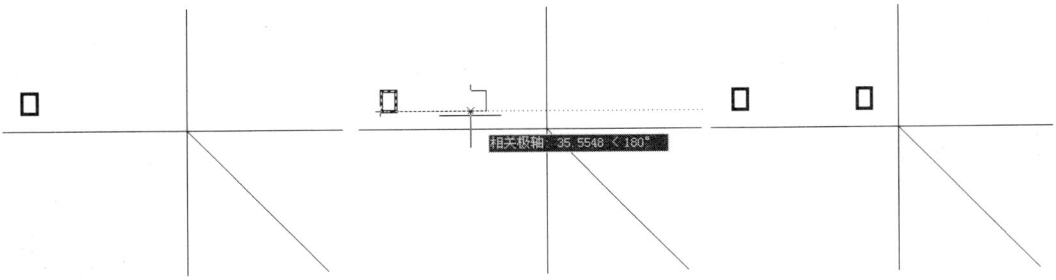

（a）绘制左面基础　（b）复制时利用极轴追踪功能　（c）复制出右基础

图 2.2.9　绘制基础正面图

3. 绘制基础的平面图

（1）利用对象追踪功能，绘制左基础的平面图。

调用矩形命令，提示指定矩形的第一个角点时，将光标放在左基础正面图的左下角点附近，出现端点捕捉图标后不要单击，向下移动光标，沿着出现的极轴追踪线移到合适的位置，单击可确定左基础平面图的角点位置，如图 2.2.10（a）所示；输入矩形对角点的相对坐标“@6，– 30”，得到左基础的平面图，如图 2.2.10（b）所示。

（2）同样的方法绘制右基础的平面图，如图 2.2.10（c）所示。

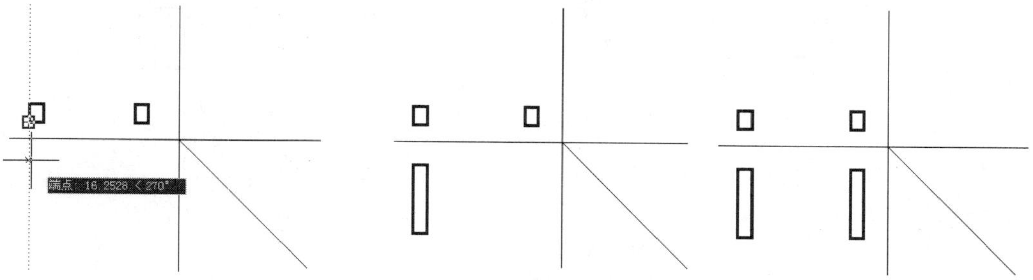

（a）利用对象追踪定位左基础的平面图　（b）绘制左面基础的平面图　（c）绘制右基础的平面图

图 2.2.10　绘制基础平面图

4. 绘制基础的侧面图

（1）通过绘制辅助线，确定侧面图的位置。

进入“辅助线层”图层，调用直线命令，提示输入起点时，将光标放在平面图的右后角点附近，出现端点捕捉图标时单击确定直线的第一点，右移光标，移到水平追踪线与斜线的交点捕捉图标处，单击确定直线的第二点，如图 2.2.11（a）所示；将光标放在正面图的右下角点附近，出现端点捕捉图标时不要单击，右移光标，移到水平追踪线与竖直追踪线的交点图标处，单击确定直线的第三点，如图 2.2.11（b）所示。

（2）绘制侧面矩形图。

进入“粗实线层”图层，绘制侧面图矩形，以直线第三点为第一角点，另一角点的相对坐标输入“@30，8”，得到基础的侧面图，如图 2.2.11（c）所示。

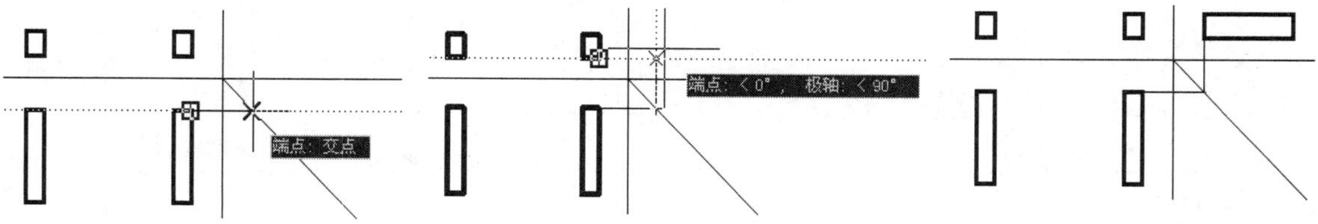

（a）利用对象追踪，确定过平面图角点的水平追踪线与斜线的交点　（b）利用对象追踪，确定过斜线交点的竖直追踪线与过正面图角点的水平追踪线的交点　（c）绘制基础的侧面图

图 2.2.11　绘制基础侧面图

五、绘制桥身的三面图

同样的方法，利用极轴追踪功能、对象追踪功能，绘制桥身的三面图，如图 2.2.12 所示。（1）绘制桥身的正面图；（2）绘制桥身的平面图；（3）绘制桥身的侧面图。

六、绘制桥面的三面图

同样的方法，利用极轴追踪功能、对象追踪功能，绘制桥面的三面图，如图 2.2.13 所示。（1）绘制桥面的侧面图；（2）绘制桥面的正面图；（3）绘制桥面的平面图。

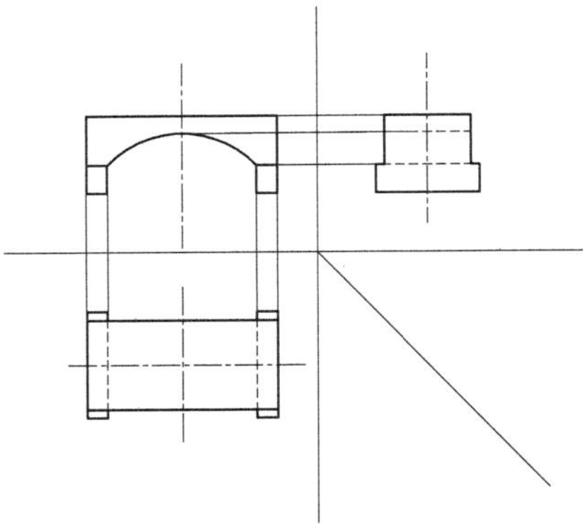

图 2.2.12　绘制桥身三面图

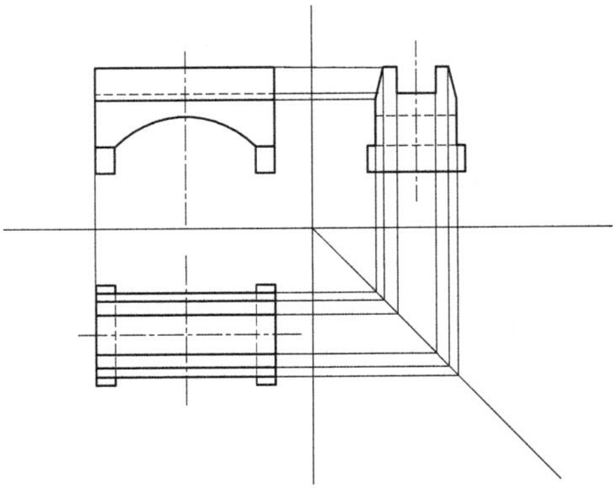

图 2.2.13　绘制桥面三面图

【训练与提高】

绘制图 2.2.14 ~ 图 2.2.17 的三面图。

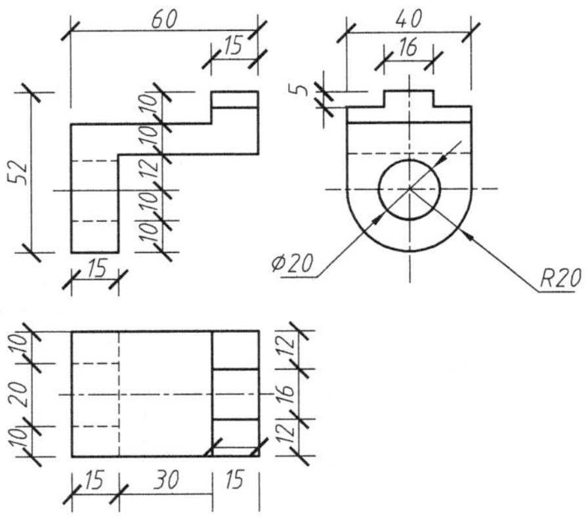

图 2.2.14

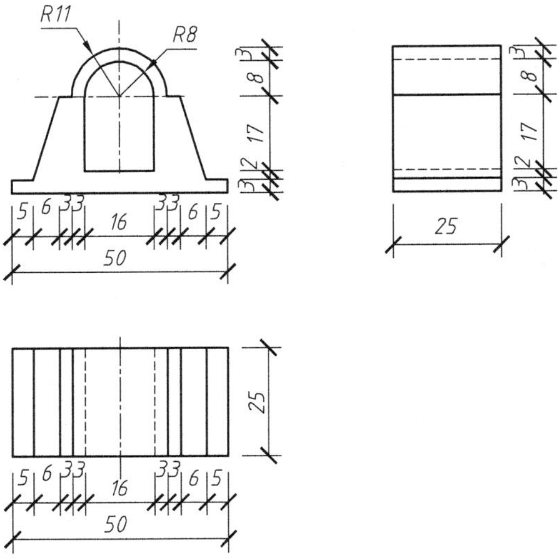

图 2.2.15

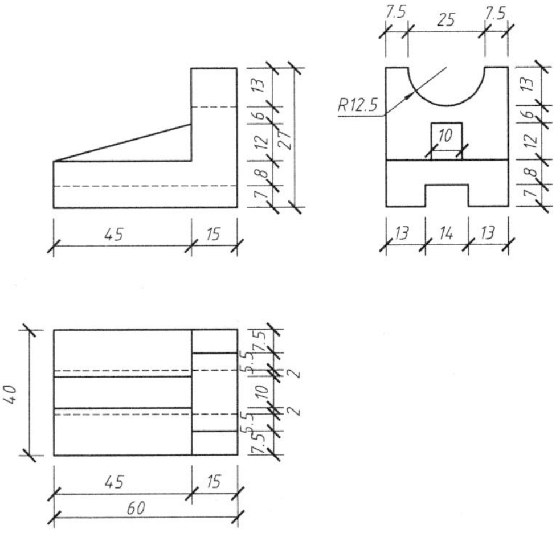

图 2.2.16

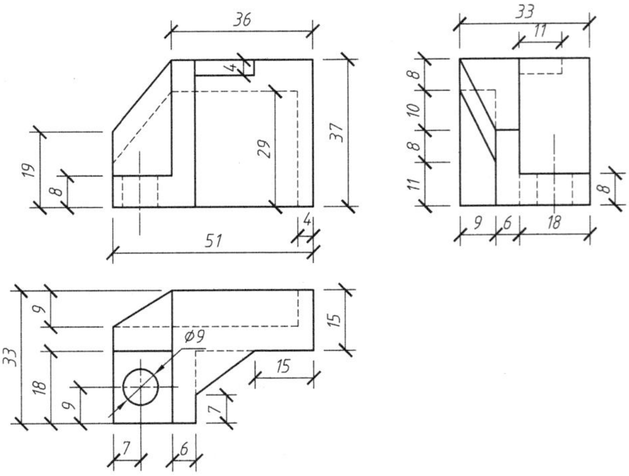

图 2.2.17

项目 3　给图形注写文字

任务 1　给标题栏注写文字

素质目标

1. 具备绘制和识读施工图所必需的职业素质，拥有吃苦耐劳、诚实守信、求真务实的职业道德观念；

2. 养成严谨、踏实、认真负责的工作作风，具备良好的学习能力和团队协作观念，能够理论联系实际解决问题，培养创新意识。

知识目标

1. 掌握文字样式设置命令；
2. 掌握单行字注写命令；
3. 掌握特殊字符的输入命令；
4. 掌握文字编辑命令；
5. 绘制标题栏的表格和文字。

能力目标

1. 具备 CAD 软件熟练使用能力；
2. 具备建筑施工图纸图框线、标题栏的绘制能力；
3. 具备在建筑施工图纸中注写文字的能力。

【任务分析】

图 3.1.1 所示为一个标题栏，绘制标题栏包括绘制表格和填写标题栏文字两项工作。

在 AutoCAD 中注写文字用到的命令有：文字样式设置命令 STYLE、单行文字注写命令 DTEXT、多行文字注写命令 MTEXT、文本修改命令 DDEDIT。

<table>
<tr><td colspan="3" rowspan="2">（图　名）</td><td>班级</td><td></td><td>比例</td><td></td></tr>
<tr><td>成绩</td><td></td><td>图号</td><td></td></tr>
<tr><td>制图</td><td>（姓名）</td><td>（日期）</td><td colspan="4" rowspan="2">（学校名称）</td></tr>
<tr><td>审核</td><td></td><td></td></tr>
</table>

图 3.1.1　标题栏

【相关知识】

一、文字样式设置命令

微课

文字样式设置

微课

给 AutoCAD 添加新的字体文件

（一）功　能

创建或修改文字样式，设置文字样式的参数。

（二）命令调用方式

功能区："默认"标签/"注释"面板/"注释"下拉列表/"文字样式"按钮。

功能区："注释"标签/"文字"面板/"文字样式"按钮。

命令行：STYLE（ST）。

（三）命令举例

例 3.1.1　创建一种用于横行写字的文字样式，字体使用大字体。

（1）调用文字样式设置命令 STYLE，打开"文字样式"对话框，如图 3.1.2 所示。

（2）单击"新建"按钮，给新文字样式命名为"gb-h"。

（3）设置字体文件："SHX 字体"选择"gbenor.shx"，"大字体"选择"gbcbig.shx"。

（4）设置字的大小：选中"注释性"复选框；"图纸文字高度"设为 0（字高设为 0，是"待定"的意思，待注写文字时再输入字高，这样用一种文字样式可以写出多种字高的文字，比较方便）。

（5）设置文字的宽高比："宽度比例"设为 1。

（6）设置直体字、斜体字："倾斜角度"为 0 是直体字，"倾斜角度"为 15 是国标规定的斜体字。

文字样式"gb-h"的参数设置如图 3.1.2 所示。

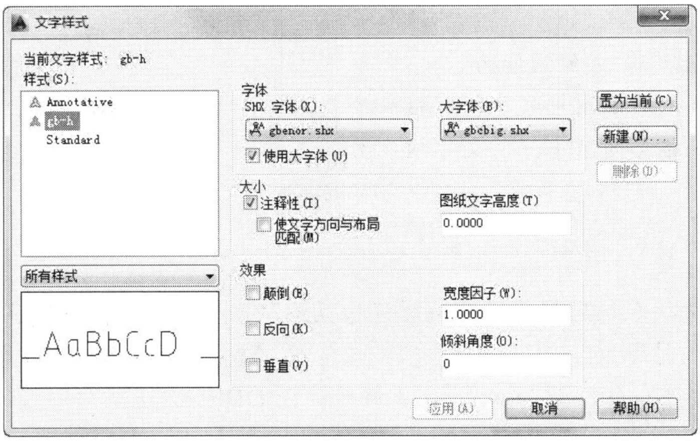

图 3.1.2　文字样式"gb-h"的参数设置

例 3.1.2　创建一种用于垂直写字的文字样式"gb-z"，字体使用大字体，"效果"选择"垂直"，参数设置如图 3.1.3 所示。

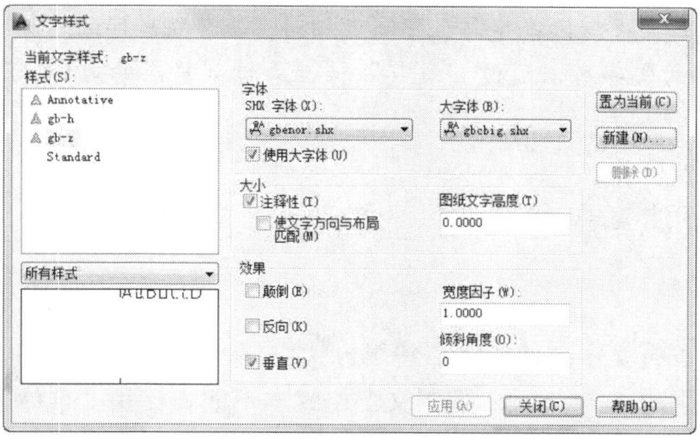

图 3.1.3　文字样式“gb-z”的参数设置

例 3.1.3　创建一种用于横行写字的文字样式“st-h”，去掉“使用大字体”选项，使用常规文字“宋体”，参数设置如图 3.1.4 所示。

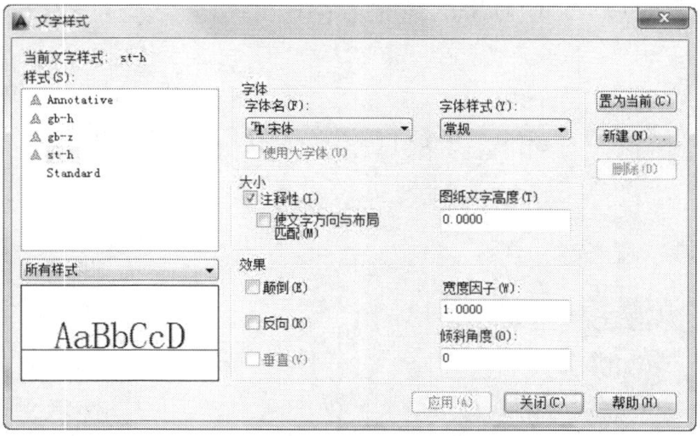

图 3.1.4　文字样式“st-h”的参数设置

例 3.1.4　创建一种用于垂直写字的文字样式“xk-z”，去掉“使用大字体”选项，使用常规文字“@华文行楷”，参数设置如图 3.1.5 所示。

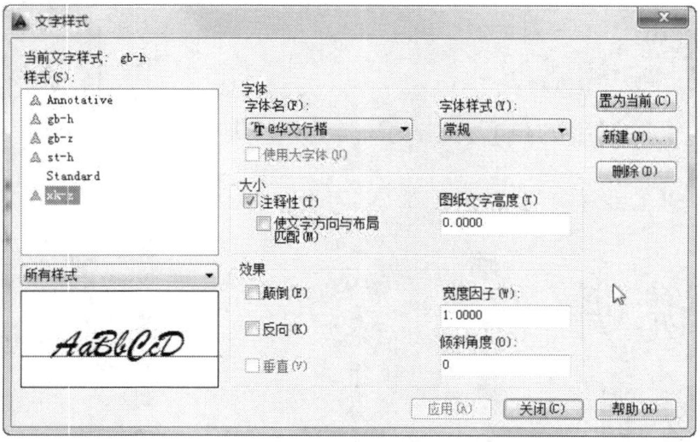

图 3.1.5　文字样式“xk-z”的参数设置

注：文字样式中的字体选择使用大字体与常规字体的区别：

（1）使用大字体的文字实际高度与设置高度相同，而常规文字的实际字高大于设置高度。

（2）使用大字体的文字可以通过“线宽”特性来控制笔画的粗线，而常规文字笔画粗线不能控制。

微课

单行文字注写

二、单行文字注写命令

（一）功　能

注写单行文字，单行文字可使用夹点编辑方式方便地随意移动位置。单行文字命令只能使用“文字样式”控制文字格式，不能直接用“字体”控制。

（二）命令调用方式

功能区：“默认”标签/“注释”面板/“文字”下拉列表/“单行文字”A按钮。

功能区：“注释”标签/“文字”面板/“单行文字”A按钮。

命令行：TEXT 或 DTEXT（DT）。

（三）命令举例

例 3.1.5　采用文字样式“gb-h”写横行文字，DTEXT 命令的文字旋转角度输入“0”，如图 3.1.6（a）所示。

操作步骤如下：

命令：DT	调用单行文字命令
TEXT　当前文字样式：　Standard	
当前文字高度：　0.0000	
指定文字的起点或［对正（J）/样式（S）］：　S	选择文字样式
输入样式名或 [?] <Standard>：　gb-h	输入文字样式的名称
当前文字样式：　gb-h　当前文字高度：　44.1139	
指定文字的起点或［对正（J）/样式（S）］：　单击要写字的位置	指定写字的位置
指定高度 <44.1139>：　7	输入字高
指定文字的旋转角度 <270>：　0	输入文字行的角度

开始书写文字，想换写字的位置单击另一个位置即可；第一次回车为换行，连续两次回车为结束命令。

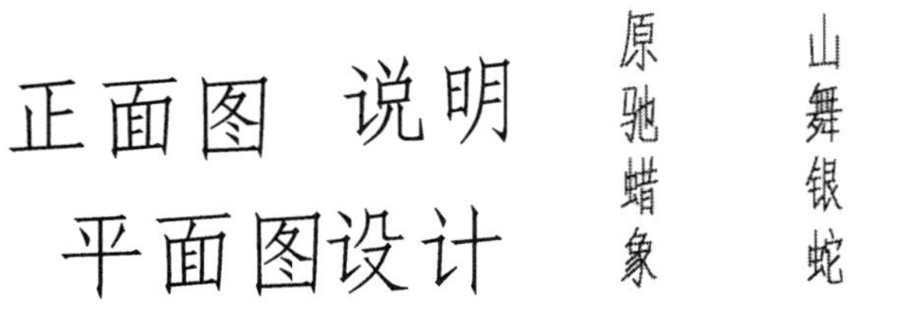

（a）大字体横行书写　　（b）大字体垂直书写

图 3.1.6　使用大字体的文字样式

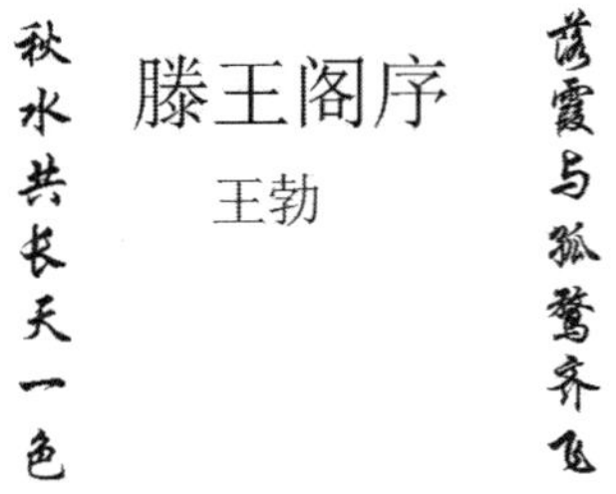

图 3.1.7　使用常规文字的文字样式

例 3.1.6 采用文字样式“gb-z”写垂直文字，DTEXT 命令的文字旋转角度输入“－90”，如图 3.1.6（b）所示。

操作步骤如下：

命令：DT　　调用单行文字命令

TEXT 当前文字样式：gb-h　当前文字高度：7.0000

指定文字的起点或 [对正（J）/样式（S）]：S　　选择文字样式

输入样式名或 [?] <gb-h>：gb-z　　输入文字样式的名称

当前文字样式：gb-z　当前文字高度：60.1553

指定文字的起点或 [对正（J）/样式（S）]：单击要写字的位置　　指定写字的位置

指定高度 <60.1553>：5　　输入字高

指定文字的旋转角度 <270>：－90　　输入文字行的角度

开始书写文字，想换写字的位置单击另一个位置即可；第一次回车为换行，连续两次回车为结束命令。

例 3.1.7 采用文字样式“st-h”写横行文字，采用文字样式“xk-z”写垂直文字，如图 3.1.7 所示。

三、特殊字符的输入

微课

特殊字符的输入

1. 常用特殊字符的输入

在工程制图中，经常要进行一些特殊字符的标注。AutoCAD 提供了各种控制代码来输入这些字符，如表 3.1.1 所示。

表 3.1.1　特殊字符的控制代码及其含义

特殊字符	代码输入	含　义
ϕ	%%c	直径符号
°	%%d	度
±	%%p	公差符号
%	%%%	百分比符号
∠	\U+2220	角符号
^{2}	\U+00B2	平方符号
^{3}	\U+00B3	立方符号
—	%%o	打开、关闭上划线
—	%%u	打开、关闭下划线

2. 其他特殊字符的输入

其他特殊符号的输入，可以通过选择软键盘的方法来实现。其方法是在输入法状态显示栏中用单击“菜单”“软键盘”按钮，在弹出的列表单中列出了多种软键盘可供选用，如图 3.1.8 所示。

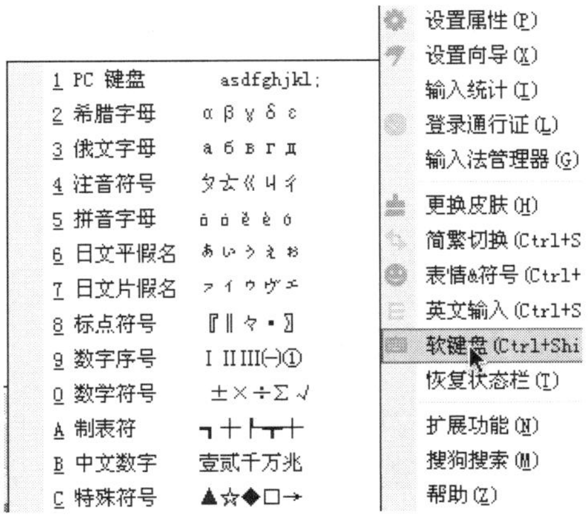

图 3.1.8 打开软件盘

四、多行文字注写命令

微课

多行文字注写

（一）功　能

注写多行或段落文字，多行文字类似 Word 软件编辑器。

（二）命令调用方式

功能区：“默认”标签/“注释”面板/“文字”下拉列表/“多行文字” A按钮。
功能区：“注释”标签/“文字”面板/“多行文字” A按钮。
命令行：MTEXT（MT）。

（三）命令举例

例 3.1.8 用多行文字命令注写图纸说明，如图 3.1.9 所示。

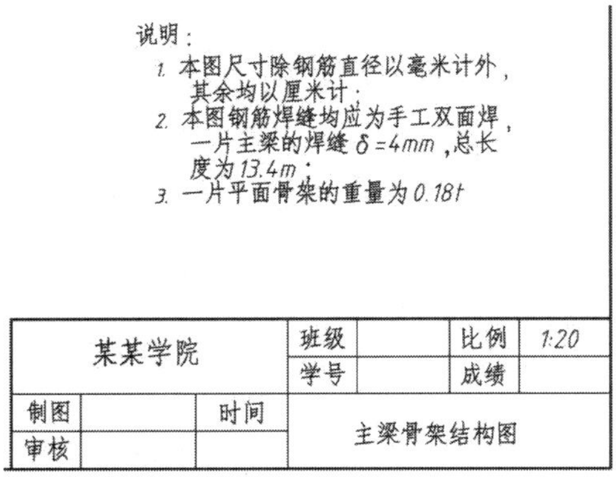

图 3.1.9 图纸说明

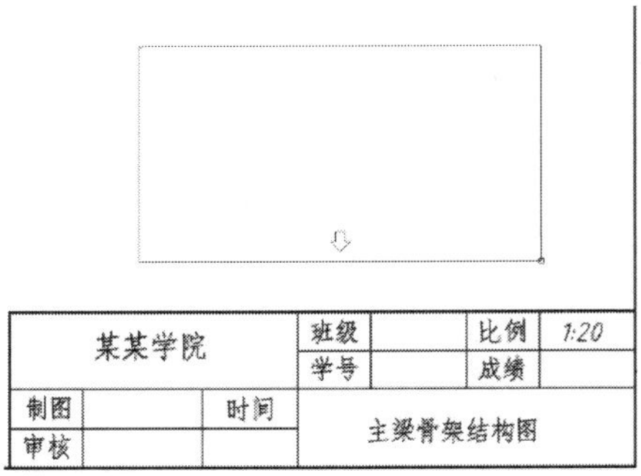

图 3.1.10 指定多行文字的位置区域

1. 指定多行文字的位置区域

执行命令后，要求指定一个矩形区域的两个对角点，如图 3.1.10 所示。矩形区域为多行文字的位置，但是矩形的宽度即为段落的宽度，矩形的高度对段落的行数、高度没有限制，可无限延伸。

2. 使用多行文字编辑器输入文字

文字区域指定后，功能区弹出多行文字编辑器，如图 3.1.11 所示。

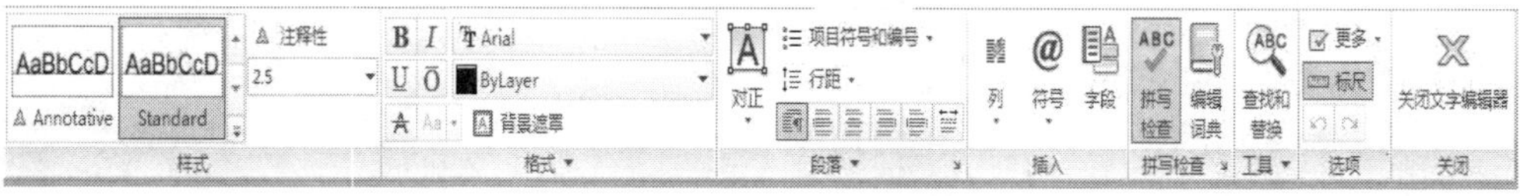

图 3.1.11　多行文字编辑器

（1）文字格式控制：多行文字命令中的文字字体格式可以使用“样式”选项卡中的文字样式控制，但文字样式必须作用于全部段落文字；也可以直接用“格式”选项卡中的字体控制，字体可作用于部分文字。

（2）段落控制：“段落”选项板中的行距、文字对正等功能与 Word 软件类似。

（3）常用字符的输入：“段落”选项板中的“列”为分栏控制；“@”按钮为常用字符的输入工具，如图 3.1.12 所示；“字段”可插入与其他信息相关联的、能随之更新的“字段”。

（4）文字的堆叠：选中一串中间包含一个“^”“/”“#”符号的文字，使用“格式”选项板中的“堆叠” 按钮，可实现符号前、符号后两部分选中文字的堆叠，如表 3.1.2 所示。

堆叠文字的特性可以修改，选中堆叠文字后单击右键，在“右键快捷菜单”选择“堆叠特性”，打开“堆叠特性”对话框，可以设置堆叠文字的类型、位置、大小，如图 3.1.13 所示。

（5）文字位置区域的再调整：文字的位置区域可通过“选项”选项卡中的“标尺”按钮显示出的标尺再调整。

（6）文字输入并编辑完成后，单击编辑器最右侧的“关闭编辑器” 按钮，结束多行文字命令。

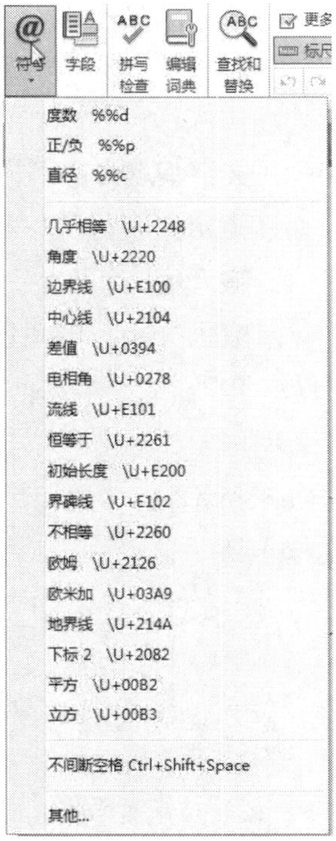

图 3.1.12 “符号”菜单

表 3.1.2　文字的堆叠效果

输入内容	堆叠效果
100+0.3^-0.2	$100^{+0.3}_{-0.2}$
3/4	$\frac{3}{4}$
3#4	3/4

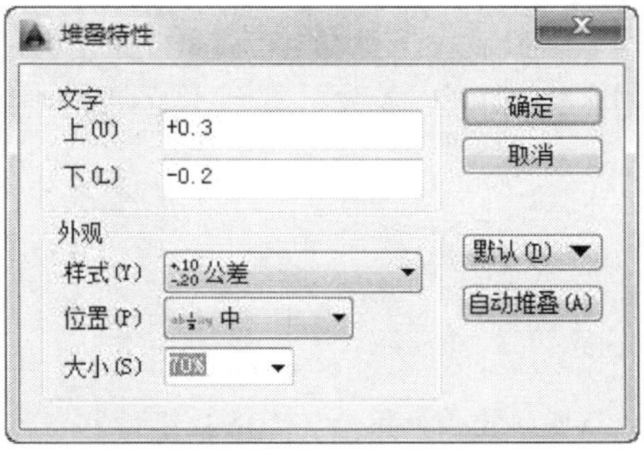

图 3.1.13 “堆叠特性”对话框

五、文字编辑命令

（一）功　能

修改文字内容。

（二）命令调用方式

① 双击文字。
② 命令行：DDEDIT（ED）。

（三）命令举例

文字编辑命令激活后，单行文字只能改文字内容，多行文字则重新调用多行文字编辑器重新编辑。

使用 DDEDIT 修改文字，如果选择的文字是 DTEXT 命令创建的文字对象，可直接修改，修改后确定按“回车”键，放弃按“U”键。

例 3.1.9 注写房屋工程图的定位轴线编号，如图 3.1.14 所示。

（1）绘制一个直径为 10 的圆。

（2）用 DTEXT 命令书写一个轴线编号，如图 3.1.14（a）所示。

操作步骤如下：

命令： DT	调用单行文字命令
TEXT	
当前文字样式： gb-h 当前文字高度： 7.0000	
指定文字的起点或 [对正（J）/样式（S）]： J	选择文字对正方式
输入选项 [对齐（A）/调整（F）/中心（C）/中间（M）/右（R）/左上（TL）/中上（TC）/右上（TR）/左中（ML）/正中（MC）/右中（MR）/左下（BL）/中下（BC）/右下（BR）]： MC	文字基点为文字行的中心点
指定文字的中间点： 选择圆心	指定文字行的中心点
指定高度 <7.0000>： 7	输入字高
指定文字的旋转角度 <270>： 0	输入文字行的角度

注写文字“1”

连续两次回车结束命令。

（3）用复制命令 COPY 复制多个轴线编号，如图 3.1.14（b）所示。

（4）用 DDEDIT 修改轴线编号的文字内容，如图 3.1.14（c）所示。

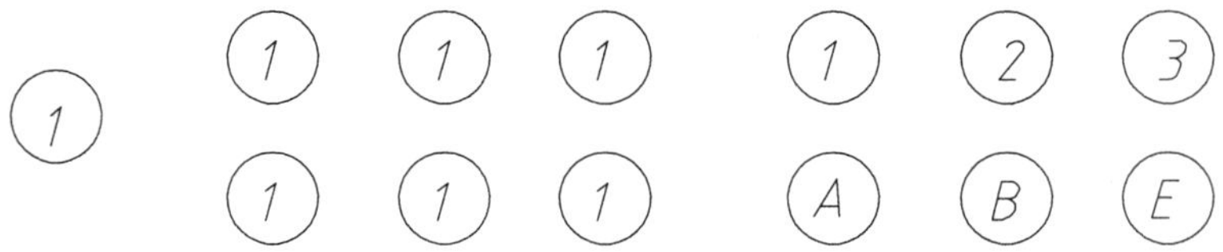

（a）书写轴号　（b）复制多个轴号　（c）修改轴线编号文字

图 3.1.14　绘制轴线编号

【任务实施】

微课

绘制标题栏并定义为属性块

步骤如下：

1. 绘制标题栏的表格

绘制标题栏的表格，如图 3.1.15 所示。

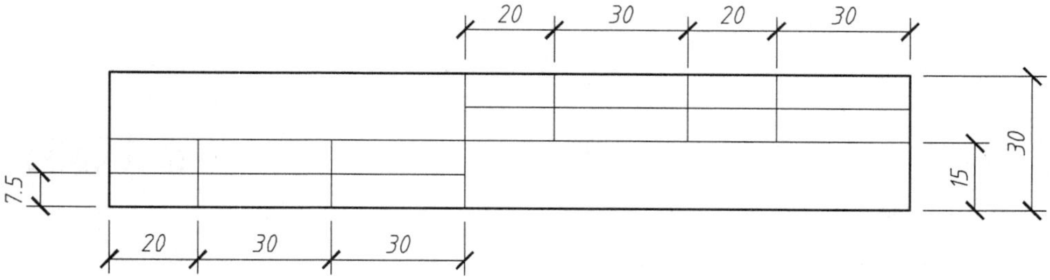

图 3.1.15　绘制标题栏的表格

2. 设置文字样式

设置文字样式“gb-h”，参数如图 3.1.2 所示。

3. 填写标准栏中的文字

填写标题栏中的文字，如图 3.1.16 所示。

操作步骤如下：

命令： DT　　调用单行文字命令

TEXT

当前文字样式： gb 当前文字高度： 0.000000

指定文字的起点或 [对正（J）/样式（S）]： J　　选择文字对正方式

输入选项 [对齐（A）/调整（F）/中心（C）/中间（M）/右（R）/左上（TL）/中上（TC）/右上（TR）/左中（ML）/正中（MC）/右中（MR）/左下（BL）/中下（BC）/右下（BR）]： MC　　文字基点为文字行的中心点

指定文字的中间点： 单击小格的中心点　　指定文字行的中心点

指定高度 <2.500000>： 5　　输入字高

指定文字的旋转角度 <0d0′0″>： 0　　输入文字行的旋转角度

开始书写文字，填写完此格文字后，单击另一个小格的中心，开始填写下一格文字。

<table>
<tr><td colspan="3" rowspan="2">（图 名）</td><td>班级</td><td></td><td>比例</td><td></td></tr>
<tr><td>成绩</td><td></td><td>图号</td><td></td></tr>
<tr><td>制图</td><td>（姓名）</td><td>（日期）</td><td colspan="4" rowspan="2">（学校名称）</td></tr>
<tr><td>审核</td><td></td><td></td></tr>
</table>

图 3.1.16　填写文字

【能力拓展】

微课

图形中文字乱码的处理

一、图形中出现文字乱码（或“？？？”符号）的处理

打开一个图形，有时会发现有些文字内容不能显示，出现乱码（或“？？？”），如图 3.1.17（a）所示。出现这种问题的原因是文字的字体文件与文字内容不匹配，字体文件中没有相应的字符定义。

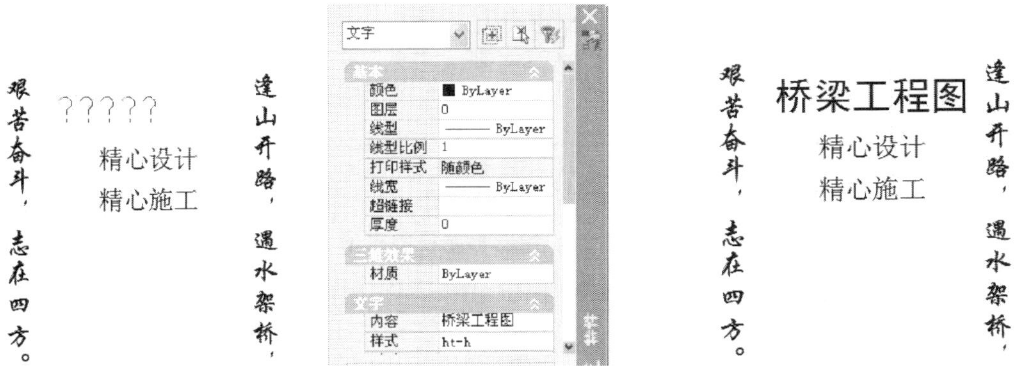

（a）文字乱码　（b）从对象特性中查找内容与样式　（c）改变文字样式的字体后得到解决

图 3.1.17　文字乱码的处理

此类问题的处理方法如下：

（1）选中乱码文字后，按“标准”工具栏中的“对象特性”按钮，打开“特性”对话框，从“内容”栏可以找到文字内容为中文“桥梁工程图”，从“样式”栏可以找到文字样式为“ht-h”。

（2）调用 STYLE 命令，打开“文字样式”对话框，将导致乱码文字的文字样式“ht-h”的字体设为中文的“宋体”，即可正常显示文字内容。

二、属性块的使用

微课

属性块的使用

一般情况下图块中只包含图形，但绘图中有时需要插入包含可变文字的图块，叫属性块，可变文字就叫属性，比如标高、定位轴线编号等。

（一）属性的定义（ATTDEF）

1. 命令功能

ATTDEF 命令用于定义属性。将定义好的属性连同相关图形一起，用 BLOCK 命令定义成带属性的图块，在以后的绘图过程中可随时调用它，其调用方式跟一般的图块相同。

2. 命令调用方式

功能区：“默认”标签/“块”面板/“块”下拉列表/“定义属性”按钮。

功能区：“插入”标签/“块定义”面板/“定义属性”按钮。

命令：ATTDEF（ATT）

3. 命令举例

例 3.1.10 创建一个名称为“标高”的属性块。

（1）绘制标高符号，如图 3.1.18 所示。

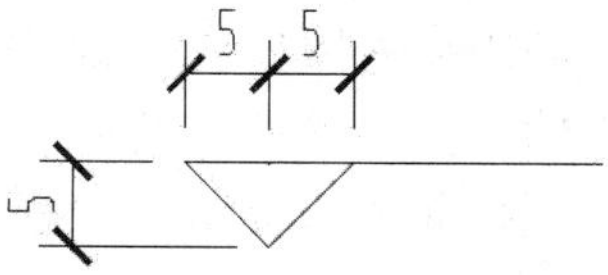

图 3.1.18 绘制标高符号

（2）定义一个标记为“标高”属性。

调用属性定义 ATTDEF 命令后，系统弹出“属性定义”对话框，如图 3.1.19 所示。

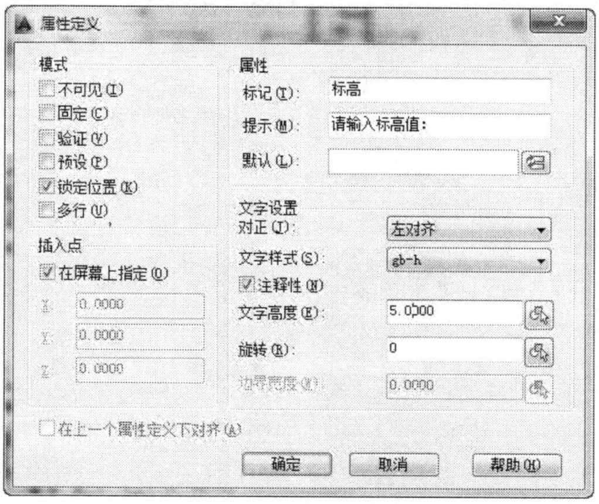

图 3.1.19 定义一个名称为“标高”属性

在“属性定义”对话框中设置其主要内容如下：

“标记”设置属性名称为“标高”；

“提示”：设置插入属性块时的命令行提示为“请输入标高值:”；

选中“注释性”复选框。

其余按图 3.1.19 所示完成参数设置后，单击“确定”按钮，将属性的位置指定在标高符号右上方，如图 3.1.20 所示。

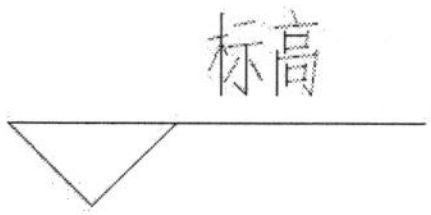

图 3.1.20 定义一个标记为“标高”属性

（3）调用创建图块命令 BLOCK，创建名称为“标高”的属性块。

输入图块名称为“标高”，图块对象选择标高符号和标记为“标高”的属性，图块基点选择标高符号的最下点，选中“注释性”复选框，如图 3.1.21 所示。单击“确定”按钮完成属性块的创建。

图 3.1.21 创建一个名称为“标高”的属性块

（二）插入属性块

调用插入图块命令 INSERT，打开“插入”对话框，如图 3.1.22 所示。“比例”设为 1，指定插入点，单击“确定”按钮，弹出“编辑属性”对话框，输入“标高”属性值“3.250”，如图 3.1.23 所示，单击“确定”按钮完成属性块插入。重复插入块命令再插入一个标高值为“-0.050”的标高，如图 3.1.24 所示。

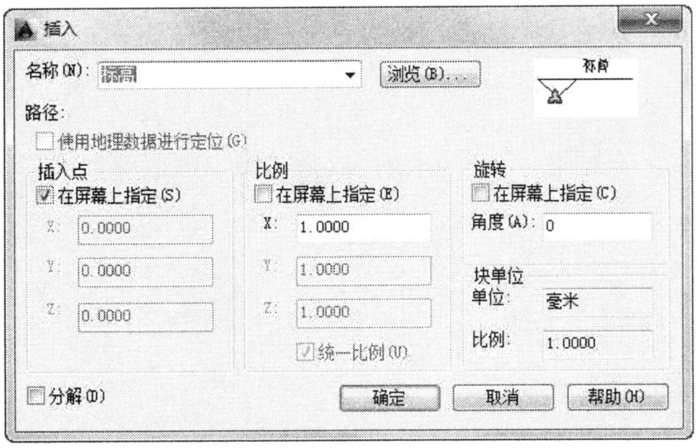

图 3.1.22 插入名称为“标高”的属性块

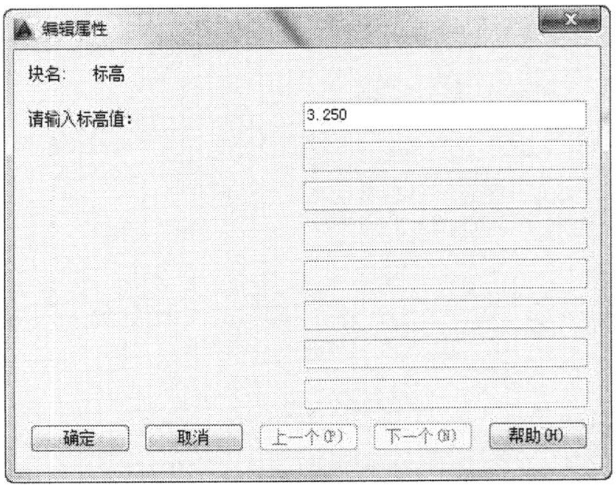

图 3.1.23 创建一个名称为“标高”的属性块

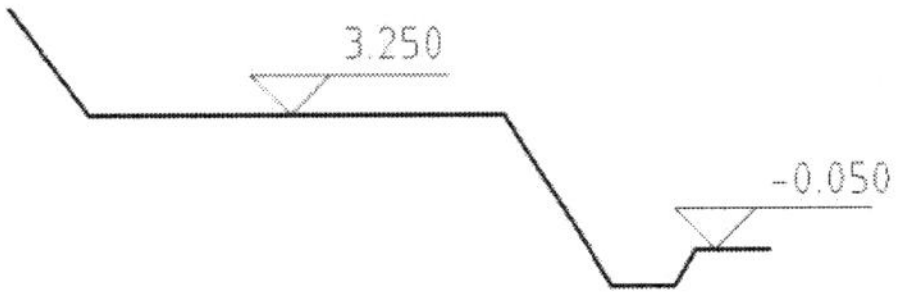

图 3.1.24 创建一个名称为“标高”的属性块

（三）编辑属性块

1. 命令调用方式

功能区：“默认”标签/“块”面板/“编辑属性” 按钮。

功能区：“插入”标签/“块”面板/“编辑属性” 按钮。

命令：EATTEDIT

2. 命令举例

例 3.1.11 编辑上例中的“标高”属性块。

（1）调用编辑属性命令，打开“增强属性编辑器”对话框，如图 3.1.25 所示，在其中更改相关内容即可。

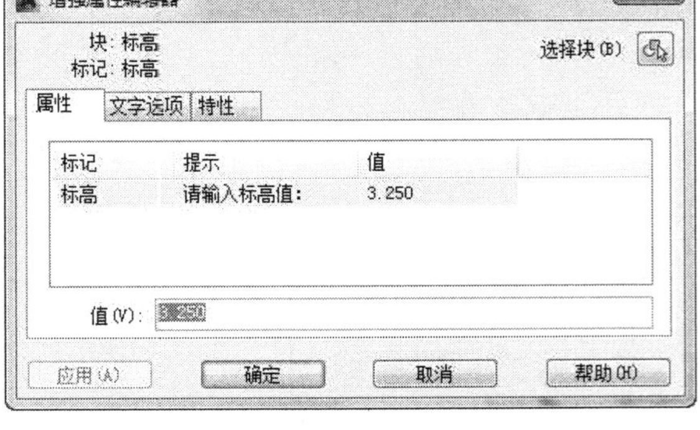

图 3.1.25 编辑“标高”属性块

任务 2　创建钢筋明细表

素质目标

1. 具备绘制和识读施工图所必需的职业素质，拥有吃苦耐劳、诚实守信、求真务实的职业道德观念；

2. 养成严谨、踏实、认真负责的工作作风，具备良好的学习能力和团队协作观念，能够理论联系实际解决问题，培养创新意识。

知识目标

1. 掌握表格样式设置命令；
2. 掌握插入表格命令；
3. 掌握编辑表格命令；
4. 掌握创建字段命令；
5. 掌握更新字段命令。

能力目标

1. 具备 CAD 软件熟练使用能力；
2. 具备结构施工图纸钢筋的绘制能力；
3. 具备在结构施工图纸中编辑表格的能力。

【任务分析】

图 3.2.1 所示为一 T 形梁钢筋布置图，其中绘制钢筋明细表包括创建表格和填写表格文字两项工作。

表格的命令有：表格样式设置命令 TABLESTYLE、创建表格命令 TABLE、表格修改命令。

表格中的文字有两类：一类是固定内容文字，如表格标题、表头文字，可以直接用填写文字；另一类为数据文字，其中有部分需要在设计过程中不断更新文字内容，如每根钢筋的长度要有变化。AutoCAD 中提供的“字段”功能可解决文字的自动更新问题，“字段”等价于能自动更新的“智能文字”。

字段的命令有：插入字段命令 FIELD、更新字段命令。

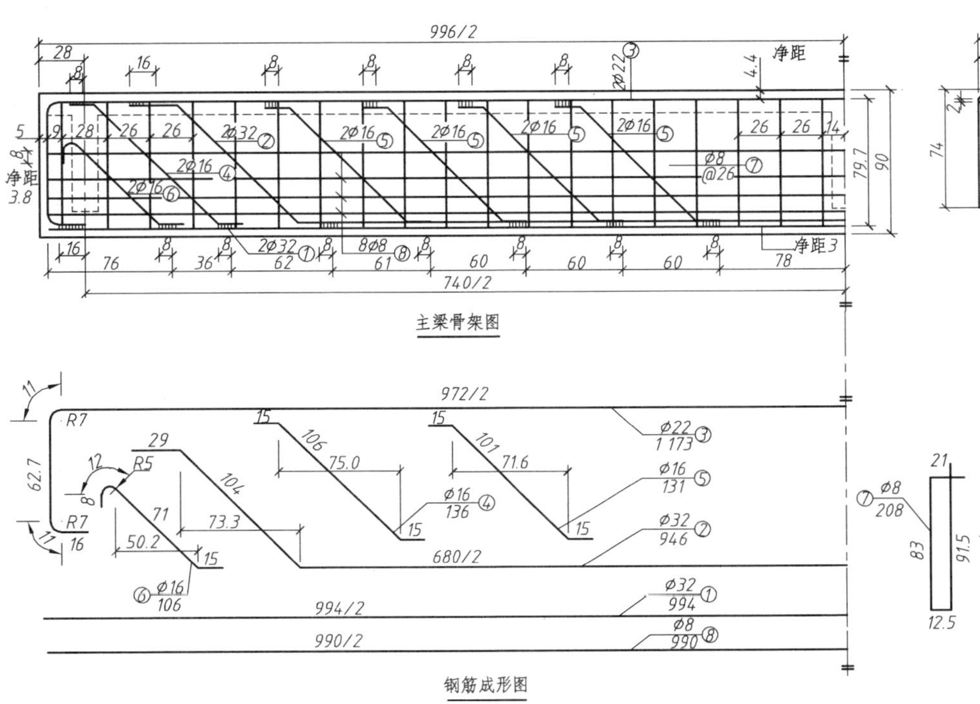

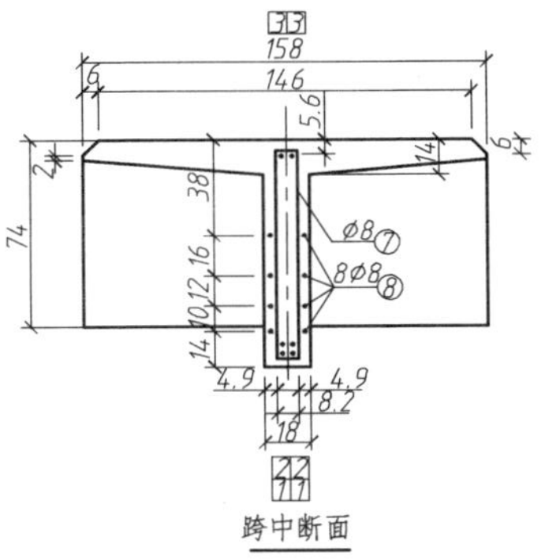

说明：

1. 本图尺寸除钢筋直径以毫米计外，其余均以厘米计；
2. 本图钢筋焊缝均应为手工双面焊，一片主梁的焊缝 $\delta=4mm$，总长度为13.4m；
3. 一片平面骨架的质量为0.18t

一片主梁钢筋明细表

编号	直径/mm	每根长度/cm	数量/根	共长/m
1	⌀32	994	2	19.88
2	⌀32	940	2	18.80
3	⌀22	1 173	2	23.46
4	⌀16	135	4	5.40
5	⌀16	130	16	20.80
6	⌀16	105	4	4.20
7	⌀8	208	38	79.04
8	⌀8	990	8	79.02

一片主梁钢筋总表

直径/mm	总长/m	单位/(kg/m)	共重/kg
⌀32	38.68	6.313	244.4
⌀22	23.46	2.984	70.0
⌀16	30.40	1.578	48.0
⌀8	158.24	0.395	62.5
⌀32.22.16	小计		362.4
⌀8	小计		62.5
总计			424.9

某某学院		班级		比例	1:20
		学号		成绩	
制图		时间	主梁骨架结构图		
审核					

图 3.2.1 T 形梁钢筋布置图

【相关知识】

微课

表格样式设置

一、表格样式设置命令

（一）功　能

创建或修改表格样式，设置表格的标题、表头、数据的单元格参数。

（二）命令调用方式

功能区：“默认”标签/“注释”面板/“注释”下拉列表/“表格样式”按钮。

功能区：“注释”标签/“表格”面板/“表格样式”按钮。

命令行：TABLESTYLE（TS）。

（三）命令举例

例 3.2.1　创建一种表格样式，如图 3.2.1 所示。

（1）调用表格样式设置命令 TABLESTYLE，打开“表格样式”对话框，如图 3.2.2 所示。

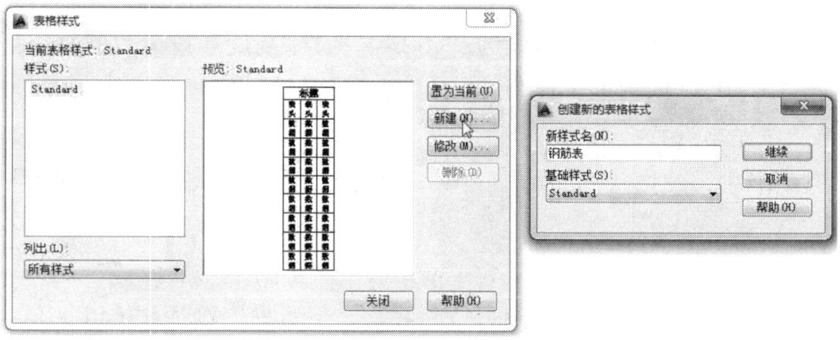

图 3.2.2　“表格样式”对话框

（2）单击“新建”按钮，给新表格样式命名为“钢筋表”，单击“继续”按钮，打开“新建表格样式：钢筋表”对话框，如图 3.2.3 所示。

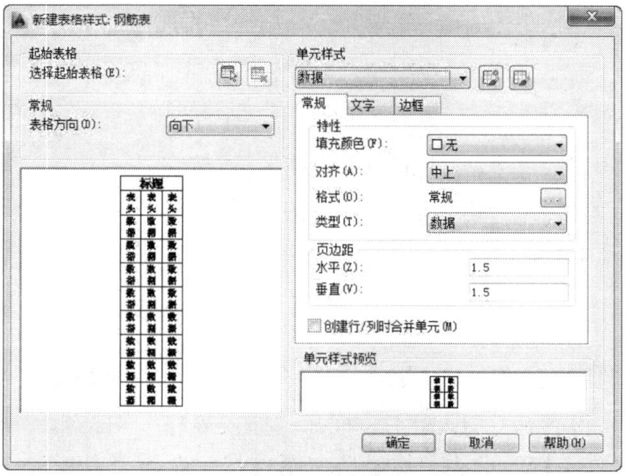

图 3.2.3　“新建表格样式：钢筋表”对话框

表格样式中左侧为“起始表格”和“表格方向”，右侧为“单元样式”。

（3）基础表格的选择：默认的起始表格为“Standard”，如果单击“起始表格”按钮，可选择一个原有的表格作为基础表格进行设置。

（4）单元格设置：表格由标题、表头和数据三部分组成，在“单元样式”中有三种单元样式，即“标题”“表头”“数据”，需要分别进行“常规”“文字”和“边框”三部分参数的设置。在进行“边框”设置时，要先选线宽，再选应月此线宽的边框。

①“数据”单元格设置：

“常规”选项卡中，“对齐”设为“正中”，“水平”页边距设为“1”，“垂直”页边距设为“0.5”；

“文字”项卡中，“文字样式”设为“gb-h”，“文字高度”设为“5”；

“边框”选项卡中，“内边框”“外边框”设为“0.40”、“上边框”设为“0.18”。

②“表头”单元格设置：

“常规”选项卡中，“对齐”设为“正中”，“水平”页边距设为“1”，“垂直”页边距设为“0.5”；

“文字”选项卡中，“文字样式”设为“gb-h”，“文字高度”设为“5”；

“边框”选项卡中，“内边框”设为“0.18”，“外边框”设为“0.40”。

③“标题”单元格设置：

“常规”选项卡中，“对齐”设为“正中”，“水平”页边距设为“1”，“垂直”页边距设为“0.5”；

“文字”选项卡中，“文字样式”设为“gb-h”，“文字高度”设为“7”；

“边框”选项卡中，“所有边框”设为“隐藏”，“下边框”设为“0.40”。

二、插入表格命令

（一）功　能

在图中根据需要插入表格。

微课

表格的插入与编辑

（二）命令调用方式

功能区：“默认”标签/“注释”面板/“表格”按钮。

功能区：“注释”标签/“表格”面板/“表格”按钮。

命令行：TABLE（TB）。

（三）命令举例

例 3.2.2　使用创建的表格样式“钢筋表”，在图中插入一个数据区域为 8 行 5 列的表格。

（1）调用文字样式设置命令 TABLE，打开“插入表格”对话框，如图 3.2.4 所示。

（2）选择参数：“第一行”设为“标题”，“第二行”设为“表头”，“所有其他单元格”设为“数据”；“行数”设为“8”，“列数”设为“5”。

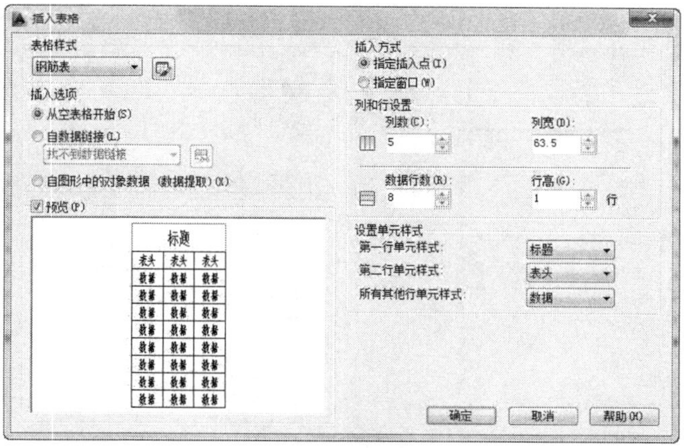

图 3.2.4 “插入表格”对话框

单击“确定”按钮，插入表格如图 3.2.5 所示。

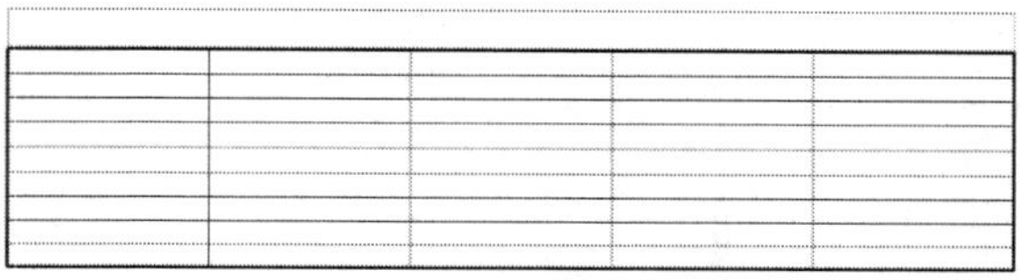

图 3.2.5 插入的钢筋表的表格

三、编辑表格命令

（一）功　能

表格的编辑包括修改行高和列宽、插入（或删除）行、插入（或删除）列、合并单元格、修改单元边框特性、编辑单元文字。

（二）命令调用方式

单击选中某一个或几个单元格，右击弹出“右键菜单”，可修改单元样式、行、列、合并、边框等相关参数，如图 3.2.6 所示；也可再单击“右键菜单”的“特性”，弹出“特性”对话框，可修改单元格的相关参数，如图 3.2.7 所示。

四、创建字段命令

（一）功　能

插入字段，“字段”为可更新的“智能文字”，可随关联的信息自动更新。

（二）命令调用方式

微课

字段的使用

功能区：“插入”标签/“数据”面板/“字段”按钮。

在“文字编辑器”中选择“字段”按钮。

在编辑文字的右键菜单中选择“插入字段”。

在编辑表格单元的右键菜单中选择“插入字段”。

命令行：FIELD。

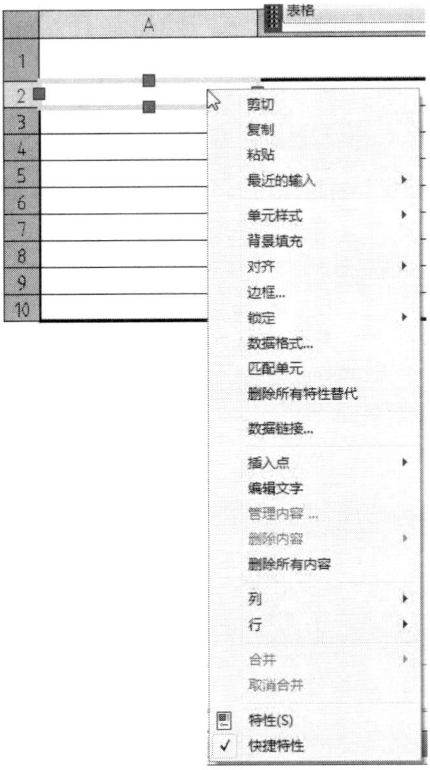

图 3.2.6　表格“右键菜单”

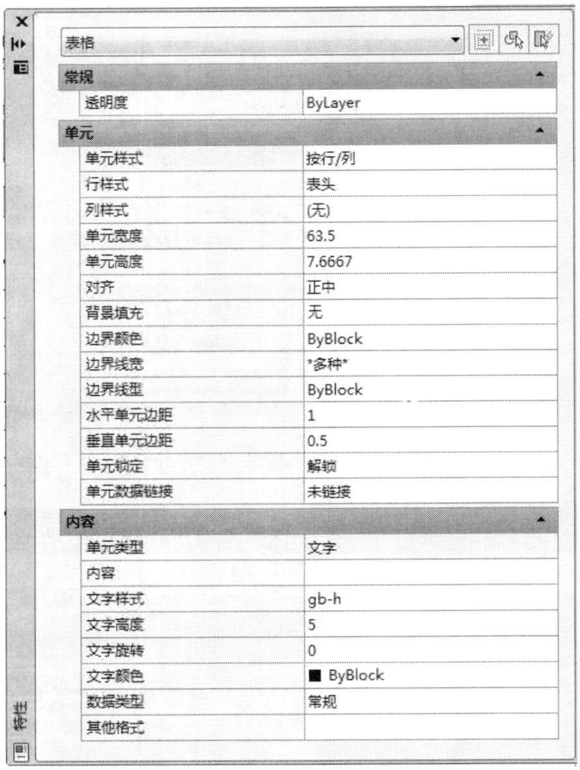

图 3.2.7　表格“特性”对话框

（三）命令举例

例 3.2.3　创建一能自动更新数据的周长、面积明细表。

（1）分别绘制一个矩形、圆、圆端形（多段线），如图 3.2.8 所示。

（2）调用插入表格命令 TABLE，使用表格样式“钢筋表”，创建一个数据区域为 3 行 4 列的周长、面积明细表，并填上内容固定的单元格内容，如图 3.2.9 所示。

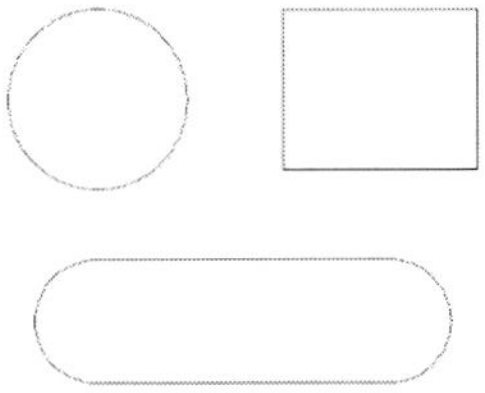

图 3.2.8　待统计周长、面积的图形

周长面积明细表			
序号	名称	周长（mm）	面积（mm^2）
1	矩形		
2	圆		
3	圆端形		

图 3.2.9　周长、面积明细表

（3）调用“字段”命令 FIELD，插入相应字段。

① 单击矩形周长的数据单元格，调用插入表格命令 TABLE，打开“字段”对话框，如图 3.2.10 所示。

② 在“字段类别”中选“对象”，然后单击“对象类型”中的“选择对象” 按钮，选择矩形。

③ 在“特性”中选择“长度”，并设置数据的“格式”及“精度”，如图 3.2.11 所示，点击“确定”按钮即可创建“矩形周长”字段。完成的周长、面积明细表如图 3.2.12 所示。

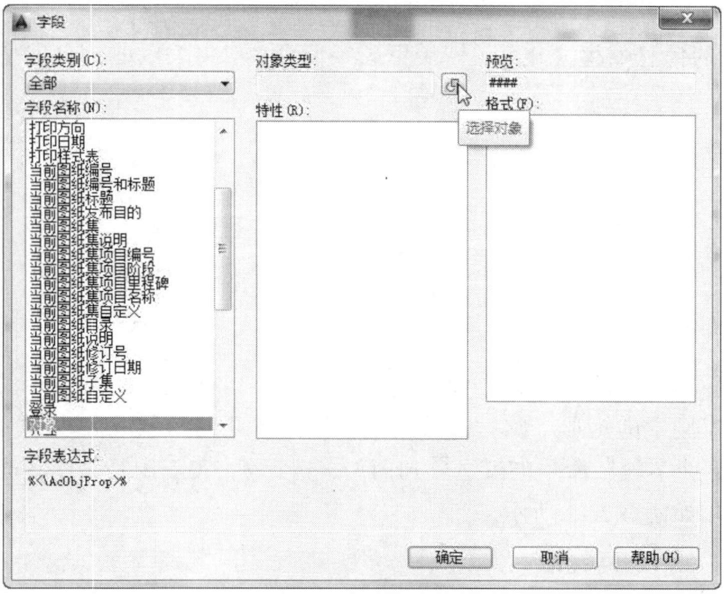

图 3.2.10 “字段”对话框

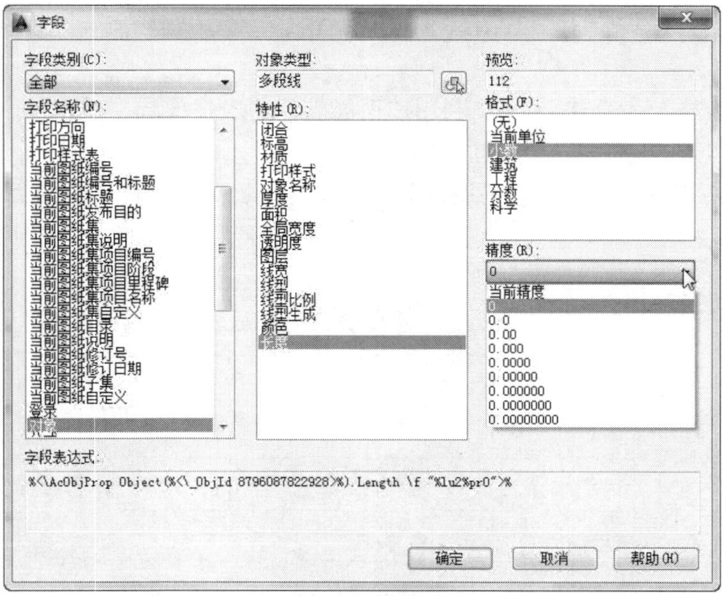

图 3.2.11 创建“矩形周长”字段

周长面积明细表			
序号	名称	周长(mm)	面积(mm^2)
1	矩形	112	776
2	圆	90	639
3	圆端形	155	1206

图 3.2.12 完成的周长、面积明细表

周长面积明细表			
序号	名称	周长(mm)	面积(mm^2)
1	矩形	132	1023
2	圆	121	1157
3	圆端形	108	751

图 3.2.13 更新后的周长、面积明细表

五、更新字段命令

（一）功　能

“字段”关联的信息发生变化后，使用更新字段命令，将关联的信息的变化自动更新到字段内容。

（二）命令调用方式

功能区：“插入”标签/“数据”面板/“更新字段”按钮。
命令行：UPDATEFIELD。

（三）命令举例

例 3.2.4　更新例 3.2.3 中周长、面积明细表中的字段数据。

（1）分别对上例中的矩形、圆、圆端形（多段线）几何形状或大小做些修改。

（2）调用“更新字段”命令 UPDATEFIELD，选择例 3.2.3 周长、面积明细表，回车执行后，表格数据变化如图 3.2.13 所示。

【任务实施】

（1）调用“表格样式”命令 TABLESTYLE，创建一个“钢筋表”的表格样式，具体做法如例 3.2.1 所示。

（2）调用“表格”命令 TABLE，利用“钢筋表”的表格样式，插入一个数据区域为 8 行 5 列的表格，具体做法与例 3.2.2 相同。

（3）填写表格“一片主梁的钢筋明细表”的标题、表头、每种钢筋的编号、直径、数量，如图 3.2.14 所示。

一片主梁的钢筋明细表				
编号	直径/mm	每根长度/cm	数量/根	总长/m
1	φ32		2	
2	φ32		2	
3	φ22		2	
4	φ16		4	
5	φ16		16	
6	φ16		4	
7	φ8		38	
8	φ8		8	

图 3.2.14　填写表格的部分单元格内容

（4）调用插入字段命令 FIELD，“字段名称”选择“对象”选项，选中钢筋成型图中的某种钢筋长度数值为“对象”，选择其“内容”作为字段，插入到表格的钢筋明细表的该钢筋“每根长度”单元格中，操作如图 3.2.15 所示，“每根长度”字段插入完成后如图 3.2.16 所示。

（5）使用插入字段 FIELD 命令中的“公式”，自动计算并填入每种钢筋的总长。

① 选中 1 号钢筋的总长单元格，调用插入字段命令 FIELD，“字段名称”选择“公式”选项，然后在“公式”输入栏中输入计算公式“=C3*D3”。

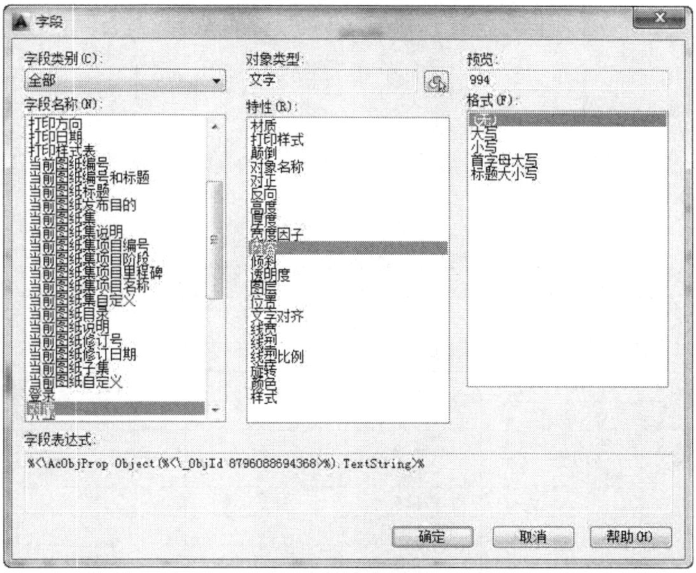

图 3.2.15　将某种钢筋长度值的“内容”作为字段插入的操作

一片主梁的钢筋明细表				
编号	直径/mm	每根长度/cm	数量/根	总长/m
1	ϕ32	994	2	
2	ϕ32	946	2	
3	ϕ22	1173	2	
4	ϕ16	136	4	
5	ϕ16	131	16	
6	ϕ16	106	4	
7	ϕ8	208	38	
8	ϕ8	990	8	

图 3.2.16　完成“每根长度”字段的插入

② 单击“其他格式”按钮，“转化系数”设为“0.01”，可将长度单位由“cm”转化为“m”，并选中“消零”中的“前导”“后导”选项，确定执行后完成 1 号钢筋的总长的填入，如图 3.2.17 及图 3.2.18 所示。

图 3.2.17　1 号钢筋的“总长”字段的插入操作

③ 使用“自动填充”功能，完成其他种钢筋总长的填入。选中 1 号钢筋的总长单元格，单击该单元格右下角的“◆”夹点，再次单击本列最下单元格的右下角，完成其他种钢筋的总长，如图 3.2.19 所示。

这样的钢筋表中钢筋的“每根长度”与“总长”会随钢筋成型图中的长度值变化而自动更新。

	A	B	C	D	E
1	一片主梁的钢筋明细表				
2	编号	直径/mm	每根长度/cm	数量/根	总长/m
3	1	φ32	994	2	19.88
4	2	φ32	946	2	
5	3	φ22	1173	2	
6	4	φ16	136	4	
7	5	φ16	131	16	
8	6	φ16	106	4	
9	7	φ8	208	38	
10	8	φ8	990	8	

图 3.2.18　完成 1 号钢筋的“总长”字段的插入

	A	B	C	D	E
1	一片主梁的钢筋明细表				
2	编号	直径/mm	每根长度/cm	数量/根	总长/m
3	1	φ32	994	2	19.88
4	2	φ32	946	2	18.92
5	3	φ22	1173	2	23.46
6	4	φ16	136	4	5.44
7	5	φ16	131	16	20.96
8	6	φ16	106	4	4.24
9	7	φ8	208	38	79.04
10	8	φ8	990	8	79.2

图 3.2.19　完成其他钢筋的“总长”字段的插入

项目 4　图形的尺寸标注

任务 1　标注曲线图形的尺寸

素质目标

1. 具备绘制和识读施工图所必需的职业素质，拥有吃苦耐劳、诚实守信、求真务实的职业道德观念；

2. 养成严谨、踏实、认真负责的工作作风，具备良好的学习能力和团队协作观念，能够理论联系实际解决问题，培养创新意识。

知识目标

1. 掌握标注样式设置命令；
2. 会设置长度样式参数、设置圆标注样式参数、设置角度标注样式参数；
3. 掌握多重引线标注命令；
4. 掌握尺寸文字修改命令。

能力目标

1. 具备 CAD 软件快速使用能力；
2. 具备在施工图纸上进行尺寸标注的能力；
3. 具备在新建文件中调用已建文件设计中心设置的能力。

【任务分析】

图 4.1.1 所示为标注尺寸后的曲线图形。图形的尺寸标注需要做三项工作：标注样式设置、标注尺寸、尺寸的修改。

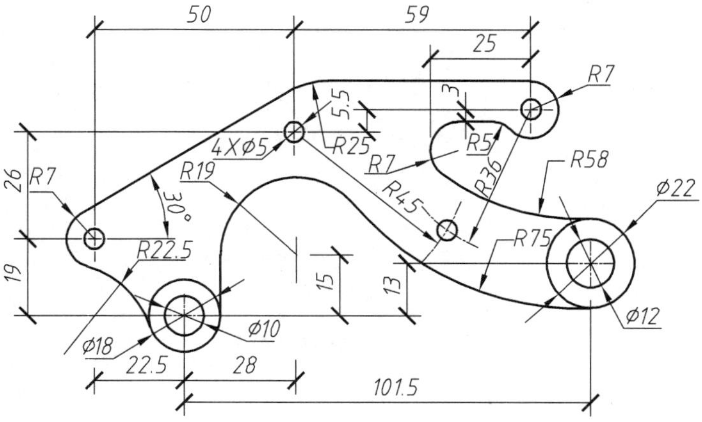

图 4.1.1　标注尺寸后的曲线图形

【相关知识】

微课

尺寸标注样式设置

一、标注样式设置命令

（一）功　能

创建和修改尺寸标注样式，设置尺寸标注样式的参数。

尺寸标注样式应根据《技术制图》国家标准，创建名称为“GB-35”的标注样式，并基于标注样式“GB-35”，创建 4 种子样式：“线性”“半径”“直径”“角度”。

标注样式一旦创建，可以保存并作为模板，在以后绘图时不需要再重新创建，只要通过设计中心拖入到新图形文件中，就可以直接使用，一劳永逸。

（二）命令调用方式

功能区：“默认”标签/“注释”面板/“注释”下拉列表/“标注样式”按钮。

功能区：“注释”标签/“标注”面板/“标注样式”按钮。

命令行：DIMSTYLE（D）。

（三）根据《技术制图》国家标准，创建名称为“GB-35”的标注样式

1. 调用 DIMSYLE 命令

调用 DIMSTYLE 命令，打开“标注样式管理器”对话框，如图 4.1.2 所示。默认的“样式”列表中有三个标注样式“Annotative”“ISO-25”“Standard”。其中“ISO-25”标注样式符合“ISO”标准，其中的文字高度和箭头大小都是“2.5”，该样式不符合中国国家标准，需要创建符合国标“GB-35”的标注样式。

2. 新建标注样式

按“新建”按钮，新建一种标注样式，命名为“GB-35”，选择“ISO-25”的标注样式作为“基础样式”，并选中“注释性”复选框。

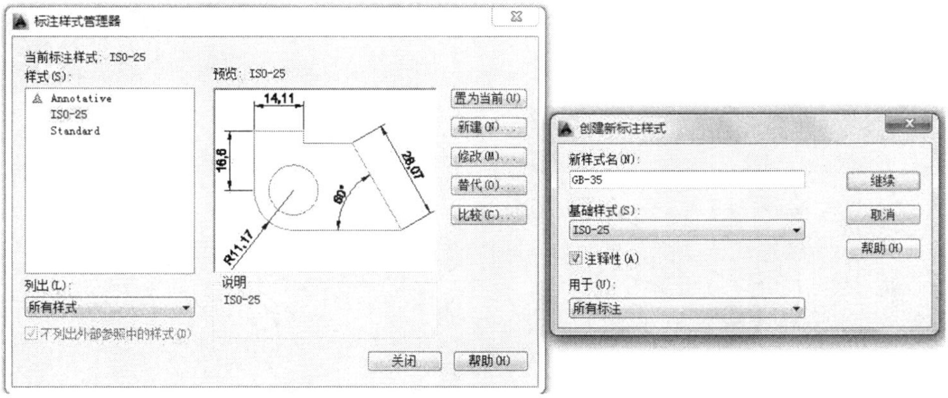

图 4.1.2　新建标注样式

3. 设置“GB-35”的各种参数

（1）设置“线”选项卡，如图 4.1.3 所示。

"尺寸线"——"基线间距"设为"7"，为"基线标注"时内外两条尺寸线之间的间距。

"尺寸界线"——"超出尺寸线"设为"2"。

"尺寸界线"——"起点偏移量"设为"1"，为尺寸界线离开被标注对象的距离。

若标注时图中没有尺寸的第一标注点，则选中隐藏"尺寸线 1""尺寸界线 1"复选框。

图 4.1.3 "GB-35"的"线"选项卡参数设置

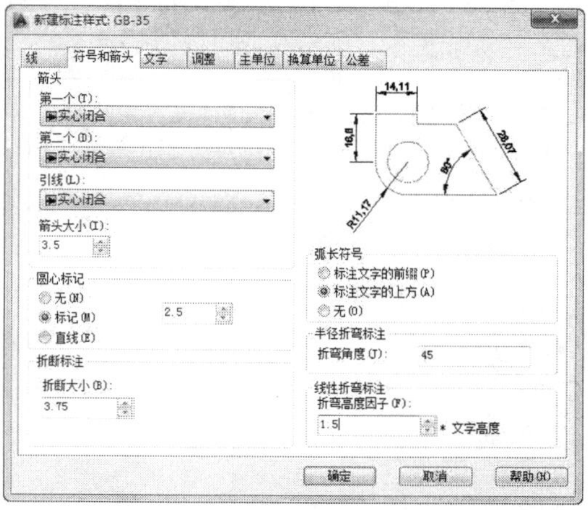

图 4.1.4 "GB-35"的"符号和箭头"选项卡参数设置

（2）设置"符号和箭头"选项卡，如图 4.1.4 所示。

"箭头"——"第一个"选择"实心闭合"；

"箭头"——"第二个"选择"实心闭合"；

"箭头"——"箭头大小"设为"3.5"；

"弧长符号"——"标注文字的上方"；

其他参数设置不变。

（3）设置"文字"选项卡，如图 4.1.5 所示。

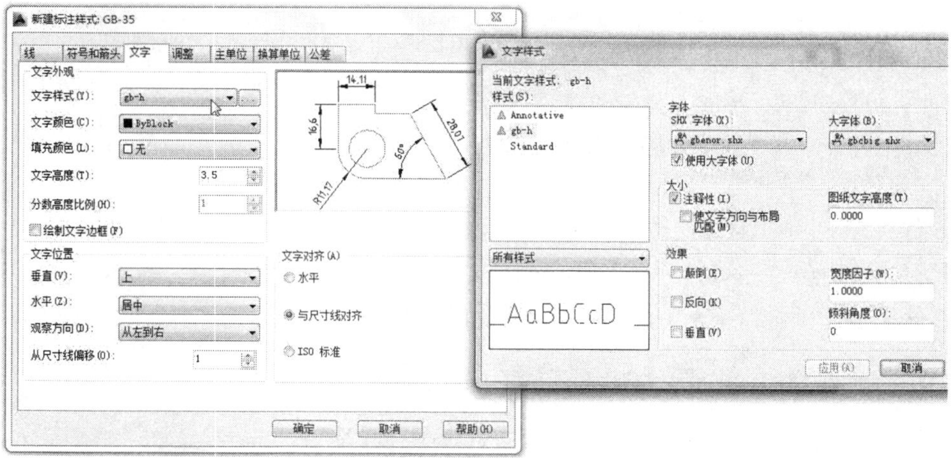

图 4.1.5 "GB-35"的"文字"选项卡参数设置

单击"文字样式"右面的按钮，打开"文字样式"对话框，新建一种文字样式，命名为"gb-h"，"字体"选择"gbenor.shx"，选中"使用大字体"复选框，"大字体"选择"gbcbig.shx"，"宽度因子"设为"1"，图纸文字高度必须设为"0"，选中"注释性"复选框。

“文字外观”——“文字样式”选择新创建的“gb-h”;
“文字外观”——“文字高度”设为“3.5”;
“文字位置”——“垂直”选择“上方”;
“文字位置”——“水平”选择“置中”;
“文字位置”——“从尺寸线偏移”设为 1;
“文字对齐”——“与尺寸线对齐”。

注:“ISO 标准”为当文字在尺寸界线内时与尺寸线对齐，当文字在尺寸界线外时水平放置。

(4)设置“调整”选项卡，如图 4.1.6 所示。
“调整选项”选择“文字”;
“文字位置”选择“尺寸线旁边”;
“标注特征比例”——“全局比例因子”设为 1。选中“注释性”复选框。

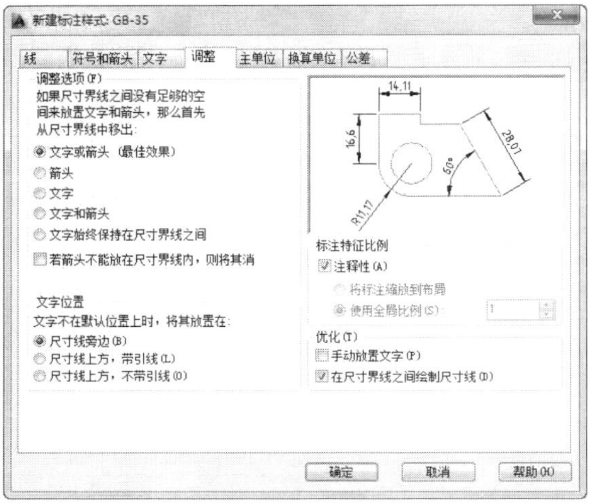

图 4.1.6 “GB-35”的“调整”选项卡参数设置

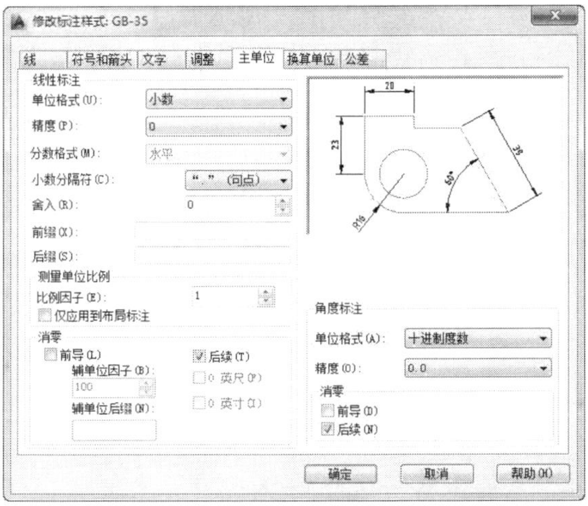

图 4.1.7 “GB-35”的“主单位”选项卡参数设置

(5)设置“主单位”选项卡，如图 4.1.7 所示。
“线性标注”——“单位格式”选择“小数”;
“线性标注”——“精度”选择 0;
“线性标注”——“小数分隔符”选择“句点”;
“角度单位”——“单位格式”选择“十进制度数”(根据专业需要);
“角度单位”——“精度”选择“0.0”(根据精度要求);
“测量单位比例”——“比例因子”必须设为 1。
到此就完成了标注样式“GB-35”的参数设置。

(四)创建基于标注样式“GB-35”的 4 种子样式:“线性”“半径”“直径”“角度”

1. 创建基于标注样式“GB–35”的子样式——“线性”

(1)单击“新建”按钮，在弹出的“新建标注样式”对话框中，“基础样式”选择“GB-35”的标注样式，“用于”选择“线性标注”，并选中“注释性”复选框，如图 4.1.8 所示。

(2)单击“继续”按钮，弹出“新建标注样式：GB-35：线性”对话框，设置“符号和箭头”选项卡，如图 4.1.9 所示。“线性”标注子样式标注效果如图 4.1.10 所示。

“箭头”——“第一个”选择“建筑标记”;
“箭头”——“第二个”选择“实心闭合”;
“箭头”——“箭头大小”设为“1.5”;
其他参数设置不变。

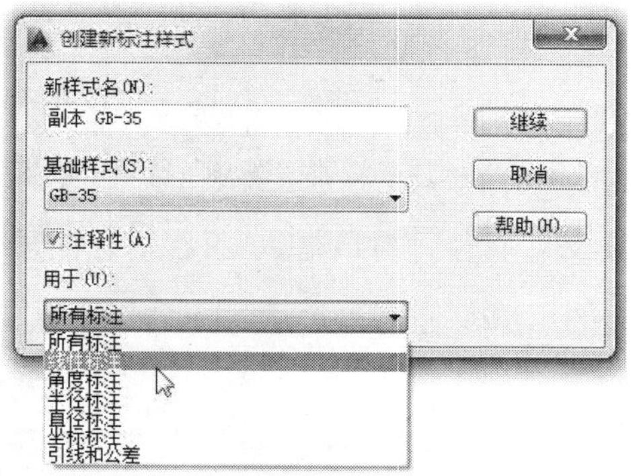

图 4.1.8 新建“线性”标注子样式

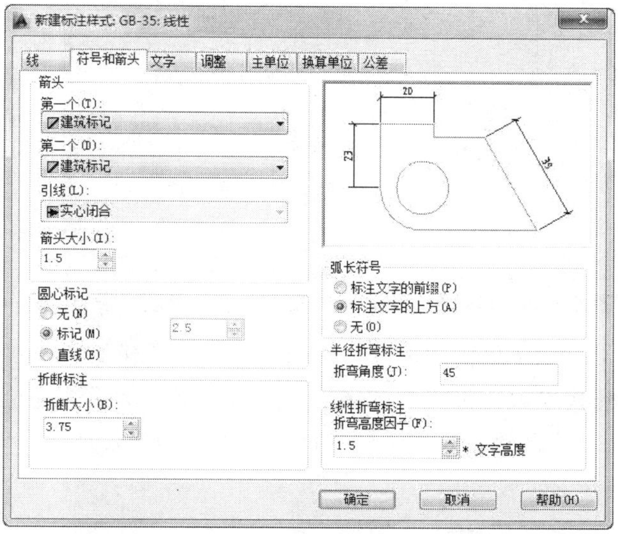

图 4.1.9 “线性”标注子样式设置

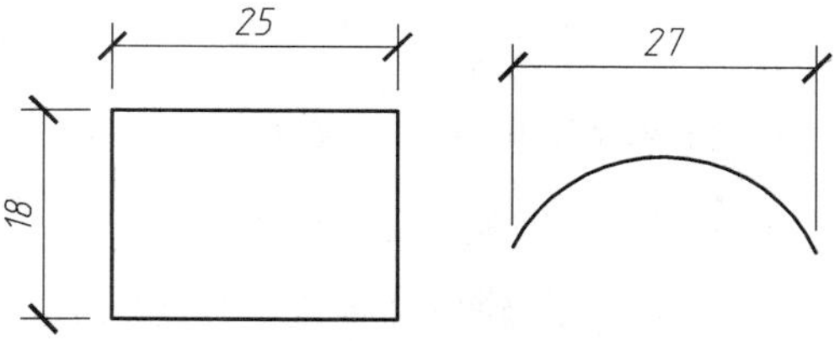

图 4.1.10 “线性”标注子样式的标注效果

2. 创建基于标注样式“GB-35”的子样式——“半径”

（1）单击“新建”按钮，在弹出的“新建标注样式”对话框中，“基础样式”选择“GB-35”的标注样式，“用于”选择“半径”，并选中“注释性”复选框。

（2）单击“继续”按钮，弹出“新建标注样式：GB-35：半径”对话框，设置“文字”选项卡，如图 4.1.11 所示。“文字对齐”方式选择“ISO 标准”。

（3）设置“调整”选项卡，如图 4.1.12 所示。

“调整选项”—— 选择“文字”;
“文字位置”——选择“尺寸线旁”;
“优化”——选中“手动放置文字”;
其他参数设置不变“半径”标注子样式标注效果如图 4.1.13 所示。

3. 创建基于标注样式“GB-35”的子样式——“直径”

（1）单击“新建”按钮，在弹出的“新建标注样式”对话框中，“基础样式”选择“GB-35”的标注样式，“用于”选择“直径”，并选中“注释性”复选框。

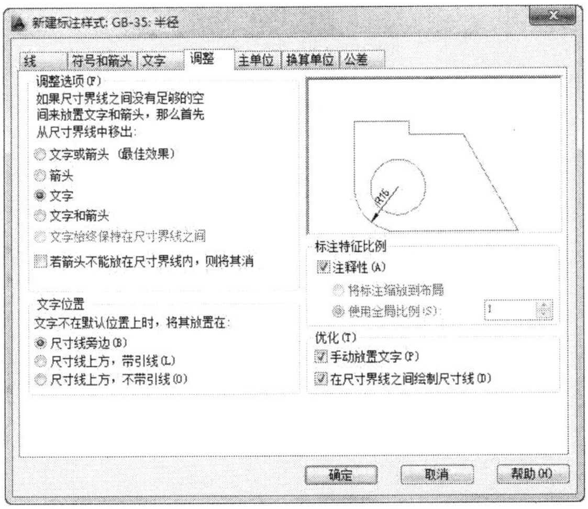

图 4.1.11 “半径”标注子样式“文字”选项卡设置

图 4.1.12 “半径”标注子样式“调整”选项卡设置

（2）单击“继续”按钮，弹出“新建标注样式：GB-35：直径”对话框，“直径”标注子样式参数的设置与“半径”标注子样式的设置完全相同。

“直径”标注子样式标注效果如图 4.1.14 所示。

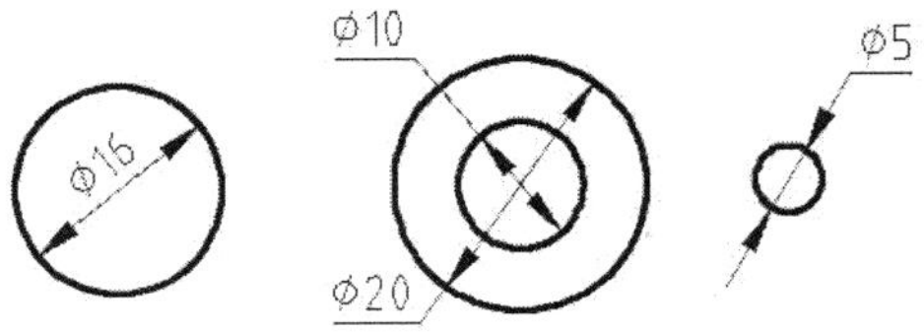

图 4.1.13 “半径”标注子样式的标注效果

图 4.1.14 “直径”标注子样式的标注效果

4. 创建基于标注样式“GB–35”的子样式：“角度”

（1）单击“新建”按钮，在弹出的“新建标注样式”对话框中，“基础样式”选择“GB-35”的标注样式，“用于”选择“角度”，并选中“注释性”复选框。

（2）单击“继续”按钮，弹出“新建标注样式：GB-35：角度”对话框，设置“文字”选项卡，如图 4.1.15 所示。

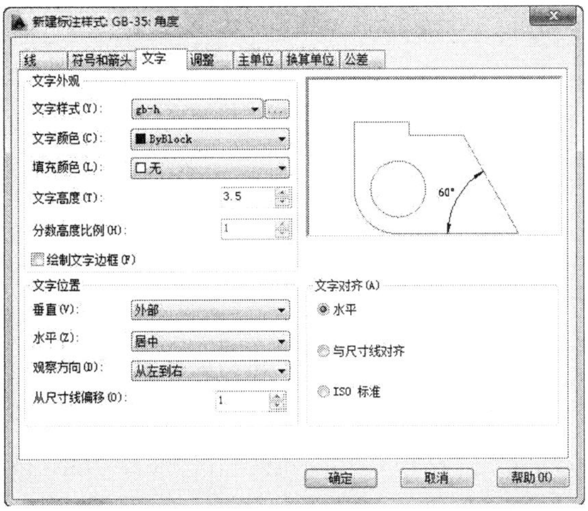

图 4.1.15 “角度”标注子样式“文字”选项卡设置

图 4.1.16 “角度”标注子样式“主单位”选项卡设置

"文字位置"中的"垂直"选择"外部";"文字对齐"方式选择"水平"。

(3)设置"主单位"选项卡，如图 4.1.16 所示。

"角度单位"中的"单位格式"选择"十进制度数"(根据专业需要),"精度"选择"0.0"(根据精度要求),其他参数设置不变。

"角度"标注子样式标注效果如图 4.1.17 所示。

完成设置标注样式"GB-35"的 4 种子样式后，一定要把"GB-35"置为当前样式，如图 4.1.18 所示。

图 4.1.17 "角度"标注子样式的标注效果

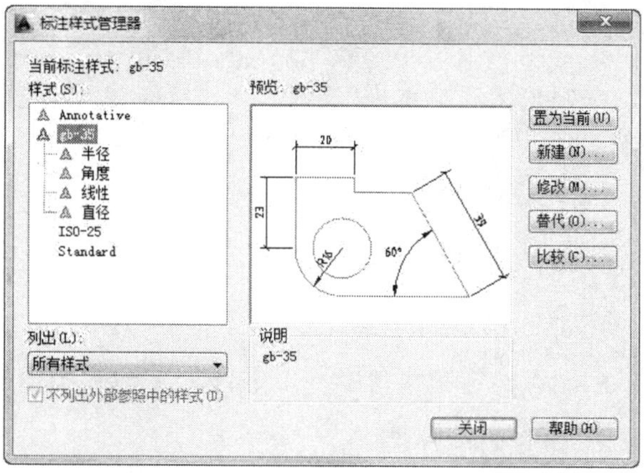

图 4.1.18 标注样式"GB-35"及其 4 种子样式

二、尺寸标注命令

在功能区:"注释"标签/"标注"面板/"标注样式"下拉列表中，将标注样式"GB-35"设为当前样式。

微课

尺寸标注命令

(一)线性标注命令

1. 功 能

用于两点之间的水平或竖直距离尺寸。

2. 命令调用方式

功能区:"默认"标签/"注释"面板/"线性"下拉列表/"线性"按钮。

功能区:"注释"标签/"标注"面板/"标注"下拉列表/"线性"按钮。

命令行: DIMLINEAR 或 DIMLINE(DLI)。

3. 应用实例

例 4.1.1 标注图 4.1.19 中 *AB*、*DE* 的长度尺寸。

(1)在标注工具栏上，将标注样式"GB-35"设为当前样式。

(2)用线性标注进行标注。

操作步骤如下:

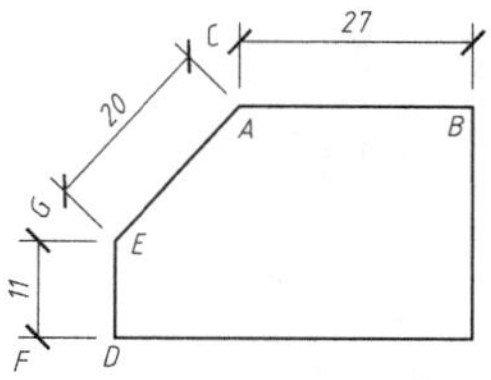

图 4.1.19 线性标注与对齐标注

命令： DIMLINEAR　　调用线性标注命令

指定第一条尺寸界线原点或 <选择对象>：　选择点 *A*　　选择要标注尺寸的第一点

指定第二条尺寸界线原点：　选择点 *B*　　选择要标注尺寸的第二点

指定尺寸线位置或[多行文字（M）/文字（T）/角度（A）/水平（H）/垂直（V）/旋转（R）]：　单击点 *C*　　指定尺寸线位置

标注文字 = 27

命令： DIMLINEAR　　调用线性标注命令

指定第一条尺寸界线原点或 <选择对象>：　选择点 *D*　　选择要标注尺寸的第一点

指定第二条尺寸界线原点：　选择点 *E*　　选择要标注尺寸的第二点

指定尺寸线位置或[多行文字（M）/文字（T）/角度（A）/水平（H）/垂直（V）/旋转（R）]：　单击点 *F*　　指定尺寸线位置

标注文字 = 11

（二）对齐标注命令

1. 功　能

标注有一定倾斜角度、不平行于 *X* 轴或 *Y* 轴的长度尺寸。

2. 命令调用方式

功能区："默认"标签/"注释"面板/"线性"下拉列表/"对齐"按钮。

功能区："注释"标签/"标注"面板/"标注"下拉列表/"对齐"按钮。

命令行：DIMALIGNED（DA）。

3. 命令实例

例 4.1.2　标注图 4.1.19 中 *EA* 的长度尺寸。

操作步骤如下：

命令： DIMALIGNED　　调用线性标注命令

指定第一条尺寸界线原点或 <选择对象>：　选择点 *E*　　选择要标注尺寸的第一点

指定第二条尺寸界线原点：　选择点 *A*　　选择要标注尺寸的第二点

指定尺寸线位置或[多行文字（M）/文字（T）/角度（A）]：　选择点 *G*　　指定尺寸线位置

标注文字 = 20

（三）半径标注命令 DIMRADIUS 与直径标注命令 DIMDIAMETER

1. 功　能

用于标注圆或圆弧的半径、直径。

2. 命令调用方式

功能区："默认"标签/"注释"面板/"线性"下拉列表/"半径"或"直径"按钮。

功能区："注释"标签/"标注"面板/"标注"下拉列表/"半径"或"直径"按钮。

命令行：DIMRADIUS（DRA）或 DIMDIAMETER（DDI）。

3. 命令说明

（1）半径、直径标注时需关闭对象捕捉功能，以防干扰尺寸线、尺寸文字位置的指定。

（2）尺寸文字的位置可放于尺寸界线之间，也可拉出到尺寸界线外面。

（四）圆的折弯半径标注命令

1. 功　能

当圆或圆弧的半径很大时，半径尺寸线可不用标出圆心位置，而是用折弯半径标注。

2. 命令调用方式

功能区：“默认”标签/“注释”面板/“线性”下拉列表/“折弯”按钮。

功能区：“注释”标签/“标注”面板/“标注”下拉列表/“折弯”按钮。

命令行：DIMJOGGED（DJO）。

3. 命令举例

例 4.1.3　标注图 4.1.20 中的圆的半径。

（1）将“圆径样式”设为当前样式。

（2）用折弯半径命令标注圆的折弯半径。

操作步骤如下：

命令：　DIMJOGGED

选择圆弧或圆：　单击圆弧上的任一点 *A*

指定中心位置替代：　单击圆心替代位置 *B*

标注文字 ＝ 69

指定尺寸线位置或 [多行文字（M）/文字（T）/角度（A）]：　单击尺寸线位置 *C*

指定折弯位置：　单击折弯线的中点位置 *D*

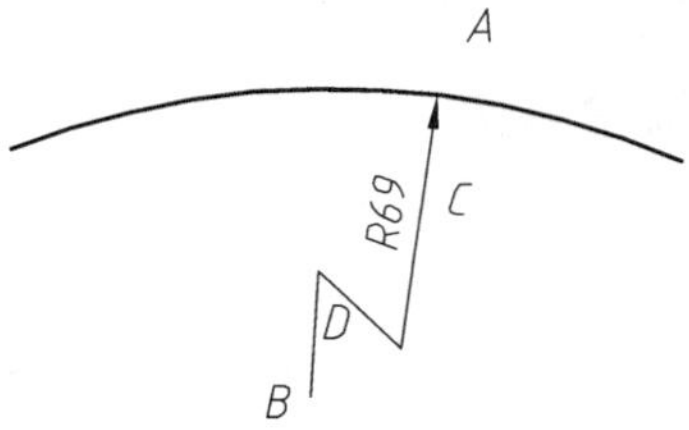

图 4.1.20　折弯半径的标注

（五）角度标注命令

1. 功　能

用于标注两条直线之间的角度或圆弧的角度。

2. 命令调用方式

功能区：“默认”标签/“注释”面板/“线性”下拉列表/“角度”按钮。

功能区：“注释”标签/“标注”面板/“标注”下拉列表/“角度”按钮。

命令行：DIMANGULAR（DAN）。

3. 命令说明

（1）标注两条直线之间的角度需要分别选取两条直线，然后再指定尺寸线的位置。

（2）指定的尺寸线的位置不同，标注的角度范围也不同，如图 4.1.21（a）、（b）所示。

（3）需要选取圆弧，然后再指定尺寸线的位置，如图 4.1.21（c）所示。

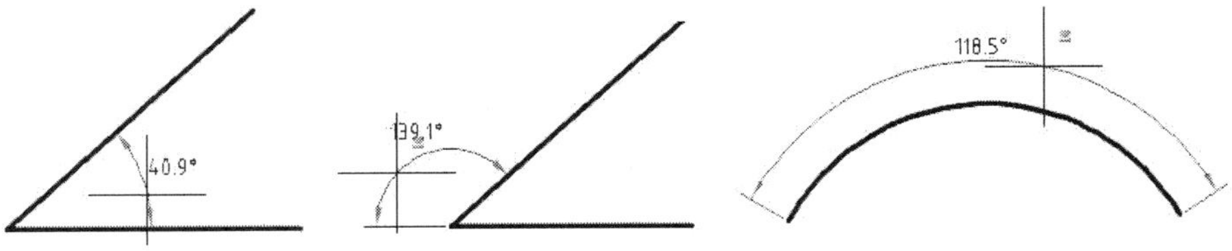

（a）尺寸线位置 1　　（b）尺寸线位置 2　　（c）标注圆弧角度

图 4.1.21　角度标注中的尺寸线位置的指定

（六）连续标注命令

1. 功　能

用于标注在同一方向上连续的长度尺寸或角度尺寸。

2. 命令调用方式

功能区：“注释”标签/“标注”面板/“连续”下拉列表/“连续”按钮。
命令行：DIMCONTINUE 或 DIMCONT（DCO）。

3. 命令举例

例 4.1.4　用连续标注的方法，补全图 4.1.22（a）中的尺寸，如图 4.1.22（b）所示。

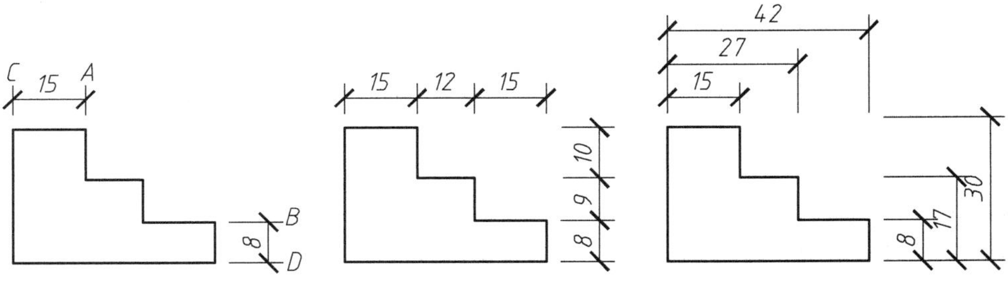

（a）原有尺寸　　（b）连续标注　　（c）基线标注

图 4.1.22　连续标注与基线标注

打开“对象捕捉”“极轴追踪”“对象追踪”。
操作步骤如下：

命令：　DIMCONTINUE
选择连续标注：　选择尺寸界线 *A*
指定第二条尺寸界线原点或 [放弃（U）/选择（S）] <选择>:　标注尺寸 12
指定第二条尺寸界线原点或 [放弃（U）/选择（S）] <选择>:　标注尺寸 15
指定第二条尺寸界线原点或 [放弃（U）/选择（S）] <选择>:　回车
选择连续标注：　选择尺寸界线 *B*
指定第二条尺寸界线原点或 [放弃（U）/选择（S）] <选择>:　标注尺寸 9
指定第二条尺寸界线原点或 [放弃（U）/选择（S）] <选择>:　标注尺寸 10
指定第二条尺寸界线原点或 [放弃（U）/选择（S）] <选择>:　回车
选择连续标注：　回车

（七）基线标注命令

1. 功　能

用于标注工程图形中有一个共同基准的线性尺寸或角度尺寸。

2. 命令调用方式

功能区："注释"标签/"标注"面板/"连续"下拉列表/"基线"按钮。
命令行：DIMBASELINE 或 DIMBASE（DBA）。

3. 命令举例

例 4.1.5　用基线标注补全图 4.1.22（a）中的尺寸，如图 4.1.22（c）所示。
打开"对象捕捉""极轴追踪""对象追踪"。
操作步骤如下：

命令：　DIMBASELINE
选择基准标注：　选择尺寸界线 *C*
指定第二条尺寸界线原点或 [放弃（U）/选择（S）] <选择>：　标注尺寸 27
指定第二条尺寸界线原点或 [放弃（U）/选择（S）] <选择>：　标注尺寸 42
指定第二条尺寸界线原点或 [放弃（U）/选择（S）] <选择>：　回车
选择基准标注：　选择尺寸界线 *D*
指定第二条尺寸界线原点或 [放弃（U）/选择（S）] <选择>：　标注尺寸 17
指定第二条尺寸界线原点或 [放弃（U）/选择（S）] <选择>：　标注尺寸 30
指定第二条尺寸界线原点或 [放弃（U）/选择（S）] <选择>：　回车
选择基准标注：　回车

（八）弧长标注命令

1. 功　能

用于标注圆弧的弧长。

2. 命令调用方式

功能区："默认"标签/"注释"面板/"线性"下拉列表/"弧长"按钮。
功能区："注释"标签/"标注"面板/"标注"下拉列表/"弧长"按钮。
命令行：DIMARC（DAR）。

3. 命令举例

例 4.1.6　标注图 4.1.23 中弓形体的弧长尺寸。

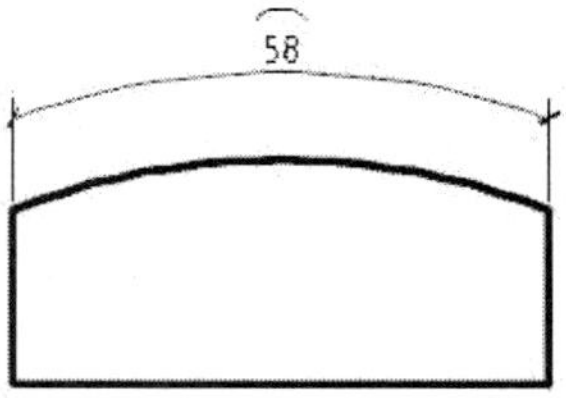

图 4.1.23　弧长标注

（九）快速标注命令

1. 功　能

用于创建一系列的尺寸标注，可以是连续标注、基线标注、并列标注。

2. 命令调用方式

功能区："注释"标签/"标注"面板/"快速标注"按钮。

命令行：QDIM。

3. 命令举例

例 4.1.6 标注图 4.1.24（a）中尺寸，用快速连续标注方式。

命令：QDIM

关联标注优先级 = 端点

选择要标注的几何图形： 单击选择窗口的右上点

指定对角点： 单击选择窗口的左下点

找到 7 个

选择要标注的几何图形： 回车，结束选择

指定尺寸线位置或 [连续(C)/并列(S)/基线(B)/坐标(O)/半径(R)/直径(D)/基准点(P)/编辑(E)/设置(T)] <连续>： C

指定尺寸线位置或 [连续(C)/并列(S)/基线(B)/坐标(O)/半径(R)/直径(D)/基准点(P)/编辑(E)/设置(T)] <连续>： 单击一点指定尺寸线的位置

快速连续标注结果如图 4.1.24（b）所示。同样的操作方法，选择"基线（O）"的方式，快速基线标注结果如图 4.1.24（c）所示；选择"并列（S）"的方式，快速并列标注结果如图 4.1.25（b）所示。

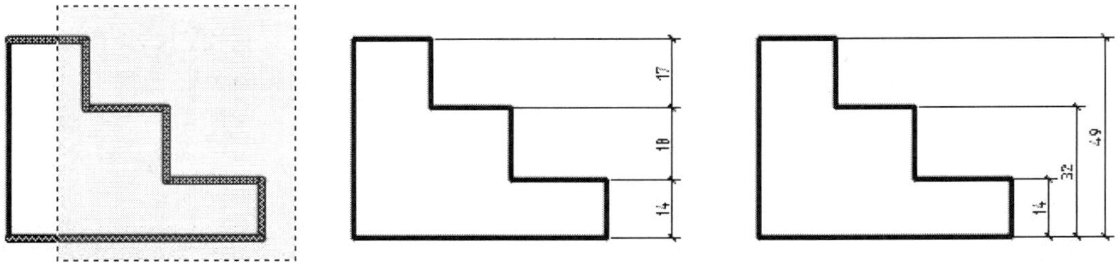

（a）"窗口"方式选择标注点　（b）完成快速连续标注　（b）完成快速基线标注

图 4.1.24 快速连续标注

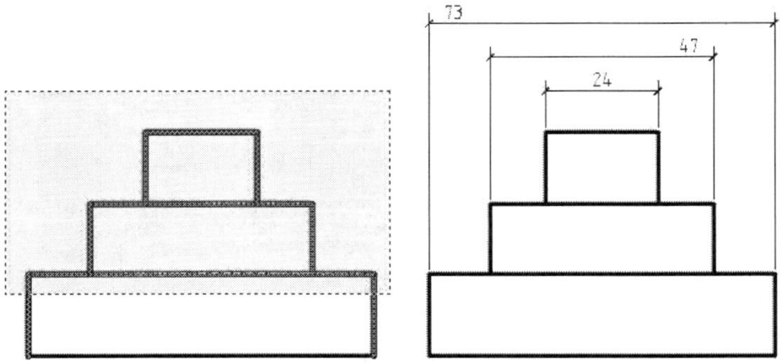

（a）"窗口"方式选择标注点　（b）完成快速并列标注

图 4.1.25 快速并列标注

三、多重引线标注

多重引线可以标注引线和注释文字，引线和注释文字可以通过多重引线样式命令 MLEADERSTYLE 设置成多种样式，然后用多重引线标注命令 MLEADER 标注执行。

（一）多重引线样式命令

微课

多重引线标注的使用

1. 功　能

创建多重引线和注释文字。

2. 命令调用方式

功能区：“默认”标签/“注释”面板/“注释”下拉列表/“多重引线样式管理器”按钮。

功能区：“注释”标签/“引线”面板/“多重引线样式管理器”按钮。

命令行：MLEADERSTYLE。

3. 命令举例

例 4.1.7　设置“详图编号-1”“详图编号-2”的引线标注样式。

执行多重引线样式命令 MLEADERSTYLE，打开“多重引线样式管理器”对话框，如图 4.1.26 所示，单击“新建”按钮，输入新引线样式名称“详图编号-1”，并选中“注释性”复选框。

图 4.1.26　新建引线样式

单击“继续”按钮，在打开的“修改多重引线样式：详图编号-1”对话框中设置参数，如图 4.1.27 所示。

（1）设置“引线格式”选项卡。

“箭头”——“符号”选择“无”。

（2）设置“内容”选项卡。

“多重引线类型”——选择“块”；

“块选项”——“块源”选择“详细信息标注”。

其他参数设置不变，单击“确定”按钮，完成多重引线样式：“详图编号-1”的设置。

重复以上步骤，创建多重引线样式：“详图编号-2”。所有参数与“详图编号-1”的设置相同，只把“内容”选项卡：“块选项”——“块源”选择“圆”即可。

图 4.1.27　多重引线样式："详图编号-1"参数设置

（二）多重引线标注命令

1. 功　能

微课

多重引线标注的使用

创建多重引线和注释文字。

2. 命令调用方式

功能区："默认"标签/"注释"面板/"引线"下拉列表/"多重引线"按钮。

功能区："注释"标签/"引线"面板/"多重引线"按钮。

命令行：MLEADER。

3. 命令举例

例 4.1.8　执行"多重引线"MLEADER 命令，用多重引线样式"详图编号-1""详图编号-2"，标注结果如图 4.1.28 所示。

四、尺寸文字修改

尺寸文字修改就用文字修改命令 DDEDIT（ED），命令执行后选择尺寸文字（或直接双击尺寸数字），修改尺寸文字的内容，按"确定"按钮即可完成修改，如图 4.1.29 所示。

注：使用此种修改尺寸文字的方法要特别慎重，万不得已时才用，因为修改过后的尺寸文字与标注对象会失去关联性，标注对象再变化，尺寸数字不会再随之更新。

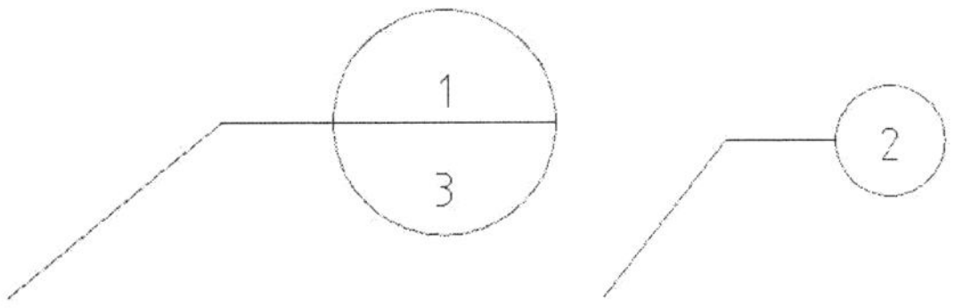

图 4.1.28　多重引线标注的详图编号

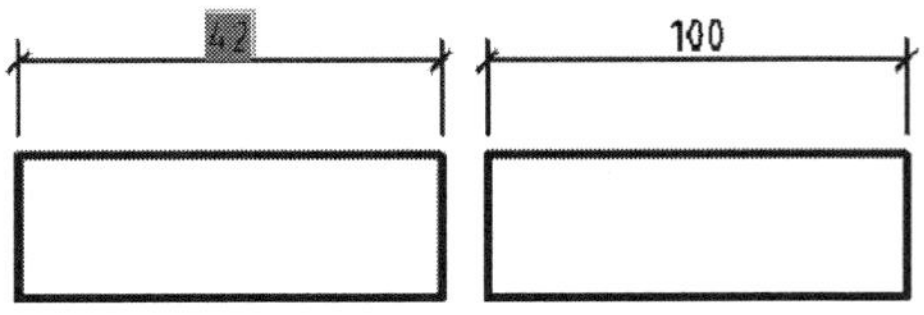

（a）修改前　　（b）修改后

图 4.1.29　修改尺寸文字

【任务实施】

一、打开图形文件

打开曲线图形的图形文件，如图 4.1.30 所示。

二、设置尺寸标注样式

新建或通过设计中心从其他图形文件中调用标注样式“GB-35”，并设为当前样式。

三、标注定位尺寸

标注图形的各主要圆、圆弧的定位尺寸。

用线性标注命令、连续标注命令标注图形的各主要圆、圆弧的定位尺寸，如图 4.1.31 所示。

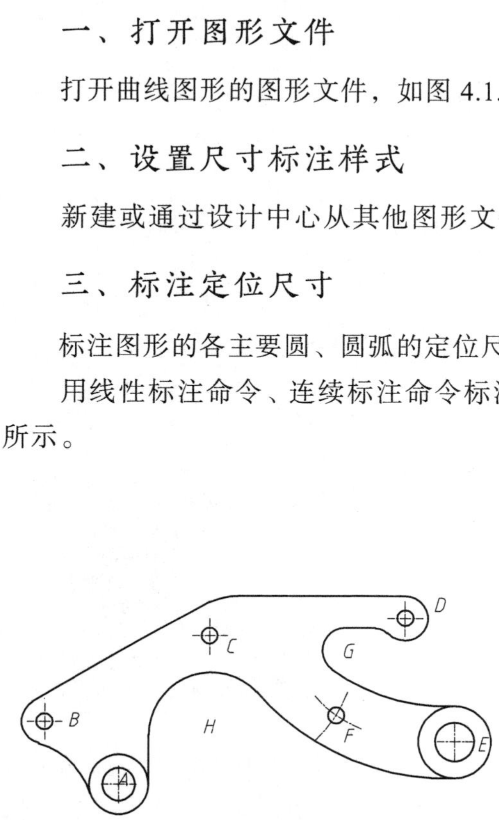

图 4.1.30　曲线图形

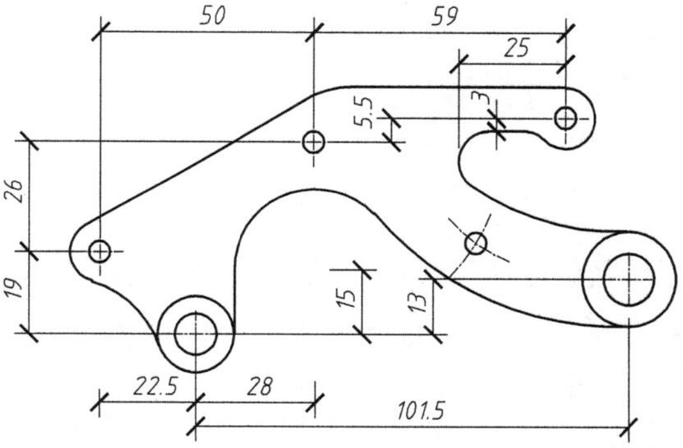

图 4.1.31　标注定位尺寸

四、标注图形中各主要圆、圆弧的直径、半径

用直径标注命令、半径标注命令标注图形的各主要圆、圆弧的直径、半径，如图 4.1.32 所示。

五、标注各过渡圆弧的半径

用半径标注命令标注图形的各过渡圆弧的半径，如图 4.1.33 所示。

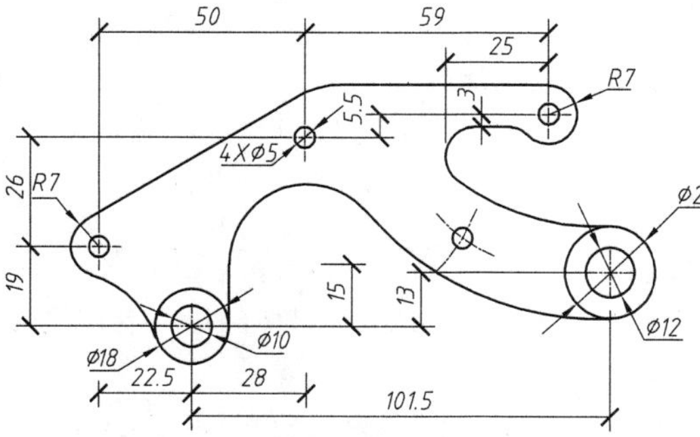

图 4.1.32　标注各主要圆、圆弧的直径、半径

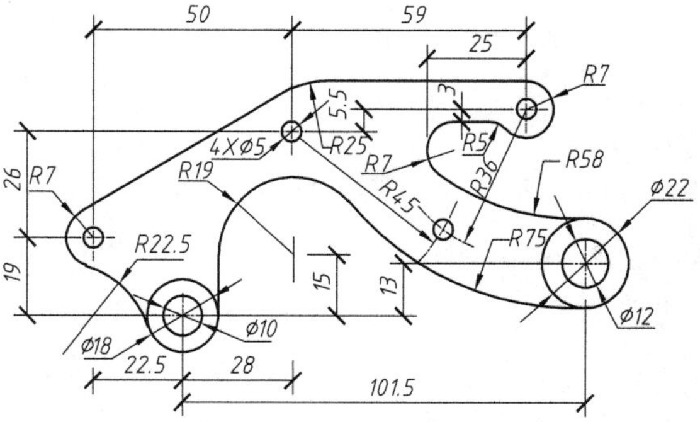

图 4.1.33　标注各过渡圆角的半径

六、标注倾斜直线的角度

将“角度样式”设为当前样式，用角度标注命令标注倾斜直线的角度，如图 4.1.34 所示。

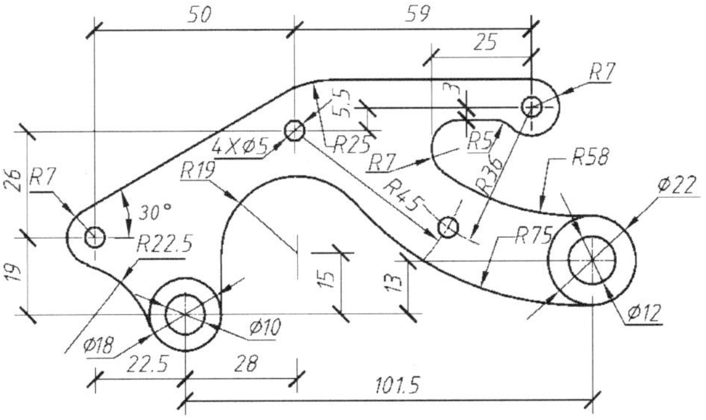

图 4.1.34　标注倾斜直线的角度

微课

标注样式中的两个比例的功能

【能力拓展】

一、尺寸标注样式中的两个比例的功能

尺寸标注样式中有两个重要的比例参数：

（1）“调整”选项卡中“标注特征比例因子”。

控制标注尺寸符号整体的大小，如图 4.1.35（b）所示；标注尺寸符号整体的大小应根据被标注对象的大小而改变，改变时只需改变“标注特征比例因子”，其他参数不需要改变。

（2）“主单位”选项卡中的“测量单位比例因子”。

控制标注尺寸的数字内容是在被标注对象实际长度基础上乘的倍数（不包括角度标注），如图 4.1.35（c）所示。

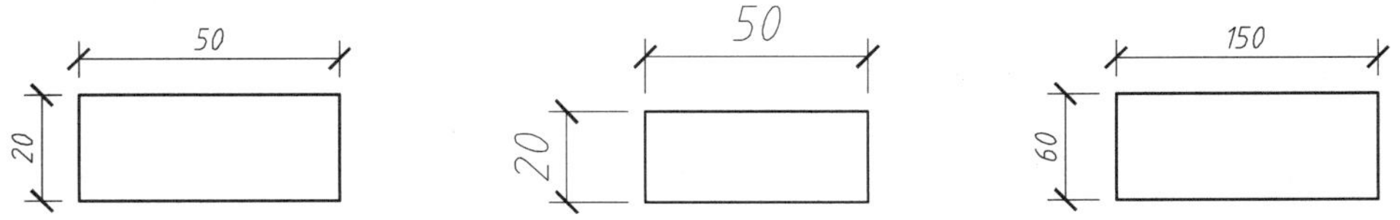

（a）两种比例因子都为 1　（b）标注特征比例因子为 3　（c）测量单位比例因子为 3

图 4.1.35　标注样式中两个比例的功能比较

二、标注样式设置中两个应注意的问题

（1）用于标注样式中的尺寸文字样式，“文字样式”中的“图纸文字高度”必须设为“0”（待定），真正标注样式中的字高由标注样式“文字”选项卡中的参数“文字高度”来控制，这样字高才能与尺寸的其他符号一起由标注特征比例整体控制大小。

（2）“测量单位比例因子”必须设为“1”，不要设为其他值，以防止出现类似图 4.1.36 中尺寸“78”这样隐蔽而严重的错误。

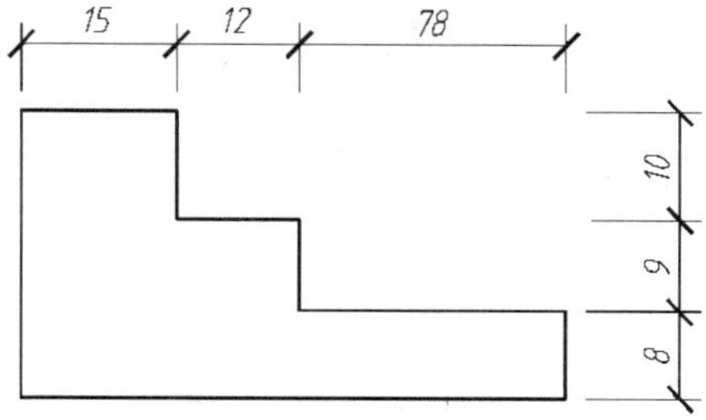

图 4.1.36　采用不同“测量单位比例因子”后出现的错误

三、设计中心 ADC 的使用

（一）功　能

能够实现图形文件中的线型、图层、文字样式、标注样式、图块等在不同文件之间的交换与共享。

（二）命令调用方式

功能区：“视图”标签/“选项板”面板/“设计中心”按钮。

命令行：ADCENTER（ADC）。

（三）命令举例

例 4.1.9　给图形标注尺寸时，需要建立一系列的尺寸样式，也可以不重新创建，只要通过设计中心拖入到新图形文件中，就可以直接使用，一劳永逸。

（1）调用设计中心 ADC，打开“设计中心”对话框，如图 4.1.37 所示。

图 4.1.37　在“设计中心”对话框中查找图形数据

（2）在左栏中找到并选中一个原有的图形文件比如“尺寸练习.dwg”，在右栏中显示文件的详细数据信息。

（3）双击右栏中的“标注样式”，右栏中则出现文件“尺寸练习.dwg”中包含的 8 种标注样式，如图 4.1.38 所示，选中其中一个或几个，拖动到新文件绘图区中，放开左键，此时这几种标注样式已经到了新文件中，可以直接使用。

同样的方法也可将原有图形文件中的图层、文字样式、图块等拖入到新图形文件中使用。

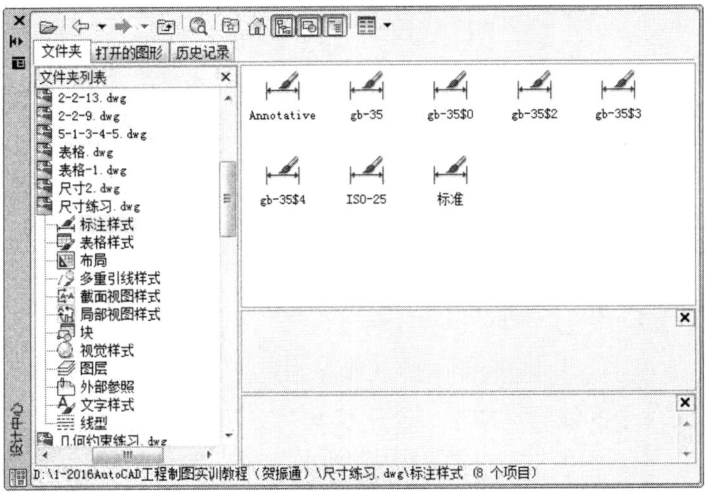

图 4.1.38　将标注样式拖入到新文件中

任务 2　涵洞断面的参数化设计

素质目标

1. 具备绘制和识读施工图所必需的职业素质，拥有吃苦耐劳、诚实守信、求真务实的职业道德观念；

2. 养成严谨、踏实、认真负责的工作作风，具备良好的学习能力和团队协作观念，能够理论联系实际解决问题，培养创新意识。

知识目标

1. 掌握参数化图形命令；
2. 掌握几何约束命令；
3. 掌握标注约束命令；
4. 掌握管理约束命令；
5. 掌握涵洞断面的参数化设计命令。

能力目标

1. 具备 CAD 软件快速使用能力；
2. 具备为使设计便捷和智能化而进行参数化设计的能力。

【任务分析】

图 4.2.1 所示为拱涵的普通管节和提高管节的断面图，两者形状相同，尺寸有三处不同：

基础宽度、基础厚度、边墙高度。可以先绘制普通管节的断面图，然后添加上几何约束和尺寸约束，更改以上三个尺寸约束，就可以由普通管节的断面得到提高管节的断面。

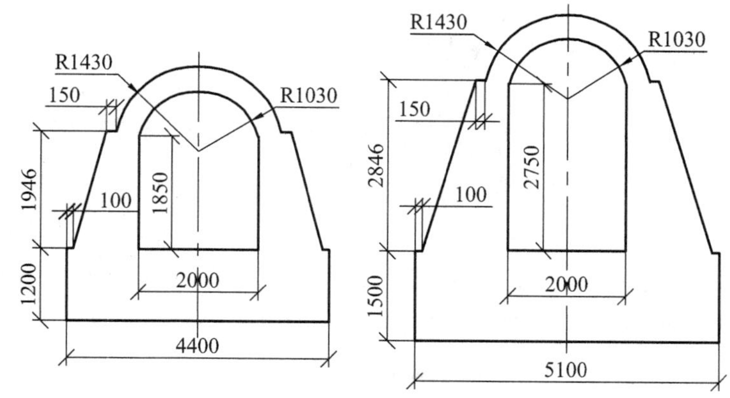

（a）普通管节断面　　（b）提高管节断面

图 4.2.1　拱涵的断面

【相关知识】

一、参数化图形

参数化图形功能是 AutoCAD 2010 版之后新增的功能，使设计更加便捷和智能化。参数化绘图通过添加几何约束和标注约束，可以使图形对象之间建立并永远保持关联关系和尺寸关系。比如，使一条线段始终保持水平状态，或使一个弧形和一个圆形始终保持同心状态等。

没有约束的图形对象之间没有关联关系，它们的位置关系如相切、平行、垂直等都是通过对象捕捉实现的，这种关系都是暂时性的，修改之后这种关系就不复存在了，如图 4.2.2（a）所示；而添加约束之后对象之间被建立的关联关系互相制约，这就是参数化图形的特征，如图 4.2.2（b）所示。

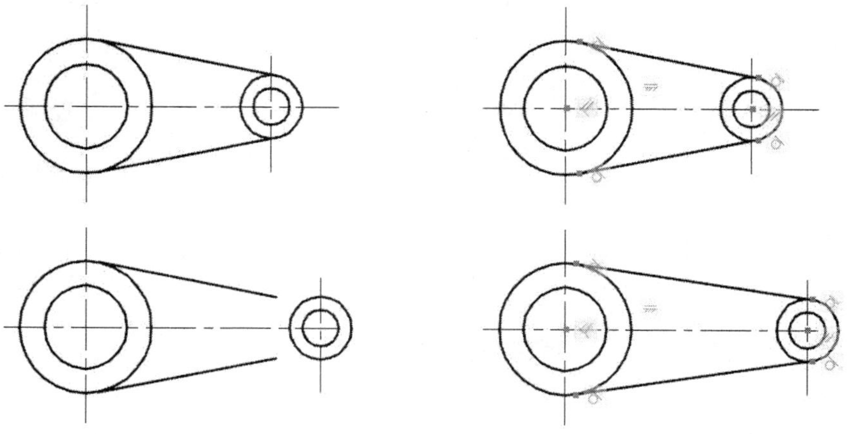

（a）没有约束的图形　　（b）有几何约束的图形

图 4.2.2　有、无约束图形的修改结果

二、几何约束

（一）功　能

几何约束可以确定对象之间或对象上的点之间的关系。创建几何约束后，将限制违反约束的更改。

几何约束大致可分为两类：一类是图形元素（直线）本身的状态，有竖直及水平两种状态，使用正交方式画的直线就属于这两种状态。另一类是确定两个图形元素之间的关系，包括垂直、平等、共线、同心、相切、重合、对称、相等。其中前 6 项在绘图时都可应用捕捉追踪方式获取。此外还有两个特殊的约束：“固定”是用来固定某一图形元素或图形元素上某一点，“平滑”则专用于两条样条曲线的连接。几何约束的类型及功能如表 4.2.1 所示。

表 4.2.1　几何约束的类型及功能

约束类型	图标	功　能
水平		将指定的直线对象约束成与当前坐标系的 x 坐标平行
竖直		将指定的直线对象约束成与当前坐标系的 y 坐标平行
垂直		将指定的一条直线约束成与另一条直线保持 90° 垂直关系
平行		将指定的一条直线约束成与另一条直线保持平行关系
共线		使一条或多条直线段与另一条直线段保持共线，即位于同一直线上
相切		将指定的一个对象与另一个对象约束成相切关系
同心		使 2 个圆、圆弧或椭圆与另一个圆、圆弧或椭圆保持同心
相等		使选择的圆弧或圆有相同的半径，或使选择的直线段有相同的长度
对称		约束直线段或圆弧上的两个点，使其以选定的直线为对称轴彼此对称
平滑		在共享同一端点的两条样条曲线之间建立平滑约束
重合		使两个点或一个对象与一个点之间保持重合
固定		约束一个点或曲线，使其相当于坐标系固定在特定的位置和方向

（二）命令调用方式

功能区：“参数化”标签/“几何”面板，如图 4.2.3 所示。

图 4.2.3　“几何约束”面板

（三）添加约束

1. 逐项添加约束

先单击“几何”面板上的约束按钮，选择约束种类，再选择约束的对象即可，比如直线与圆弧之间添加的“相切”约束，如图 4.2.4 所示。

2. 添加自动约束

（1）添加自动约束：单击“几何”面板上的“自动约束”按钮，再选择整个圆端形，系统会根据图形自行判断应添加约束的种类和数量，并自动添加约束到图形中，如图 4.2.5 所示。

图 4.2.4　添加“相切”约束

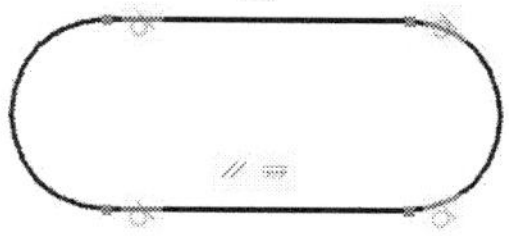

图 4.2.5　添加“自动约束”

（2）自动约束的优先顺序设置：单击“几何”面板上的“约束设置”按钮，打开“约束设置”对话框，在“自动约束”选项卡中设置自动约束的优先顺序，如图 4.2.6 所示。

（四）推断约束

推断约束功能是在绘图中使用对象捕捉功能创建、编辑对象时，由系统自动添加相应的约束。

（1）推断约束的种类设置：单击“几何”面板上的“约束设置”按钮，打开“约束设置”对话框，在“几何”选项卡中，设置约束类型，并选中“推断约束”复选框，如图 4.2.7 所示。

（2）激活“推断约束”功能：单击状态栏的“推断约束”按钮，可激活或关闭推断约束功能。

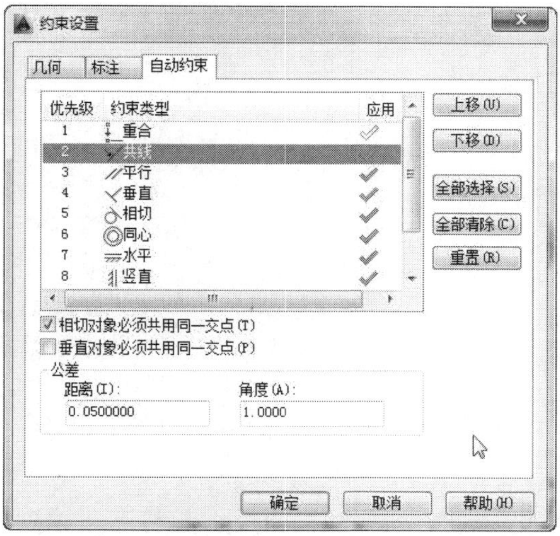

图 4.2.6　“自动约束”的优先顺序设置

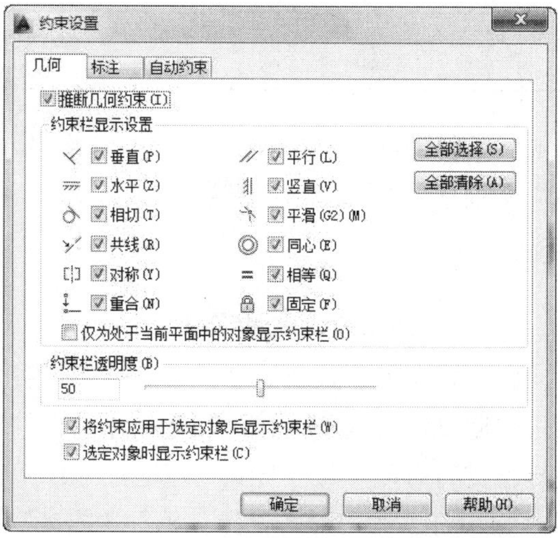

图 4.2.7　“推断约束”的种类设置

（五）几何约束的应用

几何约束的应用一般有两种情况。

第一种情况是绘图过程中已经正确地控制了图形各对象的状态和相互关系，使用添加几何约束只是用来确认并固定这些关系，以避免在修改图形时这些关系被破坏，一般使用“自动约束”命令。

第二种情况是绘图时并没有保证几何关系，需要通过添加几何约束来改变某一图形对象的状态或位置使之达到要求。注意：添加约束改变位置时，有些点或对象将作为基准（保持不动）：（1）当要使一条倾斜的直线变为水平或竖直（或变为与其他直线平行或垂直）时，那么选中这条直线时最接近点击点位置的直线端点将保持不动；（2）若处理两个图形元素之间的关系，则选中的第一个元素将作为基准（保持不动）。

三、标注约束

（一）功　能

标注约束可以确定对象的大小、对象之间或对象上的点之间的距离和角度。

标注约束包括约束的名称和值，名称由系统给定，值可以输入数值，也可以输入公式。通过修改标注约束的值，可以驱动约束关联对象的大小、距离做出改变，这种编辑方式叫做“尺寸驱动”。标注约束的类型及功能如表 4.2.2 所示。

表 4.2.2 标注约束类型及功能

约束类型	图标	功　能
线性		约束两点之间的水平或竖直距离
对齐		约束两点之间的距离
半径		约束圆或圆弧的半径
直径		约束圆或圆弧的直径
角度		约束直线段或多段线之间的角度、由圆弧或多段线圆弧段扫掠得到的角度，或对象上三个点之间的角度

（二）命令调用方式

功能区：“参数化”标签/“标注”面板，如图 4.2.8 所示。

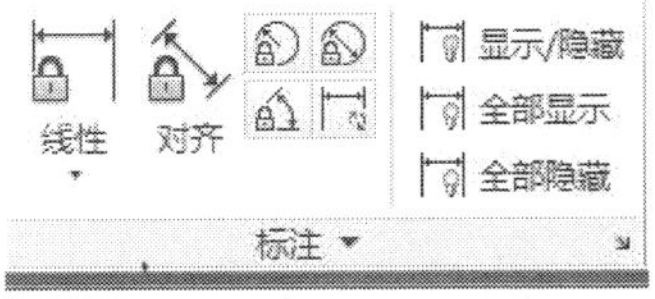

图 4.2.8 “标注约束”面板

（三）添加标注约束

1. 设置标注约束的形式

标注约束有“动态”和“注释性”两种形式，动态标注约束可以隐藏，但是不能作为尺寸标注进行打印；注释性标注约束不能隐藏，但是可以作为尺寸标注进行打印，尺寸样式为当前尺寸样式。

（1）标注约束形式设置：单击功能区“参数化”标签/“标注”面板/“标注”下拉列表/“动态约束模式”按钮，标注约束形式就设置为“动态”形式，其后添加的标注约束都为动态标注约束；若单击的是“注释性约束模式”按钮，其后添加的标注约束都为注释性标注约束。

（2）标注约束形式：已经添加的标注约束，其标注约束形式可以再修改为另一种形式，修改的方法是：单击选中一个或几个标注约束，再单击“右键”，从右键快捷菜单中选择“特性”，在打开的“特性”对话框中，可修改标注约束形式，如图 4.2.9 所示。

2. 设置标注约束的显示格式

单击功能区“参数化”标签/“标注”面板/“标注设置”按钮，在打开的“约束设置”对话框中的“标注”标签页中设置“标注约束格式”，如图 4.2.10 所示。标注约束的显示格式有 3 种：“名称”为只显示约束名称，“值”为只显示约束的值，“名称和表达式”为显示同时约束的名称及表达式。

图 4.2.9　修改已添加的标注约束的形式

图 4.2.10　设置标注约束的格式

3. 添加标注约束

（1）用标注约束命令直接添加标注约束：先单击“标注”面板上的约束按钮，选择标注约束种类，“半径”“直径”约束需要再选择约束对象才可添加；“线型”“对齐”约束需要指定要距离的两个点即可添加，如图 4.2.11 所示。

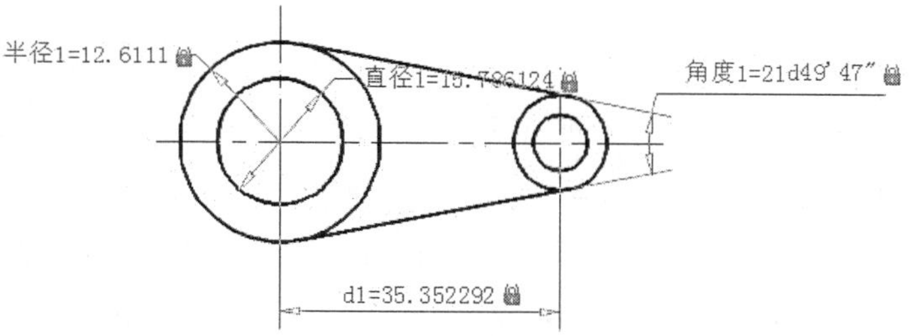

图 4.2.11　添加标注约束

（2）将图形中原有的尺寸标注转化为标注约束：单击功能区“参数化”标签/“标注”面板/“转换”按钮，选择图形中原有的尺寸标注即可转化为标注约束。

注意：添加几何约束是进行标注约束的前提。

标注约束实际上就是具体实现尺寸驱动的过程：通过标注约束时输入所需要的尺寸，来驱动图形元素使之改变大小或位置以符合设计要求。这里同样也有一个基准的问题，处理原则与上述几何约束大致相同，但注意如果是改变一条直线的长度，如果添加标注约束时使用了选择“对象”即直接选中此直线，那么直线的起点（绘制时的第一点）将保持不动；而如果用“指定第一个约束点”“指定第二个约束点”，则仍然符合第一点不动的原则。

（四）标注约束的编辑

1. 修改标注约束的名称、表达式

单击标注约束“d1=35.352292”，弹出该约束的参数对话框，如图 4.2.12 所示，可修改标注约束的名称、表达式。修改后关闭对话框，按“ESC”键，退出选中状态，结果如图 4.2.13 所示。

2. 只修改标注约束的表达式

双击标注约束“半径 1=12.6111”，直接修改表达式为“0.7*直径 1”，结果如图 4.2.13 所示。

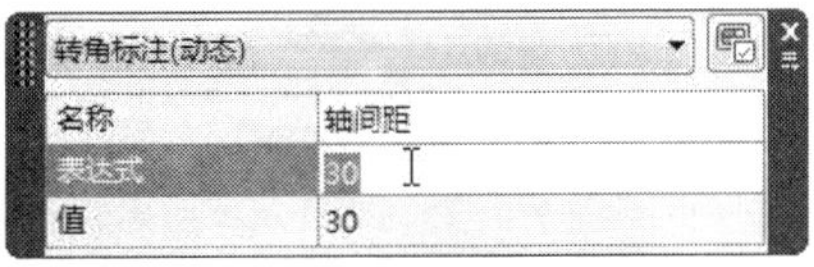

图 4.2.12　修改标注约束的名称、表达式

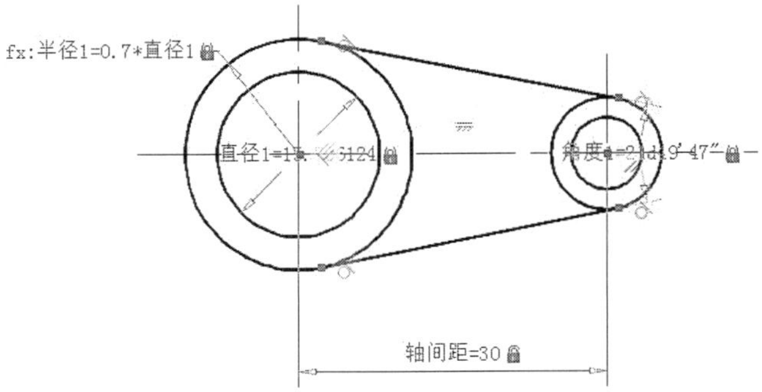

图 4.2.13　修改标注约束的结果

三、管理约束

（一）删除约束

单击功能区“参数化”标签/“管理”面板/“删除约束”按钮，选择对象后可删除对象上的所有约束。

（二）利用参数管理器修改标注约束

单击功能区“参数化”标签/“管理”面板/“参数管理器”按钮 *fx*，弹出“参数管理器”对话框，里面包含了图 4.2.13 中的标注约束参数，如图 4.2.14 所示。其中的标注参数可以用表达式，比如“半径 1”=“0.8*直径 1”，如图 4.2.15 所示，图形变化如图 4.2.16 所示。

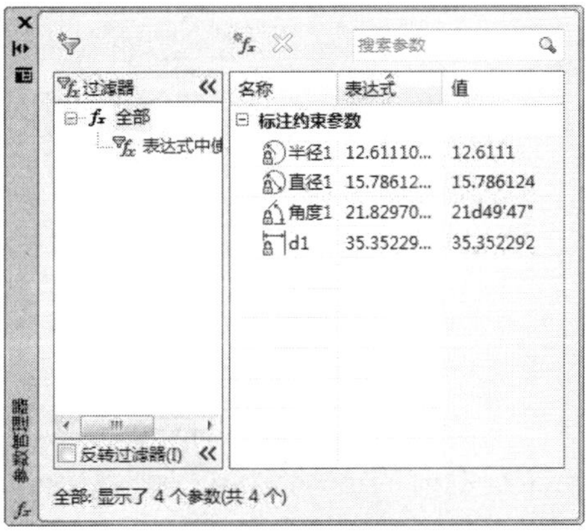

图 4.2.14　“参数管理器”对话框

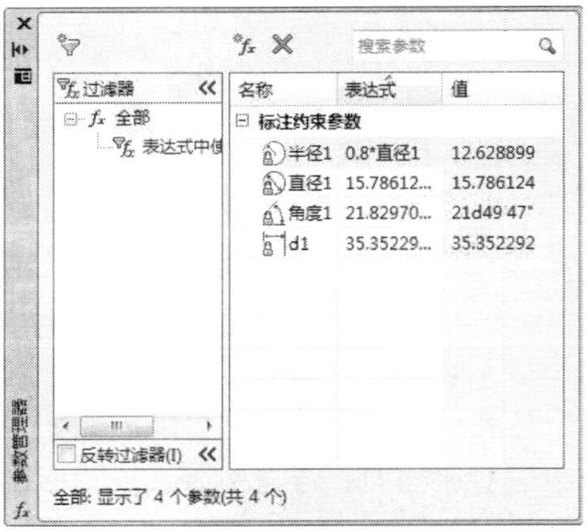

图 4.2.15　将参数“半径 1”用表达式表达

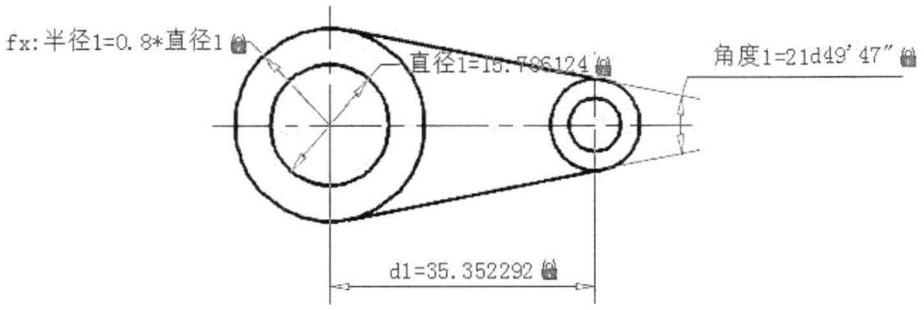

图 4.2.16　修改参数“半径 1”后的图形变化

【任务实施】

一、按尺寸绘制普通管节

按尺寸绘制普通管节，如图 4.2.17 所示。

二、给图形添加几何约束

（1）单击“自动约束”命令按钮，选中整个普通管节断面，添加自动几何约束，如图 4.2.18 所示。

（2）单击“对称约束”命令按钮，依次选择基础左边线、右边线、对称轴线，给基础左边线、右边线添加对称约束。

同样的方法，分别给涵洞边墙左右内墙面线、边墙左右外墙面线添加对称约束，如图 4.2.19 所示。

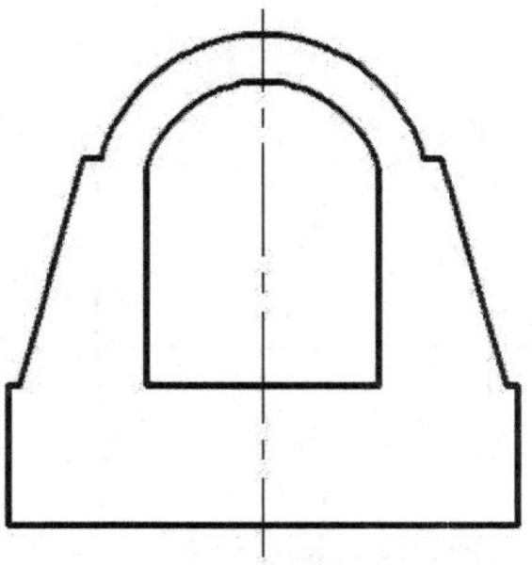

图 4.2.17　绘制普通管节断面

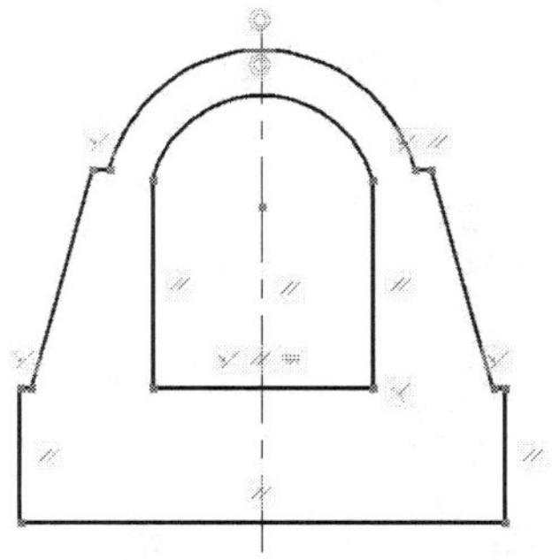

图 4.2.18　添加自动几何约束

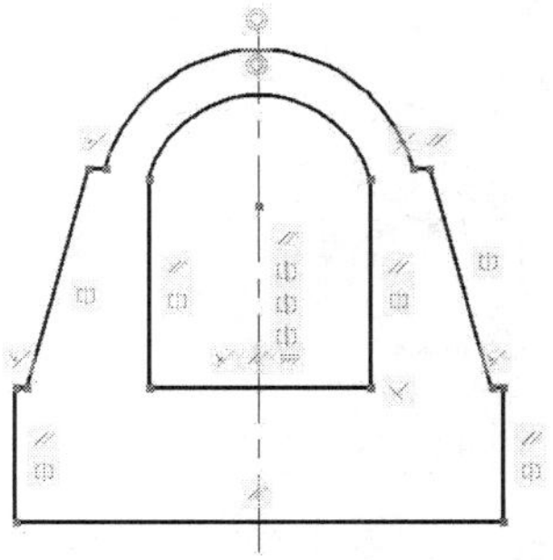

图 4.2.19　添加 3 个对称约束

三、设置约束模式为“动态约束模式”

单击功能区“参数化”标签/“标注”面板/“标注”下拉列表/“动态约束模式”按钮，将约束形式设置为“动态约束模式”。“动态约束模式”状态下，新添加的标注约束形式为“动态”标注约束。

四、给图形添加标注约束

（1）单击“线性约束”命令按钮，分别给基础宽度、基础厚度、涵洞宽度、边墙高度以及基础顶部台肩、边墙顶部台肩等 6 处，添加自动线性标注约束。

（2）单击“半径约束”命令按钮，分别给拱圈内表面、外表面添加半径约束，如图 4.2.20 所示。

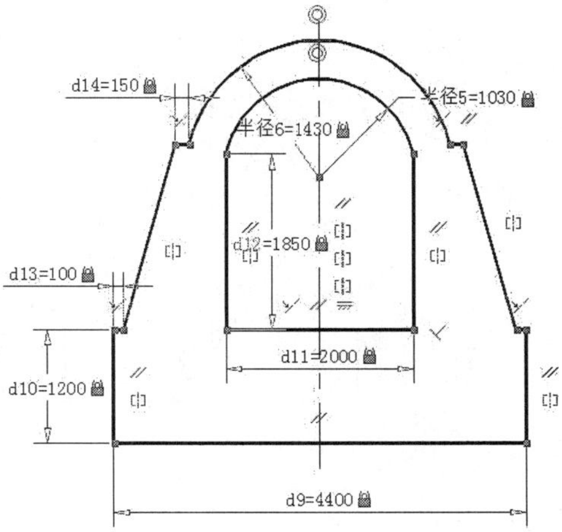

图 4.2.20　添加标注约束

五、修改标注约束的名称

单击给基础宽度添加的线性约束“d9=4400”，弹出该约束的参数对话框，如图 4.2.21 所示，修改约束的名称为“基础宽度”，关闭对话框，按“Esc”键，退出选中状态。

同样的方法，修改其他每个约束的名称，如图 4.2.22 所示。

六、复制普通管节断面图

通过复制粘贴方式获取一个普通管节的复制断面。

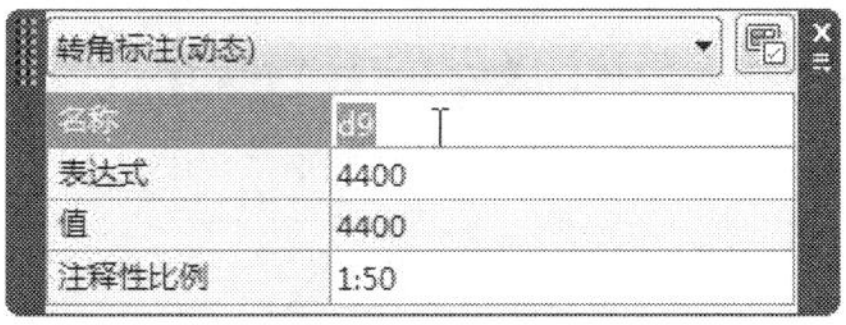

图 4.2.21　约束的参数对话框

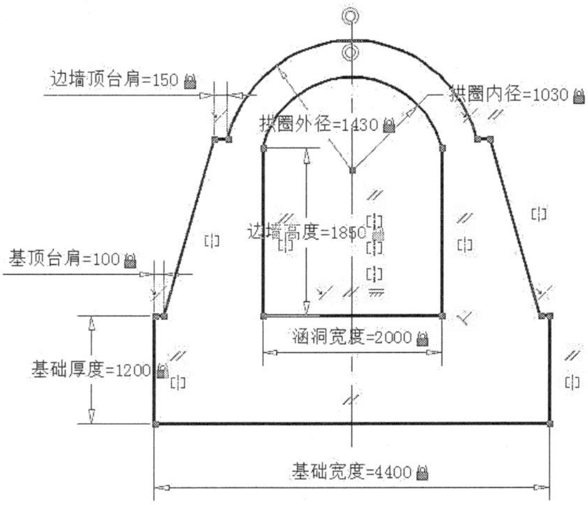

图 4.2.22　修改标注约束的名称

七、修改有关标注约束值，得到提高管节断面

修改普通管节复制断面中的 3 个标注约束的值。“基础宽度”改为 5100、“基础厚度”改为 1500、“边墙高度”改为 2750，修改结果如图 4.2.23 所示，得到提高管节的断面。

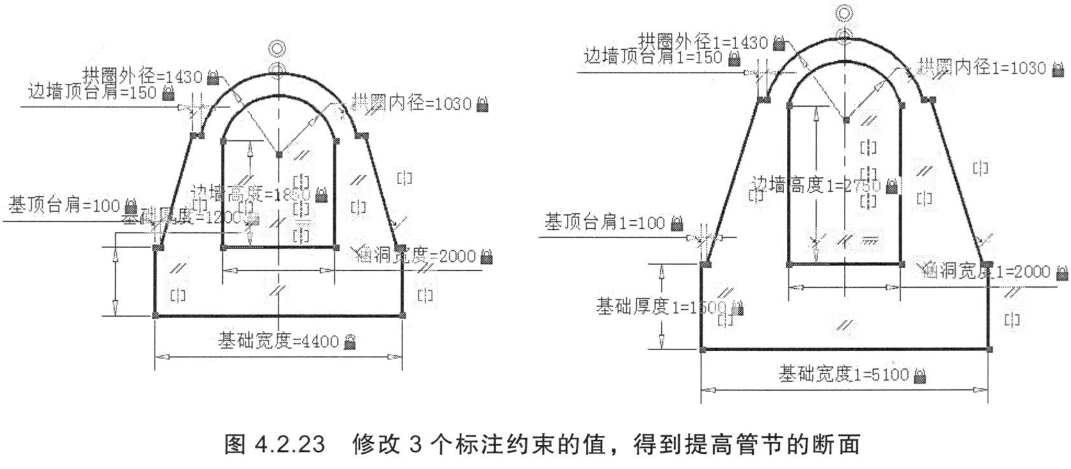

图 4.2.23　修改 3 个标注约束的值，得到提高管节的断面

八、将标注约束转化为可以打印的尺寸标注

（一）将当前标注样式设置为“gb-35”

单击功能区“注释”标签/“标注”面板/“标注样式”下拉列表，选择“gb-35”为当前标注样式。

（二）修改所有标注约束形式为注释性标注约束

1. 选择所有标注约束

调用对象选择过滤器命令 FILTER（FI），打开“对象选择过滤器”对话框，如图 4.2.24 所示。

（1）创建过滤器。首先在“选择过滤器”下拉列表中选择“标注”，然后单击“添加到列表”按钮，添加过滤条件；在“另存为”按钮右边的文本框中输入过滤器的名称“被选图中所有标注”，单击“另存为”按钮完成过滤器的创建。

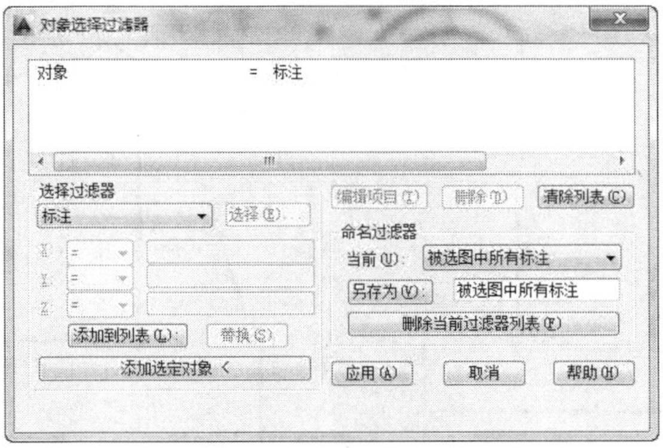

图 4.2.24　创建名称为“被选图中所有标注”的过滤器

（2）单击“应用”按钮，用“窗口”方式选择两个涵洞断面，“回车”结束选择，于是所有标注约束都被选中，如图 4.2.25 所示。

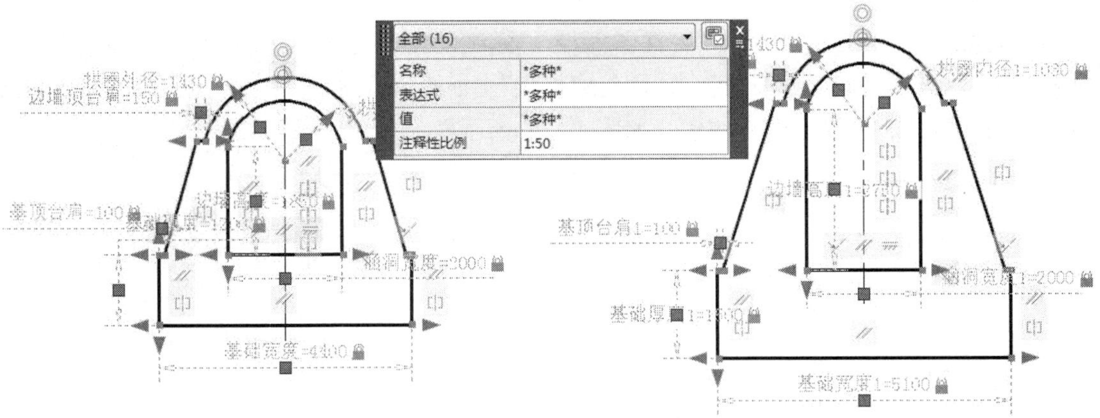

图 4.2.25　使用过滤器选中所有标注约束

2. 修改所有标注约束形式为注释性标注约束

单击“右键”，从右键快捷菜单中选择“特性”，在打开的“特性”对话框中，可修改标

注约束形式为“注释性”，如图 4.2.26 所示。修改结果如图 4.2.27 所示。

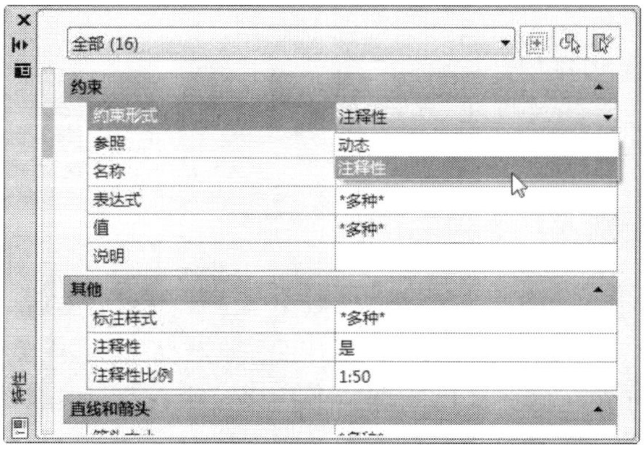

图 4.2.26 修改已添加的标注约束的形式

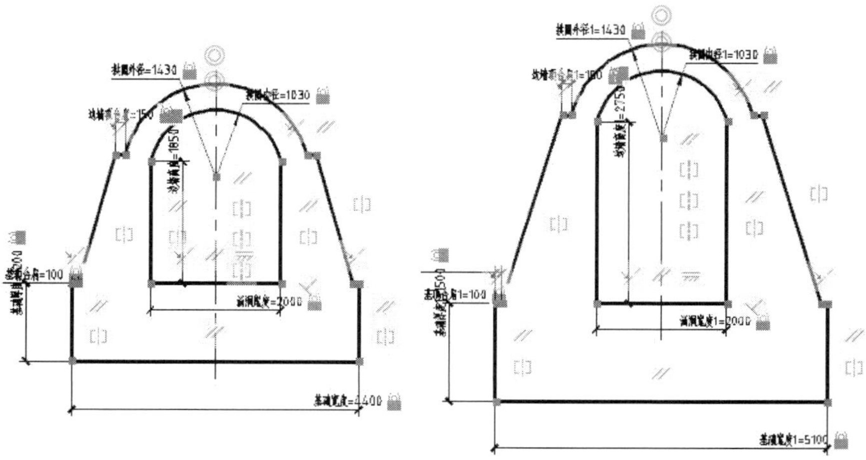

图 4.2.27 所有标注约束都改为注释性标注约束

3. 修改标注约束的显示模式为“值”格式

单击功能区“参数化”标签/“标注”面板/“标注设置”按钮，在打开的“约束设置”对话框中的“标注”标签页中设置“标注约束格式”，如图 4.2.28 所示。标注约束的显示格式设置为“值”格式，只显示约束的值，如图 4.2.29 所示。

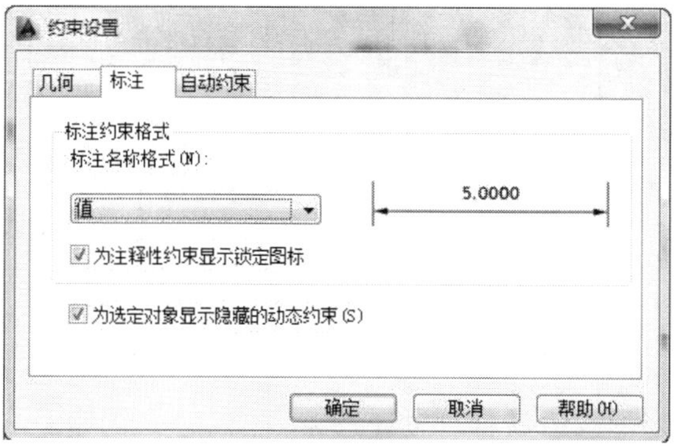

图 4.2.28 修改标注约束的显示模式为“值”格式

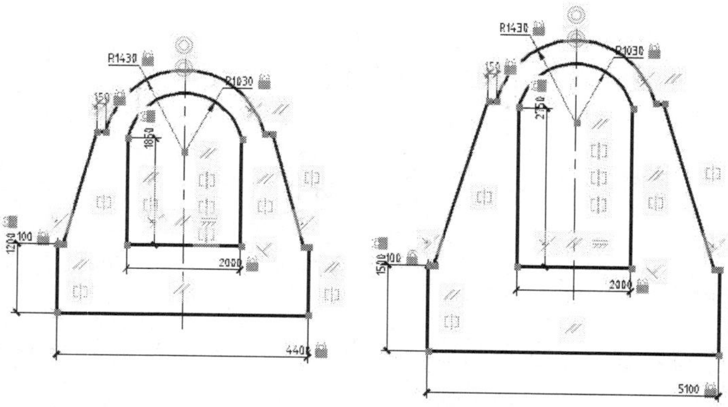

图 4.2.29　标注约束的显示模式为“值”格式的结果

调整尺寸线及尺寸数字位置，完成两个涵洞断面图，并单击功能区“参数化”标签/“几何”面板/“全部隐藏”按钮，全部隐藏几何约束，如图 4.2.30 所示。注意图中尺寸数字后面的图标不会被打印。

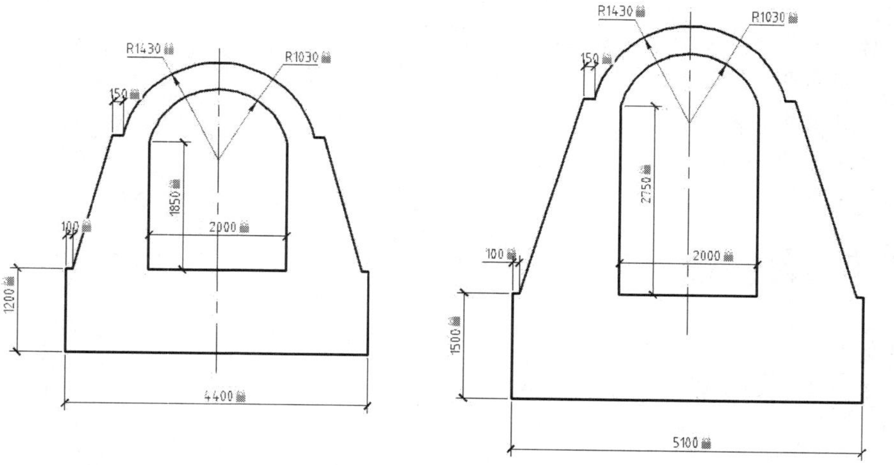

图 4.2.30　调整尺寸线及尺寸数字位置，完成两个涵洞断面图

【训练与提高】

使用参数化方法绘制图 4.2.31 和图 4.2.32。

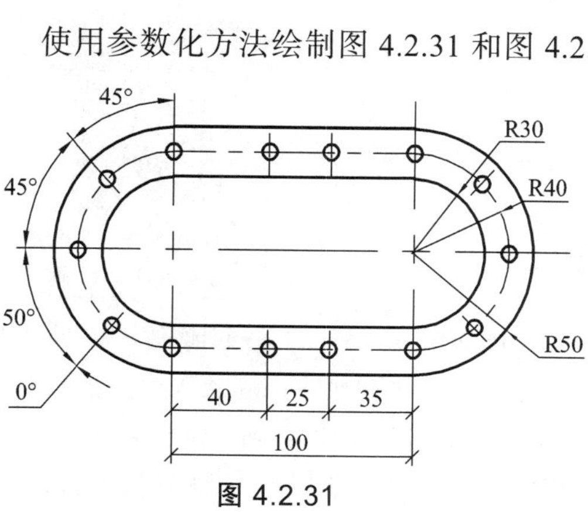

图 4.2.31

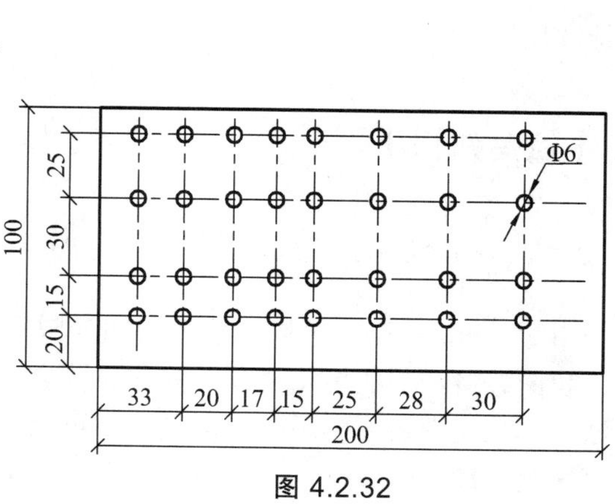

图 4.2.32

项目 5　绘制工程图

任务 1　绘制桥台总图

素质目标

1. 具备绘制和识读施工图所必需的职业素质，拥有吃苦耐劳、诚实守信、求真务实的职业道德观念；

2. 养成严谨、踏实、认真负责的工作作风，具备良好的学习能力和团队协作观念，能够理论联系实际解决问题，培养创新意识。

知识目标

1. 掌握 CAD 绘图与手工绘图思路上的区别；
2. 掌握图纸规范；
3. 比例计算；
4. 掌握绘制桥台总图的命令和过程。

能力目标

1. 具备 CAD 软件快速使用能力；
2. 具备桥梁施工图纸综合绘图的能力。

【任务分析】

图 5.1.1 所示为 T 形桥台总图，绘制时首先根据桥台的尺寸大小以及出图纸张的大小计算桥台图的比例，根据比例设置绘图环境，然后 1 : 1 绘制图形，标注尺寸及注写文字说明，绘制标题栏等。

微课

CAD 绘图与手工绘图在思路上的区别

【相关知识】

一、AutoCAD 绘图与手工绘图在思路上的区别

由于 AutoCAD 中可以设置的绘图界限不像手工绘图那样受纸张大小的限制，因而可以将工程图绘制成与实际工程体一样大，称之为 1 : 1 绘图，因此利用 AutoCAD 绘图的思路、方法与手工绘图也有实质性的区别，不可用手工绘图的思路与方法来绘制 AutoCAD 图形。

绘制工程图时 AutoCAD 绘图与手工绘图在绘图思路、方法上的区别有以下几个方面：

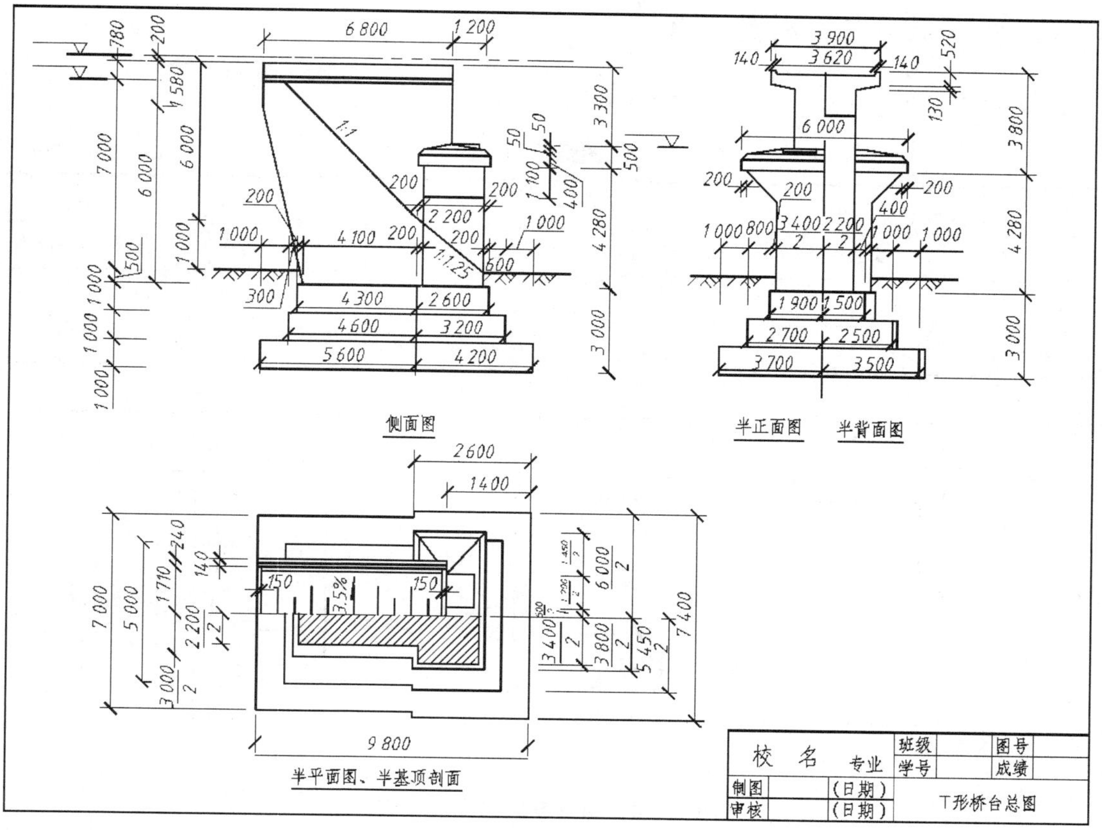

图 5.1.1　T 形桥台总图

1. 绘图思路不同

AutoCAD 绘图的思路是 1∶1 绘图，即直接将图形绘制成和物体一样大，绘图过程是：大物体—绘制大图形—打印到小图纸上，可以实现图形与图纸的分离（即绘图过程与出图过程的分离）；而手工绘图则不能将图形绘制得和物体一样大，绘图过程是：大物体—绘制小图形于小图纸上，其中图形与图纸是不可分离的（即绘图过程与出图过程不可分离）。

2. 绘图步骤不同

手工绘图的绘图过程是由大物体向小图形转化的过程，在绘图过程中，每画一笔，就要计算一次比例问题，非常麻烦，并且容易漏算出错；而 AutoCAD 的绘图过程则是由大物体 1∶1 直接向大图形转化的过程，在绘图过程中不需要每画一笔计算一次比例，只需在打印时通过设置打印比例，一次性将大图形打印到小图纸上，方法简单，不容易出错。

3. 绘图运用的手段不同

（1）AutoCAD 绘图，对于重复性的部分图形绘制可以通过复制命令来完成，也可以用图块来完成，从而提高绘图效率。

（2）AutoCAD 绘图可以随意修改图形而不留痕迹。

（3）AutoCAD 绘图可以利用图层来实现对图形的绘制、编辑和输出的控制，还可以利用图纸空间完成不同的图纸布局。

二、《技术制图》相关标准

（一）图纸幅面和图框（见表 5.1.1 和图 5.1.2）

表 5.1.1　图纸幅面和图框尺寸　　单位：mm

幅面代号	A0	A1	A2	A3	A4
$B \times L$	841×1189	594×841	420×594	297×420	210×297
e	20		10		
c	10			5	
a	25				

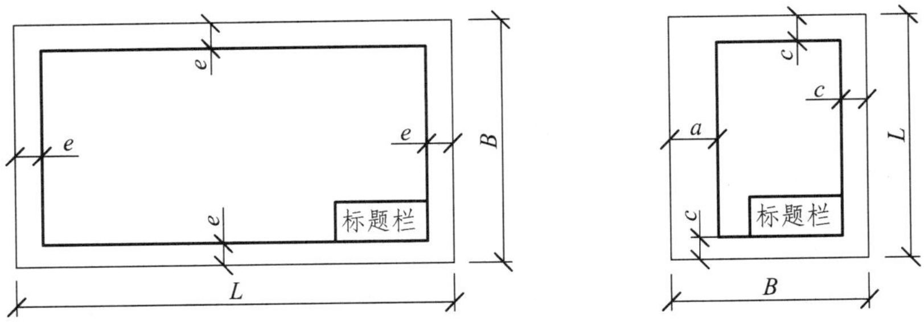

（a）　　（b）

图 5.1.2　图纸幅面和图框格式

（二）比例（见表 5.1.2）

表 5.1.2　比　例

种　类	第一系列	第二系列
原值比例	1∶1	—
放大比例	5∶1　2∶1 5×10^n∶1　2×10^n∶1　1×10^n∶1	4∶1　2.5∶1 4×10^n∶1　2.5×10^n∶1
缩小比例	1∶2　1∶5 1∶2×10^n　1∶5×10^n　1∶1×10^n	1∶1.5　1∶2.5　1∶3　1∶4　1∶6 1∶1.5×10^n　1∶2.5×10^n　1∶3×10^n 1∶4×10^n　1∶6×10^n

注：n 为正整数。

三、比例计算

微课

工程图比例的计算

工程图的比例是工程体图形大小与工程体实际大小之比。绘制工程图之前，首先要进行比例计算，估算出所用的比例该是多少。

比例计算的两个已知条件是工程体的实际大小与选定的图纸大小。

例如，若将一座长 50 m、宽 20 m、高 30 m 的全桥总图绘制到一张 A3（420 mm×297 mm）图纸上，图面布置为三面图形式，比例计算的过程有以下几步骤：

（一）绘制简化图形

在 AutoCAD 中绘制桥台总图的三面图的简化图形，单位为 mm，每个图形简化为一个矩形来表示，各图之间的间距估算即可，如图 5.1.3 所示。

（二）先用 1∶100 的比例去试估算

具体做法为：用放大 100 倍的 A3 图幅（42 000 × 29 700）去试框桥台总图的三面图，如图 5.1.4 所示。

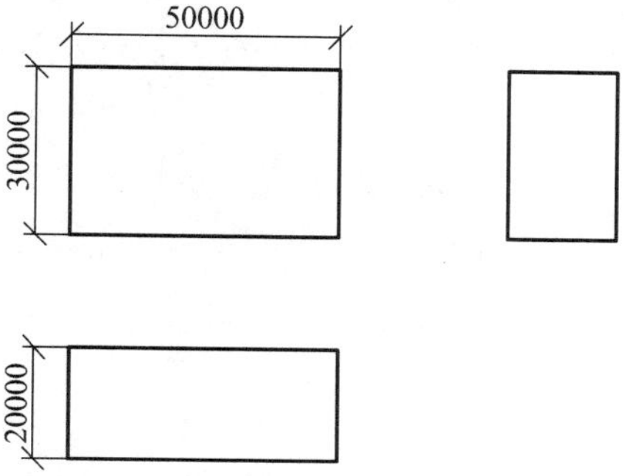

图 5.1.3　绘制桥的简化三面图

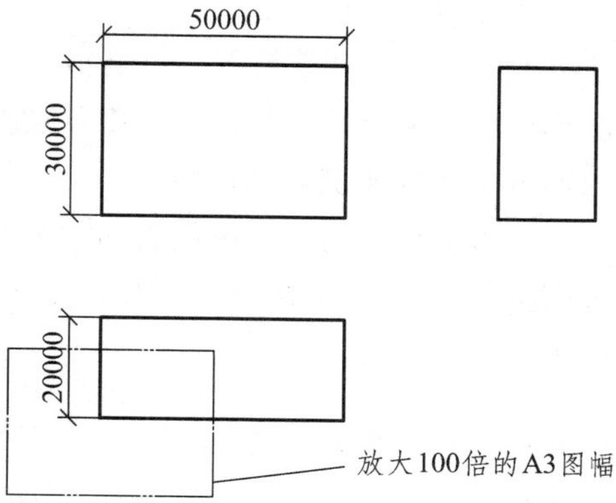

图 5.1.4　用放大 100 倍的 A3 图幅试框桥的三面图

（三）估算并确定图形比例

根据图 5.1.4 中的估算，并查询国家标准《技术制图》中的比例表可知，最终估算的图形比例取 1∶400，如图 5.1.5 所示。

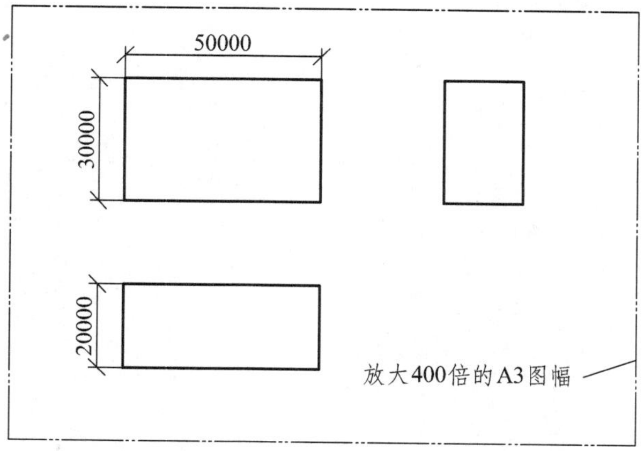

图 5.1.5　用放大 400 倍的 A3 图幅试框桥的三面图

微课

绘图环境中的比例控制及图形样板的建立

四、绘图环境中与比例有关的几个关键问题的处理

不同比例的工程图样，会出现线型、文字、尺寸标注及各种符号的注释性内容大小显示不协调的问题，需要根据不同比例进行缩放调整，才能满足国家标准规定的大小。

为了保证线型、文字、尺寸标注及各种符号等在工程图样中有合适的显示高度和大小，在 AutoCAD 2007 版以前的解决方法是：首先将工程图样按 1∶1 画出，再根据工程图样的比例（例如比例为 1∶100），将线型比例、文字高度、尺寸标注样式的特征比例等都放大到比例的倒数倍（100 倍），打印时再按比例（1∶100）缩小打印到图纸上。

从 AutoCAD2008 版开始，添加了“注释性”功能，能够使用注释性的对象有文字、标注、多重引线、块、块属性、图案填充以及形位公差。首先将文字、标注、多重引线、块、块属性、图案填充等对象设置为具有“注释性”特性，于是就能够根据设定的图形注释比例自动调整线型、文字、尺寸标注及各种符号的大小显示及打印比例，让图形在不同比例下的线型、文字和尺寸标注显示得协调一致。

综上所述，绘图环境设置可以概括为：凡是物体的图形都要 1∶1 绘制，不用放大；除了物体图形之外，所有注释性的内容都要放大 100 倍绘制出，其中线型、文字、尺寸标注等注释性内容可由注释比例自动调整。

注意：当工程图的尺寸单位为 cm 时，若图形比例为 1∶1 00，此情况下进行以上绘图参数设置则必须按 1∶1 0 处理，因为图形单位为 cm 的图形大小已经变为了图形单位为 mm 的图形的 1/10 倍。

（一）设置图形的注释比例

以绘制 1∶100 的图形为例，设置方法为：单击状态栏右侧的“注释比例”按钮，从弹出的“注释比例”快捷菜单中选择注释比例，默认的注释比例为“1∶1”，这里选择其中“1∶100”。

若想再添加其他的注释比例，则单击“自定义”菜单项，在打开的“编辑图形比例”对话框中单击“添加”按钮，在打开的“添加比例”对话框中输入比例名称“1∶200”、比例特性“1 图纸单位=200 图形单位”，如图 5.1.6 所示，单击“确定”后即可将“1∶200”添加到注释比例列表中。

图 5.1.6 添加自定义的注释比例

（二）设置绘图环境，并保存为 CAD 样板文件

1. 新建一个图形文件

调用新建文件命令 NEW，选择“acadiso.dwt”为样板，新建一个图形文件。

2. 设置单位和精度

调用单位设置命令 UNITS，将长度类型设为“小数”，精度设为“0”；将角度类型设为“十进制度”，精度设为“0.0”，如图 5.1.7 所示。

3. 加载线型，并设置线型比例

图形中的线型应采用与图形大小相匹配的线型比例，只要选中“缩放时使用图纸空间单位”复选框，注释性功能可以很好地显示出来。

设置方法：

（1）单击功能区“默认”标签/“特性”面板/“线型”/“其他...”，调用线型设置命令，打开“线型管理器”对话框。

（2）加载线型“CENTER2”“DASHED2”“PHANTOM2”。

（3）设置线型比例。选中“缩放时使用图纸空间单位”复选框，将“全局比例因子”设为 1，将“当前对象缩放比例”设为 1，如图 5.1.8 所示。

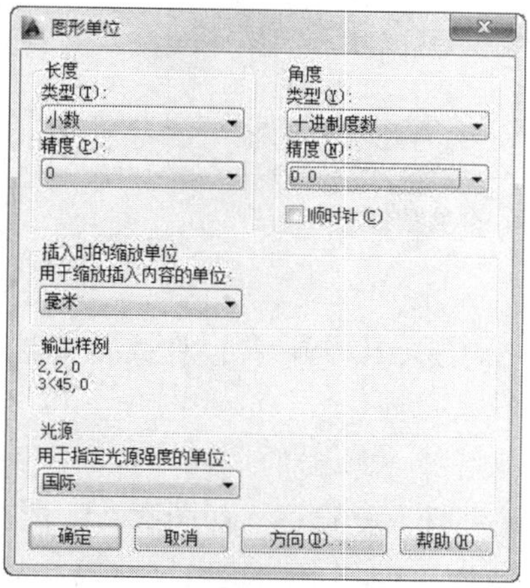

图 5.1.7 单位和精度设置

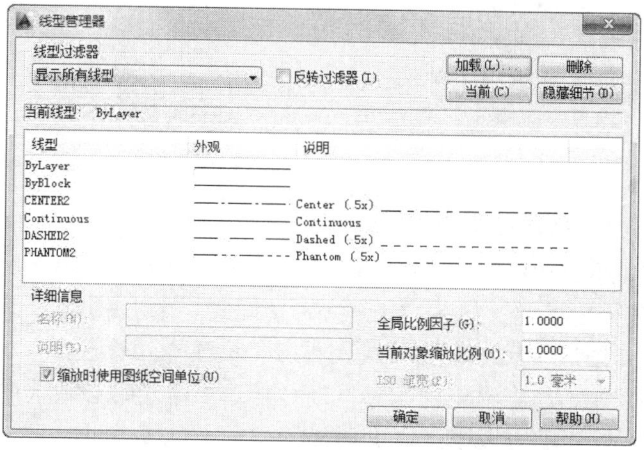

图 5.1.8 设置线型及比例

4. 建立图层

（1）打开“图层特性管理器”对话框，设置各种图层的颜色、线型、线宽，如图 5.1.9 所示。

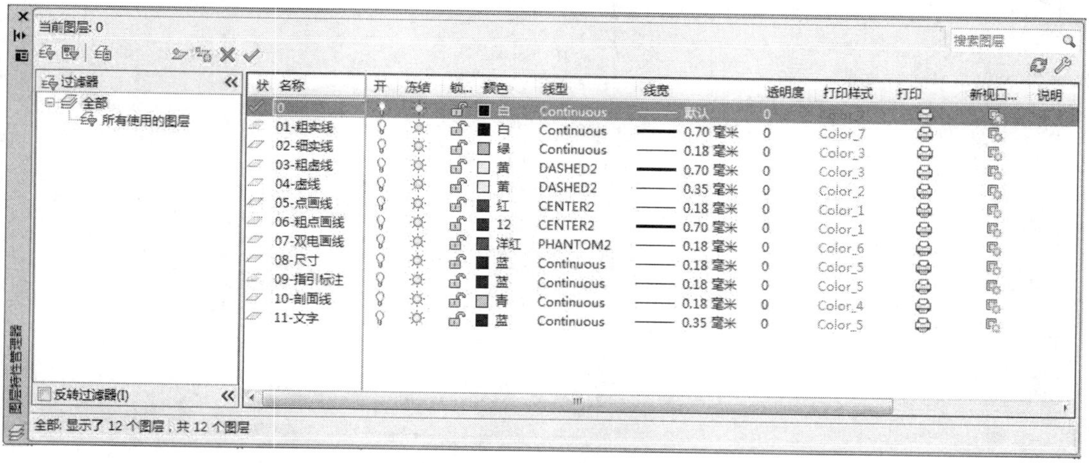

图 5.1.9 建立图层

5. 创建注释性的文字样式

单击功能区“注释”标签/“文字”面板/“文字样式”↘按钮，调用文字样式命令，创建“gb-h”文字样式，并选中“注释性”复选框，如图 5.1.10 所示。

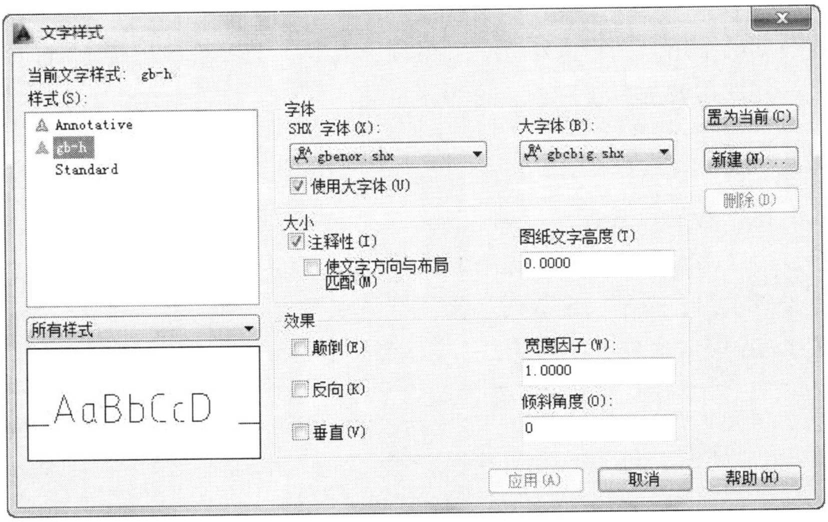

图 5.1.10 “注释性”文字样式“gb-h”的参数设置

6. 创建注释性的标注样式

单击功能区“注释”标签/“标注”面板/“标注样式”↘按钮，打开“标注样式管理器”，创建“GB-35”标注样式及 4 种子样式。

图形中尺寸标注样式大小由“标注样式管理器”中“调整”选项卡的“标注特征比例”来控制，注意在创建每种标注样式、子样式时必须选中“注释性”复选框，如图 5.1.11 所示。其他尺寸样式参数（如尺寸文字高度、箭头大小、尺寸界线起点偏移量和超出尺寸线、测量单位比例因子等）以最终图纸上的大小为准，不再放大或缩小。

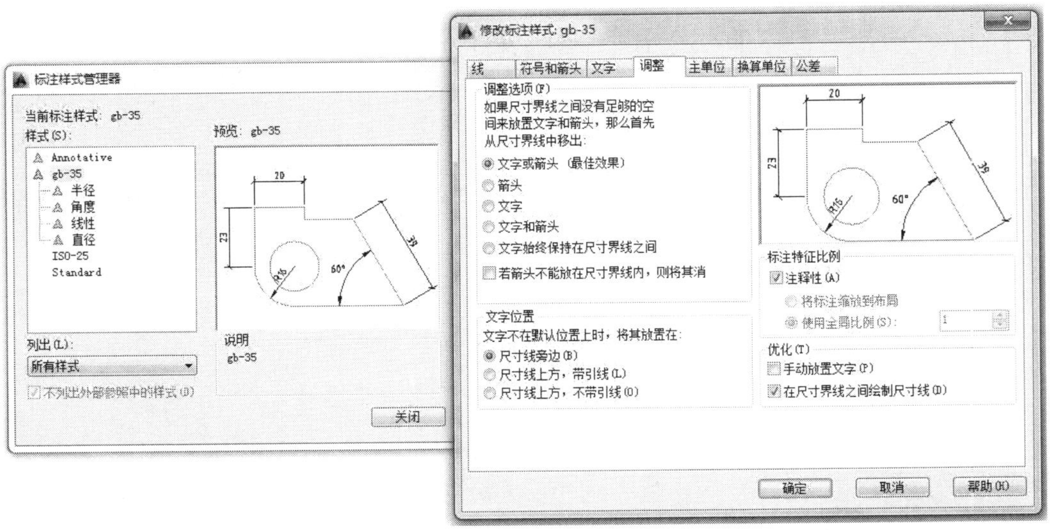

图 5.1.11 “注释性”标注样式“GB-35”及其 4 种子样式

7. 创建多重引线样式“详图编号-1”“详图编号-2”

单击功能区“注释”标签/“引线”面板/“标注样式”按钮，打开“多重引线样式管理器”。单击“新建”按钮，输入新引线样式名称“详图编号-1”，并选中“注释性”复选框，或在多重引线样式的“引线结构”页面里选中“注释性”复选框即可，如图 5.1.12 所示。

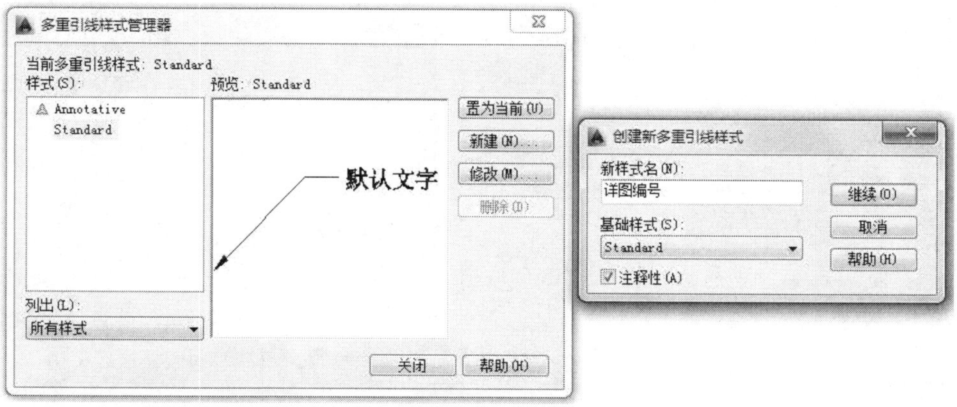

图 5.1.12 新建“注释性”多重引线样式“详图编号-1”

8. 创建图块

单击功能区“常用”标签/“块”面板/“创建”按钮，打开“块定义”对话框。如果要创建具有注释性的块，只需要在“块定义”的“方式”里选中“注释性”复选框即可，如图 5.1.13 所示。

9. 创建属性

单击功能区“常用”标签/“块”面板/“块”下拉列表/“定义属性”按钮，打开“属性定义”对话框。如果要创建注释性的块属性，只需要在“属性定义”的“文字设置”里选中“注释性”复选框即可。即便块不是注释性的，也可以往里添加注释性的属性，如图 5.1.14 所示。

图 5.1.13 “注释性”图块的创建

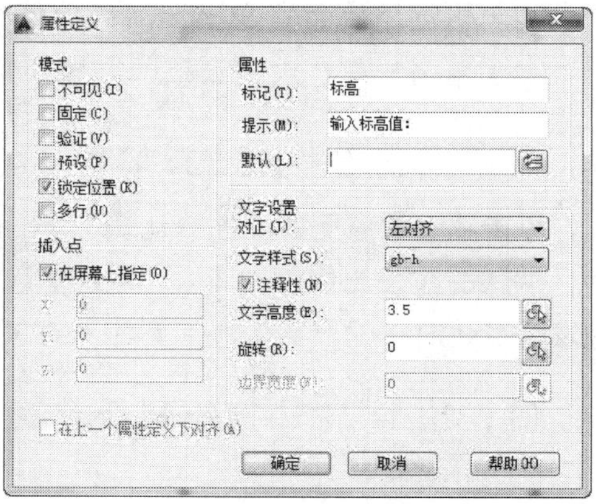

图 5.1.14 “注释性”属性的创建

10. 保存文件为样板文件“我的绘图样板.dwt”

单击“快速访问”工具栏/“另存为”按钮，打开“图形另存为”对话框。文件名为“我的绘图样板”，文件类型选择“AutoCAD 图形样板（*.dwt）”，如图 5.1.15 所示。单击“保存”按钮打开“样板选项”对话框，如图 5.1.16 所示，加上样板说明，单击“确定”按钮即可完成样板文件的创建。

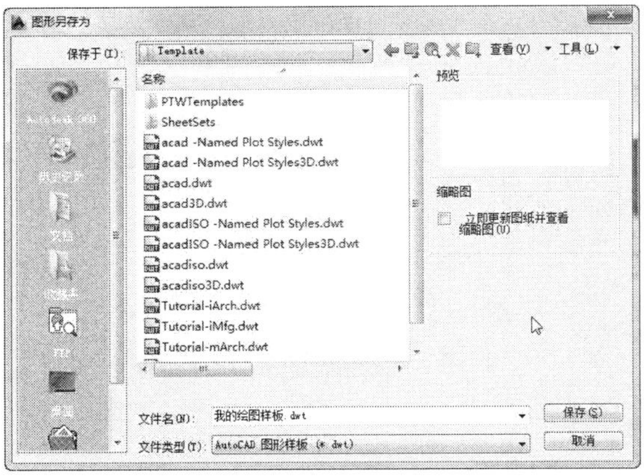

图 5.1.15 保存文件为样板文件“我的绘图样板.dwt”

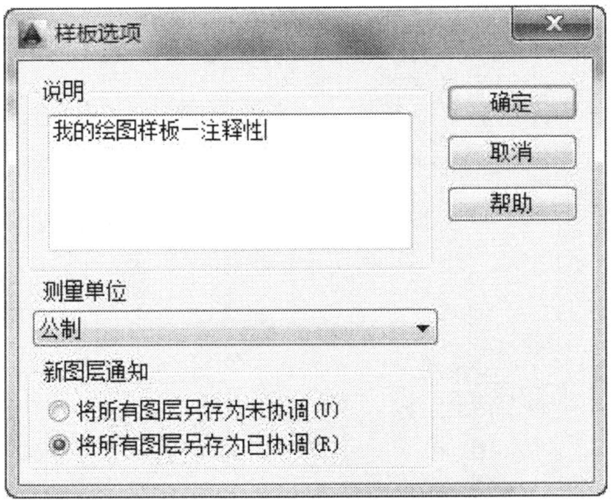

图 5.1.16 “样板选项”对话框

【任务实施】

在 A3 图纸上绘制 T 形桥台总图，经计算图样比例选 1∶100。

一、新建文件

新建一个图形文件，选择前面创建的“我的绘图样板.dwt”为样板文件，并命名为“T 形桥台总图.dwg”。

二、绘制图幅线、图框线、标题栏

（1）按 1∶1 比例绘制出图幅线、图框线、标题栏，如图 5.1.17 所示。
（2）再用缩放命令 SCALE 将它们放大 100 倍。
（3）单击导航栏中的“范围缩放”按钮，显示全部图形范围。

三、设置图形的注释比例

单击状态栏右侧的“注释比例”按钮，从弹出的“注释比例”快捷菜单中选择注释比例，默认的注释比例为“1∶1”，这里选择其中的“1∶100”，并将状态栏右侧的“在注释比例发生变化时将注释比例添加到注释对象”按钮打开。

四、按 1∶1 比例绘制桥台图形

（一）绘制桥台基础

桥台基础为三层 T 形柱，每层高 1 000 mm，三层桥台基础呈阶梯状构造，如图 5.1.18 所示。

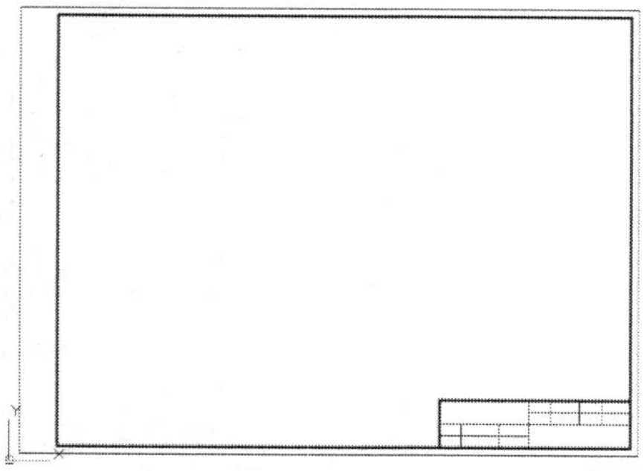

图 5.1.17　绘制图幅线、图框、标题栏

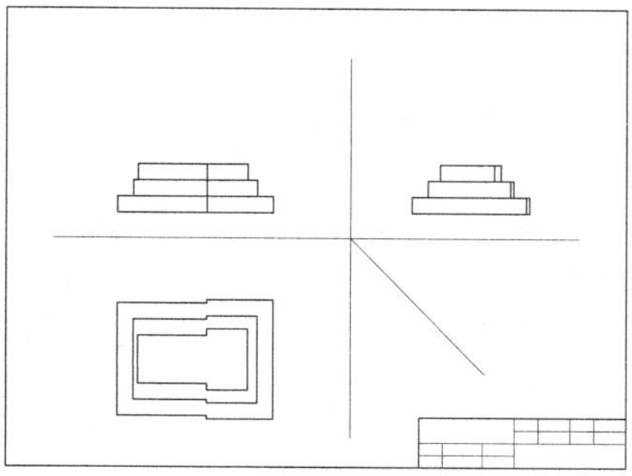

图 5.1.18　绘制三层桥台基础

（二）绘制前墙和托盘

前墙为 2 200 mm × 3 400 mm × 4 280 mm 的长方体。前墙的上端的托盘，形状为梯形柱，高度为 1 100 mm，宽度为 3 400 mm，5 600 mm，长度为 2 200 mm，如图 5.1.19 所示。

填充图案注释比例的控制：创建注释性的图案填充，只需要在“图案填充和渐变色”窗口选中“注释性”复选框即可，如图 5.1.20 所示。

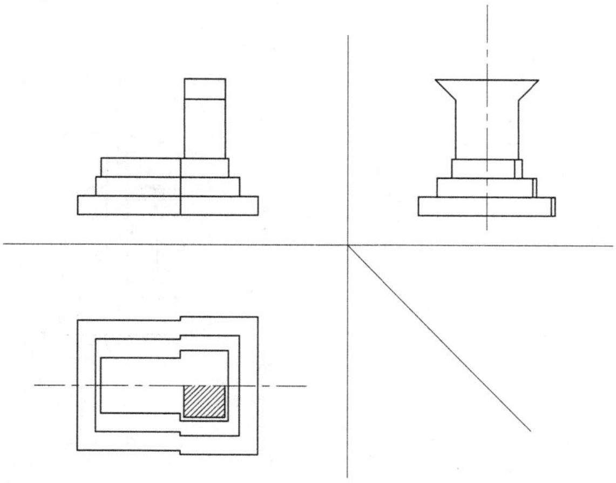

图 5.1.19　绘制前墙和托盘

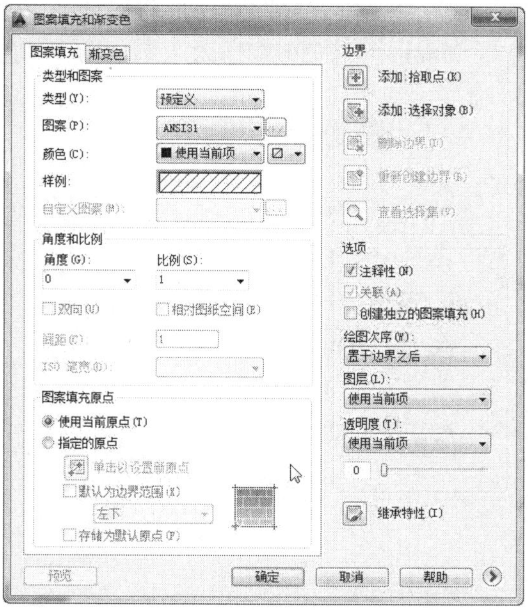

图 5.1.20　创建“注释性”图案填充

（三）绘制后墙和墙身

后墙是一个棱柱，左下方的表面为斜面。墙身为后墙的延伸，位置在后墙的上方，也是一个棱柱体，右下角有一个切口与顶帽相接，如图 5.1.21 所示。

（四）绘制顶帽

顶帽在托盘的上面，顶帽表面有排水坡、抹角和支撑垫石。顶帽高 500 mm，长 6 000 mm，宽度为 2 200 mm + 200 mm + 200 mm = 2 600 mm，如图 5.1.22 所示。

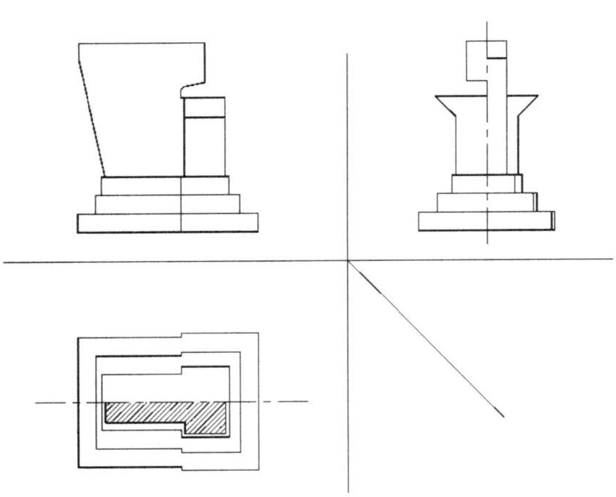

图 5.1.21　绘制后墙和墙身

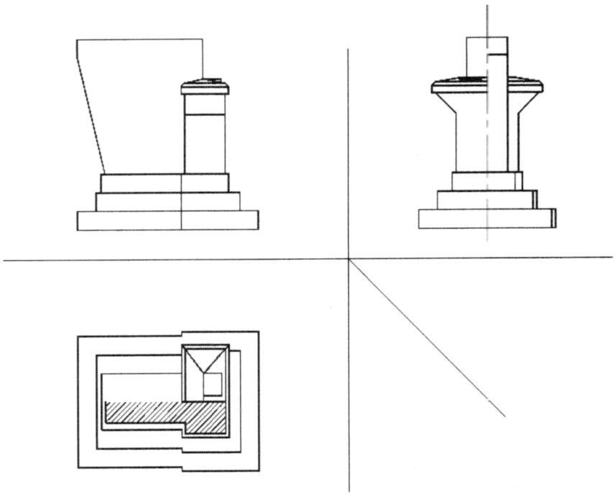

图 5.1.22　绘制顶帽

五、绘制道碴槽

顺桥台台身方向两侧的最高部分为道碴槽的挡碴墙，道碴槽底厚 250 mm，槽底上面有脊高 60 mm 向两侧倾斜（坡度为 3.5%）的混凝土垫层，以利排水，如图 5.1.23 所示。

六、绘制其他辅助线

绘制排水坡坡度、地面线和轨顶线，如图 5.1.24 所示。

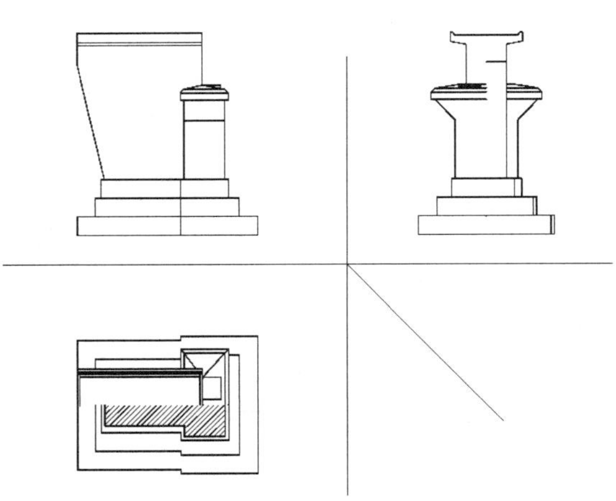

图 5.1.23　绘制道碴槽

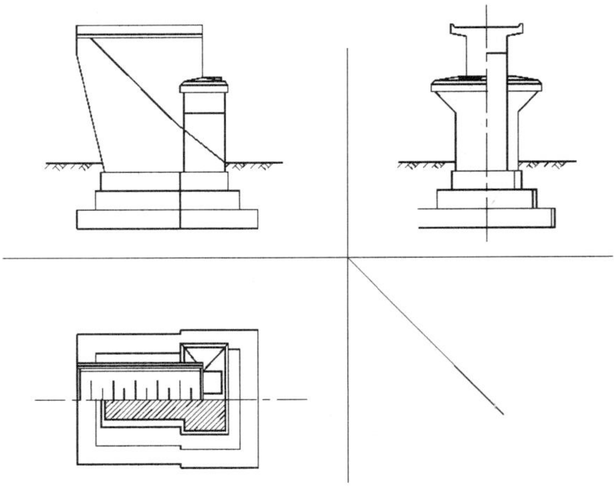

图 5.1.24　绘制排水坡坡度、地面线和轨顶线

七、标注尺寸及标高

使用注释性标注样式“GB-35”标注图形尺寸，如图 5.1.25 所示。

使用插入图块命令插入图块“标高”，标注相关处标高，如图 5.1.25 所示。

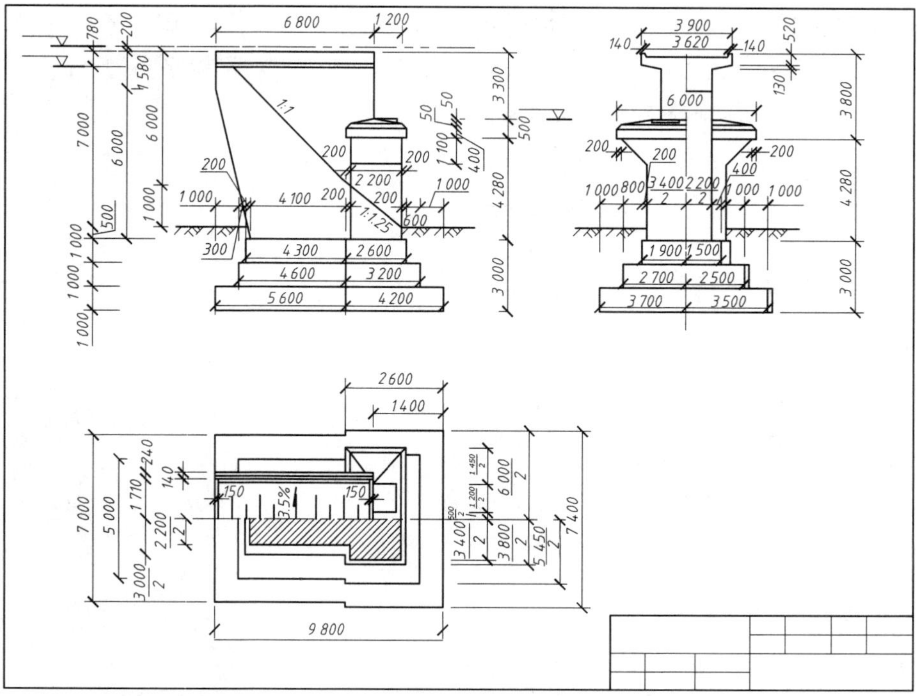

图 5.1.25　标注桥台总图的尺寸

八、注写文字

填写标题栏，注写图中其他文字说明，如图 5.1.26 所示。

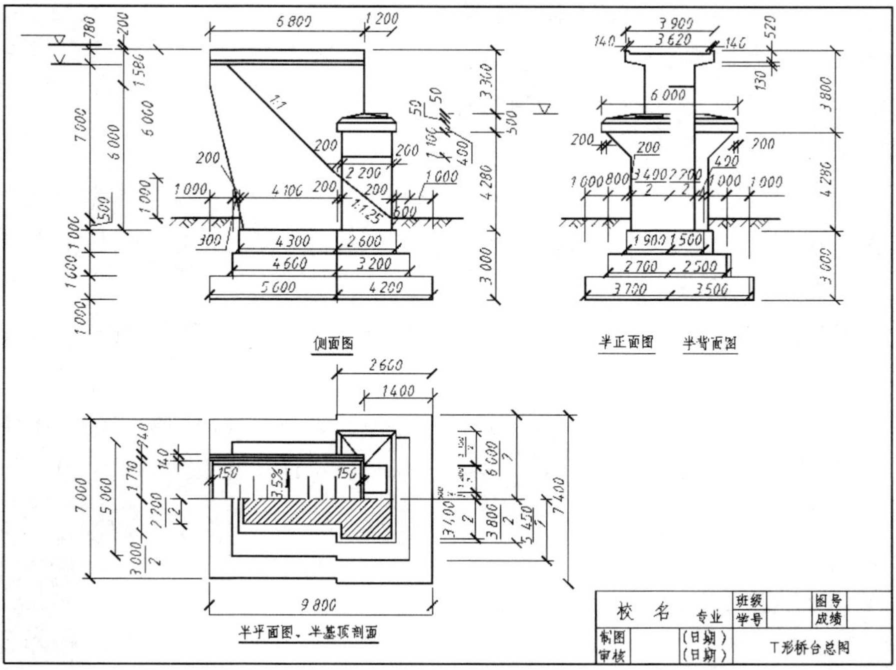

图 5.1.26　填写标题栏，注写文字说明

将注释性文字样式“gb-h”置为当前样式，调用文字书写命令 DTEXT 或 MTEXT 注写文字，文字高度以最终图纸上的文字为准，若写字高 5 mm，则只需设置字高为 5 mm，“注释性”功能将根据本视口的“注释比例”自动调整文字高度。

【能力拓展】

一、快速选择

（一）功　能

在编辑复杂图形时，可利用“快速选择”工具将图中所有符合指定条件的全部选择，构造为一个选择集，以方便进行批量编辑，提高绘图效率。

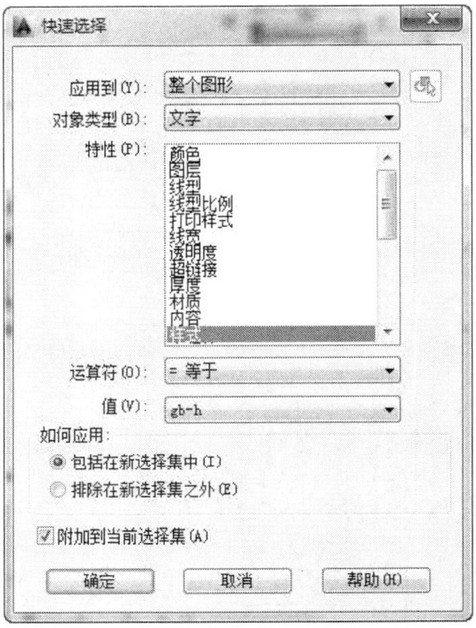

图 5.1.27　“快速选择”对话框

（二）命令调用方式

功能区：“默认”标签/“实用工具”面板/“快速选择” 按钮。

“右键”快捷菜单：“快速选择” 按钮。

命令行：QSELECT。

（三）命令举例

例 5.1.1　将 T 形桥台总图中所有文字样式为“gb-h”的文字全部选中，并改为红色。

（1）执行快速选择命令，打开“快速选择”对话框，如图 5.1.27 所示。

（2）在对话框中设置选择条件，“应用到”选择“整个图形”；“对象类型”选择“文字”；“特性”选择“样式”；“运算符”选择“=”；“值”选择“gb-h”。设置完成后单击“确定”按钮，符合条件的对象全部选中。

（3）在功能区“默认”标签/“特性”面板/“对象颜色”下拉列表中选择“红色”，完成颜色修改。

所示为 T 形桥台总图，绘制时首先根据桥台的尺寸大小以及出图纸张的大小计算桥台图的比例，根据比例设置绘图环境，然后 1 : 1 绘制图形，标注尺寸及注写文字说明，绘制标题栏等。

微课

AutoCAD 二次开发程序的使用

二、AutoCAD 二次开发程序的使用

具体内容请扫描二维码了解。

任务 2　绘制房屋建筑平面图

素质目标

1. 具备绘制和识读施工图所必需的职业素质，拥有吃苦耐劳、诚实守信、求真务实的职业道德观念；

2. 养成严谨、踏实、认真负责的工作作风，具备良好的学习能力和团队协作观念，能够理论联系实际解决问题，培养创新意识。

知识目标

1. 掌握绘制构造线的命令；
2. 掌握多线功能的使用；
3. 掌握设置图层、设置多线命令、绘制建筑平面图的过程。

能力目标

1. 具备 CAD 软件快速使用能力；
2. 具备绘制房屋建筑平面图的能力。

【任务分析】

图 5.2.1 所示为房屋建筑平面图，绘制房屋建筑平面图可以用构造线命令 XLINE 绘制定位轴线，用多线命令 MLINE 绘制墙线和窗户图例，用修剪 TRIM 命令绘制窗洞口。

【相关知识】

微课

构造线绘制的命令

一、构造线绘制命令

（一）功　能

用于生成两端无限延长的直线。

（二）命令调用方式

功能区：“默认”标签/“绘图”面板/“绘图”下拉列表/“构造线”按钮。
命令行：XLINE（XL）。

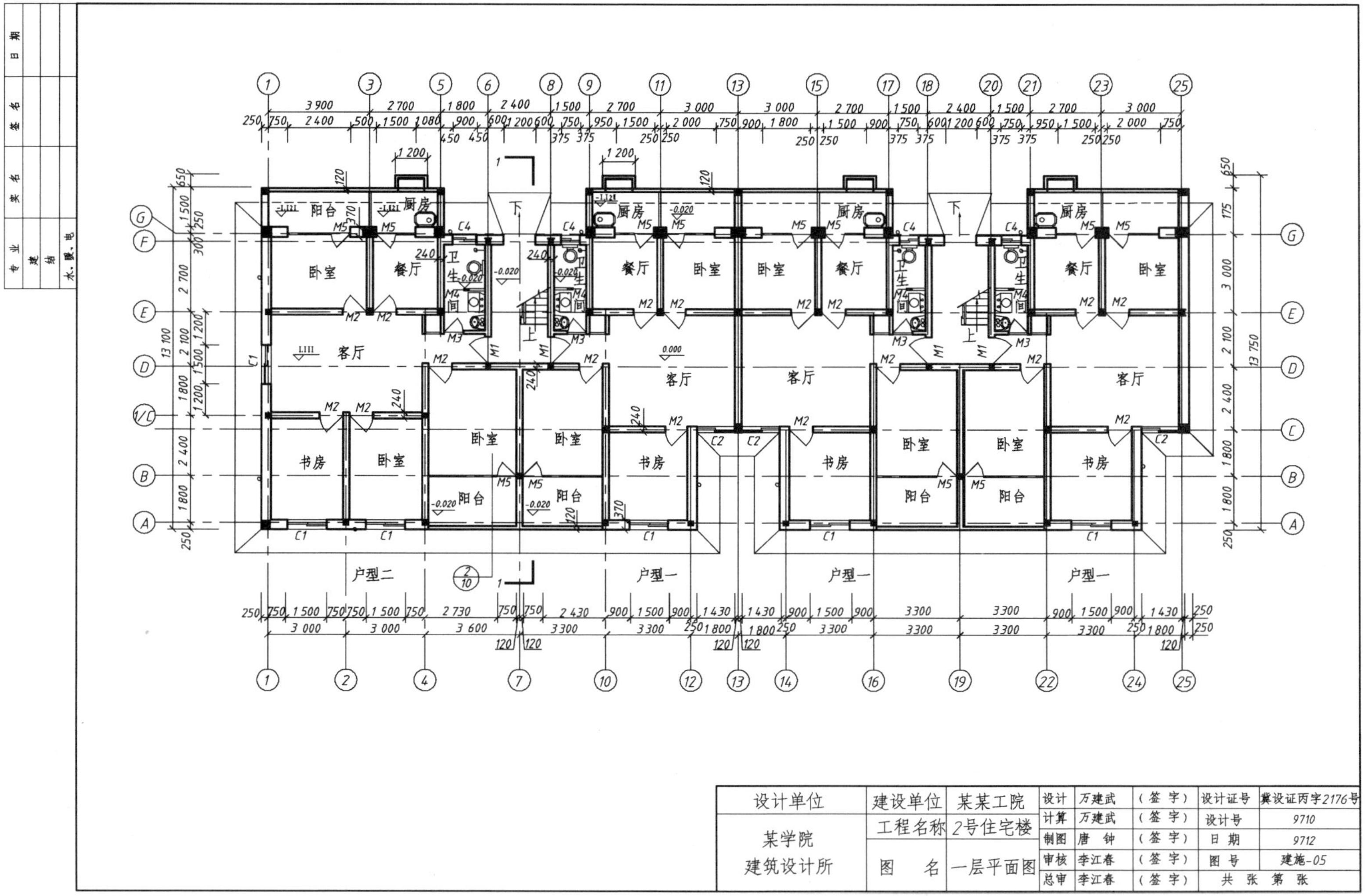

图 5.2.1 房屋建筑平面图

（三）命令举例

例 5.2.1 绘制一组水平的构造线和一组竖直的构造线，间距如图 5.2.2 所示。

操作步骤如下：

命令：	XLINE	调用构造线命令
指定点或［水平（H）/垂直（V）/角度（A）/二等分（B）/偏移（O）]：	H	选择绘制水平构造线
指定通过点：	单击任一点 *A*	指定第一条水平构造线的通过点
指定通过点：	@0，100	指定下一条的通过点相对于上一条通过点的坐标
指定通过点：	@0，50	
指定通过点：	@0，40	
指定通过点：	@0，100	
指定通过点：	回车	结束命令
命令：	XLINE	调用构造线命令
指定点或［水平（H）/垂直（V）/角度（A）/二等分（B）/偏移（O）]：	V	选择绘制水平构造线
指定通过点：	单击任一点 *B*	指定第一条水平构造线的通过点
指定通过点：	@100，0	指定下一条的通过点相对于上一条通过点的坐标
指定通过点：	@50，0	
指定通过点：	@30，0	
指定通过点：	@70，0	
指定通过点：	@150，0	
指定通过点：	回车	结束命令

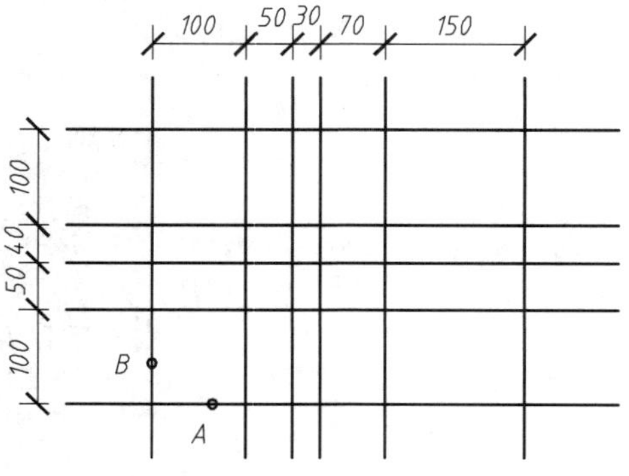

图 5.2.2 绘制一组水平的构造线和一组竖直的构造线

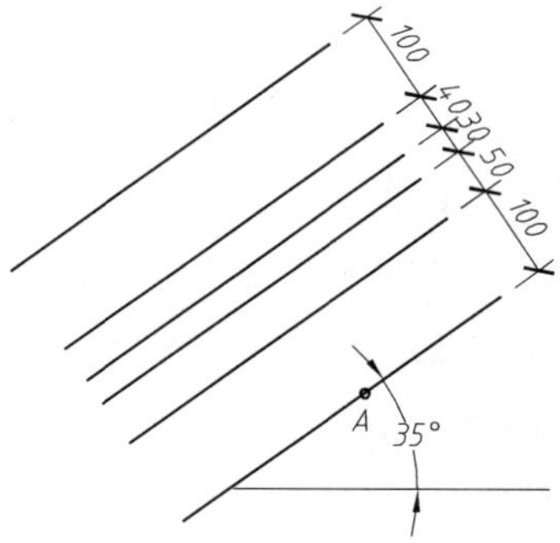

图 5.2.3 绘制一组倾斜的构造线

例 5.2.2 绘制一组倾斜的平行构造线，倾角及间距如图 5.2.3 所示。

命令：	XLINE	调用构造线命令
指定点或［水平（H）/垂直（V）/角度（A）/二等分（B）/偏移（O）]：	A	选择绘制倾斜构造线
输入构造线的角度（0）或［参照		

(R)]：35　　输入倾斜角度

指定通过点：　单击任一点 A　　指定第一条倾斜构造线的通过点

指定通过点：　@100<125　　指定下一条的通过点相对于上一条通过点的坐标

指定通过点：　@50<125

指定通过点：　@30<125

指定通过点：　@40<125

指定通过点：　@100<125

指定通过点：　回车，结束命令

例 5.2.3　绘制∠*OAB* 的角平分线，如图 5.2.4 所示。

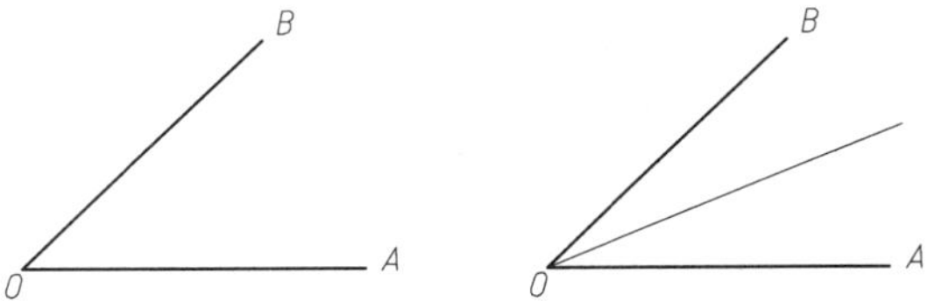

（a）∠*OAB* 原图　　（b）绘制角平分线

图 5.2.4　绘制角平分线

命令：　XLINE　　调用构造线命令

指定点或 [水平（H）/垂直（V）/角度（A）/二等分（B）/偏移（O）]：　B　　选择“二等分”选项

打开“端点”捕捉功能

指定角的顶点：　选择 *O* 点　　指定角的顶点

指定角的起点：　选择 *A* 点　　指定角起始边上的点

指定角的端点：　选择 *B* 点　　指定角终止边上的点

指定角的端点：　回车　　结束命令

二、多线功能的使用

多线就是利用多线命令 MLINE 绘制的多条并行直线，与多线有关的命令包括：多线样式设置命令 MLSTYPE、多线绘制命令 MLINE、多线编辑命令 MLEDIT。

（一）多线样式设置命令

微课

利用多线命令绘制墙线

1. 功　能

设置多线样式，其中包括多线中有几条线并行、线与线的间距是多大、多线端点封口形式等内容。

2. 命令调用方式

命令行：MLSTYPE。

3. 命令举例

例 5.2.4　创建一个名称为“Q120”的多线样式 mlst，其中有两条线并行，两线的间距是 120。

（1）调用命令 MLSTYPE，打开“多线样式”对话框，如图 5.2.5 所示。

（2）单击“新建”按钮，在打开的“创建新的多线样式”对话框中输入新多线样式的名称“Q120”，如图 5.2.5 所示。

图 5.2.5　新建多线样式

（3）单击“继续”按钮，打开“新建多线样式 Q120”对话框，如图 5.2.6 所示。

从“图元”中可以看出原样式中有两条线并行，间距是 1（0.5 与 – 0.5 之间的差）。单击“偏移量”为“0.5”线，将“偏移”栏右面的数字由“0.5”改为“60”，同样的方法将“偏移量”为“ – 0.5”线的偏移量由“ – 0.5”改为“ – 60”，则两条线之间的间距就变为 120。单击“确定”完成设置。

图 5.2.6　设置新多线样式的参数

（二）多线绘制命令

1. 功　能

绘制多线，可用于绘制建筑平面图中的墙体轮廓线。

2. 命令调用方式

命令行：MLINE（ML）

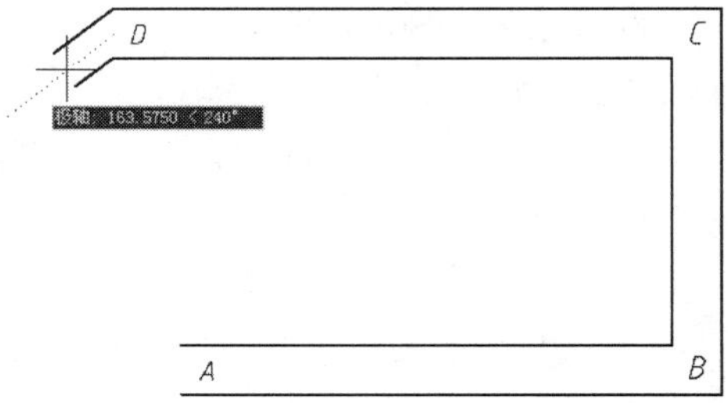

图 5.2.7　绘制多线

3. 命令举例

例 5.2.5 采用多线样式“Q120”绘制多线，如图 5.2.7 所示。

操作步骤如下：

命令： ML	调用多线命令
MLINE	
当前设置：对正 = 上，比例 = 20.00，样式 = STANDARD	
指定起点或 [对正（J）/比例（S）/样式（ST）]： ST	选择多线样式
输入多线样式名或 [?]： Q120	输入多线样式名称
当前设置： 对正 = 无，比例 = 20.00，样式 = Q120	
指定起点或 [对正（J）/比例（S）/样式（ST）]： S	设置多线比例
输入多线比例 <20.00>： 1	输入多线比例
当前设置： 对正 = 无，比例 = 1.00，样式 = Q120	
指定起点或 [对正（J）/比例（S）/样式（ST）]： J	设置多线的对正方式
输入对正类型 [上（T）/无（Z）/下（B）] <无>： Z	基点在“*O*”偏移位置
当前设置： 对正 = 无，比例 = 1.00，样式 = Q120	
指定起点或 [对正（J）/比例（S）/样式（ST）]： 选择 A 点	
指定下一点： 选择 *B* 点	
指定下一点或 [放弃（U）]： 选择 *C* 点	
指定下一点或 [闭合（C）/放弃（U）]： 选择 *D* 点	
指定下一点或 [闭合（C）/放弃（U）]： 回车	结束命令

（三）多线编辑命令

1. 功 能

修改多线交点的接头方式。

2. 命令调用方式

命令行：MLEDIT。

3. 命令举例

执行编辑多线命令后，弹出“多线编辑工具”对话框，如图 5.2.8 所示。

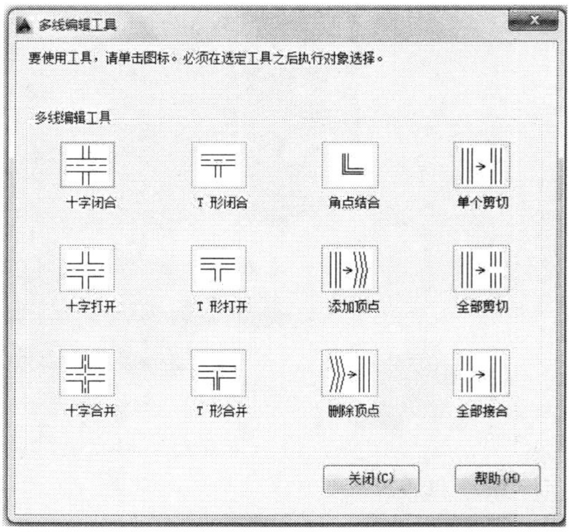

图 5.2.8 “多线编辑工具”对话框

例 5.2.6 修改多线交点的接头方式，如图 5.2.9 所示。

（1）*A* 点：用“角点结合”方式，分别选横线与竖线。

（2）*F* 点：用“十字合并”方式，分别选横线与竖线。

（3）*E*、*G*、*H*、*K* 点：用“T 形合并”方式，每个点都是先选“T”字的脚，再选“T”字的头。

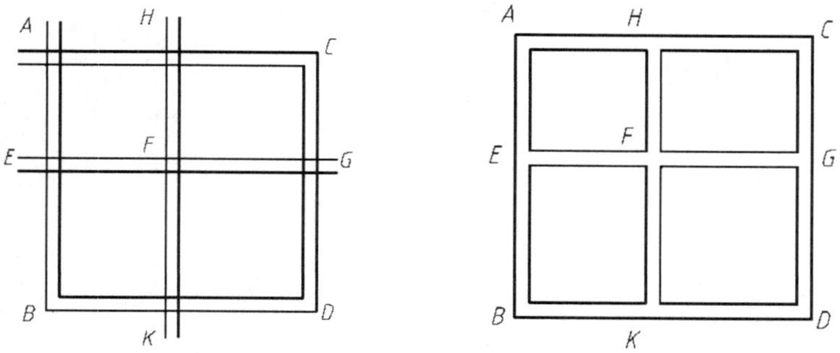

（a）修改前　　　　（b）修改后

图 5.2.9　修改多线接头

【任务实施】

图形绘制在 A2 号图纸上，经计算比例应为 1：100。

一、新建文件

新建一个图形文件，选择前面创建的“我的绘图样板.dwt”为样板文件，并命名为“房屋平面图.dwg”。

二、修改图层，设置图层的颜色、线型、线宽

打开“图层特性管理器”对话框，修改图层，如图 5.2.10 所示。

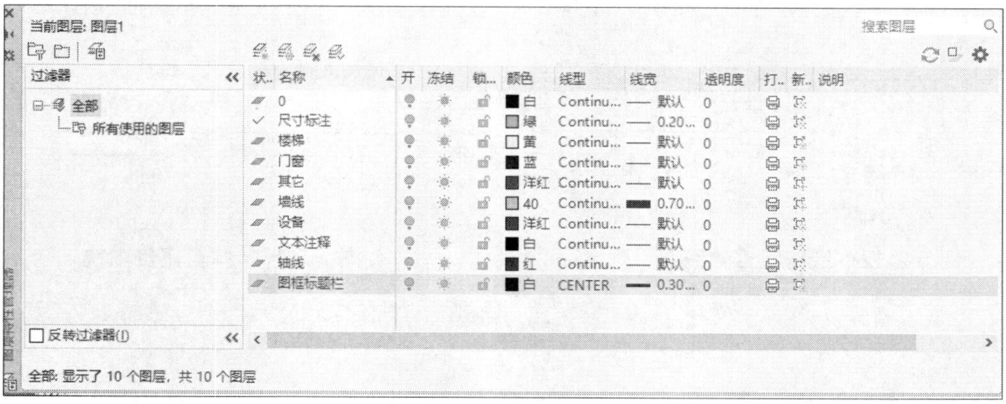

图 5.2.10　修改图层

三、绘制图幅线、图框线、标题栏、会签栏

（1）按 1：1 比例绘制出图幅线、图框线、标题栏、会签栏，如图 5.2.11 所示。

（2）再用缩放命令 SCALE 将它们放大 100 倍。

（3）单击导航栏中的“范围缩放”按钮，显示全部图形范围。

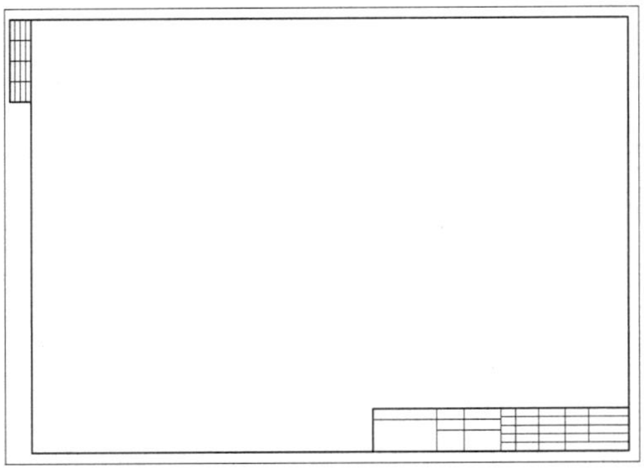

图 5.2.11　绘制图幅线、图框线、标题栏、会签栏

四、设置图形的注释比例

单击状态栏右侧的“注释比例” 按钮，从弹出的“注释比例”快捷菜单中选择注释比例，默认的注释比例为“ 1∶1”，这里选择其中的“ 1∶100”。

五、绘制定位轴线

进入“轴线”图层，用构造线绘制定位轴线。

（1）应用构造线绘制定位轴线，如图 5.2.12 所示。

（2）修剪定位轴线，如图 5.2.13 所示。

（3）绘制一直径为 1 000 的圆，并在内部写上轴线编号，字高设为 700。复制并修改每个轴线编号，如图 5.2.14 所示。

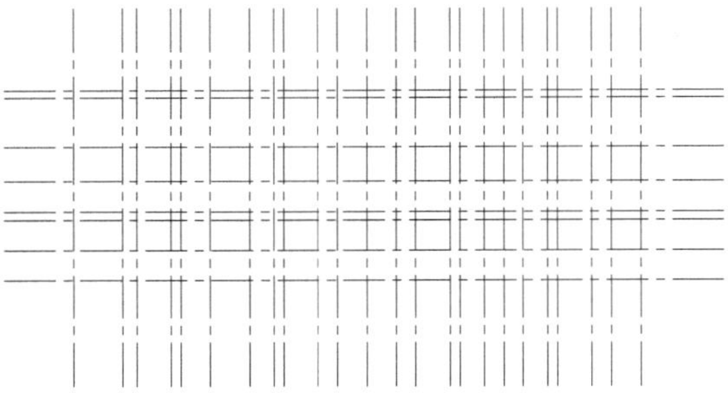

图 5.2.12　绘制定位轴线

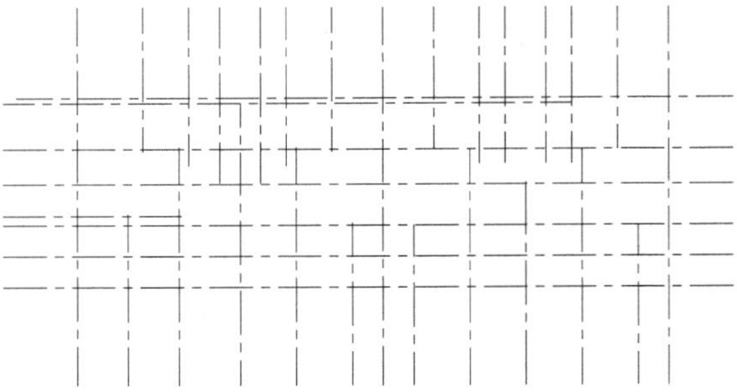

图 5.2.13　修剪定位轴线

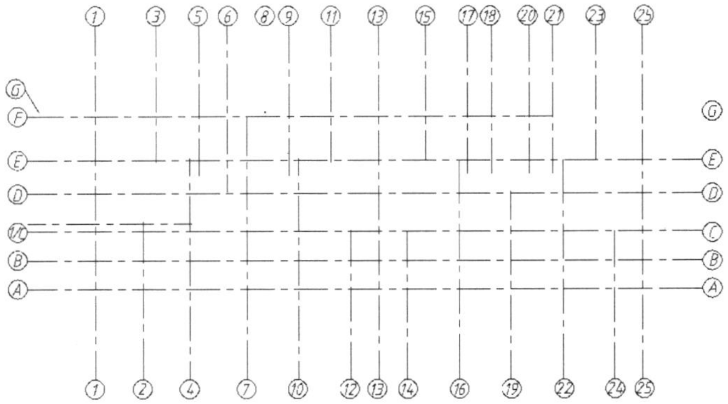

图 5.2.14　绘制轴线编号

六、绘制墙线

进入“墙线”层绘制墙线。

1. 设置三种多线样式

（1）在多线样式对话框中设置 120、240、370 三种墙的样式，如图 5.2.15 所示。

（2）120 墙的多线样式的参数设置，如图 5.2.16 所示。

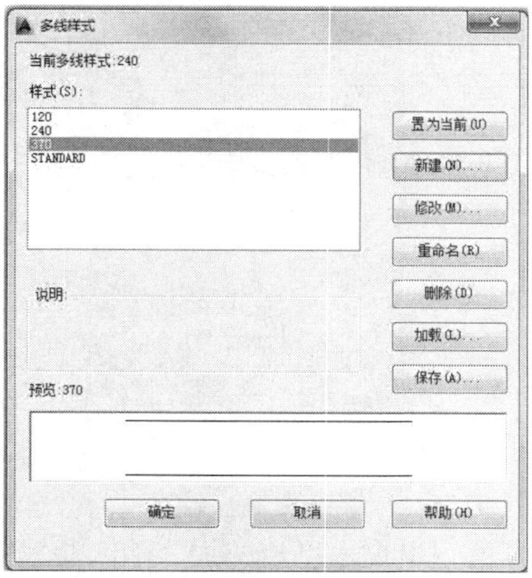

图 5.2.15　设置三种墙的多线样式

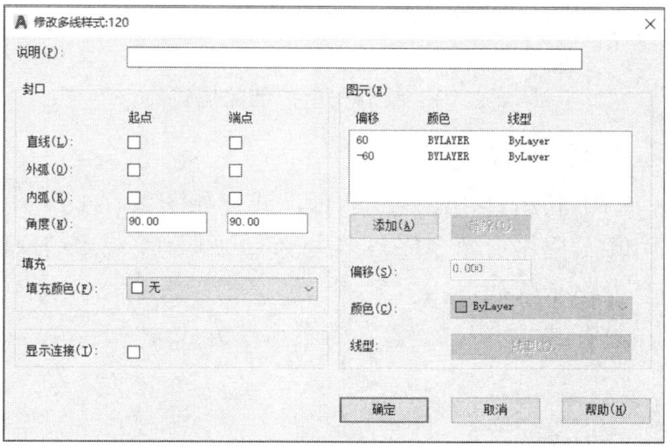

图 5.2.16　设置 120 墙的多线样式参数

（3）240 墙的多线样式的参数设置，如图 5.2.17 所示。

（4）370 墙的多线样式的参数设置，如图 5.2.18 所示。

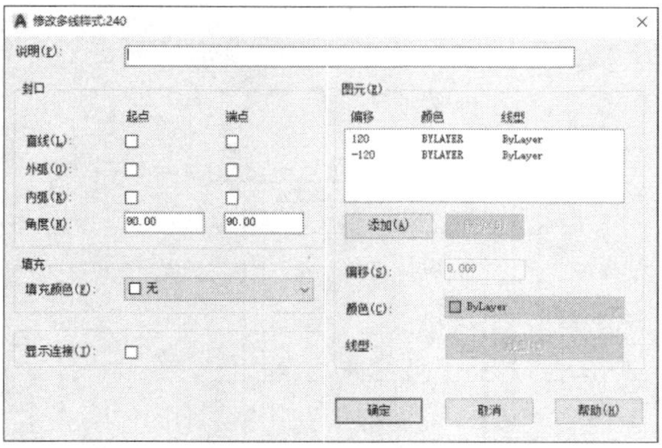

图 5.2.17　设置 240 墙的多线样式参数

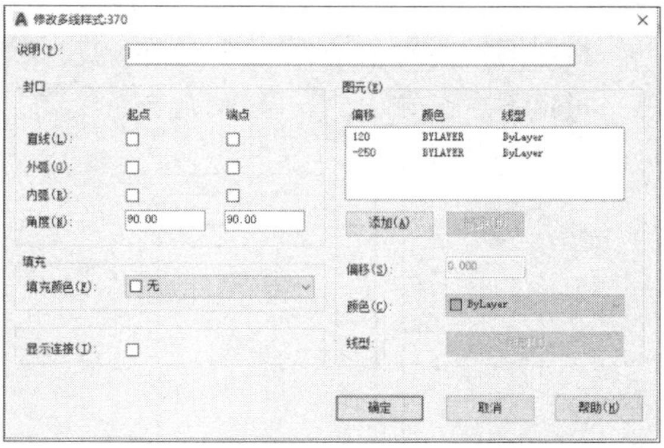

图 5.2.18　设置 370 墙的多线样式参数

2. 绘制户型墙体、柱

绘制墙体用 MLINE 命令，“对正方式”设为“Z”，“比例”设为“1”。绘制结果如图 5.2.19 所示。

3. 修改墙体接头

修改墙体接头，如图 5.2.20 所示。利用多线编辑工具的“十字合并”“角点结合”“T 形合并”依次修改多线交点的接头方式。

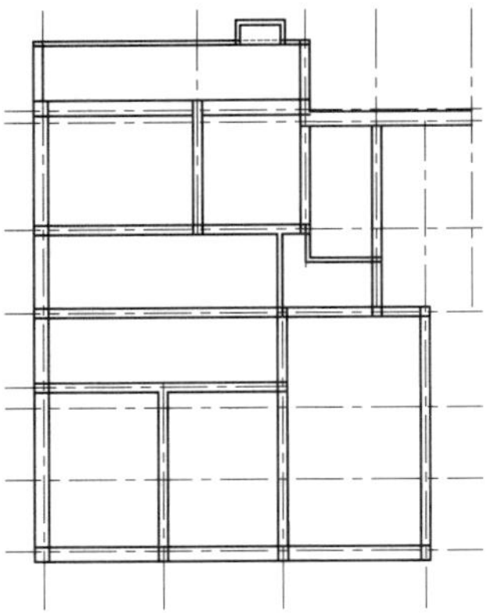

图 5.2.19　绘制一个户型的墙体

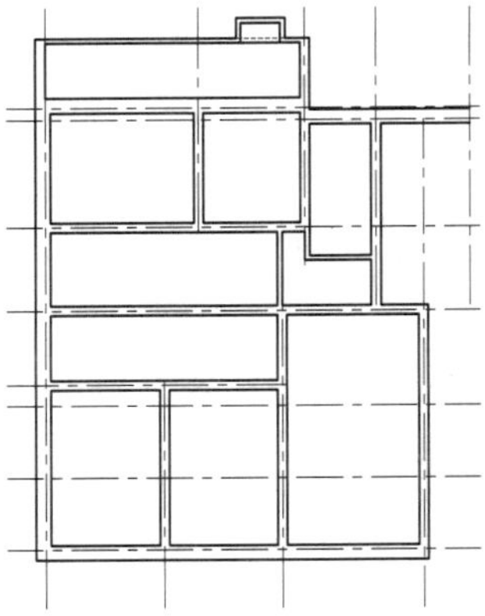

图 5.2.20　修改墙体接头

4. 绘制门窗洞口

（1）利用直线命令绘制辅助线，如图 5.2.21 所示。

（2）用修剪命令修剪多线及辅助线，绘制出门窗洞口，如图 5.2.22 所示。

操作步骤如下：

打开“端点”“交点”对象追踪方式。

命令：LINE

指定第一点：将光标放在 *A* 点，不要单击，右移光标，出现水平追踪线，输入距离值“750”，得到 *B* 点

指定下一点或 [放弃（U）]：上移光标，出现竖直追踪线单击任一点 *C*

指定下一点或 [放弃（U）]：右移光标，出现水平追踪线，输入距离值“1 500”，得到 *D* 点

指定下一点或 [闭合（C）/放弃（U）]：下移光标，出现竖直追踪线单击任一 *E* 点

指定下一点或 [闭合（C）/放弃（U）]：回车

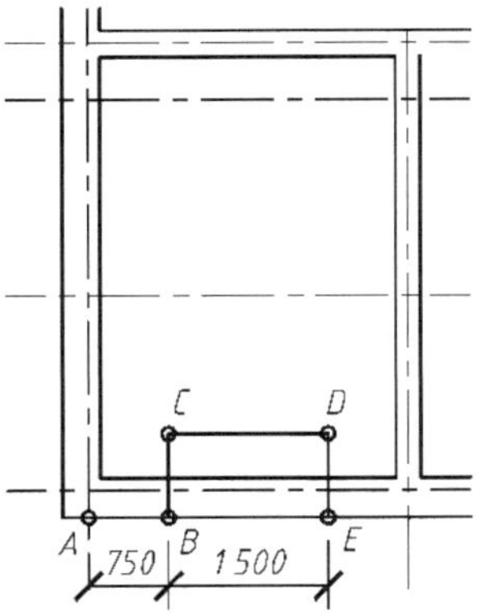

图 5.2.21　绘制辅助线

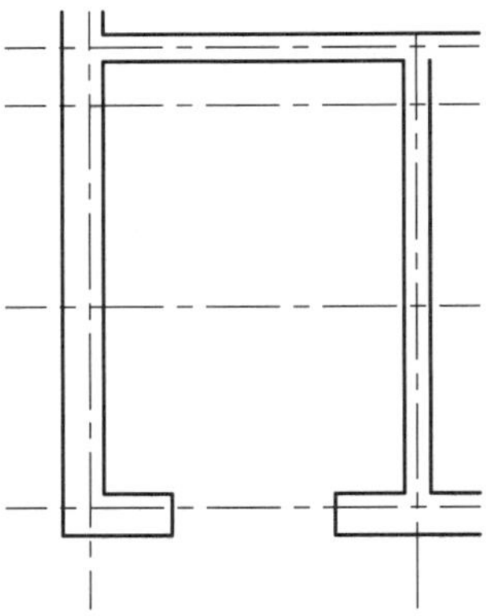

图 5.2.22　修剪出窗洞口

七、绘制门、窗图例

进入“门窗”图层，绘制门、窗的图例，绘制时可先绘制出一个，然后复制其他的同类门窗，如图 5.2.23 所示。

八、绘制厨卫设备图例

进入“设备”图层，绘制厨卫设备，如图 5.2.24 所示。

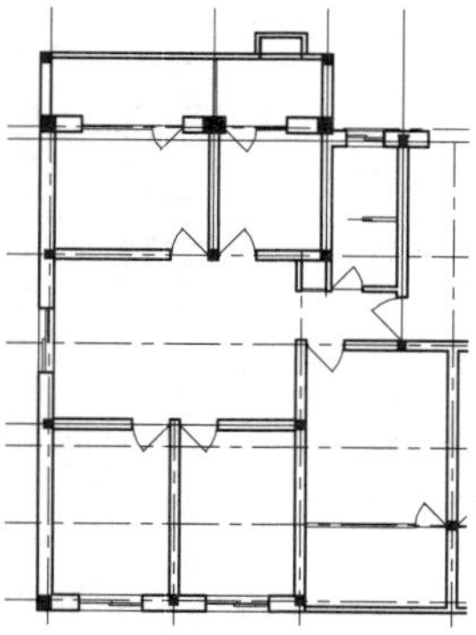

图 5.2.23　绘制门、窗图例

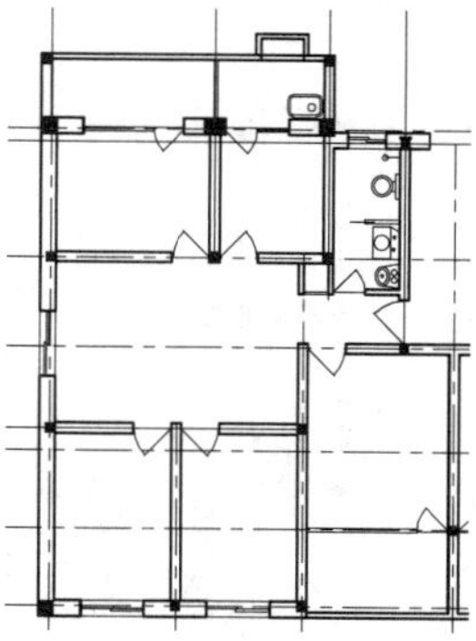

图 5.2.24　绘制厨卫设备图例

九、镜像、复制出其他户型

使用镜像命令，得到对门的户型；使用复制命令得到其他单元户型，如图 5.2.25 所示。

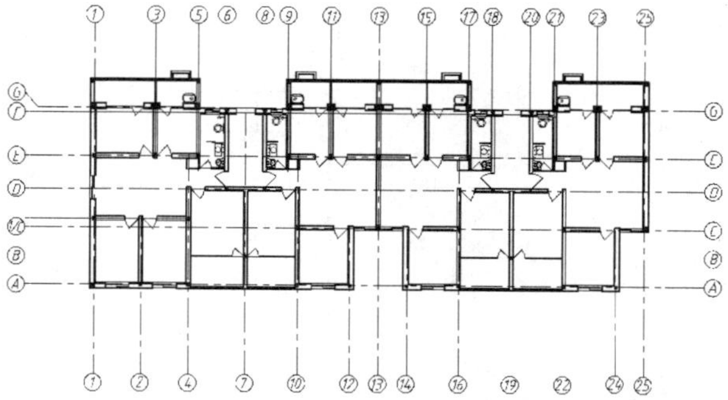

图 5.2.25　镜像、复制出其他户型

十、绘制楼梯

进入“楼梯”层，绘制楼梯，如图 5.2.26 所示。

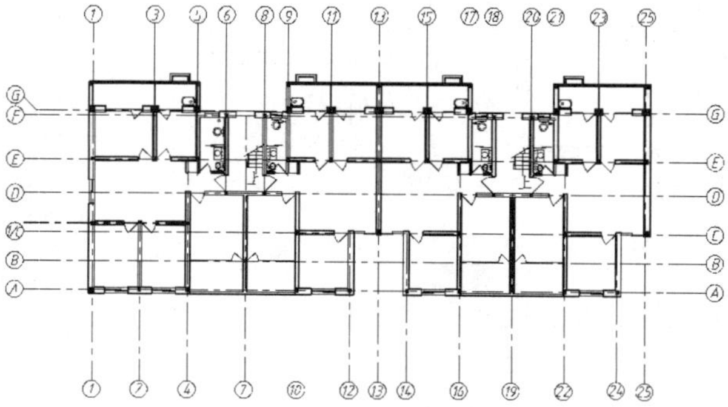

图 5.2.26　绘制楼梯

十一、标注尺寸

进入“尺寸标注”图层，使用注释性标注样式“GB_35”，进行尺寸标注，如图 5.2.27 所示。

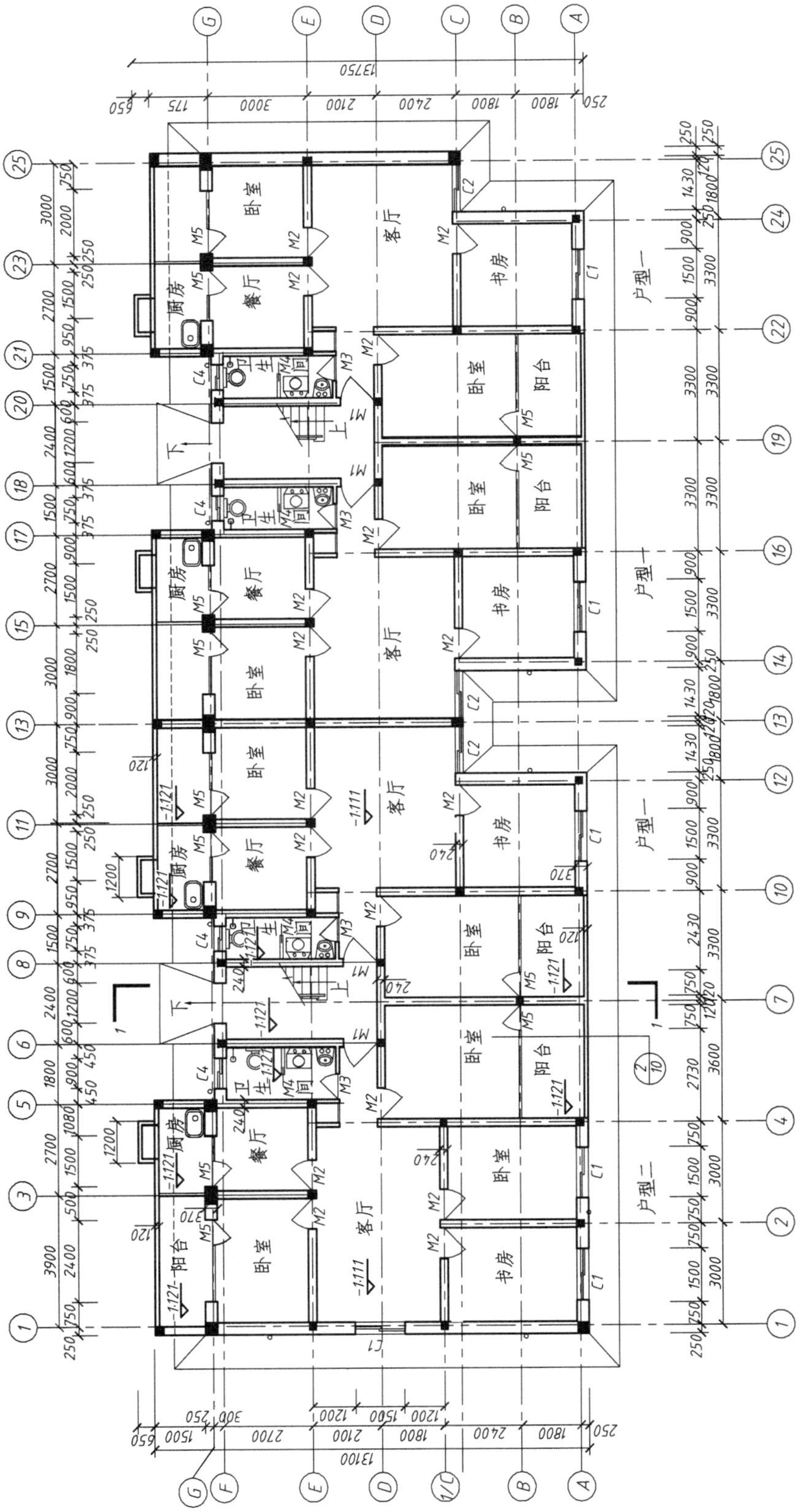

图 5.2.27

十二、注写文字

进入“文字”图层，注写文字。将注释性文字样式“gb-h”置为当前样式，调用文字书写命令 DTEXT 或 MTEXT 注写文字，文字高度以最终图纸上的文字为准，若写字高 5 mm，则只需设置字高为 5 mm，“注释性”功能将根据本视口的“注释比例”自动调整文字高度，如图 5.2.27 所示。

十三、标注标高

使用插入图块命令插入图块“标高”，标注相关处标高，如图 5.2.27 所示。

项目 6　图形的打印与规划图纸布局

任务 1　图形的打印

素质目标

1. 具备绘制和识读施工图所必需的职业素质，拥有吃苦耐劳、诚实守信、求真务实的职业道德观念；

2. 养成严谨、踏实、认真负责的工作作风，具备良好的学习能力和团队协作观念，能够理论联系实际解决问题，培养创新意识。

知识目标

1. 掌握打印命令；
2. 修改标准图纸的可打印区域；
3. 打印命令实施。

能力目标

1. 具备 CAD 软件快速使用能力；
2. 具备建筑施工图纸综合绘图的能力。

【任务分析】

工程图绘制完成后，需要打印到图纸上用于工程生产中，在 AutoCAD 打印需要用到打印命令 PLOT。

图 6.1.1 所示为一个 T 形桥台总图，图形大小为 42 000 mm × 29 700 mm，若将其打印到 A3 图纸上，则打印比例应为 1∶100。

【相关知识】

微课

图形打印命令

一、打印命令

（一）功　能

将图形通过打印设备（绘图仪或打印机）打印输出到图纸上，或以其他形式输出，控制输出的各种参数。

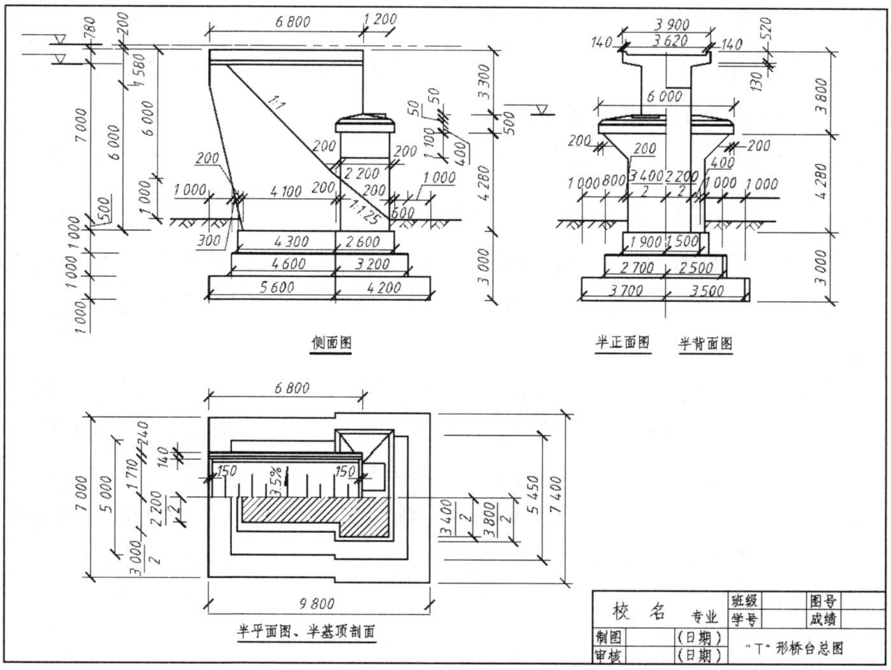

图 6.1.1 T 形桥台总图

(二)命令调用方式

应用程序 按钮：/“打印” 按钮。
“快速访问”工具栏：/“打印” 按钮。
命令行：PLOT。

(三)打印参数设置

调用打印命令后，系统弹出“打印”对话框，如图 6.1.2 所示。

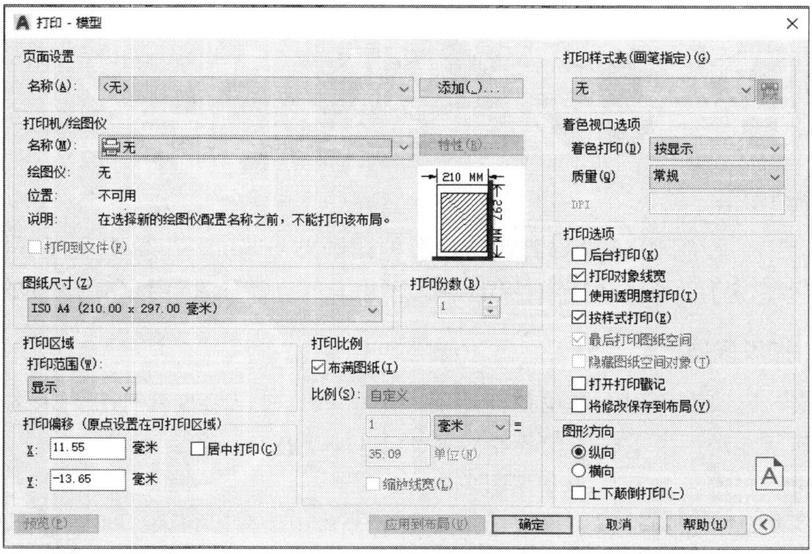

图 6.1.2 “打印”对话框

1. 新建、保存“页面设置”

“页面设置”选项组，用于将当前的打印参数设置保存到一个“页面设置”文件中，以后再用到时可以直接调用，无须再重新设置。

单击“添加”按钮，可以给页面设置命名。

2. 设置“打印机/绘图仪”

“打印机/绘图仪”选项组主要用于配置绘图仪设备，单击“名称”下拉列表，在展开的下拉列表框中选择 Windows 系统打印机或 AutoCAD 内部打印机（“.pc3”文件）作为输出设备。

若要修改当前打印机配置，可单击名称后的“特性”按钮，打开“打印机/绘图仪配置编辑器”对话框，如图 6.1.3 所示。在对话框中可进行打印机的输出设置，如打印介质、图形、自定义图纸尺寸等。对话框中包含了 3 个选项卡，其含义分别如下：

（1）基本：在该选项卡中查看或修改打印设备信息，包含当前配置的驱动器的信息。

（2）端口：在该选项卡中显示适用于当前配置的打印设备的端口。

（3）设备和文档设置：在该选项卡中设定打印介质、图形设置等参数。

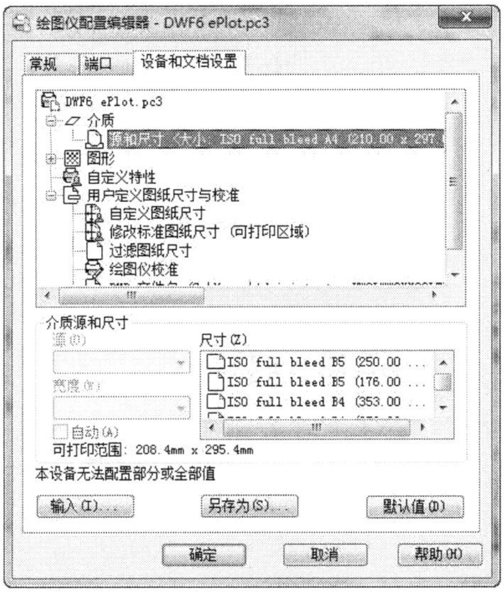

图 6.1.3 “打印机/绘图仪配置编辑器”对话框

3. 选择图纸型号

“图纸尺寸”选项组，用于选择打印所需要的图纸型号与大小。单击展开下拉列表，在下拉列表中包含了选定打印设备可用的标准图纸尺寸，可以需要选择打印图纸型号。

4. 选择“打印区域”

“打印区域”选项组，用于确定要打印的图形区域，可以通过 4 种方式来选择。

（1）“窗口”方式：表示打印位于指定矩形窗口中的图形；

（2）“范围”方式：表示打印全部图形；

（3）“图形界限”方式：表示将打印位于由 LIMITS 命令设置的绘图范围内的图形；

（4）“显示”方式：表示将打印当前绘图区内显示的图形。

5. 设置“打印偏移量”

“打印偏移量”选项组，用于设置图形在图纸上的打印位置。默认设置下，AutoCAD 从图纸左下角打印图形，打印原点处在图纸左下角，坐标是（0，0）。

如果重新设置新的打印原点，这样图形在图纸上将沿 X 轴和 Y 轴移动。

如果选择“居中打印”，则自动计算偏移值，将图形打印在图纸的中间。

6. 设置“打印比例”

“打印比例”选项组，用于设置图形的打印比例。设置打印比例的方式有 2 种：自动计算比例和自定义比例。

（1）自动计算比例：当选中“布满图纸”复选项时，系统将根据选定的打印区域和图纸大小自动计算打印比例，使图形以合适的位置和比例打印。

（2）自定义打印比例：当取消“布满图纸”复选项时，系统将采用“自定义”比例模式，“毫米”的值为图纸的大小，“单位”的值为图形的大小。比如，要设置打印比例为 1∶100，则需设置为“1 mm = 100 单位”，即将图形缩小为 1/100 打印到图纸上。

7. 选择“打印样式表”选项组

“打印样式表”选项组，用于选择、新建打印样式表。用户可以通过下拉列表框选择已有的样式表，一般选择“acad.ctb”，如果选择“新建”选项，则允许用户新建打印样式表。

8. 设置“打印线宽”控制模式

“打印线宽”选项组，用于确定是按图形的线宽打印图形，还是根据打印样式打印图形。

如果用户在绘图时直接对不同的线型设置了线宽，应选择“打印对象线宽”选项；如果需要根据对象的不同颜色来分配不同的线宽，则应选择“按样式打印”选项。

9. “图形方向”选项组

在“图形方向”栏中可指定图形输出的方向。

（1）纵向：表示图形相对于图纸水平放置。

（2）横向：表示图形相对于图纸垂直放置。

（3）反向打印：指定图形在图纸上倒置打印，即将图形旋转 180° 打印。

10. 打印样式表

选择打印样式表中的“monochrome.ctb”，可将彩图以黑白工程图形式打印，可避免不同颜色对象的深浅差异。

11. 预览打印效果

在设置完打印参数后，单击“预览”按钮可以提前看到图形打印的效果，这有助于对打印参数进行调整与修改。

在预览效果的界面下，可以按鼠标右键，在弹出的快捷菜单中有“打印”“退出”选项。单击“打印”选项，可直接打印出图；单击“退出”选项，可退出预览界面，回到“打印”对话框，继续设置参数，修改打印纸型的可打印区域；点击“确定”按钮可打印出图。

二、修改标准图纸的可打印区域

在执行打印命令时，系统给每种型号的图纸都设定有边界区域，除去边界区域的部分区域为“可打印区域”，修改图纸的边界区域可以调整可打印区域的大小。

例如，将打印设备“DWF6 ePlot.pc3”中型号为“ISO A2（594.00×420.00 毫米）”的图纸取消边界区域，具体修改方法为：

（1）调用“绘图仪配置编辑器”。

在“打印”对话框中，单击“打印机/绘图仪”选项组中的“特性”按钮，系统将弹出“绘图仪配置编辑器”对话框。

（2）选择要取消边界区域的图纸型号。

在“绘图仪配置编辑器”对话框中，选择“用户定义图纸尺寸与校准”选项中的“修改标准图纸尺寸（可打印区域）”选项，下面出现的“修改标准图纸尺寸”栏目，如图 6.1.4 所示。在出现的“修改标准图纸尺寸”栏目下的图纸型号列表中选择“ISO A2（594.00×420.00 毫米）”型号的图纸。

（3）取消选定型号的图纸边界区域。

选择“ISO A2（594.00×420.00 毫米）”型号的图纸后，单击“修改”按钮，系统弹出“修改标准图纸尺寸（可打印区域）”对话框，如图 6.1.5 所示。将“上、下、左、右”边界区域的值都改为“0”，并在预览中看到空白区域的位置，单击“下一步”按钮，直至完成返回“打印-模型”对话框。

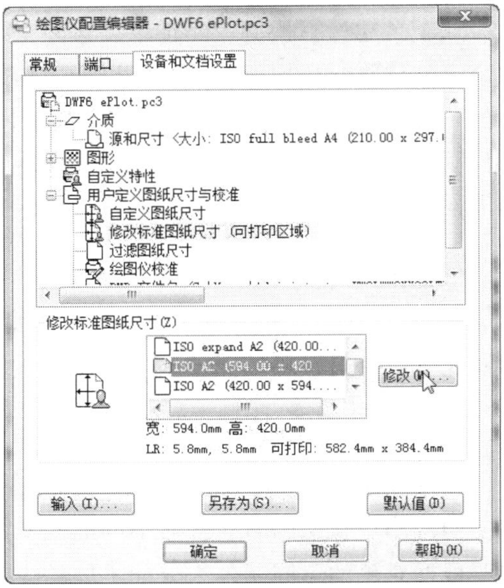

图 6.1.4 选择要取消边界区域的图纸型号

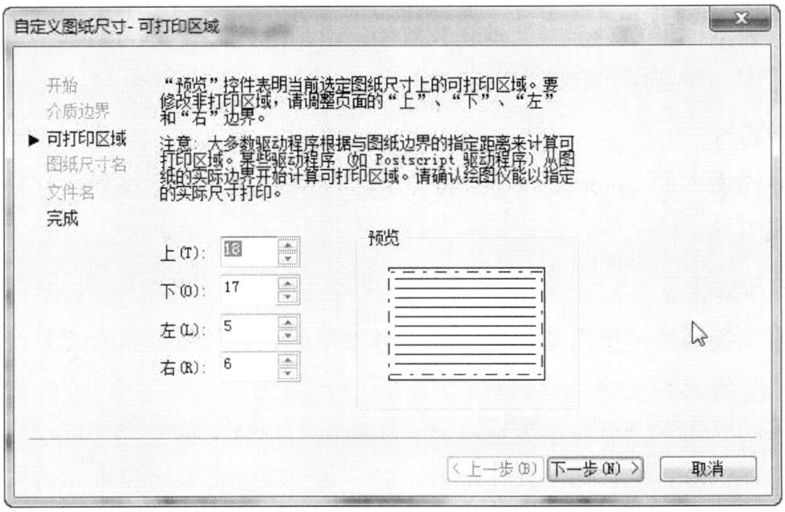

图 6.1.5 “修改标准图纸尺寸（可打印区域）”对话框

三、自定义图纸尺寸

在工程实际应用中，有时需要打印非标准尺寸的图纸，这可以通过设置打印设备“特性”中的“自定义图纸尺寸”功能来实现。

例如，要在打印设备“DWF6 ePlot.pc3”中自定义一种大小为 804 mm × 420 mm 的图纸，具体修改方法为：

（1）调用“绘图仪配置编辑器”。

在“打印”对话框中，单击“打印机/绘图仪”选项组中的“特性”按钮，系统将弹出“绘图仪配置编辑器”对话框。

（2）使用“自定义图纸”向导，打开“自定义图纸尺寸-介质边界”对话框。

在“绘图仪配置编辑器”对话框中，选择“用户定义图纸尺寸与校准”选项中的“自定义图纸尺寸”选项，下面会出现“自定义图纸尺寸”栏目，如图 6.1.6 所示。单击“添加”按钮，打开“自定义图纸尺寸”对话框，选择“创建新图纸”选项，单击“下一步”按钮，打开“自定义图纸尺寸-介质边界”对话框，如图 6.1.7 所示。

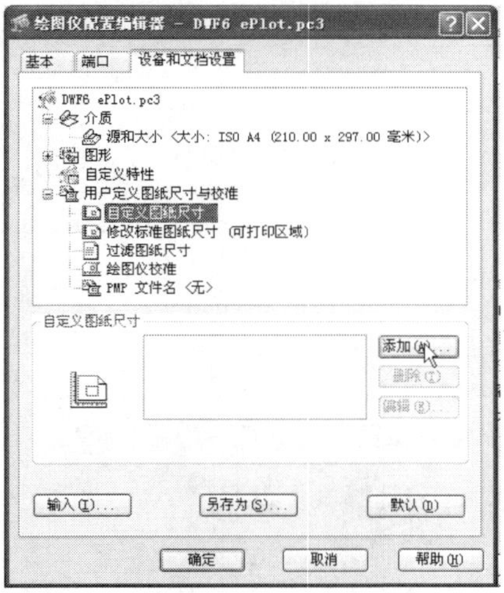

图 6.1.6 选择要取消边界区域的图纸型号

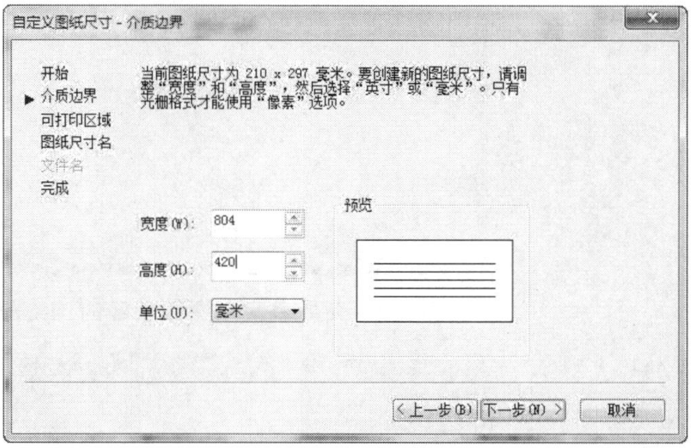

图 6.1.7 设置“自定义图纸”的尺寸大小

（3）设置“自定义图纸”的尺寸大小，并取消边界区域。

在图 6.1.7 所示的“自定义图纸尺寸-介质边界”对话框中，设置“自定义图纸”的宽度与高度，“宽度”设为“804”，“高度”设为“420”，“单位”选择“毫米”，然后单击“下一步”按钮，系统将弹出“自定义图纸尺寸-可打印区域”对话框，如图 6.1.8 所示。将“上、下、左、右”边界区域的值都改为“0”，单击“下一步”按钮，在接连出现的对话框中单击“下一步”按钮，直至完成返回“绘图仪配置编辑器”对话框，如图 6.1.9 所示，单击“确定”按钮完成“自定义图纸”的创建。此时在“打印”对话框中的“图纸尺寸”中就添加了图纸型号“用户 1（804 × 420 毫米）”，以供选择使用，如图 6.1.10 所示。

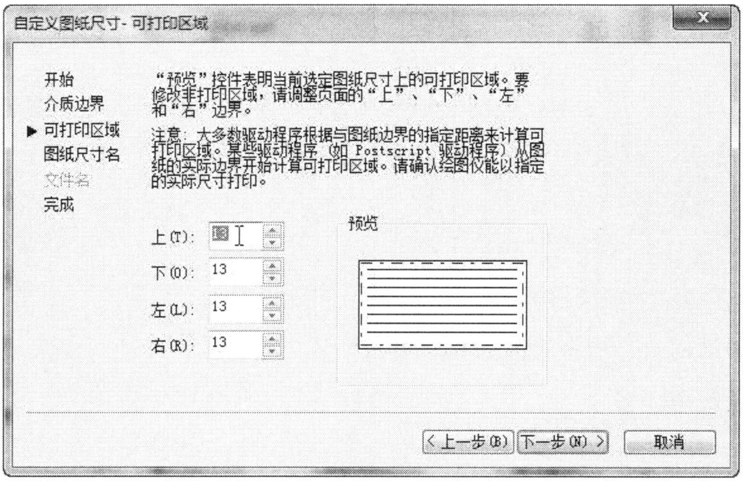

图 6.1.8　取消自定义图纸尺寸的边界区域

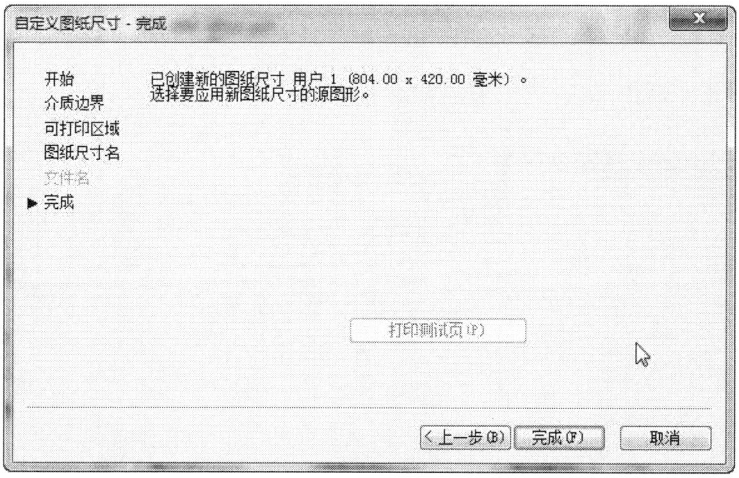

图 6.1.9　完成自定义图纸创建的“绘图仪配置编辑器”对话框

图 6.1.10　自定义图纸型号出现在可选之列

【任务实施】

（1）调用打印命令 PLOT。

（2）选择打印设备：选择打印设备的名称为“Default Windows System Printer.pc3”。

（3）取消图纸边界区域：通过修改打印设备的特性，将打印设备“Default Windows System Printer.pc3”中的“A3”型号图纸取消。

（4）选择打印使用的图纸型号：在“图纸尺寸”选项中选择“A3”型号的图纸。

（5）选择打印区域：使用“窗口”选择方式，单击“窗口”按钮，选择图 6.1.1 中图幅线的两个对角点。

（6）选择打印比例：取消“布满”选项，选择“自定义”方式，设置为“1 毫米 = 100 单位”。

（7）选择图形方向：“图形方向”选择“横向”。

（8）选择打印选项：“打印选项”选择“将打印对象线宽”。

（9）预览打印结果：单击“预览”按钮，结果如图 6.1.11 所示。

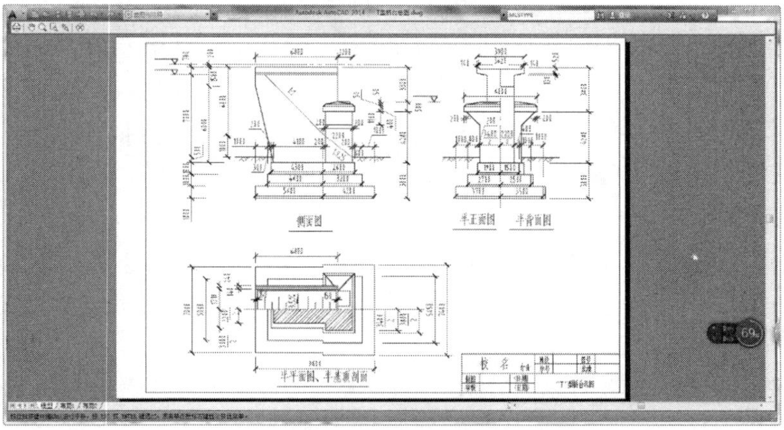

图 6.1.11 “预览”打印结果

（10）保存页面设置：单击“页面设置”选项中的“添加”按钮，命名为“A3-h-100-黑白”，打印设置完成后的参数如图 6.1.12 所示。

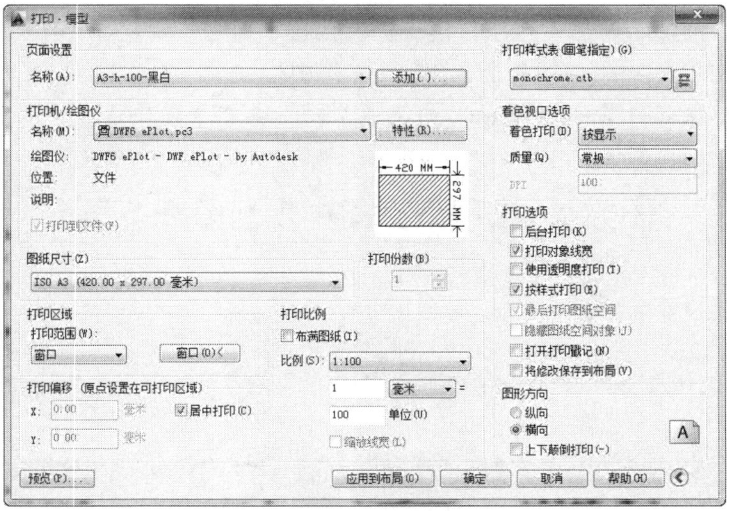

图 6.1.12 打印的参数设置

【能力拓展】

一、AutoCAD 图形文件的输出

用 AutoCAD 绘制的图形可以插入到 Word 等其他文档中，实现图文并茂。插入的方式有几种。

（1）直接采用“复制—粘贴”的方式。

首先选中要复制的 AutoCAD 图形，然后点击下拉菜单“编辑”—“复制”，再“粘贴”到打开的 Word 文档中。

（2）输出为 WMF 等图片文件，再插入到 Word 文档中的方式。

利用 EXPORT 命令将 AutoCAD 图形输出成图片文件。

① 打开 AutoCAD 图形，将图形调到合适的大小与位置。

② 选择下拉菜单中的“文件”—“输出”，调用 EXPORT 命令，在打开的“输出数据”对话框中，指定输出图片文件的文件名、文件类型（BMP 或 WMF）和保存位置，单击“保存”按钮。

③ 单击“保存”按钮后，退出对话框，回到 AutoCAD 的绘图界面，命令行中将提示“选择对象”，通过交叉窗口选择要输出的图形，回车即可完成图片的输出。

将 AutoCAD 输出的图片文件插入到 Word 文档中。

打开 Word 文档，用光标单击要插入图片的位置，点击下拉菜单“插入”—“图片”—“来自文件”，找到输出图片的路径，选择图片点击“插入”按钮，即可将图片插入到 Word 文档中光标所在的位置。

注意：这种方法的优点是可以显示线宽，但缺点是不能再对图形进行修改。

（3）使用 Windows 的“屏幕打印”功能，将 AutoCAD 图形转化为图片。

① 用 AutoCAD 打开图形，将 AutoCAD 背景调为白色，将图形调整到合适大小。

② 按下键盘上的“PrtSc/SysRq”键，将整个显示屏幕的内容复制到剪贴板中。

③ 打开 “开始”菜单，选择 “程序”—“附件”—“画图”，启动“画图”软件，粘贴图片到“画图”文档中，然后对图片内容进行裁切，保存（建议存为 JPG 格式）。

④ 打开 Word 文档，将该图片插入 Word 文档中。

注意：一定要保存好原始的 AutoCAD 图形，以作备用方便修改。

任务 2　在图纸空间中规划图纸布局

素质目标

1. 具备绘制和识读施工图所必需的职业素质，拥有吃苦耐劳、诚实守信、求真务实的职业道德观念；

2. 养成严谨、踏实、认真负责的工作作风，具备良好的学习能力和团队协作观念，能够理论联系实际解决问题，培养创新意识。

（二）模型空间与图纸空间的切换

1. 进入图纸空间

用户可以单击绘图区域下部的“模型及布局”选项卡，实现模型空间与图纸空间的切换。系统默认空间是模型空间，如果要进入一个图纸空间的布局，例如要进入“布局 2”，则单击“布局 2”选项卡即可，如图 6.2.3 所示。模型空间与图纸空间的坐标轴形式如图 6.2.4 所示。

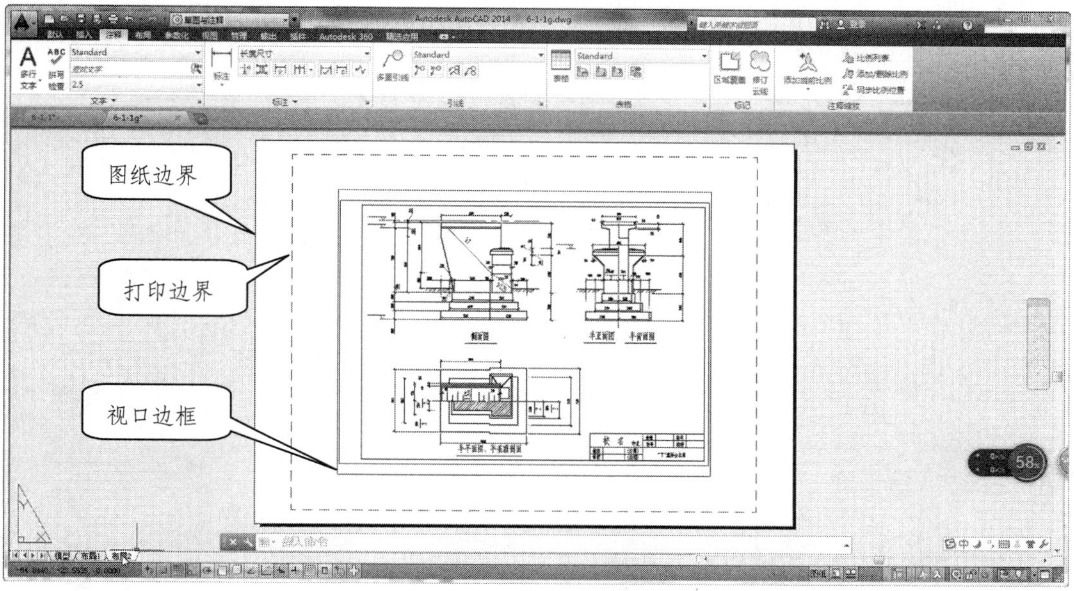

图 6.2.3 图纸空间的“布局 2”

（a）模型空间 （b）图纸空间

图 6.2.4 两种空间的坐标轴形式

2. 图纸布局的创建布局

命令调用方式如下：

功能区：“布局”标签/“布局”面板/“新建布局”按钮。

右击“布局”选项卡新建布局。

命令行： LAYOUT、 LAYOUT WIZARD

微课

图纸集的使用

二、布局的页面设置

（一）命令调用方式

应用程序按钮：/“打印”/“页面设置”按钮。

功能区：“输出”标签/“打印”面板/“页面设置管理器”按钮。

右击“总图＋2 详图”布局选项卡，在弹出的右键快捷菜单中单击“页面设置管理器”。

命令行：PAGESETUP。

（二）命令执行

（1）调用页面设置管理器命令 PAGESETUP，打开“页面设置管理器”对话框，如图 6.2.5 所示。

（2）在对话框中，选中一个布局如“布局 1”，单击“修改”按钮，打开“布局 1”页面设置对话框。

（3）设置页面参数：在图 6.2.6 所示的页面进行参数设置，与打印设置类似。

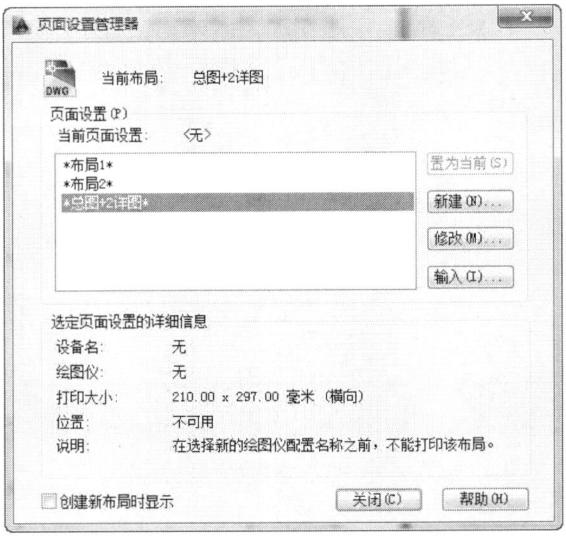

图 6.2.5 “页面设置管理器”对话框

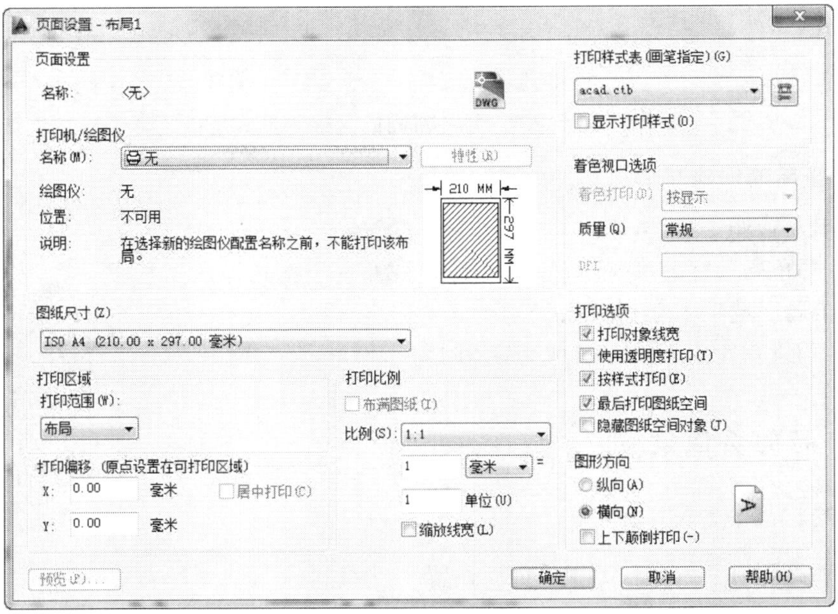

图 6.2.6 设置“布局 1”的页面参数

三、图纸空间中的视口

1. 视口的概念

视口是在图纸空间的布局上显示模型空间中物体的窗口，相当于图纸布局上的一个图片。在图纸空间下，可以调整视口的大小和位置，但是不能修改视口中的图形内容。

2. 创建视口

功能区："布局"标签/"布局视口"面板/"矩形"下拉列表/"矩形" 按钮、"多边形" 按钮、"对象" 按钮。

命令行：VPORTS。

在图纸空间下，该命令可以创建矩形视口、多边形视口，或把原有的封闭图形对象转为视口，如图 6.2.7 所示。

3. 删除视口

在删除视口时，首先要单击视口的边界，接着按"DEL"键，就可以删除视口。

4. 调整视口的大小与位置

在图纸空间中，单击视口边框，这时在视口的外框上出现 4 个夹点，可以利用夹点编辑调整视口大小与位置，也可以利用移动命令移动视口的位置，如图 6.2.8 所示。

图 6.2.7 创建不同形状的视口

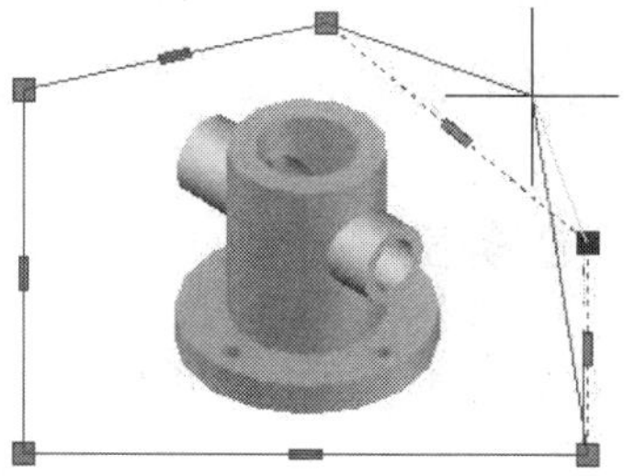

图 6.2.8 利用夹点调整视口的形状和大小

5. 隐去视口边框

在图纸空间中，建立一个新图层，命名为"视口边框"；将视口移到"视口边框"图层上，然后冻结该图层，则可以实现隐去视口边框。

四、浮动模型空间与图纸空间的切换

1. 进入浮动模型空间

在图纸空间中，双击一个视口，视口边框变为粗线，于是从该视口中进入一个模型空间，如图 6.2.9 所示。由于该模型空间是浮动在视口中的，所以称为"浮动模型空间"。

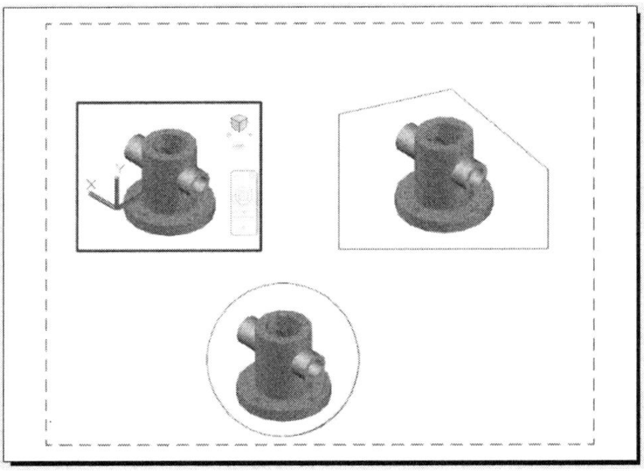

图 6.2.9　由矩形视口进入浮动模型空间

在浮动模型空间中可以编辑模型空间中的对象，并且在当前浮动视口里进行编辑时，其他视口中的图形都会反映其变化。

2. 在不同视口之间切换浮动模型空间

浮动模型空间自始至终只有一个，当前视口边线显示为粗线框，单击另一个视口，则浮动模型空间切换到另一个视口中。

3. 由浮动模型空间切换到图纸空间

在浮动模型空间被激活的状态下，双 击视口以外的图纸空白可回到图纸空间。

也可单击任务栏上的“模型”按钮，“模型”按钮变为“图纸”按钮，视口边框变为细线，此时已经退出浮动模型空间，进入图纸空间。

【任务实施】

微课

利用图纸空间
规划图纸布局

创建图形文件“T 形桥台总图.dwg”的图纸布局。

一、打开图形文件

打开一个 图形文件“T 形桥台总图.dwg”。

二、创建新布局

用布局管理 LAYOUT 命令创建一个新的布局选项卡，命名为“总图＋2 详图”。

操作步骤如下：

命令：　LAYOUT　　　　调用布局管理命令

输入布局选项 [复制（C）/删除（D）/新建（N）/样板（T）/重命名（R）/另存为（SA）/设置（S）/?] <设置>：　N　　　　选择新建布局

输入新布局名 <布局 3>：　总图＋2 详图　　　　输入新布局的名称

命令执行后绘图区下面的布局选项卡中添加了新布局“总图 + 2 详图”。

（3）单击布局选项卡中的布局名称“总图 + 2 详图”，打开“总图 + 2 详图”布局，进入图纸空间，如图 6.2.10 所示。

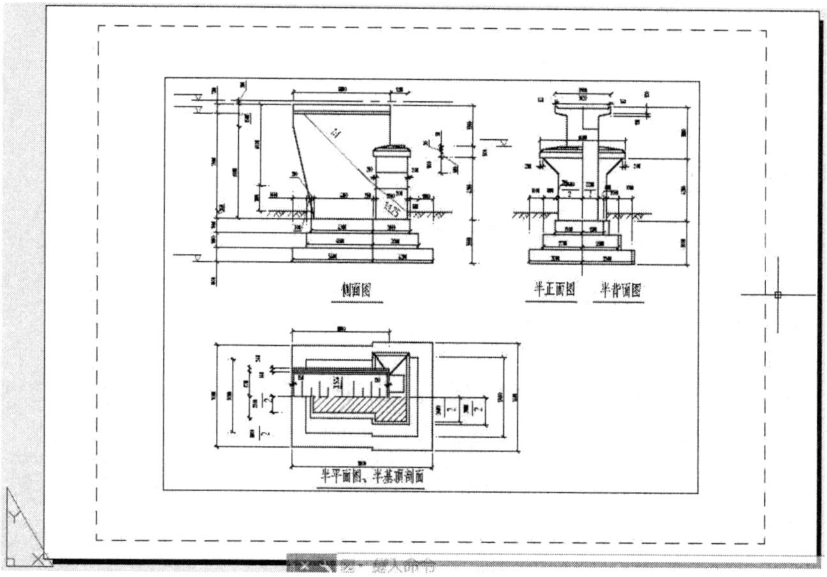

图 6.2.10　进入图纸空间的布局

三、页面设置

调用页面设置管理器命令 PAGESETUP，对添加的新布局“总图 + 2 详图”进行页面设置。图 6.2.11 所示为布局“总图 + 2 详图”的页面参数设置。

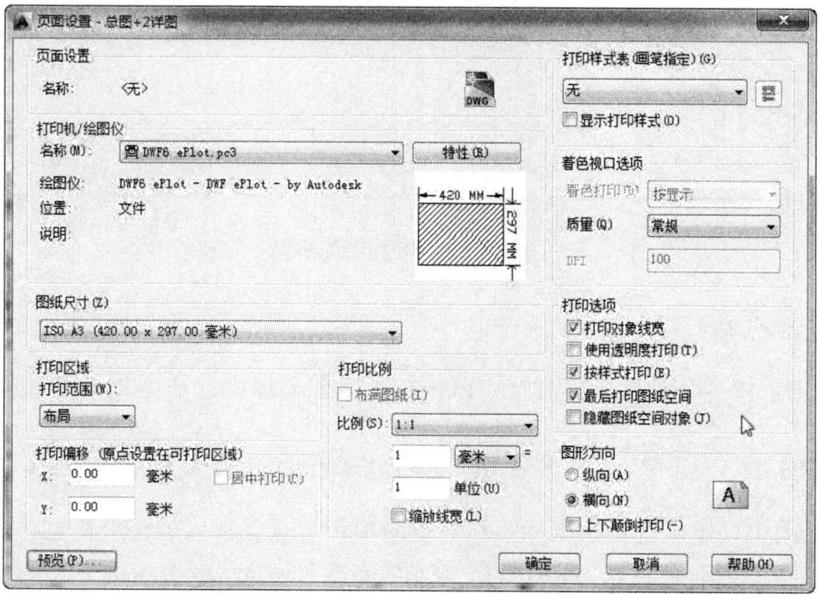

图 6.2.11　设置页面参数

（1）“打印设备”选择“DWF6 ePlot . pc3”；
（2）修改打印机“特性”，取消“ISO A3 420.00X297.00 毫米”图纸的边界区域；
（3）“图纸尺寸”选择“A3”图纸；
（4）“打印范围”选择“布局”；
（5）“打印比例”选择“1∶1”；
（6）“图形方向”选择“横向”。

四、删除布局中的单视口

单击“视口边框”，按“Del”键删除。

五、绘制图幅线、图框线和标题栏

在图纸空间布局中绘制图幅线、图框线和标题栏，其中，标题栏的大小、文字的字高、图线宽度都以图纸上规定为准，不用放大，如图 6.2.12 所示。

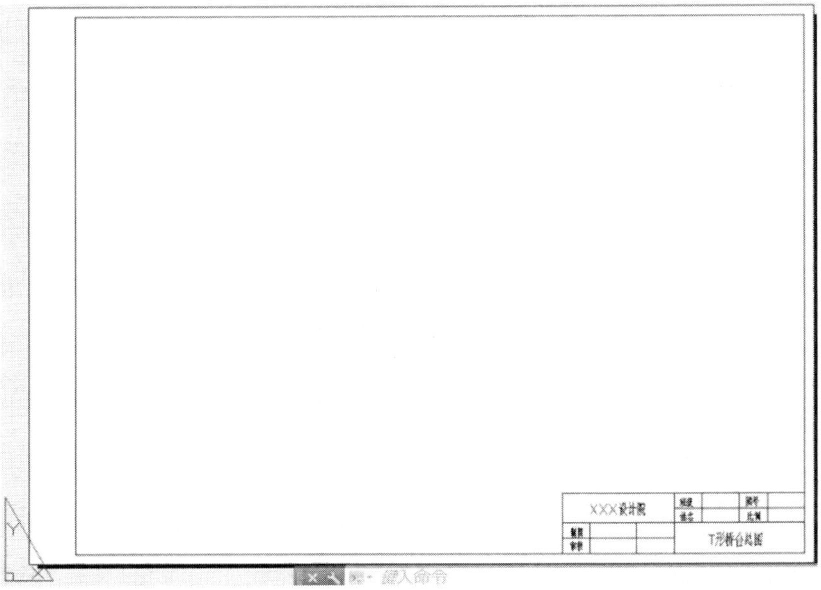

图 6.2.12 设置页面参数

六、创建视口

在图纸空间中，用创建视口命令 VPORT 创建 3 个视口，如图 6.2.13 所示。

七、在图纸空间中设置各个视口的注释比例

在图纸空间中，单击视口边框后，在右键菜单中可选择视口的注释比例；也可进入视口中的浮动模型空间后，通过状态栏上的“视口比例” 0.002802 按钮的下拉列表选择注释比例。分别设置三个视口的注释比例，左上视口为 1∶150，右面两视口为 1∶50、1∶50。

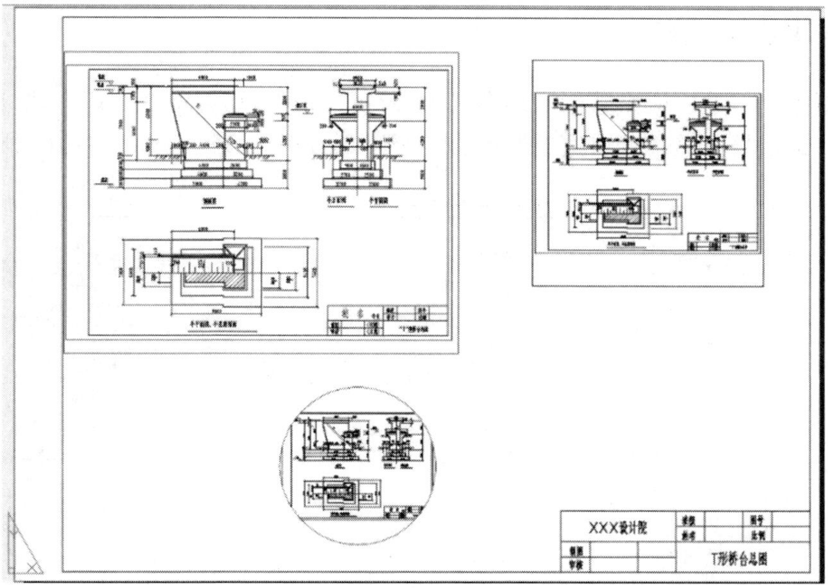

图 6.2.13　创建 3 个视口

八、在浮动模型空间中调整视口中图形的显示

进入视口中的浮动模型空间，调整各视口中图形的显示比例与显示的部位。

（1）双击左上的视口，进入浮动模型空间。

（2）视口的注释比例一旦设定好，只能用实时平移命令 PAN 调整出各视口中要显示的图形部位，不可再用实时缩放命令调整图形的显示大小，否则比例就不准确了。

（3）显示调整完毕后，可双击视口以外的图纸空白，回到图纸空间微调视口的大小，如图 6.2.14 所示。

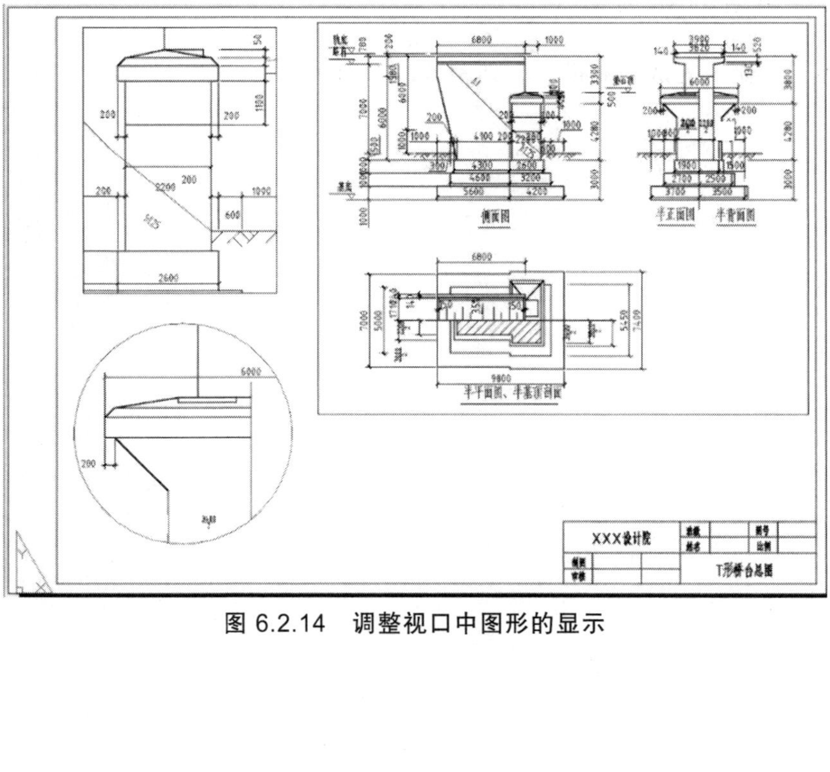

图 6.2.14　调整视口中图形的显示

九、隐藏视口边框

回到图纸空间，建立一个新图层，命名为“视口边框”层；将 2 个矩形视口移到“视口边框”层上；最后再冻结“视口边框”层，则可以隐藏视口边框，如图 6.2.15 所示。

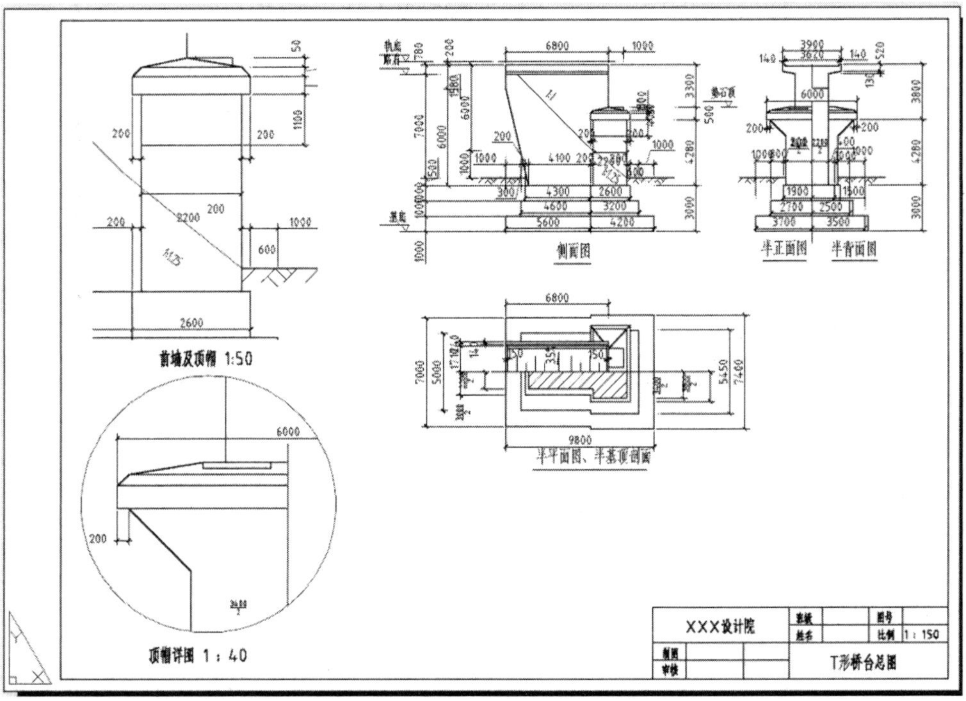

图 6.2.15　隐藏视口边框，注写图名与比例

十、注写图名与比例

注写图名与比例，完成布局设置，如图 6.2.15 所示。

第 2 篇　AutoCAD 三维模型制作

项目 7　建立三维实体模型

任务 1　制作骰子模型

素质目标

1. 具备绘制和识读施工图所必需的职业素质，拥有吃苦耐劳、诚实守信、求真务实的职业道德观念；

2. 养成严谨、踏实、认真负责的工作作风，具备良好的学习能力和团队协作观念，能够理论联系实际解决问题，培养创新意识。

知识目标

1. 掌握三维模型与三维建模工作空间；
2. 掌握三维坐标系与三维坐标；
3. 掌握三维识图命令；
4. 掌握视觉样式设置命令；
5. 掌握长方体命令；
6. 掌握球体命令；
7. 掌握布尔运算差集命令；
8. 掌握圆角命令；
9. 掌握实体编辑-着色面命令。

能力目标

1. 具备 CAD 软件三维模型初步制作的能力；
2. 具备三维模型空间的基本认知能力；
3. 具备简单三维模型骰子的制作能力。

【任务分析】

图 7.1.1 骰子的三维模型

图 7.1.1 所示的骰子为一个三维实体模型，它是将一个正方体的 6 个表面分别挖出 1 ~ 6 个半球形的坑，相对的两个表面的点数之和为 7，正方体的棱线都做成光滑圆角。制作这个模型首先要了解三维坐标、观察三维物体的方式、实体的不同显示模式等三维制图基本知识，在制作模型过程中要用到长方体命令 BOX、球体命令 SPHERE、布尔运算差集命令 SUBTRACT、实体编辑—着色面命令、圆角边命令 FILLETEDGE。

【相关知识】

微课

三维模型的显示控制

一、AutoCAD 的三维模型与“三维建模”工作空间

（一）AutoCAD 的三维模型分类

AutoCAD 三维模型有三类：实体模型、曲面模型、线框模型。

线框模型是只包含线轮廓的模型，没有面、体的特征；曲面模型是只包含没有厚度的表面的模型，只有面特征，没有体特征；实体模型是包含线、面、体特征的实体模型，可以进行并集、差集等布尔运算。

其中本书重点讲述实体模型。

（二）“三维建模”工作空间

新建图形文件可选择“acadiso3D.dwt”作为图形样板文件。

再通过 AutoCAD“快速访问”工具栏上的“工作空间”下拉列表，选择“三维建模”，即可进入“三维建模”工作空间，如图 7.1.2 所示。

“三维建模”工作空间的几个主要功能区标签介绍如下。

（1）“常用”标签：“常用”标签是一个比较综合的标签，主要包括三维常用的功能面板，如“建模”“网格”“实体编辑”“视图”“坐标”“截面”“选择”，同时也包括一些二维常用的功能面板，如“绘图”“修改”“图层”“视图”“编组”。

（2）“实体”标签：“实体”标签中只包括三维实体模型有关的创建与编辑的功能面板。

（3）“曲面”标签：“曲面”标签中只包括曲面模型有关的创建与编辑的功能面板。

（4）“网格”标签：“网格”标签中只包括网格模型有关的创建与编辑的功能面板。

（5）“视图”标签：“视图”标签中只包括视图显示、模型显示、导航、坐标系控制有关的功能面板。

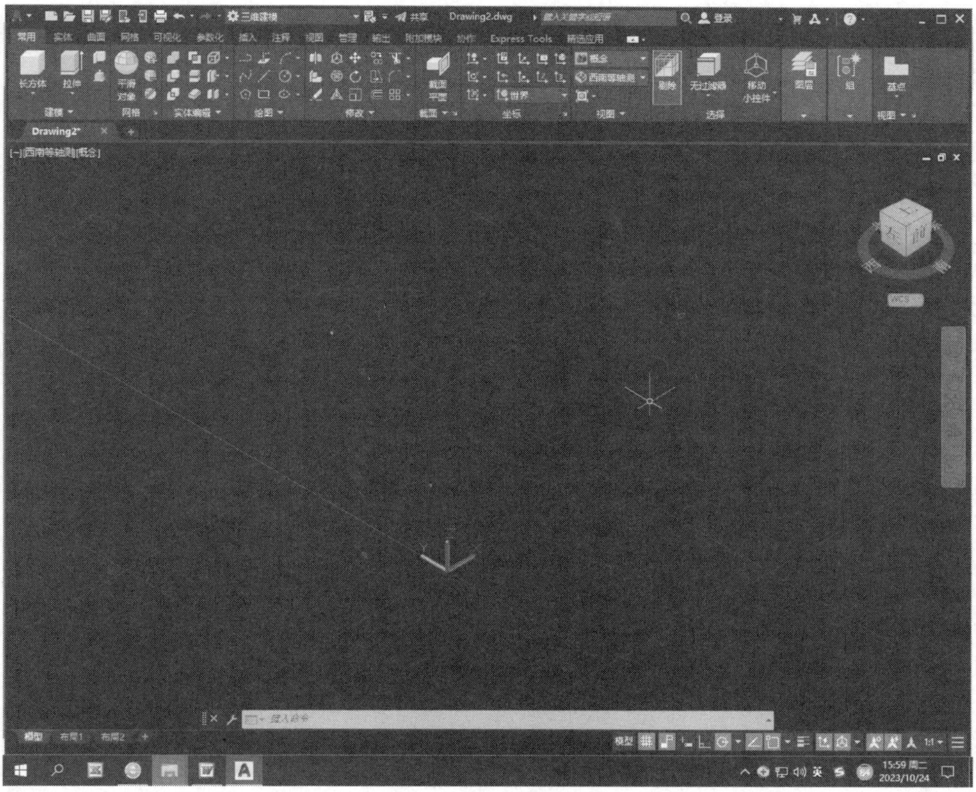

图 7.1.2　AutoCAD 的“三维建模”工作空间

二、三维坐标系与三维坐标

（一）三维坐标系

AutoCAD 三维坐标系是三维直角坐标系，它是由相互垂直的三个坐标轴（*X* 轴、*Y* 轴、*Z* 轴）组成的，如图 7.1.3（a）所示。三个坐标轴方向符合右手准则，如图 7.1.3（b）所示，将右手握成拳头，再伸开拇指、食指和中指，并使三手指互相垂直，则三根指头代表了 *X*、*Y* 和 *Z* 的正方向，其中拇指代表 *X* 轴正方向，食指代表 *Y* 轴正方向，中指代表 *Z* 轴正方向。

（a）三维坐标轴　　　　（b）右手准则

图 7.1.3　三维坐标系

（二）点的三维坐标

确定一个三维空间点的位置可用空间点相对于坐标系原点（0，0，0）的三维坐标（*X*，*Y*，*Z*）来表示。

在三维空间中有直角坐标、柱坐标和球坐标三种形式，表 7.1.1 列出了不同形式坐标的含义及表示格式。

表 7.1.1　三维坐标的三种形式

格式名称	绝对坐标形式	相对坐标形式（绝对坐标前加@）	举　例
直角坐标	[*X*]，[*Y*]，[*Z*]	@[*X*]，[*Y*]，[*Z*]	3，2，5
柱坐标	[*XY* 平面上的距离]<[与 *X* 轴的夹角]，[*Z* 轴向的距离]	@[*XY* 平面上的距离]<[与 *X* 轴的夹角]，[*Z* 轴向的距离]	5<60，6
球坐标	[距离]<[与 *X* 轴的夹角]<[与 *XY* 平面的夹角]	@[距离]<[与 *X* 轴的夹角]<[与 *XY* 平面的夹角]	8<60<30

1. 直角坐标

直角坐标用空间点相对于原点（0，0，0）沿三条坐标轴方向上的距离来表示。比如，空间点的直角坐标（3，2，5）表示空间点的位置是：相对于原点沿 *X* 轴方向 3 个单位，沿 *Y* 轴方向 2 个单位，沿 *Z* 轴方向 5 个单位，如图 7.1.4（a）所示。

2. 柱坐标

柱坐标用空间点在 *XY* 坐标平面上投影的极坐标及 *Z* 坐标来表示。比如空间点的柱坐标（5 < 60，6）表示空间点的位置是：在 *XY* 平面上的投影到原点的距离为 5，与 *X* 轴夹角为 60°，并且到 *XY* 平面的距离（*Z* 坐标）为 6，如图 7.1.4（b）所示。

3. 球坐标

球坐标用空间点到原点的距离、空间点到原点的连线在 *XY* 平面上的投影与 *X* 轴的夹角、与 *XY* 平面的夹角来表示。比如点的球坐标（8<60<30）表示点到坐标系原点距离为 8，点到原点的连线在 *XY* 平面上的投影与 *X* 轴的夹角为 60°，连线与 *XY* 平面的夹角为 30°，如图 7.1.4（c）所示。

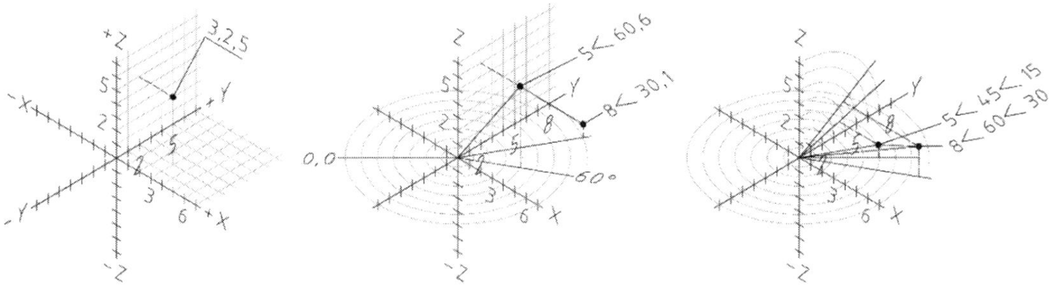

（a）直角坐标　　（b）柱坐标　　（c）球坐标

图 7.1.4　三维坐标的三种形式

三种坐标形式都可以使用相对坐标，比如将对象沿 *Z* 轴正向移动 30 个单位，在输入移动的目标点时可用三维相对坐标，用直角坐标表示应输入“@0，0，30”，用柱坐标格式表示应键入“@0 < 0，30”，用球坐标格式表示则键入“@30 < 0 < 90°”。

三、三维视图

三维视图是三维模型在不同视点方向上观察到的投影视图，通过指定不同的视点位置得到不同的三维视图。根据视点位置的不同，可以使用标准视图和等轴测图的特殊视图观察模型，也可以使用任意视图动态观察模型。

（一）使用特殊视图观察模型

1. 功　能

显示三维模型的标准视图与等轴测视图。

2. 命令调用方式

功能区：“常用”标签/“视图”面板/“未保存的视图”下拉列表。

功能区：“视图”标签/“视图”面板/“▾”按钮。

3. 命令说明

标准视图是指图学中的“正投影视图”，分别为：俯视图、仰视图、左视图、右视图、主视图、后视图。当使用这 6 个标准视图时，用户坐标 UCS 的 *XY* 坐标面也会随着变换过去。

等轴测视图是指将视点设置为等轴测方向，即从 45° 方向观测对象，分别有西南等轴测、东南等轴测、东北等轴测和西北等轴测。

AutoCAD 二维工作视图中 默认的显示视图为俯视图。图 7.1.5 所示为标准视图与等轴测视图的按钮。

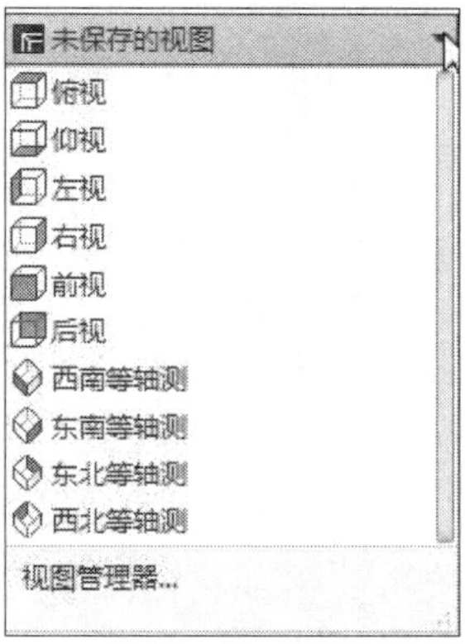

图 7.1.5　标准视图与等轴测视图按钮

（二）使用任意视图动态观察模型

1. 功　能

可以实现对模型的动态观察、缩放和平移。

2. 命令调用方式

功能区：“视图”标签/“导航”面板。

绘图区右侧：“全导航控制盘”，如图 7.1.6 所示。

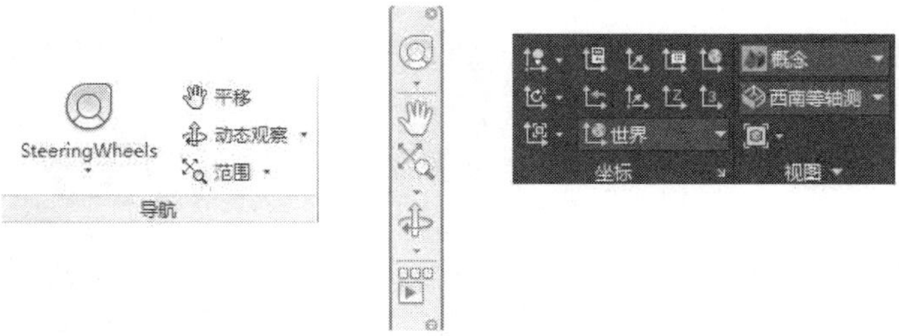

图 7.1.6　“导航”面板与“全导航控制盘”

“导航”面板中包括：实时缩放、实时平移、动态观察等工具。“全导航控制盘”上也集成了这几种工具。

动态观察工具包括动态观察、自由动态观察、连续动态观察。

（1）动态观察（受约束的动态观察）：单击“动态观察”按钮，实现转动观察模型，在动态观察过程中 Z 轴一直约束在垂直方向。不选中任何对象时观察的是整个图形，当选中某些对象时观察被选择的对象。

（2）自由动态观察：单击“自由动态观察”按钮，将显示一个导航球，被小圆分成四个区域，如图 7.1.7 所示。

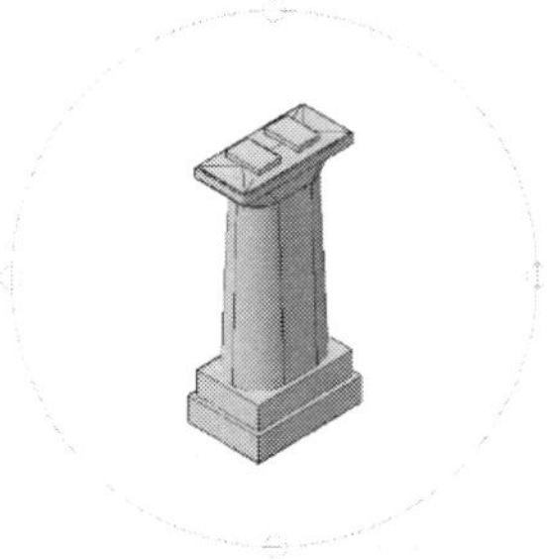

图 7.1.7　自由动态观察导航球

可以实现的四种旋转：

a. 自由旋转。

当光标放在导航球内部移动光标时，光标的形状变为。如果单击并自由拖动光标，则可围绕对象自由转动，就像用光标抓住环绕对象的球体，并围绕目标点对其进行拖动一样。用此方法可以在水平、垂直或对角方向上拖动。

b. 平行于屏幕旋转。

当光标放在导航球外部移动光标时，光标的形状变为。在导航球外部单击并围绕导航球拖动光标，将使视图绕导航球的中心平行于屏幕旋转。

c. 水平旋转。

当光标放在导航球左右两边的小圆上移动时，光标的形状变为。从这些点开始单击并沿水平方向拖动光标，将使视图围绕通过导航球中心的垂直轴旋转。

d. 垂直旋转。

当光标在导航球上下两边的小圆上移动时，光标的形状变为。单击并沿垂直方向拖动光标，将使视图绕通过导航球中心的水平轴旋转。

注意： 三维动态观察命令处于活动状态时，无法编辑对象，退出动态观察按“Esc”键。

四、视觉样式设置

1. 功　能

视觉样式是一组用来控制三维模型的不同显示模式的工具。一旦应用了视觉样式或更改了其设置，就可以在视口中查看效果。

2. 命令调用方式

功能区：“常用”标签/“视图”面板/“二维线框”下拉列表/“视觉样式管理器”。

功能区：“视图”标签/“选项板”面板/“视觉样式”按钮下拉列表。

3. 视觉样式种类（见图 7.1.8）

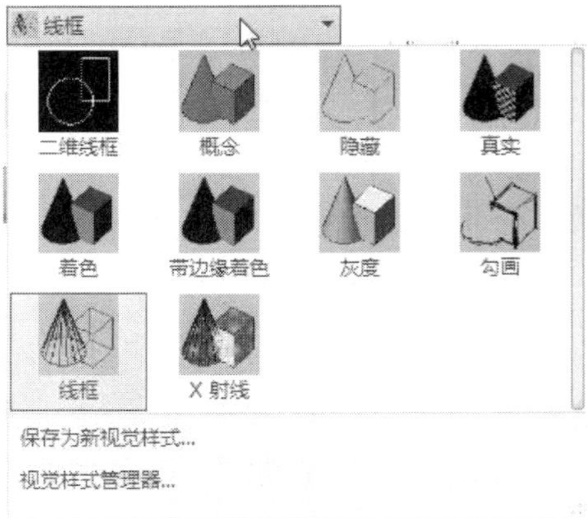

图 7.1.8　视觉样式种类

（1）二维线框：用直线和曲线表示边界来显示对象。光栅和 OLE 对象、线型和线宽均可见，如图 7.1.9 所示。

（2）三维线框：显示用直线和曲线表示边界的对象。光栅和 OLE 对象、线型和线宽均不可见，如图 7.1.10 所示，另外三维线框模式的坐标图标是着色的。

（3）三维隐藏：用三维线框显示对象并隐藏屏幕上被遮挡的线条。光栅和 OLE 对象、线型和线宽均不可见，如图 7.1.11 所示。

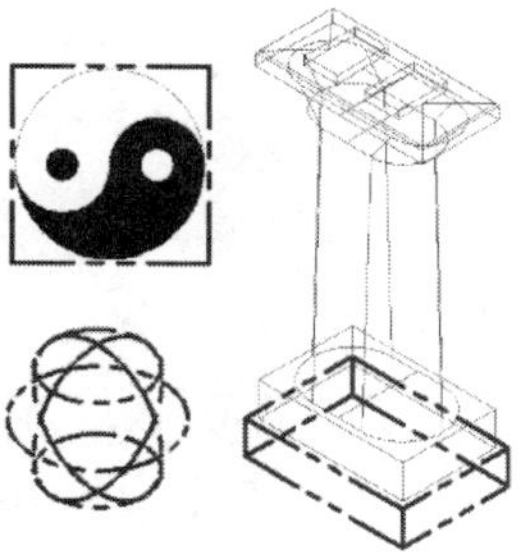

图 7.1.9　二维线框

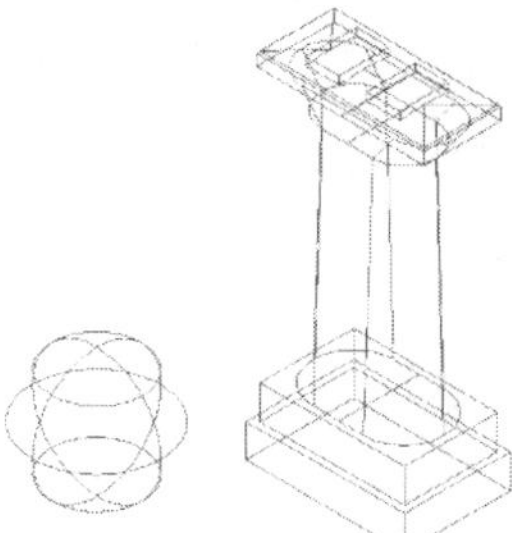

图 7.1.10　三维线框

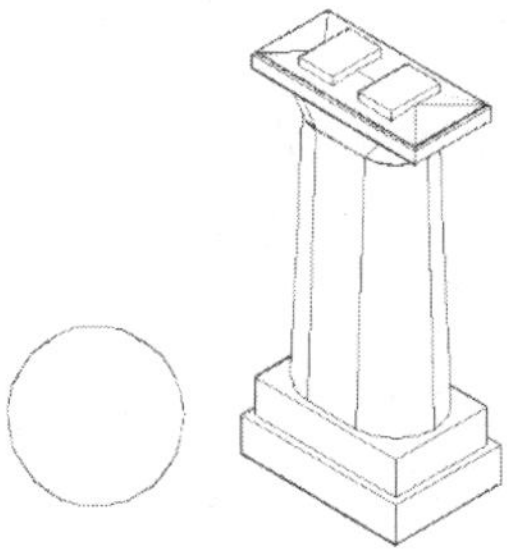

图 7.1.11　三维隐藏

（4）真实：着色多边形平面间的对象，并使对象的边平滑，对象外观比较平滑和真实。将显示已附着到对象的材质，如图 7.1.12 所示。

（5）概念：着色多边形平面间的对象，并使对象的边平滑化。着色使用古氏面样式，一种冷色和暖色之间的过渡，而不是从深色到浅色的过渡。效果缺乏真实感，但是可以更方便地查看模型的细节，如图 7.1.13 所示。

图 7.1.12　真实

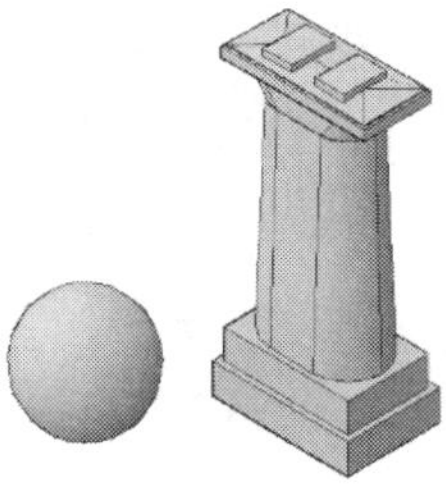

图 7.1.13　概念

五、长方体命令

微课

创建基本体的模型

1. 功　能

可以创建长方体、立方体实体。长方体的底面始终与当前的 *XY* 坐标面（工作平面）平行。

2. 命令调用方式

功能区：“常用”标签/“建模”面板/“长方体”下拉列表/“长方体” 按钮。

功能区：“实体”标签/“图元”面板/“长方体” 按钮。

命令行：BOX。

3. 命令举例

例 7.1.1　指定长方体底面的两个对角点创建实体长方体，如图 7.1.14（a）所示。

操作步骤如下：

单击：工具栏“视图”/“东南等轴测”	将视图设为东南等轴测
命令： BOX	调用长方体命令
指定第一个角点或［中心(C)］： 单击任一点 *A*	用光标指定 *A* 点作为第一角点
指定其他角点或［立方体(C)/长度(L)］： @100，60	输入对角点 *B* 点相对于 *A* 点的坐标
指定高度或［两点(2P)］<50.0000>： 20	输入高度为 20

例 7.1.2 指定长方体的中心创建实体长方体，如图 7.1.14（b）所示。

操作步骤如下：

命令： BOX	调用长方体命令
指定第一个角点或［中心(C)］： C	选择输入长方体中心的方式
指定中心： 单击任一点 *O*	用光标指定 *O* 点作为长方体的中心
指定角点或［立方体(C)/长度(L)］： L	选择输入长方体长度
指定长度 <50.0000>： 100	输入长方体长度为 100
指定宽度 <60.0000>：60	输入长方体宽度为 60
指定高度或［两点(2P)］<20.0000>： 30	输入长方体高度为 30

例 7.1.3 创建实体立方体，如图 7.1.14（c）所示。

操作步骤如下：

命令： BOX	调用长方体命令
指定第一个角点或［中心(C)］： 单击任一点 *A*	用光标指定 *A* 点作为第一角点
指定其他角点或［立方体(C)/长度(L)］： C	选择立方体方式
指定长度 <100.0000>： 50	输入长方体边长为 50

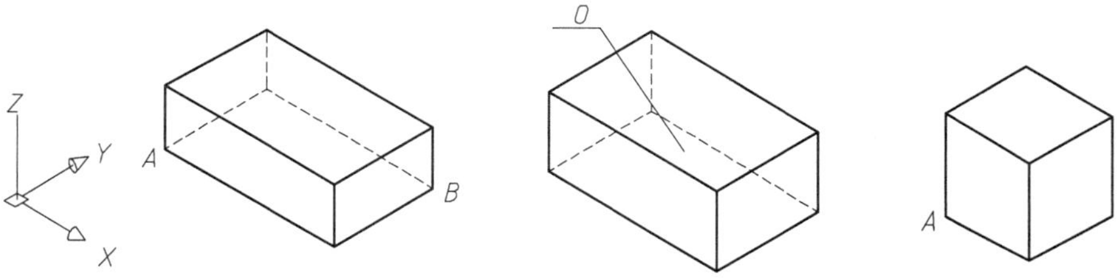

（a）指定底面两个对角点　（b）指定中心　（c）立方体

图 7.1.14 创建长方体、立方体

六、球体命令

1. 功　能

绘制球体。

2. 命令调用方式

功能区：“常用”标签/“建模”面板/“长方体”下拉列表/“球体”按钮。

功能区：“实体”标签/“图元”面板/“球体体”按钮。

命令行：SPHERE。

3. 命令举例

例 7.1.4 指定球体的球心和半径创建球体，并控制曲面上的素线数目，素线数目越多曲面越光滑，如图 7.1.15 所示。

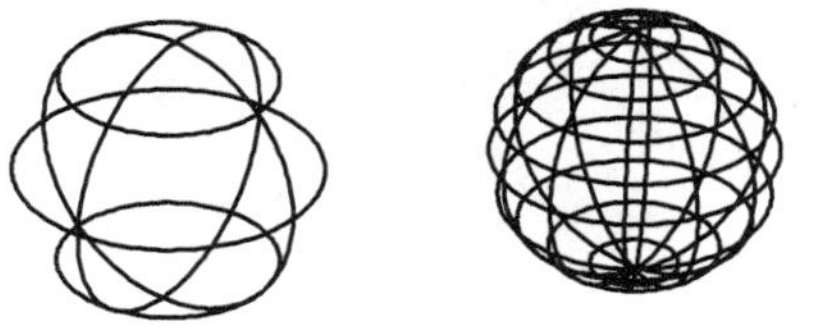

（a）素线数为 4　（b）素线数为 12

图 7.1.15 创建球体

操作步骤如下：

命令： ISOLINES	设置曲面素线数目控制变量的值
输入 ISOLINES 的新值 <4>： 回车	素线数设为 4
命令： SPHERE	调用球体命令
指定中心点或 [三点(3P)/两点(2P)/相切、相切、半径(T)]： 单击绘图区任一点	用光标指定一点作为球心
指定半径或 [直径(D)] <53.5916>： 50	输入球体的半径为 50
结束	创建球体结果如图 7.1.15（a）所示
命令： ISOLINES	设置曲面素线数目控制变量的值
输入 ISOLINES 的新值 <4>： 12	素线数设为 12
命令： SPHERE	调用球体命令
指定中心点或 [三点(3P)/两点(2P)/相切、相切、半径(T)]： 单击绘图区任一点	用光标指定一点作为球心
指定半径或 [直径(D)] <53.5916>： 50	输入球体的半径为 50
	创建球体结果如图 7.1.15（b）所示

七、布尔运算差集

微课

布尔运算（并集、差集与交集）

1. 功　能

从选择的被减实体中挖去要减的实体，从而形成一个新的实体。

2. 命令调用方式

功能区：“常用”标签/“实体编辑”面板/“差集”按钮。

功能区：“实体”标签/“布尔值”面板/“差集”按钮。

命令行：SUBTRACT。

3. 命令举例

例 7.1.5 从长方体和立放的圆柱中挖去一个横卧的圆孔，如图 7.1.16 所示。

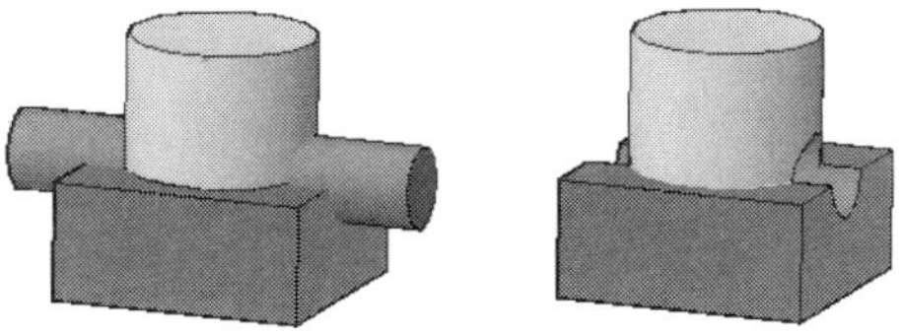

（a）执行差集命令前　（b）执行差集命令后

图 7.1.16　实体的差集

操作步骤如下：

命令：SUBTRACT	调用差集命令
选择对象：选择长方体和立放的圆柱	选择长方体和立放圆柱作为被减实体
选择对象：回车	结束被减实体的选择
选择要减去的实体或面域 ..	
选择对象：选择横卧的圆柱	选择横卧圆柱作为要减的实体
选择对象：回车	结束要减实体的选择

微课

三维实体的圆角与倒角命令

八、圆角命令

1. 功　能

将实体中被选择的棱边做圆角处理。

2. 命令调用方式

功能区：“实体”标签/“实体编辑”面板/“圆角边”下拉列表/“圆角边”按钮。

命令行：FILLETEDGE。

3. 命令举例

例 7.1.6　将长方体的边 AB、CD 进行圆角，已知长方体的大小为 1 000 × 700 × 350，如图 7.1.17 所示。

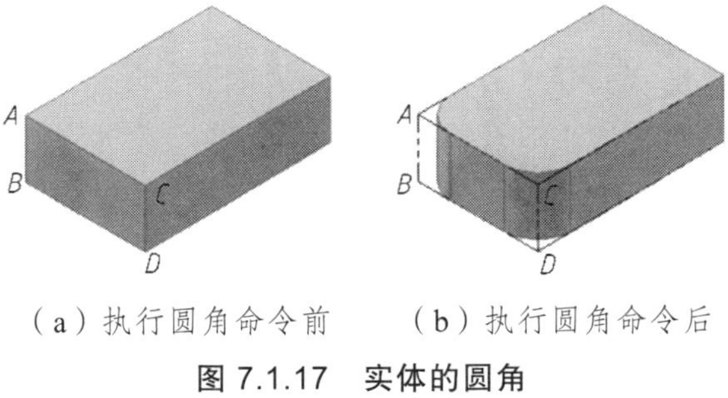

（a）执行圆角命令前　（b）执行圆角命令后

图 7.1.17　实体的圆角

操作步骤如下：

命令：FILLETEDGE	调用圆角边命令
半径 ＝1.0000	
选择边或［链(C)/环(L)/半径(R)]：r	设置圆角边半径

输入圆角半径或 [表达式(E)] <1.0000>： 200	输入圆角半径为 200
选择边或 [链(C)/环(L)/半径(R)]： 单击边 *AB*	选择长方体的边 *AB*
选择边或 [链(C)/环(L)/半径(R)]： 单击边 *CD*	
选择边或 [链(C)/环(L)/半径(R)]： 回车	再选择长方体的边 *CD*
已选定 2 个边用于圆角。	结束长方体的圆角边的选择
按 Enter 键接受圆角或 [半径(R)]： 回车	接受圆角

九、实体编辑—着色面

微课

着色面命令

1. 功　能

修改实体表面的颜色。

2. 命令调用方式

功能区："常用"标签/"实体编辑"面板/"拉伸面"下拉列表/"着色面"按钮。

3. 命令举例

例 7.1.7 将长方体的顶面颜色改为青色，将两个圆角面的颜色改为红色，如图 7.1.18 所示。操作步骤如下：

命令： SOLIDEDIT	调用"着色面"命令
输入面编辑选项[拉伸(E)/移动(M)/旋转(R)/偏移(O)/倾斜(T)/删除(D)/复制(C)/颜色(L)/材质(A)/放弃(U)/退出(X)] <退出>：L	
选择面或 [放弃(U)/删除(R)]：单击边 *AB*	选择长方体的边 *AB*
选择面或 [放弃(U)/删除(R)]： 找到 2 个面。	选中以 *AB* 为边的顶面和前面
选择面或 [放弃(U)/删除(R)/全部(ALL)]：	
按下 shift 键，再单击边 *AG*	将边 *AG* 所在的前面从选择集中去掉
选择面或 [放弃(U)/删除(R)/全部(ALL)]： 找到一个面，已删除 1 个。	
选择面或 [放弃(U)/删除(R)/全部(ALL)]：回车	结束着色面的选择
在弹出的"选择颜色"对话框中选择"青"色	更改已选中的顶面颜色
输入面编辑选项[拉伸(E)/移动(M)/旋转(R)/偏移(O)/倾斜(T)/删除(D)/复制(C)/颜色(L)/材质(A)/放弃(U)/退出(X)] <退出>： L	选择编辑面的颜色
单击圆弧边 *BC*	选择圆弧边 *BC*
选择面或 [放弃(U)/删除(R)/全部(ALL)]： 找到 2 个面。	选中顶面和圆角面 *BC*
单击圆弧边 *DE*	选择圆弧边 *DE*
选择面或 [放弃(U)/删除(R)/全部(ALL)]： 找到 2 个面。	选中顶面和圆角面 *DE*

按下 Shift 键，再单击边 *AB* 将边 AB 所在的顶面从选择集中去掉

选择面或 [放弃(U)/删除(R)/全部(ALL)]： 找到 2 个面，已删除 1 个。

选择面或 [放弃(U)/删除(R)/全部(ALL)]：回车 结束着色面的选择

在弹出的“选择颜色”对话框中选择“红”色 更改已选中表面的两圆角颜色

输入面编辑选项 [拉伸(E)/移动(M)/旋转(R)/偏移(O)/倾斜(T)/删除(D)/复制(C)/颜色(L)/材质(A)/放弃(U)/退出(X)] <退出>：回车 退出面编辑状态

实体编辑自动检查： SOLIDCHECK=1

输入实体编辑选项 [面(F)/边(E)/体(B)/放弃(U)/退出(X)] <退出>：回车 退出实体编辑状态

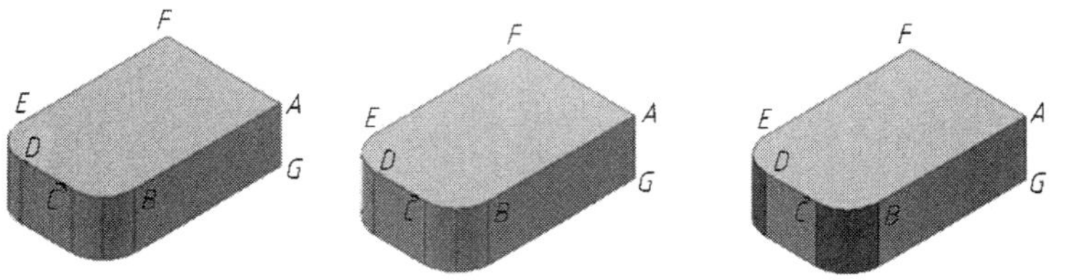

（a）带圆角的长方体　（b）顶面改为青色　（c）两圆角面改为红色

图 7.1.18　修改实体表面的颜色

【任务实施】

微课

创建骰子模型

一、新建图形文件

新建图形文件，以文件名为“骰子.dwg”保存。

二、建立图层

打开“图层特性管理器”对话框，如图 7.1.19 所示，建立图层。

状态	名称	：	冻结	锁定	颜色	线型	线宽
✓	0				白	Continuous	—— 默认
	辅助线				白	Continuous	—— 默认
	立方体				绿	Continuous	—— 默认
	球体				红	Continuous	—— 默认

图 7.1.19　建立图层

三、创建立方体

（1）进入立方体图层。

（2）将视图设置为“东南等轴测”。

（3）将视觉样式设为“概念”。

（4）创建立方体，如图 7.1.20 所示。

操作步骤如下：

命令： BOX

指定第一个角点或 [中心(C)]:

指定其他角点或 [立方体(C)/长度(L)]： C

指定长度： 200

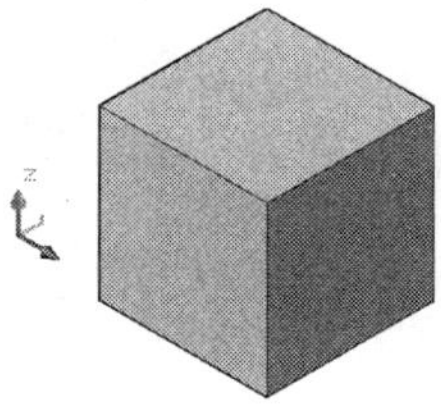

图 7.1.20 创建立方体

四、绘制顶面上的一点坑

（1）将视觉样式设为“二维线框”。

（2）进入辅助线层，用直线命令绘制顶面的对角线，对角线的中点就是一点坑的中心。

（3）调用动态观察命令，水平拖动光标，调整视点使前后的棱线不重影，如图 7.1.21（a）所示。

（4）创建一点坑的球体，如图 7.1.21（b）所示。

操作步骤如下：

命令： SPHERE

指定中心点或 [三点(3P)/两点(2P)/相切、相切、半径(T)]：拾取顶面对角线的中点

指定半径或 [直径(D)]： 50

（5）用差集命令挖出一点坑，如图 7.1.21（c）所示。

操作步骤如下：

命令： SUBTRACT

选择要从中减去的实体或面域... 选择立方体

选择对象： 找到 1 个

选择对象： 回车结束选择

选择要减去的实体或面域 .. 选择球体

选择对象： 找到 1 个

选择对象： 回车结束选择

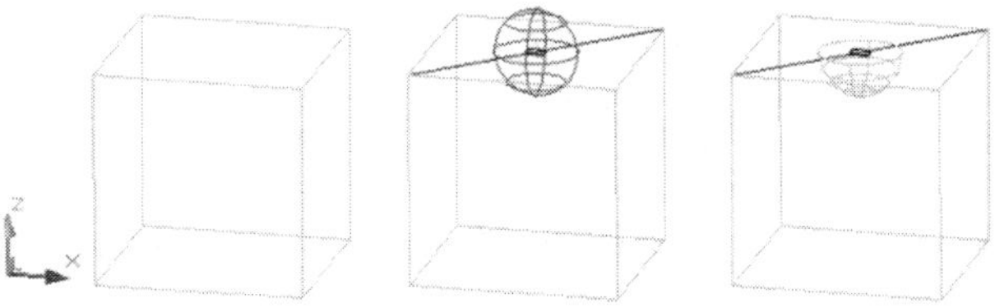

（a）调整视点 （b）创建球体 （c）挖出一点坑

图 7.1.21 绘制一点坑

五、绘制其他面上的多点坑

绘制多点坑与绘制一点坑的方法相同，只是确定小坑中心的方法不同，小坑的大小不同。

（一）在前面绘制二点坑

（1）确定二点坑的中心位置。

先绘制前面的对角线，再用定数等分命令 DIVIDE 将对角线三等分，得到的两个等分节点就是两点坑的中心，如图 7.1.22（a）所示。

（2）二点坑的半径大小为 30，绘制的二点坑如图 7.1.22（b）所示。

（二）在右面绘制三点坑

（1）确定三点坑的中心位置。

① 调用动态观察命令，拖动光标，调整视点使右面展示出来，图 7.1.23（a）所示。

② 绘制右面的对角线。

③ 用定数等分命令 DIVIDE 将对角线 4 等分，得到的 3 个等分节点就是三点坑的中心。

（2）三点坑的半径大小为 20，绘制的三点坑，如图 7.1.23（b）所示。

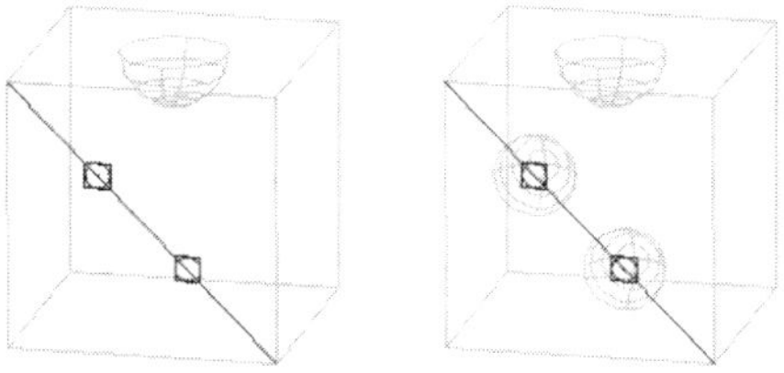

（a）确定二点坑的中心位置（b）挖出二点坑

图 7.1.22　绘制二点坑

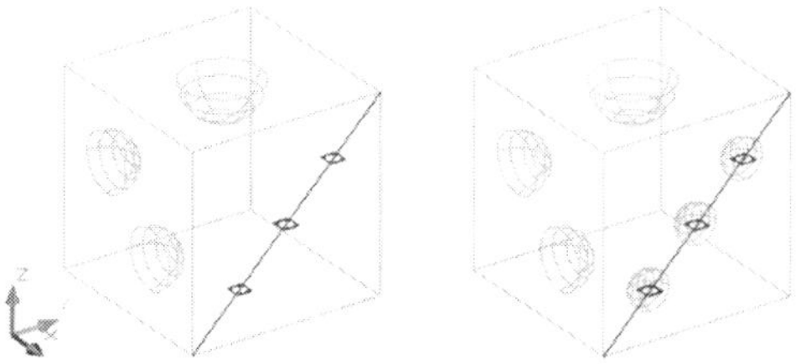

（a）确定三点坑的中心位置（b）挖出三点坑

图 7.1.23　绘制三点坑

（三）在左面绘制四点坑

骰子两个对面点数之和为 7，四点坑在三点坑的对面。

（1）确定四点坑的中心位置。

① 调用动态观察命令，拖动光标，调整视点使左面展示出来。

② 将视觉样式设为“概念”。

③ 用直线命令描画一遍左面的四条边。

④ 用定数等分命令 DIVIDE 分别将刚画的四条直线四等分。

⑤ 用直线命令分别连接对边的第一、三等分点，得到四个交点 1、2、3、4 就是四点坑的中心，如图 7.1.24（a）所示。

（2）四点坑的半径大小为 20，绘制的四点坑如图 7.1.24（b）所示。

（四）在后面绘制五点坑

五点坑在二点坑的对面。

（1）确定五点坑的中心位置。

① 调用动态观察命令，拖动光标，调整视点使后面展示出来。

② 用直线命令描画一遍左面的四条边。

③ 用定数等分命令 DIVIDE 分别将刚画的四条直线四等分。

④ 用直线命令分别连接对边的第一、二、三等分点，得到五个交点 1、2、3、4、5 就是五点坑的中心，如图 7.1.25（a）所示。

（2）五点坑的半径大小为 20，绘制的五点坑如图 7.1.25（b）所示。

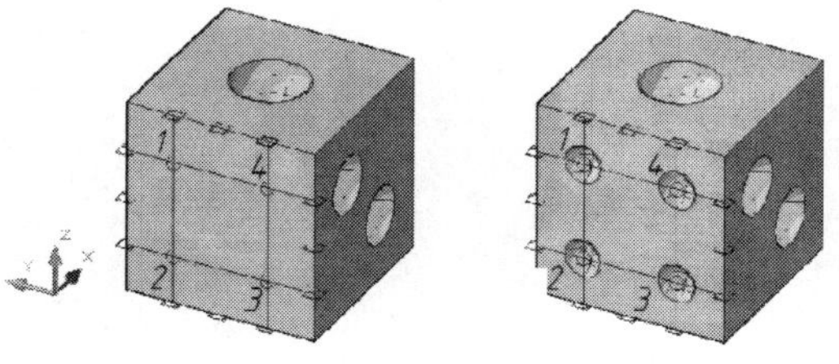

（a）确定四点坑的中心位置　（b）挖出四点坑

图 7.1.24　绘制四点坑

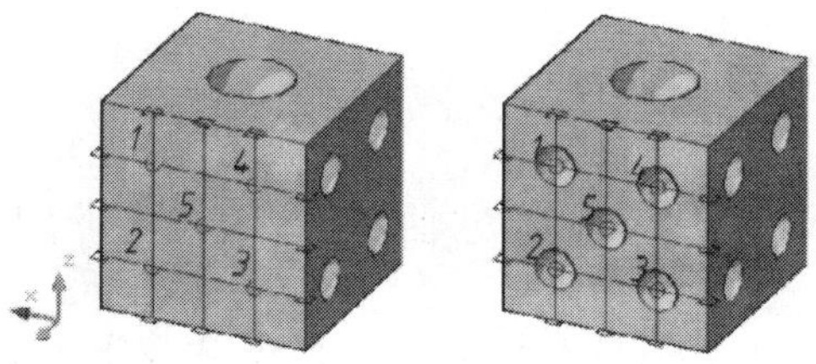

（a）确定五点坑的中心位置　（b）挖出五点坑

图 7.1.25　绘制五点坑

（五）在后面绘制六点坑

六点坑在一点坑的对面。

（1）确定六点坑的中心位置。

① 调用动态观察命令，拖动光标，调整视点使底面展示出来。

② 用直线命令描画一遍左面的四条边。

③ 用定数等分命令 DIVIDE 分别将平行于 X 轴的两条直线三等分。

④ 用定数等分命令 DIVIDE 分别将平行于 Y 轴的两条直线四等分。

⑤ 用直线命令分别连接对边的对应等分点，得到六个交点 1、2、3、4、5、6 就是六点坑的中心，如图 7.1.26（a）所示。

（2）六点坑的半径大小为 20，绘制的六点坑如图 7.1.26（b）所示。

六、用圆角命令对棱边、边线进行圆角

（1）用圆角边命令 FILLETEDGE 将立方体的棱边进行圆角，圆角半径为 20。

（2）用圆角边命令 FILLETEDGE 将所有的点坑边线进行圆角，圆角半径为 2，结果如图 7.1.27 所示。

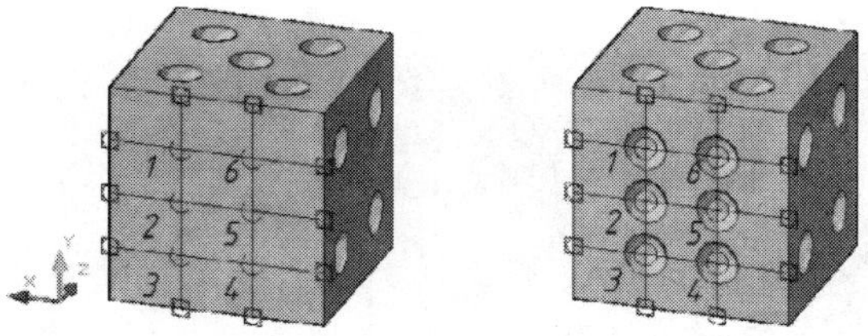

（a）确定六点坑的中心位置　（b）挖出六点坑

图 7.1.26　绘制六点坑

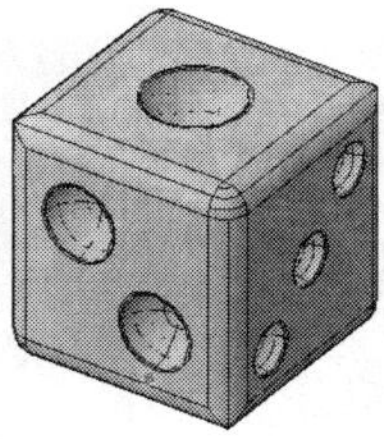

图 7.1.27　将立方体的棱边、点坑的棱边进行圆角

图 7.1.28　改变坑面的颜色

七、用着色面命令改变坑面的颜色

（1）一点坑、三点坑、五点坑的坑面改为红色。

（2）二点坑、四点坑、六点坑的坑面改为蓝色，结果如图 7.1.28 所示。

【能力拓展】

一、控制曲线与曲面显示的平滑度

（一）控制圆和圆弧的系统变量 VIEWRES

系统变量 VIEWRES 控制着当前视口中曲线（例如圆和圆弧）的显示精度。VIEWRES 的值为 1 ~ 20 000，VIEWRES 设置越高，显示的圆弧和圆就越平滑，但重新生成的时间也越长，如图 7.1.29 所示。

在绘图时，为了改善性能，可以将 VIEWRES 的值设置得低一些。

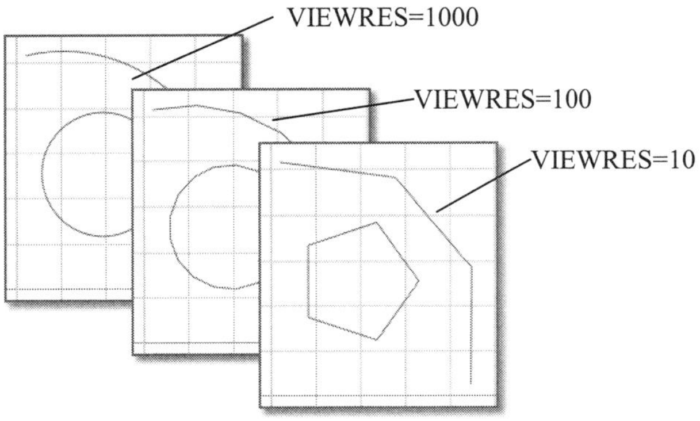

图 7.1.29　系统变量 VIEWRES 控制曲线的平滑度

（二）控制曲面实体的网格密度以及平滑度的系统变量 FACETRES

系统变量 FACETRES 控制着当前视口中曲面实体的平滑度。FACETRES 的默认值为 0.5，值的范围为 0.01 ~ 10，FACETRES 设置越高，显示的几何图形就越平滑，如图 7.1.30 所示。

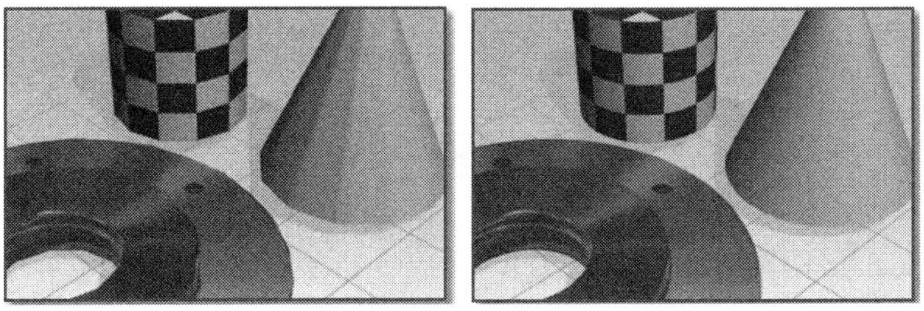

（a）FACETRES=0.25　　　（b）FACETRES=5

图 7.1.30　系统变量 FACETRES 控制曲面实体的平滑度

二、视觉样式管理器

（一）功　能

创建新的视觉样式和修改视觉样式的参数。

（二）命令调用方式

功能区："常用"标签/"视图"面板/"二维线框"下拉列表/"视觉样式管理器"。
功能区："视图"标签/"选项板"面板/"视觉样式"按钮。
命令行：VISUALSTYLES。

（三）命令举例

例 7.1.11　新建一个新的视觉样式"真实 2"，并应用于视图中。

1. 调用命令

调用命令弹出"视觉样式管理器"对话框，如图 7.1.31 所示。

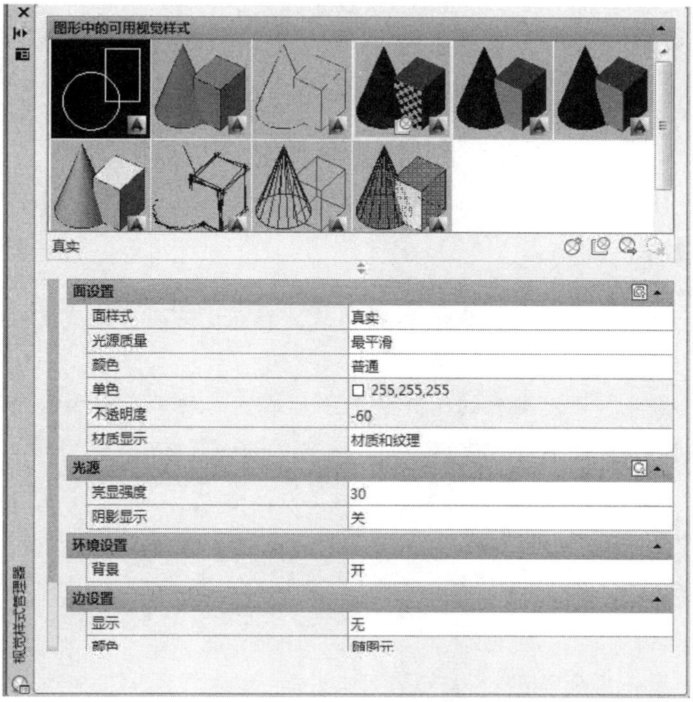

图 7.1.31　视觉样式管理器

2. 新建视觉样式

首先单击选定"真实"视觉样式作为基础样式，然后单击"新建视觉样式"按钮，在弹出的"创建新的视觉样式"对话框（见图 7.1.32）中，"名称"输入"真实 2"，"说明"输入"强亮度，不显示边"，按"确定"按钮后，"图形中的可用视觉样式"中增加了"真实 2"视觉样式，如图 7.1.33 所示。

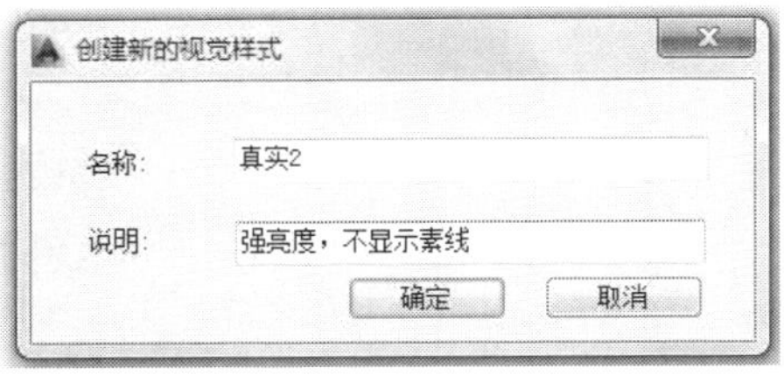

图 7.1.32 “新建视觉样式”对话框

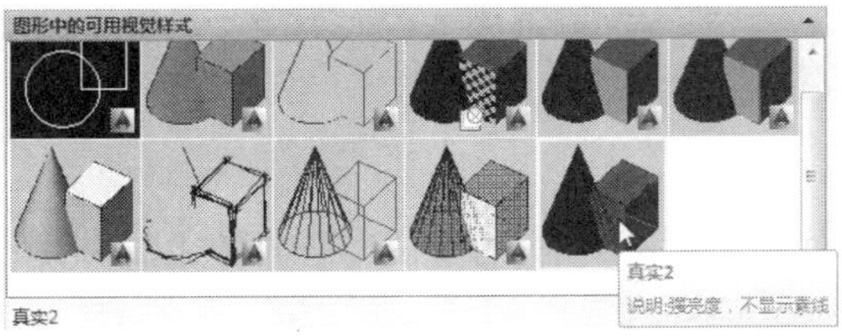

图 7.1.33 新增加的“真实 2”样例图像

3. 参数设置

对“真实 2”视觉样式的参数进行设置。

目前设置面板中显示的是“真实”视觉样式的参数，将“面设置”中的“亮显强度”设为“50”，将“边设置”中的“边模式”设为“无”。

4. 应用“真实 2”视觉样式

单击“将选定的视觉样式应用于当前视口”按钮，关闭视觉样式管理器对话框，并将系统变量 FACETRES 设为 5，观察骰子视觉效果如 7.1.34 所示。

图 7.1.34 “真实 2”视觉样式下的骰子效果

任务 2 制作五角星的三维模型

素质目标

1. 具备绘制和识读施工图所必需的职业素质，拥有吃苦耐劳、诚实守信、求真务实的职业道德观念；

2. 养成严谨、踏实、认真负责的工作作风，具备良好的学习能力和团队协作观念，能够理论联系实际解决问题，培养创新意识。

知识目标

1. 掌握创建拉伸体命令；
2. 掌握剖切命令；
3. 掌握布尔运算并集命令；
4. 绘制五角星三维模型。

能力目标

1. 具备 CAD 软件三维模型初步制作的能力；
2. 具备三维模型空间的基本认知能力；
3. 具备简单三维模型五角星的制作能力。

【任务分析】

图 7.2.1 所示为五角星模型，是由五个相同的角实体经过环形阵列而成的，其中每个角实体的形状都不是一个基本形体。经过形体分析与线面分析可知，角实体是一个切割形体，由一个立放的四棱柱母体［图 7.2.2（a）］被两个一般位置平面 P_1、P_2 截切而成的，如图 7.2.2（b）所示，截平面 P_1 经过 O_1、A、B 三个点，截平面 P_2 经过 O_1、A、C 三个点。

图 7.2.1 五角星模型

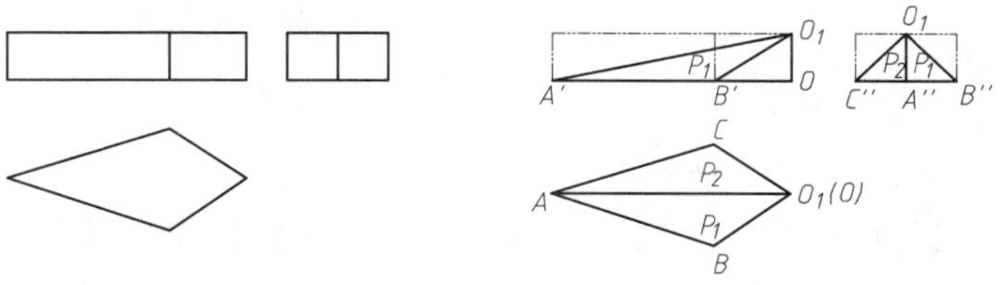

（a）立放的四棱柱母体　（b）四棱柱母体被平面 P_1、P_2 截切

图 7.2.2 五角星的一个角实体的形状分析图

制作五角星模型用到的新命令有创建拉伸实体命令 EXTRUDE、实体剖切命令 SLICE、布尔运算并集命令 UNION。

此类建模方法适用于必须用线面分析法分析的不规则形体以及切割形体。

【相关知识】

微课

创建拉伸体的命令

一、创建拉伸体的命令

1. 功　能

通过指定拉伸的方向、高度、路径，可以将面拉伸成体、将线拉伸成面，从而创建三维实体或曲面。

2. 命令调用方式

功能区：“常用”标签/“建模”面板/“拉伸”下拉列表/“拉伸” 按钮。

功能区：“实体”标签/“实体”面板/“拉伸” 按钮。

命令行：EXTRUDE（EXT）。

3. 命令举例

例 7.2.1　拉伸创建实体的几种方式，如图 7.2.3 所示。

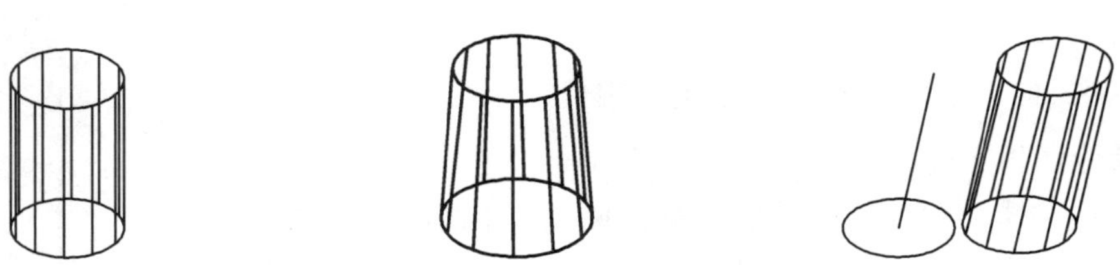

（a）拉升高度为 20　（b）拉升高度为 15，拉伸倾斜角度为 5°　（c）拉伸路径为直线

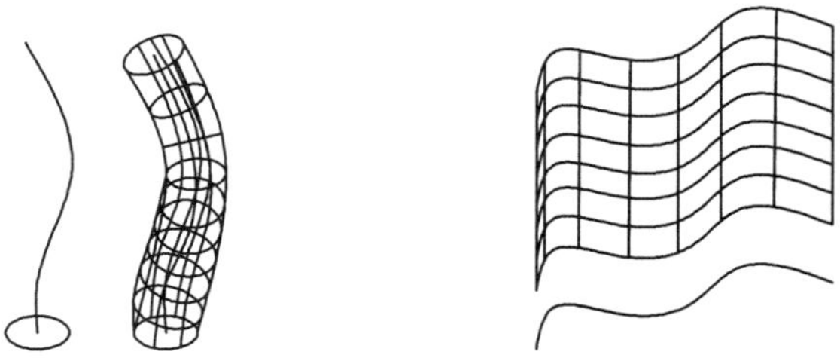

（d）拉伸路径为样条曲线　　（e）将样条曲线拉伸，高度为 20

图 7.2.3　创建拉伸体的几种方式

操作步骤如下：

命令：　EXTRUDE	调用拉伸命令
当前线框密度：　ISOLINES=4，闭合轮廓创建模式=实体	
选择要拉伸的对象或 [模式(MO)]：MO 闭合轮廓创建模式 [实体(SO)/曲面(SU)] <实体>：　SO	
选择要拉伸的对象：　选择圆	选择拉伸体的截面对象
选择要拉伸的对象：　回车	结束选择
指定拉伸的高度或 [方向(D)/路径(P)/倾斜角(T)] <70.0000>：　P	选择用路径方式拉伸
选择拉伸路径或 [倾斜角]：　选择空间曲线	选择曲线拉伸路径，结果如图 7.2.3（d）所示

4. 注意事项

（1）路径不能与对象处于同一平面，也不能具有高曲率的部分。

（2）拉伸实体始于对象所在平面并保持其方向相对于路径。

（3）如果路径包含不相切的线段，那么程序将沿每个线段拉伸对象，然后沿线段形成的角平分面斜接接头。

（4）如果路径是封闭的，拉伸对象应位于斜接面上。这允许实体的起始截面和终止截面相互匹配。如果对象不在斜接面上，将旋转对象直到其位于斜接面上。

（5）倾斜角为介于 $-90° \sim +90°$ 的角度，正角度表示从基准对象逐渐变细地拉伸，而负角度则表示从基准对象逐渐变粗地拉伸。默认角度 0 表示在与二维对象所在平面垂直的方向上进行拉伸。所有选定的对象和环都将倾斜到相同的角度。

二、剖切命令

1. 功　能

用平面或曲面剖切实体，创建新的实体。

微课

剖切命令

2. 命令调用方式

功能区：“常用”标签/“实体编辑”面板/“剖切”按钮。

功能区：“实体”标签/“实体编辑”面板/“剖切”按钮。

命令行：SLICE（SL）。

3. 命令举例

例 7.2.2 用“三点”方式剖切长方体，如图 7.2.4（a）所示。

操作步骤如下：

命令： SLICE　　调用剖切命令

选择要剖切的对象： 选择长方体

选择要剖切的对象： 回车　　结束选择

指定 切面 的起点或 [平面对象(O)/曲面(S)/Z 轴(Z)/视图(V)/XY/YZ/ZX/三点(3)] <三点>： 回车　　选择“三点”剖切方式

指定平面上的第一个点： 选择 *A* 点

指定平面上的第二个点： 选择 *B* 点

指定平面上的第二个点： 选择 *C* 点

在所需的侧面上指定点或 [保留两个侧面(B)] <保留两个侧面>： 选择 *D* 点　　保留的 *D* 点所在的一侧

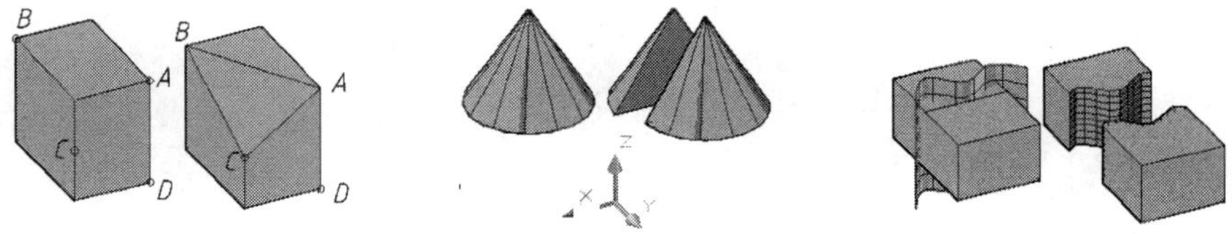

（a）过三点剖切　（b）用 *ZX* 面剖切　（c）用曲面剖切

图 7.2.4 截切实体

例 7.2.3 用平行于坐标面 *ZOX* 的平面剖切方式剖切圆锥，如图 7.2.4（b）所示。

操作步骤如下：

命令： SLICE　　调用剖切命令

选择要剖切的对象： 选择圆锥

选择要剖切的对象： 回车　　结束选择

指定 切面 的起点或 [平面对象(O)/曲面(S)/Z 轴(Z)/视图(V)/XY/YZ/ZX/三点(3)] <三点>： ZX　　选择 *ZX* 平面的剖切方式

指定 ZX 平面上的点 <0，0，0>： 选择锥顶

在所需的侧面上指定点或 [保留两个侧面(B)] <保留两个侧面>： B　　保留两侧的对象

例 7.2.4 用曲面剖切长方体，如图 7.2.4（c）所示。

操作步骤如下：

命令： SLICE　　调用剖切命令

选择要剖切的对象： 选择长方体

选择要剖切的对象： 回车　　结束选择

指定 切面 的起点或 [平面对象(O)/曲面(S)/Z 轴(Z)/视图(V)/XY/YZ/ZX/三点(3)] <三点>： S　　选择 *ZX* 平面的剖切方式

选择曲面： 选择图中曲面

在所需的侧面上指定点或 [保留两个侧面(B)] <保留两个侧面>： B　　保留两侧的对象

4. 命令中其他选项说明

（1）平面对象（O）：用指定对象所在平面来切开实体。这些对象可以是圆、椭圆、圆弧、二维样条曲线或二维多段线。

（2）Z 轴（Z）：通过指定剖切平面上一点和在剖切平面 Z 轴（法线）上指定另一点来定义剖切平面。

（3）视图（V）：通过指定剖切平面上一点选择与当前视图平面平行的平面作为剖切平面。

（4）XY/YZ/ZX：这三项分别表示通过指定剖切平面上一点，选择与当前 UCS 坐标系下的 XY 平面、YZ 平面、ZX 平面平行的平面作为剖切平面。

三、布尔运算并集

1. 功　能

并集运算是将两个或两个以上的实体合并成一个新实体。

2. 命令调用方式

功能区：“常用”标签/“实体编辑”面板/“并集”  按钮。

功能区：“实体”标签/“布尔值”面板/“并集” 按钮。

命令行：UNION。

3. 命令举例

例 7.2.5　将长方体与圆柱合并成一个实体，如图 7.2.5 所示。

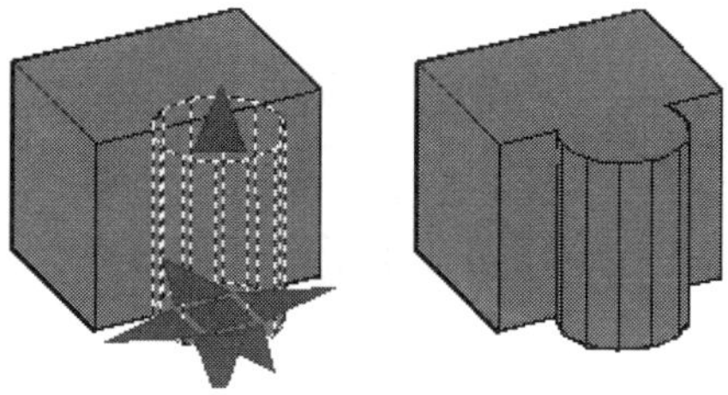

（a）合并前　　（b）合并后

图 7.2.5　实体的并集

操作步骤如下：

命令：	UNION	调用并集命令
选择对象：	用交叉窗口选择长方体和圆柱体	选择长方体和圆柱体作为被合并的实体
选择对象：	回车	结束合并实体的选择

【任务实施】

微课

创建五角星的三维模型

1. 新建图形文件

新建图形文件，以文件名为“五角星.dwg”保存。

2. 建立图层

打开“图层特性管理器”对话框，建立图层，如图 7.2.6 所示。

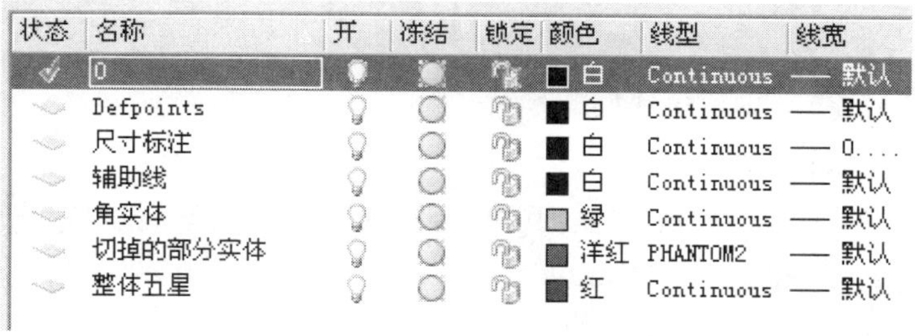

状态	名称	开	冻结	锁定	颜色	线型	线宽
	0				白	Continuous	—— 默认
	Defpoints				白	Continuous	—— 默认
	尺寸标注				白	Continuous	—— 0....
	辅助线				白	Continuous	—— 默认
	角实体				绿	Continuous	—— 默认
	切掉的部分实体				洋红	PHANTOM2	—— 默认
	整体五星				红	Continuous	—— 默认

图 7.2.6　建立图层

3. 绘制二维五角星图形

进入“辅助线”图层，绘制二维五角星图形，外接圆半径为 500，如图 7.2.7 所示。

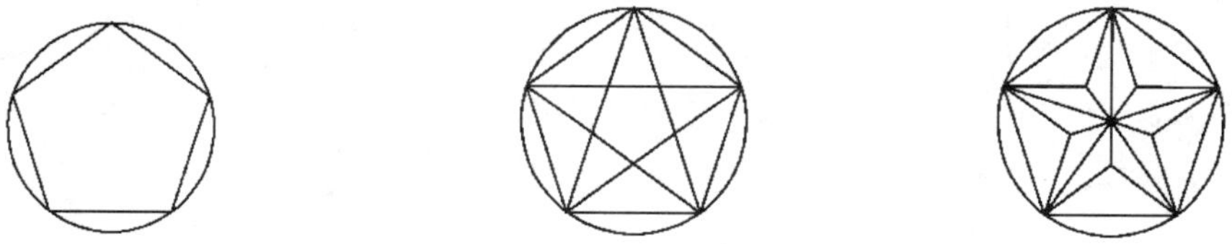

（a）绘制圆及内接正五边形　（b）连接五个顶点，作五角星轮廓　（c）完成五角星

图 7.2.7　绘制二维五角星图形

4. 制作五角星的一个角实体的母体

（1）将视图设置为“东南等轴测”，如图 7.2.8（a）所示。

（2）用复制命令 COPY 从二维五角星中复制出一个角的平面图 *OBAC*，如图 7.2.8（b）所示。

（3）用创建边界命令 BOUNDARY，将图 7.2.8（b）中的平面图创建成一个封闭多段线 *OBAC*。

（4）进入“角实体”图层，用创建拉伸实体的命令 EXTRUDE，将封闭多段线 *OBAC* 拉伸成一个高度为 100 的四棱柱拉伸实体，如图 7.2.8（c）所示。

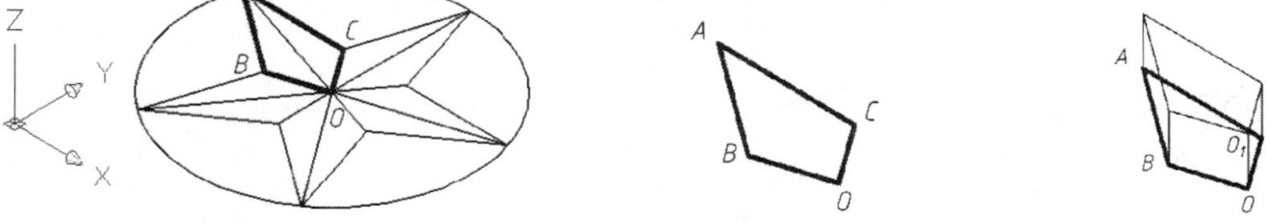

（a）将视图设置为“东南等轴测”　（b）复制出五角星的一个角，并转成一条封闭多段线　（c）创建四棱柱拉伸实体

图 7.2.8　创建角实体的母体四棱柱

5. 切割母体四棱柱，获得五角星的一个角实体

（1）用平面 P_1 切割母体四棱柱，如图 7.2.9 所示。

操作命令如下：

命令： SLICE

选择要剖切的对象： 选择母体四棱柱

选择要剖切的对象： 回车

指定切面的起点或[平面对象(O)/曲面(S)/Z 轴(Z)/视图(V)/XY/YZ/ZX/三点(3)]<三点>： 3

指定平面上的第一个点： 选择 O_1 点

指定平面上的第二个点： 选择 A 点

指定平面上的第三个点： 选择 B 点

在所需的侧面上指定点或 [保留两个侧面(B)] <保留两个侧面>： B

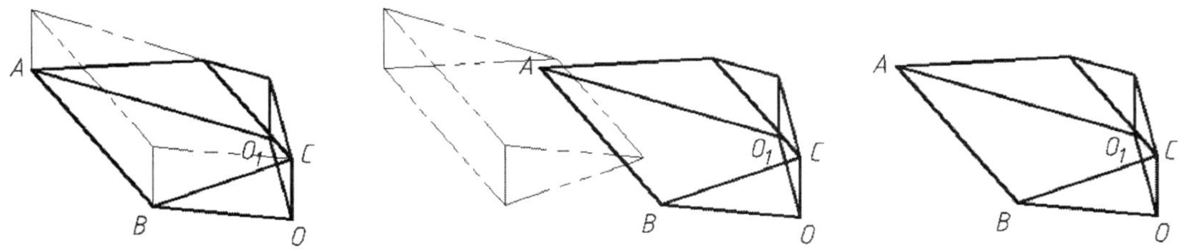

（a）用平面 O_1AB 切割母体四棱柱　（b）移去上面的一部分　（c）剩余部分的形状

图 7.2.9　用平面 P_1 切割母体四棱柱

（2）将被平面 P_1 切割后的剩余部分，继续用平面 P_2 切割，如图 7.2.10 所示。

操作步骤如下：

命令：SLICE

选择要剖切的对象： 选择剩余部分

选择要剖切的对象： 回车

指定切面的起点或[平面对象(O)/曲面(S)/Z 轴(Z)/视图(V)/XY/YZ/ZX/三点(3)]<三点>：3

指定平面上的第一个点： 选择 O_1 点

指定平面上的第二个点： 选择 A 点

指定平面上的第三个点： 选择 C 点

在所需的侧面上指定点或 [保留两个侧面(B)] <保留两个侧面>： B

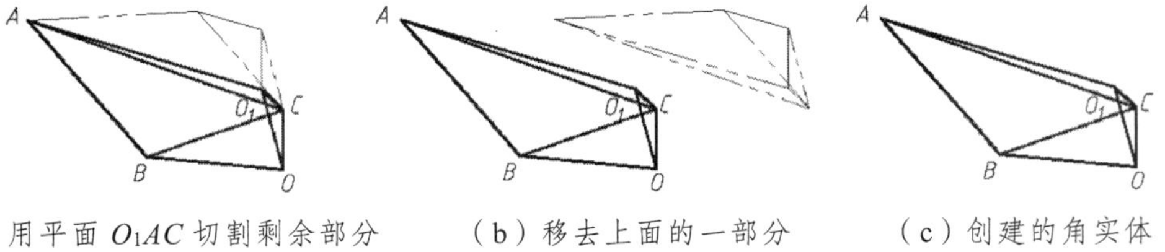

（a）用平面 O_1AC 切割剩余部分　（b）移去上面的一部分　（c）创建的角实体

图 7.2.10　用平面 P_2 切割母体四棱柱的剩余部分

6. 阵列、合并角实体，完成五角星模型

（1）用阵列命令 ARRAY 进行环形阵列，得到 5 个角实体，阵列中心为 *O* 点，如图 7.2.11（a）所示。

（2）用并集命令 UNION 合并 5 个角实体，完成五角星模型，如图 7.2.11（b）所示。

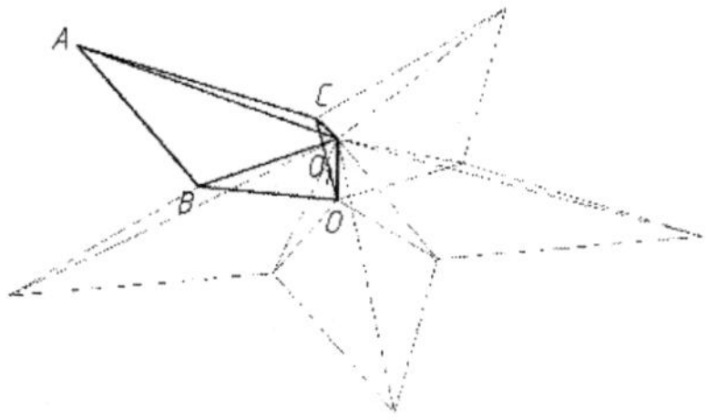

（a）环形阵列得到 5 个角实体

（b）合并 5 个角实体，完成五角星模型

图 7.2.11　阵列、合并角实体

【能力拓展】

AutoCAD 中可直接创建 8 种基本形体，分别是多段体、长方体、球体、圆柱体、圆锥（台）体、棱锥（台）体、楔体、圆环体。

一、多段体创建命令

1. 功　能

多段体是在多段线基础上拉伸出高度的实体。通过多段体创建命令 POLYSOLID ，可以直接绘制多段体，方法与绘制多线段一样，也可以将现有直线、二维多线段、圆弧或圆转换为多段体。

2. 命令调用方式

功能区：“常用”标签/“建模”面板/“多段体”按钮。

功能区：“实体”标签/“图元”面板/“多段体”下拉列表/“多段体”按钮。

命令行：POLYSOLID。

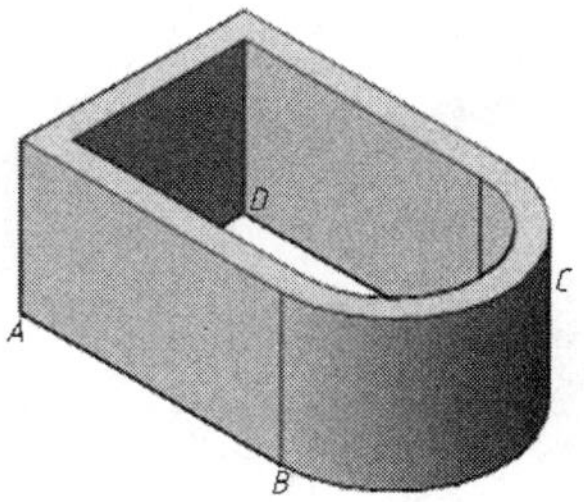

图 7.2.12　绘制多段体

3. 命令举例

例 7.2.6　绘制多段体，如图 7.2.12 所示。

操作步骤如下：

打开极轴追踪功能

命令：　POLYSOLID	调用多段体命令
指定起点或 [对象(O)/高度(H)/宽度(W)/对正(J)] <对象>：　W	设置多段体宽度
指定宽度 <5.0000>：　10	输入多段体宽度值
指定起点或 [对象(O)/高度(H)/宽度(W)/对正(J)] <对象>：　H	设置多段体高度

指定高度 <50.0000>： 60	输入多段体高度值
指定起点或 [对象(O)/高度(H)/宽度(W)/对正(J)] <对象>：单击任一点 *A*	指定多段体起点 *A*
指定下一个点或 [圆弧(A)/放弃(U)]： 100	指定直线段长度，定 *B* 点
指定下一个点或 [圆弧(A)/放弃(U)]：A	选择绘制圆弧段
指定圆弧的端点或 [闭合(C)/方向(D)/直线(L)/第二个点(S)/放弃(U)]：80	指定圆弧端点 *C*
指定圆弧的端点或 [闭合(C)/方向(D)/直线(L)/第二个点(S)/放弃(U)]：L	选择绘制直线段
指定下一个点或 [圆弧(A)/闭合(C)/放弃(U)]：100	指定直线段长度，定 *D* 点
指定下一个点或 [圆弧(A)/闭合(C)/放弃(U)]：C	以闭合方式结束命令

例 7.2.7 将直线与圆弧转成多段体，如图 7.2.13 所示。

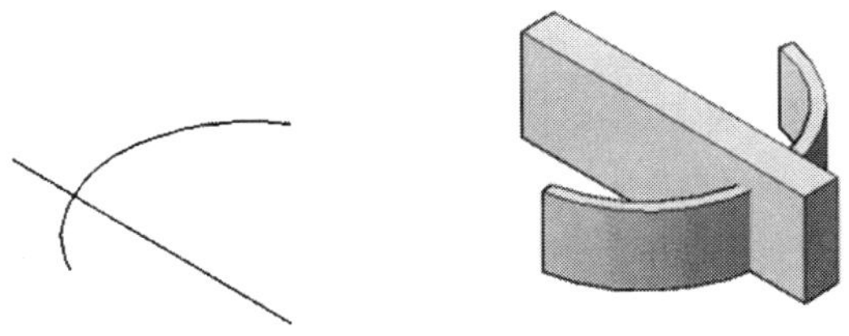

（a）直线与圆弧　　（b）转成多段体

图 7.2.13 将其他对象转成多段体

操作步骤如下：

命令： POLYSOLID	调用多段体命令
指定起点或 [对象(O)/高度(H)/宽度(W)/对正(J)] <对象>：W	设置多段体宽度
指定宽度 <10.0000>： 5	输入多段体宽度值
指定起点或 [对象(O)/高度(H)/宽度(W)/对正(J)] <对象>：H	设置多段体高度
指定高度 <60.0000>： 30	输入多段体高度值
指定起点或 [对象(O)/高度(H)/宽度(W)/对正(J)] <对象>：回车	将对象转成多段体
选择对象： 选择圆弧	选择要转化的对象
命令： POLYSOLID	调用多段体命令
指定起点或 [对象(O)/高度(H)/宽度(W)/对正(J)] <对象>：W	设置多段体宽度
指定宽度 <5.0000>： 15	输入多段体宽度值
指定起点或 [对象(O)/高度(H)/宽度(W)/对正(J)] <对象>： H	设置多段体高度
指定高度 <30.0000>： 40	输入多段体高度值
指定起点或 [对象(O)/高度(H)/宽度(W)/对正(J)] <对象>：回车	将对象转成多段体，如图 7.2.13（b）所示
选择对象： 选择直线	选择要转化的对象

二、圆柱体创建命令

1. 功　能

用于创建圆柱体、椭圆柱体。

2. 命令调用方式

功能区："常用"标签/"建模"面板/"长方体"下拉列表/"圆柱体" 按钮。
功能区："实体"标签/"图元"面板/"圆柱体" 按钮。
命令行：CYLINDER（SYL）。

3. 命令说明

圆柱体命令比较简单，先绘制出底面的圆或椭圆，再指定一个高度值即可得到圆柱或椭圆柱。

三、楔体创建命令

1. 功　能

用于创建楔体。

2. 命令调用方式

功能区："常用"标签/"建模"面板/"长方体"下拉列表/"楔体" 按钮。
功能区："实体"标签/"图元"面板/"多段体"下拉列表/"楔体" 按钮。
命令行：WEDGE（WE）。

3. 命令说明

楔体命令是先通过指定两对角点 A、C 绘制出底面的矩形，再指定一个高度值即可得到楔体。

注意升起的边是过底面矩形的第一角点 A 且平行于 Y 轴的边 AC，如图 7.2.14 所示。

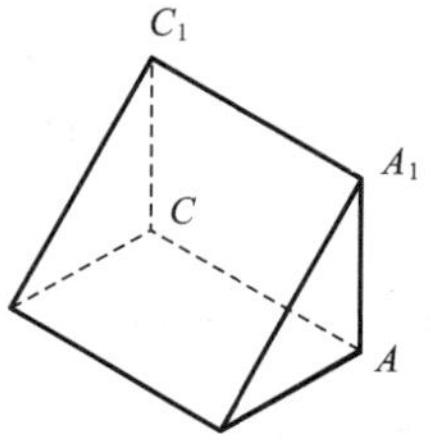

图 7.2.14　将其他对象转成多段体

四、棱锥体创建命令

1. 功　能

用于创建正棱锥体、正棱台体。

2. 命令调用方式

功能区："常用"标签/"建模"面板/"长方体"下拉列表/"棱锥体" 按钮。
功能区："实体"标签/"图元"面板/"多段体"下拉列表/"棱锥体" 按钮。
命令行：PYRAMID（PYR）。

3. 命令举例

例 7.2.8　绘制四棱锥，如图 7.2.15（a）所示。

操作步骤如下：

命令： PYRAMID 调用“棱锥面”命令
4 个侧面 外切
指定底面的中心点或 [边(E)/侧面(S)]： 任意拾取一点
指定底面半径或 [内接(I)]： 50 输入半径为 50
指定高度或 [两点(2P)/轴端点(A)/顶面半径(T)]： 70 输入高度为 70

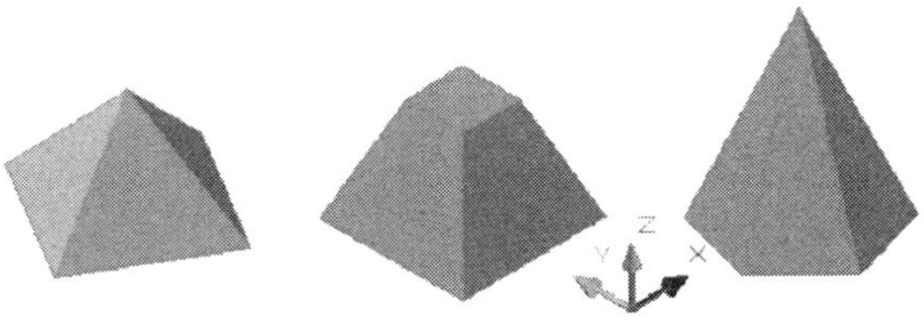

（a）四棱锥 （b）四棱台 （c）六棱台

图 7.2.15 绘制棱锥、棱台

例 7.2.9 绘制四棱台，如图 7.2.15（b）所示。

操作步骤如下：

命令： PYRAMID 调用“棱锥面”命令
4 个侧面 外切
指定底面的中心点或 [边(E)/侧面(S)]： 任意拾取一点
指定底面半径或 [内接(I)]： 50 输入半径为 50
指定高度或 [两点(2P)/轴端点(A)/顶面半径(T)] <70.0000>： T 设置绘制棱台
指定顶面半径 <28.2843>： 20 输入台顶半径 20
指定高度或 [两点(2P)/轴端点(A)/顶面半径(T)]： 70 输入高度为 70

例 7.2.10 绘制六棱锥，如图 7.2.15（c）所示。

操作步骤如下：

命令： PYRAMID 调用“棱锥面”命令
4 个侧面 外切
指定底面的中心点或 [边(E)/侧面(S)]： S 重新设置底面边数
输入侧面数 <4>： 6 输入底面边数为 6
指定底面的中心点或 [边(E)/侧面(S)]： 任意拾取一点
指定底面半径或 [内接(I)]： 50 输入半径为 50
指定高度或 [两点(2P)/轴端点(A)/顶面半径(T)]： 70 输入高度为 70

五、圆锥体创建命令

1. 功 能

用于创建圆锥体、圆台体。

2. 命令调用方式

功能区："常用"标签/"建模"面板/"长方体"下拉列表/"圆锥体"按钮。

功能区："实体"标签/"图元"面板/"多段体"下拉列表/"圆锥体"按钮。

命令行：CONE。

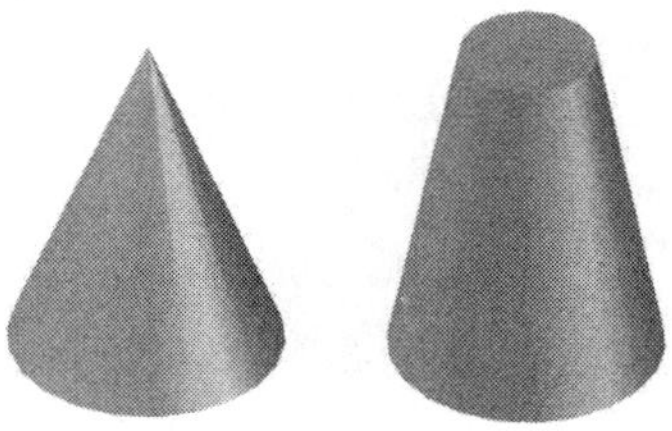

（a）圆锥　　（b）圆台

图 7.2.16　绘制圆锥体、圆台体

3. 命令举例

例 7.2.8　绘制圆锥体、圆台体，如图 7.2.16 所示。

绘制圆台体操作步骤如下：

命令：cone	调用"圆锥体"命令
指定底面的中心点或 [三点(3P)/两点(2P)/切点、切点、半径(T)/椭圆(E)]：单击指定一点	
指定底面半径或 [直径(D)] <20.0000>：20	输入底面半径为 20
指定高度或 [两点(2P)/轴端点(A)/顶面半径(T)] <50.0000>：t	设置顶面半径
指定顶面半径 <0.0000>：10	输入底面半径为 10
指定高度或 [两点(2P)/轴端点(A)] <50.0000>：50	输入高度为 50

六、圆环体创建命令

1. 功　能

用于创建圆环体。

2. 命令调用方式

功能区："常用"标签/"建模"面板/"长方体"下拉列表/"圆环体"按钮。

功能区："实体"标签/"图元"面板/"多段体"下拉列表/"圆环体"按钮。

命令行：TORUS（TOR）。

3. 命令说明

绘制圆环体命令过程中，依次指定圆环体的圆心、环半径、圆管半径即可，如图 7.2.17 所示。

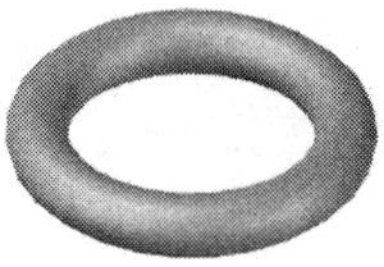

图 7.2.17　圆环体

任务 3　制作抽屉剖切模型

素质目标

1. 具备绘制和识读施工图所必需的职业素质，拥有吃苦耐劳、诚实守信、求真务实的职业道德观念；

2. 养成严谨、踏实、认真负责的工作作风，具备良好的学习能力和团队协作观念，能够理论联系实际解决问题，培养创新意识。

知识目标

1. 掌握实体编辑—抽空壳命令；
2. 掌握实体编辑—复制边命令；
3. 掌握创建旋转体命令；
4. 掌握三维旋转命令；
5. 掌握倒角命令；
6. 掌握绘制抽屉剖切模型的命令。

能力目标

1. 具备 CAD 软件三维模型初步制作的能力；
2. 具备三维模型空间的基本认知能力；
3. 具备简单三维模型抽屉的制作能力。

【任务分析】

图 7.3.1　抽屉的剖切模型

图 7.3.1 所示为抽屉模型，它由面板和箱体组成。面板对外的四条棱边进行了倒角，面板上有一个形状为回转体的拉手；箱体由一块底板和三块侧板组成；该模型又被剖切去了 1/8 部分，做成了三维剖面模型。制作这个模型要用到的新命令有抽壳命令、实体编辑-复制边、创建旋转体命令 REVOLVE、三维旋转命令 3DROTATE、倒角命令 CHAMFEREDGE。

微课

抽壳命令

【相关知识】

一、实体编辑—抽壳

1. 功　能

抽壳命令可以将一个三维实体抽出一定厚度的壳，从而创建一个抽壳实体。抽壳方式是将三维实体原有的表面向内部或外部偏移来创建壳的另一表面，抽壳厚度为正值时向内部偏移，抽壳厚度为负值时向外部偏移。

2. 命令调用方式

功能区：“常用”标签/“实体编辑”面板/“分割”下拉列表/“抽壳” 按钮。

功能区：“实体”标签/“实体编辑”面板/“抽壳”下拉列表/“抽壳” 按钮。

3. 命令举例

例 7.3.1 对圆柱体进行三种方式的抽壳，如图 7.3.2 所示。

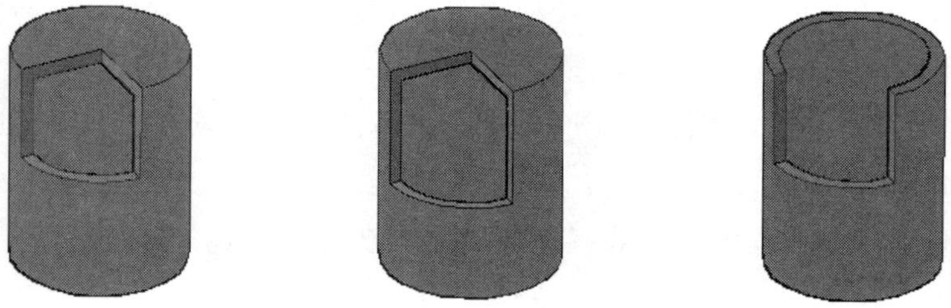

（a）抽壳厚度为 3　　（b）抽壳厚度为-3　　（c）抽壳时删除顶面

图 7.3.2 抽壳的几种方式

操作步骤如下：

命令： SOLIDEDIT	
输入实体编辑选项 [面(F)/边(E)/体(B)/放弃(U)/退出(X)] <退出>： BODY	
输入体编辑选项	
[压印(I)/分割实体(P)/抽壳(S)/清除(L)/检查(C)/放弃(U)/退出(X)] <退出>： SHELL	调用抽壳命令
选择三维实体：选择圆柱体 1	选择圆柱体 1 抽壳
删除面或 [放弃(U)/添加(A)/全部(ALL)]：回车	结束选择
输入抽壳偏移距离： 3	输入抽壳偏移距离为 3，结果如图 7.3.2（a）所示
输入体编辑选项[压印(I)/分割实体(P)/抽壳(S)/清除(L)/检查(C)/放弃(U)/退出(X)] <退出>： S	继续抽壳命令
选择三维实体： 选择圆柱体 2	选择圆柱体 2 抽壳
删除面或 [放弃(U)/添加(A)/全部(ALL)]： 回车	结束选择
输入抽壳偏移距离： －3	输入抽壳偏移距离为－3，结果如图 7.3.2（b）所示
输入体编辑选项[压印(I)/分割实体(P)/抽壳(S)/清除(L)/检查(C)/放弃(U)/退出(X)] <退出>： S	继续抽壳命令
选择三维实体： 选择圆柱体 3	选择圆柱体 3 抽壳
删除面或 [放弃(U)/添加(A)/全部(ALL)]： 选择顶面圆	删除顶面和圆柱面
找到 2 个面，已删除 2 个。	
删除面或 [放弃(U)/添加(A)/全部(ALL)]： 按下“shift”键，选择圆柱面	添加圆柱面
找到一个面。	
删除面或 [放弃(U)/添加(A)/全部(ALL)]：回车	结束选择
输入抽壳偏移距离： 3	输入抽壳偏移距离为 3，结果如图 7.3.2（c）所示
[压印(I)/分割实体(P)/抽壳(S)/清除(L)/检查(C)/放弃(U)/退出(X)] <退出>： X	退出命令

二、实体编辑—复制边

1. 功　能

复制三维实体上的边，所有三维实体边被复制为直线、圆弧、圆、椭圆或样条曲线。

2. 命令调用方式

功能区："常用"标签/"实体编辑"面板/"提取边"下拉列表/"复制边"按钮。

3. 命令举例

例 7.3.2　复制正五棱锥侧面上的三条边，如图 7.3.3 所示。

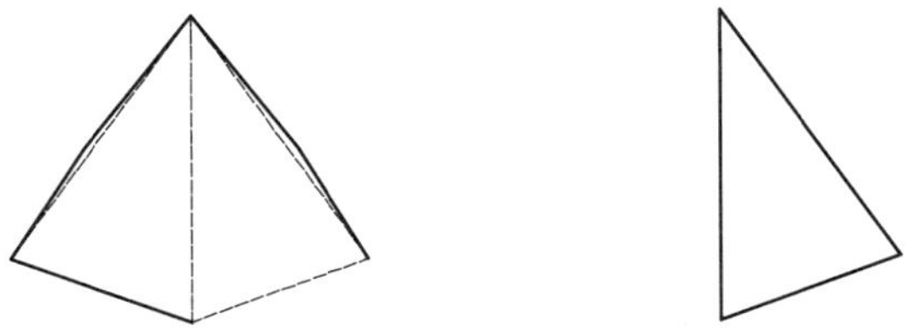

（a）正五棱锥　　（b）复制出的三条边

图 7.3.3　复制正五棱锥的三条边

三、旋转体创建命令

微课

创建旋转体

1. 功　能

通过绕指定轴旋转开放或闭合的对象来创建实体或曲面。

2. 命令调用方式

功能区："常用"标签/"建模"面板/"拉伸"下拉列表/"旋转"按钮。

功能区："实体"标签/"实体"面板/"旋转"按钮。

命令行：REVOLVE（REV）。

3. 命令举例

例 7.3.3　选择封闭二维多段线为旋转对象，指定旋转轴来创建三维实体，如图 7.3.4 所示。（注意创建封闭二维多段线时必须将视图调为"俯视"状态）。

操作步骤如下：

命令：REVOLVE	调用旋转命令
当前线框密度：ISOLINES=4	
选择要旋转的对象：选择二维多段线	以二维多段线为旋转对象
选择要旋转的对象：回车	结束选择
指定轴起点或根据以下选项之一定义轴 [对象(O)/X/Y/Z] <对象>：拾取 *A* 点	选择 *AB* 为旋转轴，*A* 点为轴的起点
指定轴端点：拾取 *B* 点	*B* 点为轴的端点
指定旋转角度或 [起点角度(ST)] <360>：回车	默认旋转角度为 360°。也可输入旋转角度，可产生指定角度旋转的旋转体，如图 7.3.4（c）所示

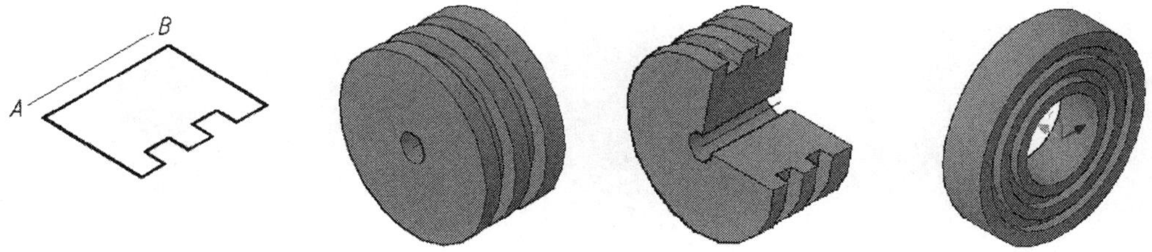

（a）旋转对象与旋转轴 （b）旋转角度为 360° （c）旋转角度为 280° （d）绕 *Y* 轴旋转

图 7.3.4 旋转实体

例 7.3.4 选择封闭二维多段线为旋转对象，绕 *Y* 轴旋转创建三维实体，如图 7.3.4（d）所示。

操作步骤如下：

命令： REVOLVE	调用旋转命令
当前线框密度： ISOLINES=4	
选择要旋转的对象： 选择二维多段线	选择二维多段线为旋转对象
选择要旋转的对象： 回车	结束选择
指定轴起点或根据以下选项之一定义轴 [对象(O)/X/Y/Z] <对象>： Y	以 *Y* 轴为旋转轴
指定旋转角度或 [起点角度(ST)] <360>： 回车	默认旋转角度为 360°

四、三维旋转命令

微课

三维旋转命令

1. 功　能

三维旋转命令用于在三维视图中旋转三维对象。

2. 命令调用方式

功能区：“常用”标签/“修改”面板/“三维旋转” 按钮。

命令行：3DROTATE。

3. 命令举例

例 7.3.5 通过指定角的起点和端点来旋转圆柱体，如图 7.3.5 所示。

操作步骤如下：

命令： 3DROTATE	调用三维旋转命令
选择对象： 选择圆柱体	选择旋转对象
选择对象： 回车	结束选择
指定基点： 拾取圆柱底面中心点，如图 7.3.5（a）所示。	选择旋转轴的通过点
拾取旋转轴： 将光标置于绿色的椭圆上，出现平行于 *Y* 轴的轴线后单击，如图 7.3.5（b）所示。	选择旋转轴的方向
指定角的起点： 90	输入旋转角度 90°

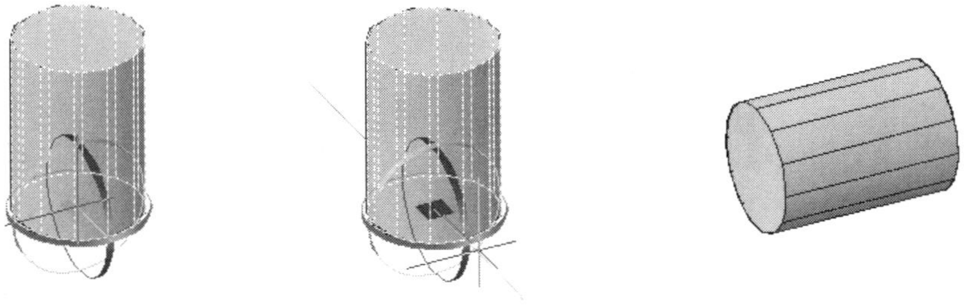

（a）指定旋转基点　　（b）指定旋转轴　　（c）绕 *Y* 轴旋转 90°

图 7.3.5　对象绕坐标轴旋转

五、倒角命令

1. 功　能

倒角命令用于对实体的棱边倒角，从而在实体的两相邻表面之间生成一个过渡平面。

2. 命令调用方式

功能区：“常用”标签/“实体编辑”面板/“圆角边”下拉列表/“倒角边” 按钮。

命令行：CHAMFEREDGE。

3. 命令举例

例 7.3.6　将柱体的棱边 *ABC* 进行倒角，两个倒角距离都为 10，如图 7.3.6 所示。

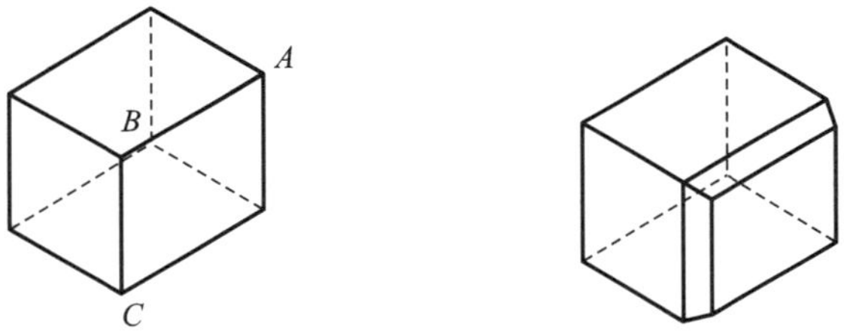

（a）指定倒角基面　　（b）选择边 *AB*、*BC* 进行倒角

图 7.3.6　对实体的边进行倒角

命令：CHAMFEREDGE	调用倒角边命令
距离 1 = 1.0000，距离 2 = 1.0000	
选择一条边或 [环(L)/距离(D)]：d	设置倒角距离
指定距离 1 或 [表达式(E)] <1.0000>：20	设置第一倒角距离
指定距离 2 或 [表达式(E)] <1.0000>：10	设置设置倒角距离
选择一条边或 [环(L)/距离(D)]：单击棱线 *AB*	选择要倒角的棱边
选择同一个面上的其他边或 [环(L)/距离(D)]：单击棱线 *BC*	选择要倒角的棱边
选择同一个面上的其他边或 [环(L)/距离(D)]：回车	结束棱边选择
按 Enter 键接受倒角或 [距离(D)]：回车	接受倒角

【任务实施】

微课

创建抽屉的模型

一、新建图形文件

新建图形文件，以文件名为“抽屉.dwg”保存。

二、建立图层

打开“图层特性管理器”对话框，建立图层窗口，如图 7.3.7 所示，建立图层。

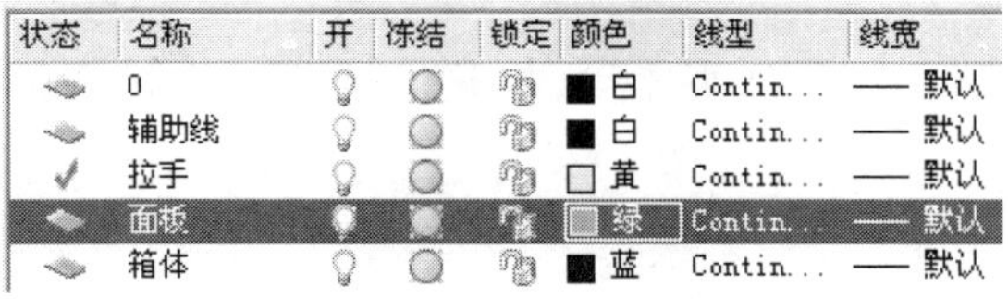

状态	名称	开	冻结	锁定	颜色	线型	线宽
	0				■ 白	Contin...	—— 默认
	辅助线				■ 白	Contin...	—— 默认
✓	拉手				□ 黄	Contin...	—— 默认
	面板				□ 绿	Contin...	—— 默认
	箱体				■ 蓝	Contin...	—— 默认

图 7.3.7　建立图层

三、制作抽屉箱体

（一）创建箱体的长方体

（1）进入“箱体”图层。

（2）将视图设置为“东北等轴测”。

（3）将视觉样式设为“三维隐藏”。

（4）创建一个长 400、宽 250、高 150 的箱体长方体，如图 7.3.8（a）所示。

操作步骤如下：

命令：　BOX

指定第一个角点或 [中心(C)]：　单击任一点

指定其他角点或 [立方体(C)/长度(L)]：　@400，250

指定高度或 [两点(2P)] <50.0000>：　150

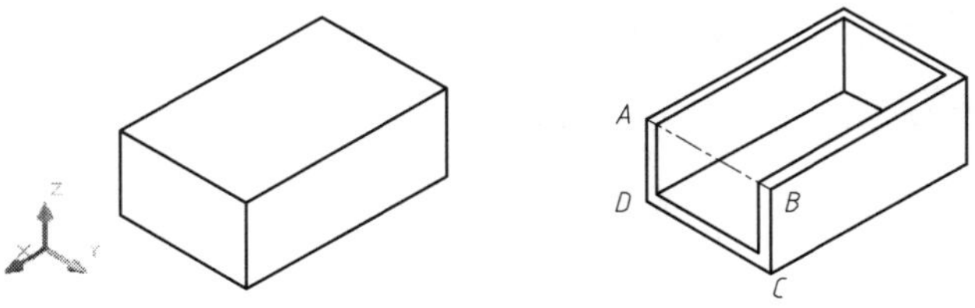

（a）创建箱体长方体　　（b）抽壳挖出内腔

图 7.3.8　制作抽屉箱体

（二）制作箱体内腔

用抽壳命令挖出箱体内腔，箱体壁厚为 20，如图 7.3.8（b）所示。

操作步骤如下：

命令： SOLIDEDIT

输入实体编辑选项 [面(F)/边(E)/体(B)/放弃(U)/退出(X)] <退出>： BODY

输入体编辑选项 [压印(I)/分割实体(P)/抽壳(S)/清除(L)/检查(C)/放弃(U)/退出(X)] <退出>： SHELL

选择三维实体： 选择长方体

删除面或 [放弃(U)/添加(A)/全部(ALL)]： 单击棱边 *AB*

找到 2 个面，已删除 2 个。

删除面或 [放弃(U)/添加(A)/全部(ALL)]：回车

输入抽壳偏移距离： 20

输入体编辑选项 [压印(I)/分割实体(P)/抽壳(S)/清除(L)/检查(C)/放弃(U)/退出(X)] <退出>：X

四、制作面板

（一）创建面板长方体

（1）将视觉样式设为“二维线框”。

（2）用长方体命令创建一个长 25、宽 290、高 170 的面板长方体，如图 7.3.9（a）所示。

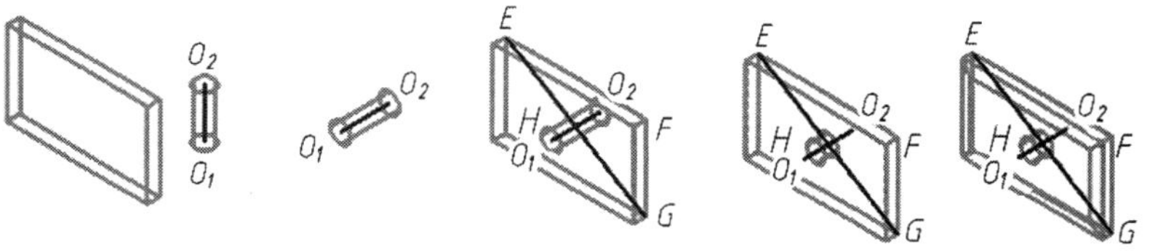

（a） （b） （c） （d） （e） （f）

图 7.3.9 制作抽屉面板

操作步骤如下：

命令： BOX

指定第一个角点或 [中心(C)]： 单击任一点

指定其他角点或 [立方体(C)/长度(L)]： @25，290

指定高度或 [两点(2P)] <48.0729>： 170

（二）挖出拉手孔

（1）用圆柱命令创建一个半径为 20、高为 100 的圆柱，如图 7.3.9（b）所示。

操作步骤如下：

命令： CYLINDER

指定底面的中心点或 [三点(3P)/两点(2P)/相切、相切、半径(T)/椭圆(E)]： 单击任一点

指定底面半径或 [直径(D)] <40.0000>： 20

指定高度或 [两点(2P)/轴端点(A)] <170.0000>： 100

（2）将圆柱转成轴线沿 X 轴方向。

以圆柱底面圆的圆心 O_1 为基点，用三维旋转命令将圆柱绕 Y 轴方向旋转 90°，如图 7.3.9（c）所示。

操作步骤如下：

命令： 3DROTATE

选择对象： 选择圆柱体

选择对象： 回车

指定基点： 选底面圆心 O_1

拾取旋转轴： 选择 Y 轴

指定角的起点： 90

（3）将圆柱移动到面板拉手孔的位置。

首先用直线命令分别作圆柱的轴线 O_1O_2 和长方体表面 $EFGH$ 的对角线 EG 作为辅助线，然后移动圆柱，如图 7.3.9（d）所示。

操作步骤如下：

命令： MOVE

选择对象： 选择圆柱体

选择对象： 回车

指定基点或 [位移(D)] <位移>： 选择 O_1O_2 的中点

指定第二个点或 <使用第一个点作为位移>： 选择 EG 的中点

（4）用差集命令挖出拉手孔。

用差集命令在面板长方体中减去圆柱，挖出拉手孔，如图 7.3.9（e）所示。

操作步骤如下：

命令： SUBTRACT

选择对象： 选择面板长方体

选择对象： 回车

选择要减去的实体或面域 ..

选择对象： 选择圆柱

选择对象： 回车

（三）制作倒角

对面板的外面四条棱边进行倒角，倒角距离外面为 20、侧面为 5，如图 7.3.9（f）所示。

操作步骤如下：

命令： CHAMFEREDGE

距离 1 = 1.0000，距离 2 = 1.0000

选择一条边或 [环(L)/距离(D)]： d

指定距离 1 或 [表达式(E)] <1.0000>： 20

指定距离 2 或 [表达式(E)] <1.0000>： 5

选择一条边或 [环(L)/距离(D)]： L

选择同一个面上的其他边或 [环(L)/距离(D)]： 选择面板外面的棱线（表面 EFGH 的对面）

输入选项 [接受(A)/下一个(N)] <接受>： 回车
选择同一个面上的其他边或 [环(L)/距离(D)]： 回车
按 Enter 键接受倒角或 [距离(D)]： 回车

五、制作抽屉拉手

（1）将视图设为“俯视图”。
（2）绘制拉手旋转体的回转截面（轮廓为多段线），如图 7.3.10 所示。

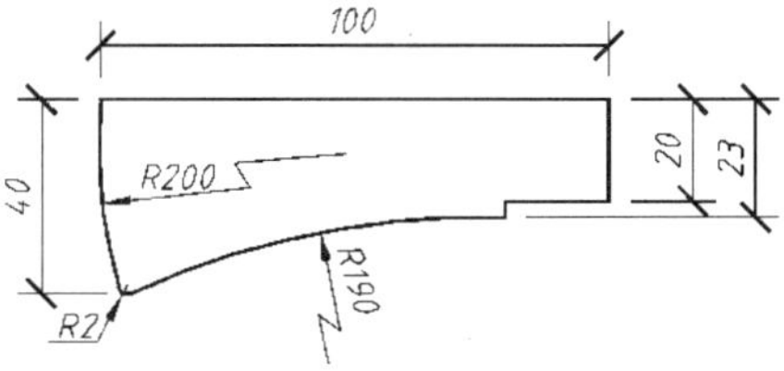

图 7.3.10 拉手旋转体的旋转面

（3）将视图设为“东北等轴测”；将视觉样式设为“概念”。
（4）用旋转实体的命令创建拉手，如图 7.3.11 所示。
操作步骤如下：

命令： REVOLVE
选择要旋转的对象： 选择拉手的回转截面
选择要旋转的对象： 回车
指定轴起点或根据以下选项之一定义轴 [对象(O)/X/Y/Z] <对象>： 选 O_3 点
指定轴端点： 选 O_4 点
指定旋转角度或 [起点角度(ST)] <360>： 回车

（a）拉手的回转截面及旋转轴　　（b）创建拉手旋转体

图 7.3.11 创建拉手旋转体

六、组装抽屉

（一）将拉手装入抽屉面板

（1）用三维旋转命令将拉手绕 Y 轴旋转 180°，如图 7.3.12（a）所示。
操作步骤如下：

命令： 3DROTATE
选择对象： 选择把手
选择对象： 回车

指定基点：　选择 O_3O_4 的中点

拾取旋转轴：　选择 Y 轴

指定角的起点：　180

（2）用移动命令将拉手移动到面板的拉手孔中，如图 7.3.12（b）所示。

移动时定位方式为：将 O_3 作为基点，将表面 EFGH 上的圆心 O_2 作为移动的目标点。

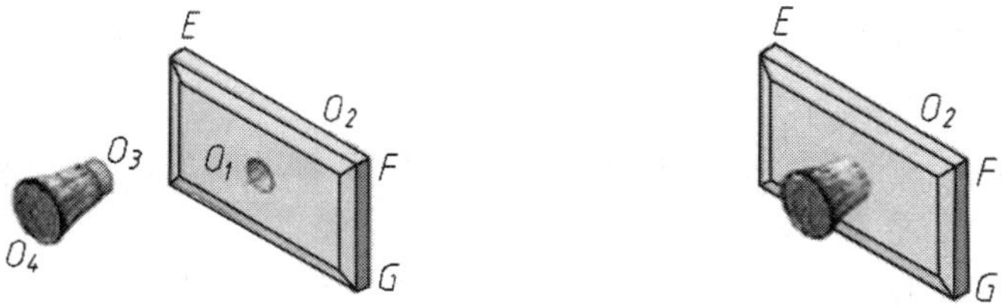

（a）接拉手绕 Y 轴旋转 180°　　（b）将拉手移动到面板拉手孔

图 7.3.12　将拉手绕装入抽屉面板

（二）将面板及拉手组装到箱体上

（1）将视觉样式设为“概念”。

（2）用直线命令连接箱体前面的对角线 AC。

（3）用移动命令将面板和拉手装在抽屉的箱体上。

移动时定位方式为：将面板表面对角线 EG 的中点作为基点，将箱体表面的对角线 AC 的中点作为移动的目标点，如图 7.3.13（a）所示，移动结果如图 7.3.13（b）所示。

（三）合并面板、拉手和箱体

用实体编辑—并集命令将面板、拉手、箱体合并为一个实体，将视觉样式设为“概念”，如图 7.3.13（b）所示。

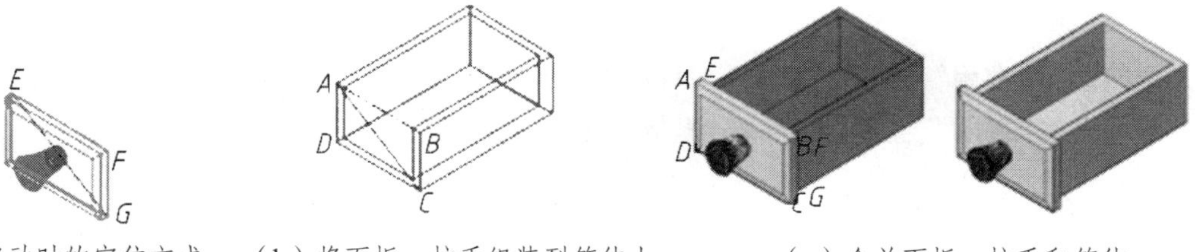

（a）移动时的定位方式　（b）将面板、拉手组装到箱体上　（c）合并面板、拉手和箱体

图 7.3.13　组装、合并抽屉

七、改变面板及拉手表面的颜色

（1）将整个抽屉改为蓝色。

（2）用实体编辑—着色面的命令改变某些表面的颜色，将面板改为绿色，将拉手改为青色，将抽屉内的底面颜色改为黄色。

（3）将视觉样式设置为“真实”，并将“亮显强度”改为“70”，将“边模式”改为“无”，如图 7.3.14 所示。

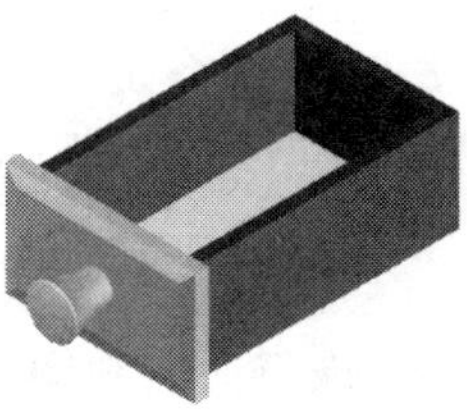

图 7.3.14　修改抽屉的表面颜色

【能力拓展】

一、制作抽屉的剖切模型

（1）创建一个边长为 200 的立方体。

（2）将立方体移到抽屉的箱体中。

定位方式为：以立方体的最右、后、下的角点 M 为基点，以箱体的对角线 AK 的中点为目标点，如图 7.3.15（a）、（b）、（c）所示。

（3）用实体编辑—差集命令，选择抽屉为被减对象，选择长方体要减去的对象，挖去抽屉的左、前、上的八分之一部分，如图 7.3.15（d）所示。

（4）用实体编辑—着色面的命令，将剖面颜色改为红色。

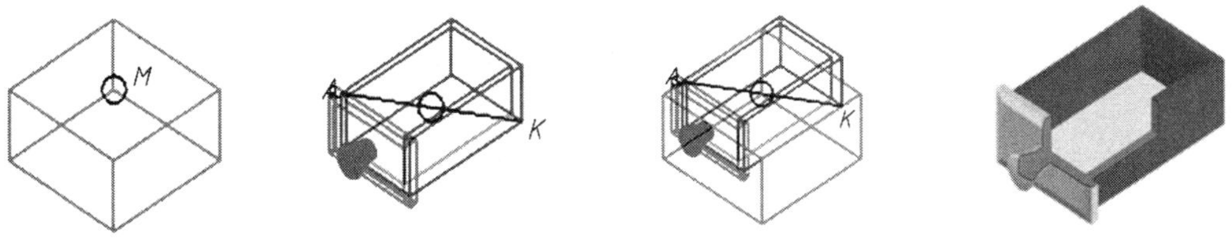

（a）创建长方体　（b）作箱体的对角线　（c）将长方体移到抽屉中　（d）用差集命令剖切

图 7.3.15　制作抽屉的剖切模型

二、命名视图的使用

微课

命名视图的使用

（一）功　能

把经常使用的视图定义为命名视图，以便在以后需要时将该视图快速恢复显示，以提高效率。

（二）命令调用方式

功能区：“常用”标签/“视图”面板/“三维导航”下拉列表/“视图管理器”。

功能区：“视图”标签/“视图”面板/“视图管理器”按钮。

（三）命名视图的创建与恢复

1. 新建命名视图

（1）调整当前绘图中图形的显示大小、位置、视图类型、视觉样式等设置，并准备保存为“命名视图”。

（2）打开“视图管理器”对话框，如图 7.3.16 所示。在“视图管理器”对话框中选择“新建”按钮打开“新建视图”对话框，如图 7.3.17 所示，输入新视图的名称“墩身组合”，按“确定”按钮，新视图“墩身组合”就保存在文件中，记录了当前绘图区中的图形显示情况。

2. 恢复命名视图

当绘图或编辑需要再次显示某一个视图时，打开“视图管理器”对话框，在“查看”选项组的列表框中列出了文件中已存在的命名视图，如图 7.3.18 所示。选择其中一个命名视图，比如“排水坡”，视图出现在预览框中，然后点击“置为当前”按钮，确定后“排水坡”记录的视图就被恢复在绘图区中，如图 7.3.19 所示。

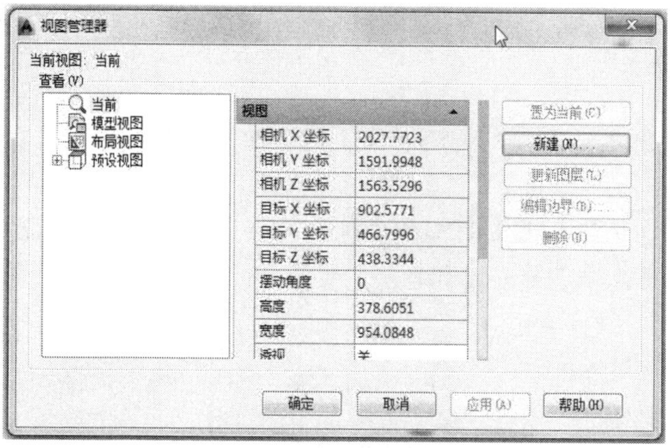

图 7.3.16 “视图管理器”对话框

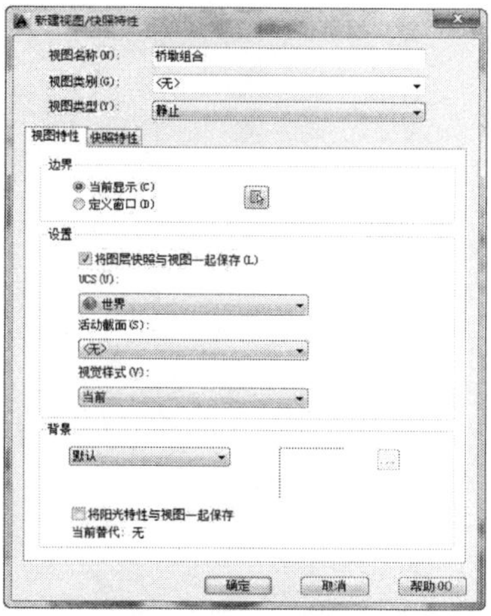

图 7.3.17 “新建视图”对话框

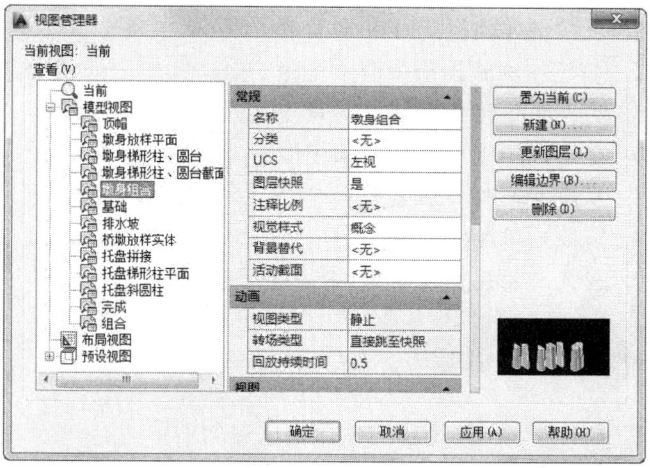

图 7.3.18 在“视图管理器”对话框中找名为“墩身组合”的视图

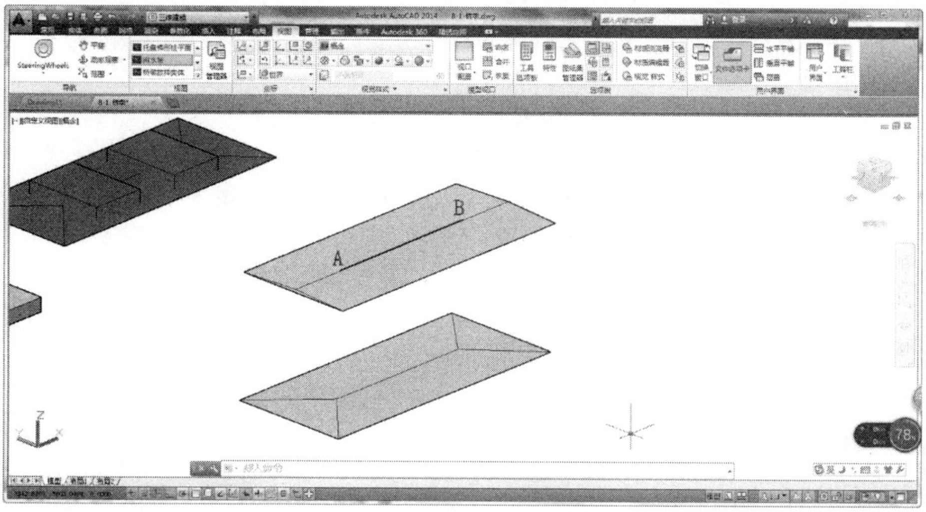

图 7.3.19 恢复的“排水坡”命名视图

任务4　制作笔架模型

素质目标

1. 具备绘制和识读施工图所必需的职业素质，拥有吃苦耐劳、诚实守信、求真务实的职业道德观念；

2. 养成严谨、踏实、认真负责的工作作风，具备良好的学习能力和团队协作观念，能够理论联系实际解决问题，培养创新意识。

知识目标

1. 掌握实体编辑—拉伸面命令；
2. 掌握实体编辑—压印命令；
3. 掌握实体编辑—移动面命令；
4. 掌握实体编辑—偏移面命令；
5. 掌握实体编辑—旋转面命令；
6. 掌握实体编辑—倾斜面命令；
7. 掌握实体编辑—复制面命令；
8. 掌握三维对齐命令；
9. 掌握三维用户坐标UCS命令。

能力目标

1. 具备CAD软件三维模型初步制作的能力；
2. 具备三维模型空间的基本认知能力；
3. 具备简单三维模型笔架的制作能力。

【任务分析】

图7.4.1所示为笔架的投影图，图7.4.2所示为笔架的模型。笔架的形成过程是在一块母体上挖一些槽或孔，斜面上有一个字匾，匾上刻有四个立体字，字匾四边有带造型的边框。

制作笔架模型需要的新命令有实体编辑—压印、实体编辑—旋转面、实体编辑—拉伸面、实体编辑—移动面、实体编辑—偏移面、三维对齐命令3DALIGN。

【相关知识】

一、实体编辑—拉伸面

1. 功　能

将选定的三维实体的表面拉伸到指定高度或沿一路径拉伸，一次可以选择多个面。

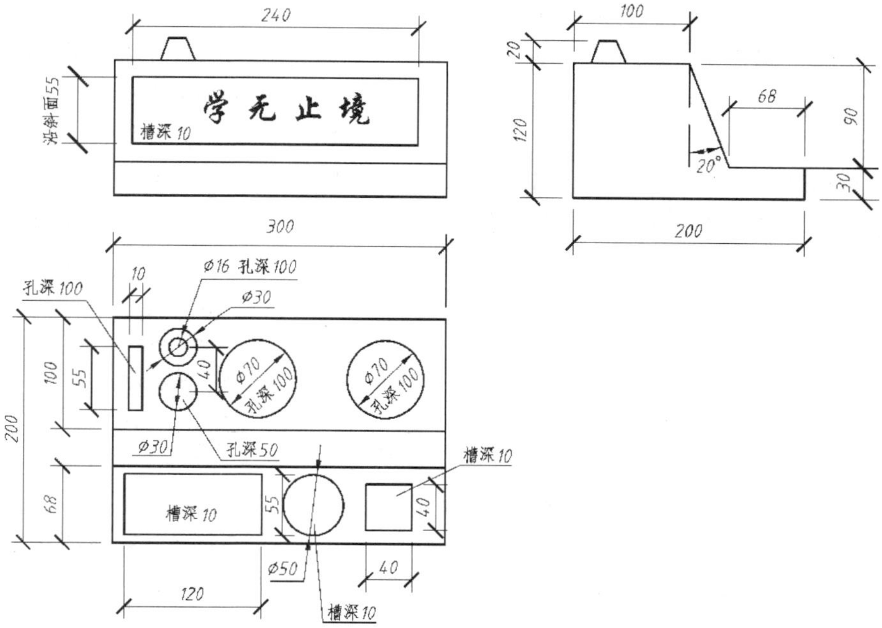

图 7.4.1　笔架的投影图

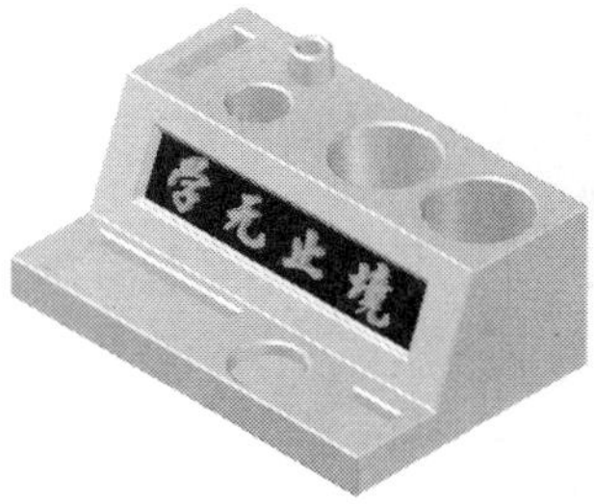

微课

实体表面编辑命令

图 7.4.2　笔架的模型

2. 命令调用方式

功能区：“常用”标签/“实体编辑”面板/“拉伸面”下拉列表/“拉伸面”按钮。

功能区：“实体”标签/“实体编辑”面板/“倾斜面”下拉列表/“拉伸面”按钮。

3. 命令举例

例 7.4.1　通过指定高度和倾斜角度拉伸长方体，如图 7.4.3 所示。

操作步骤如下：

命令：　SOLIDEDIT

输入实体编辑选项 [面(F)/边(E)/体(B)/放弃(U)/退出(X)] <退出>：　FACE

输入面编辑选项[拉伸(E)/移动(M)/旋转(R)/偏移(O)/倾斜(T)/删除(D)/复制(C)/颜色(L)/材质(A)/放弃(U)/退出(X)] <退出>：　EXTRUDE　　调用实体编辑—拉伸面命令

选择面或 [放弃(U)/删除(R)]：　选择长方体顶面　　选择要拉伸的表面

选择面或 [放弃(U)/删除(R)/全部(ALL)]：　回车　　结束选择

指定拉伸高度或 [路径(P)]:	200	拉伸高度 200
指定拉伸的倾斜角度 <0>:	回车	倾斜角度为 0，结果如图 7.4.3（b）所示 如果倾斜角度输入 20，结果如图 7.4.3（c）所示

说明：如果拉伸高度输入正值，则沿面的法向拉伸，增加实体体积；若输入负值，则沿面的法向拉伸，减少实体体积；若角度输入正值，拉伸面将往里收缩，角度值输入负值，拉伸面将向外扩张。

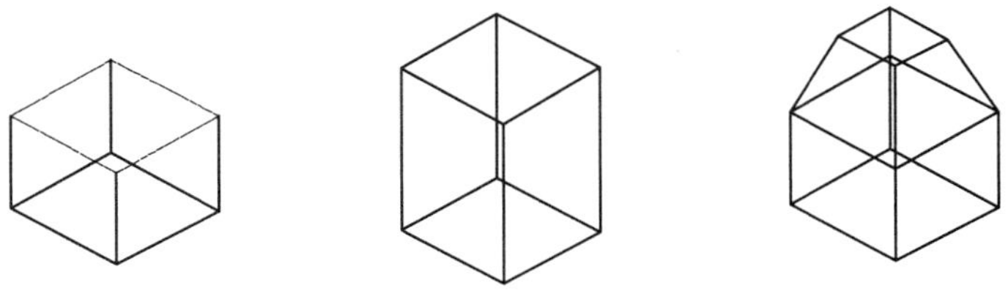

（a）选择顶面　　（b）指定拉伸高度为 200，倾斜角度为 0　　（c）指定拉伸高度为 200，倾斜角度为 20

图 7.4.3 用指定拉伸高度和倾斜角度的方式拉伸顶面

例 7.4.2 通过指定路径拉伸长方体，如图 7.4.4 所示。

操作步骤如下：

命令:	EXTRUDE	调用拉伸面命令
选择面或 [放弃(U)/删除(R)]:	选择长方体的顶面	选择要拉伸的面
选择面或 [放弃(U)/删除(R)/全部(ALL)]:	回车	结束选择
指定拉伸高度或 [路径(P)]:	P	通过指定路径的方式来拉伸面
选择拉伸路径:	选择多段线	拉伸结果如图 7.4.4（b）所示

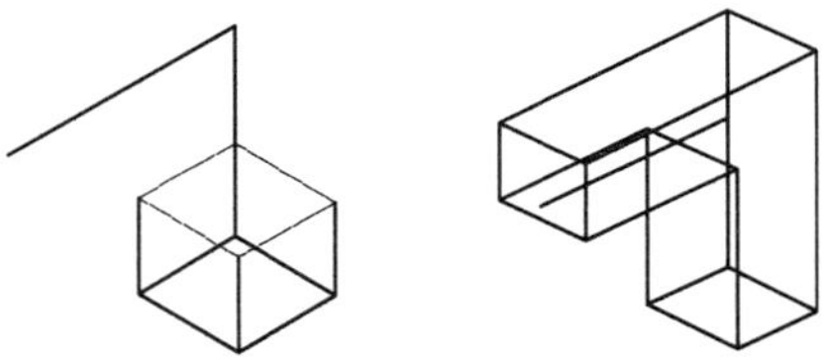

（a）选择顶面　　（b）沿路径拉伸

图 7.4.4 沿路径拉伸顶面

二、实体编辑—压印

1. 功　能

将实体表面上的图形压印到实体表面上，生成一个独立于原有表面的新面，可用于拉伸面命令，压印的图形对象与实体表面必须共面。

2. 命令调用方式

功能区：“常用”标签/“实体编辑”面板/“提取边”下拉列表/“压印”按钮。

功能区：“实体”标签/“实体编辑”面板/“压印”按钮。

命令行：IMPRINT。

3. 命令举例

例 7.4.3　将圆压印到长方体上，并拉伸压印面，如图 7.4.5 所示。

操作步骤如下：

命令：　IMPRINT	调用压印命令
选择三维实体：　选择长方体	
选择要压印的对象：　选择圆	
是否删除源对象 [是(Y)/否(N)] <N>：　Y	删除圆
选择要压印的对象：　回车	结束命令
命令：　EXTRUDE	调用实体编辑—拉伸面命令
选择面或 [放弃(U)/删除(R)]：　选择压印面	
选择面或 [放弃(U)/删除(R)/全部(ALL)]：　回车	结束选择
指定拉伸高度或 [路径(P)]：　- 200	拉伸高度 - 200
指定拉伸的倾斜角度 <0>：　回车	倾斜角度为 0，结果如图 7.4.5（c）所示

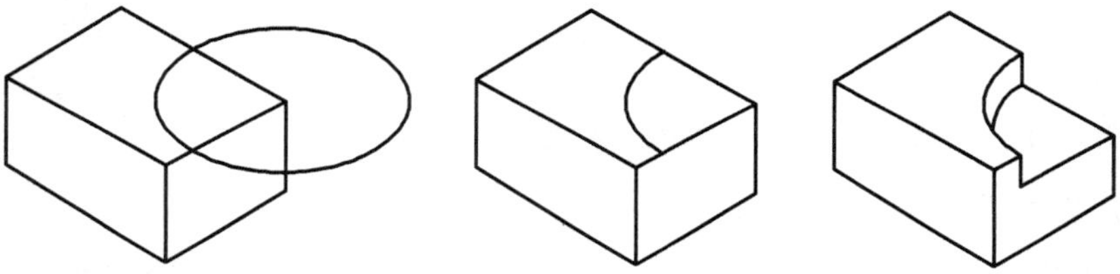

（a）压印实体与压印对象　（b）压印结果　（c）拉伸压印面

图 7.4.5　压印，并拉伸压印面

三、实体编辑—移动面

1. 功　能

用于移动三维实体的表面，一次可以选择多个面。

2. 命令调用方式

功能区："常用"标签/"实体编辑"面板/"拉伸面"下拉列表/"移动面"按钮。

3. 命令举例

例 7.4.4　移动长方体中圆孔面的位置，如图 7.4.6 所示。

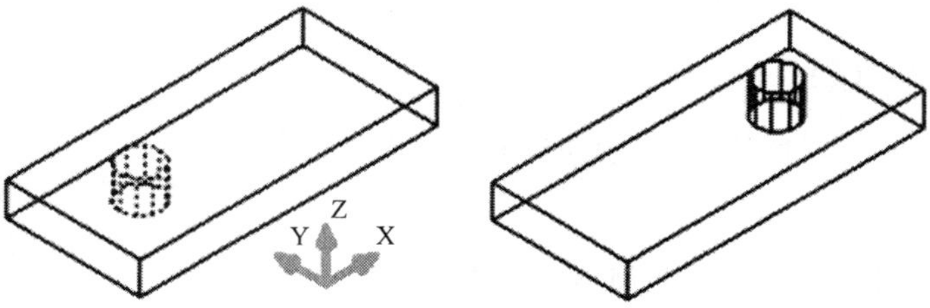

（a）选择要移动的圆孔面　（b）移动结果

图 7.4.6　移动圆孔面

操作步骤如下：

命令： SOLIDEDIT

输入实体编辑选项 [面(F)/边(E)/体(B)/放弃(U)/退出(X)] <退出>： FACE

输入面编辑选项[拉伸(E)/移动(M)/旋转(R)/偏移(O)/倾斜(T)/删除(D)/复制(C)/颜色(L)/材质(A)/放弃(U)/退出(X)] <退出>： MOVE　　调用实体编辑—移动面命令

选择面或 [放弃(U)/删除(R)]： 选择圆柱面　　选择要移动的面

选择面或 [放弃(U)/删除(R)/全部(ALL)]： 回车　　结束选择

指定基点或位移： 选择圆心　　指定移动基点

指定位移的第二点： @100，0，0　　指定移动的目标点

四、实体编辑—偏移面

1. 功　能

偏移面命令用于根据指定的偏移距离，将面均匀地偏移。

2. 命令调用方式

功能区：“常用”标签/“实体编辑”面板/“拉伸面”下拉列表/“偏移面”按钮。

功能区：“实体”标签/“实体编辑”面板/“倾斜面”下拉列表/“偏移面”按钮。

3. 命令举例

例 7.4.5 偏移圆柱面与圆孔面，如图 7.4.7 所示。

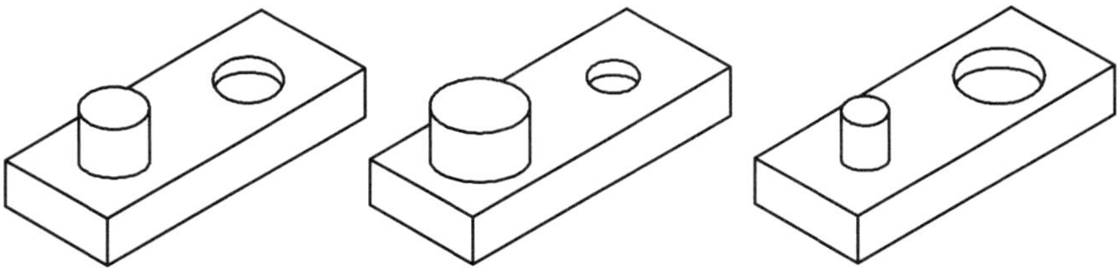

（a）圆柱面与圆孔面　（b）偏移距离为 7　（c）偏移距离为 −7

图 7.4.7 偏移圆柱面与圆孔面

操作步骤如下：

命令： SOLIDEDIT

输入实体编辑选项 [面(F)/边(E)/体(B)/放弃(U)/退出(X)] <退出>： FACE

输入面编辑选项[拉伸(E)/移动(M)/旋转(R)/偏移(O)/倾斜(T)/删除(D)/复制(C)/颜色(L)/材质(A)/放弃(U)/退出(X)] <退出>： OFFSET　　调用实体编辑—偏移面命令

选择面或 [放弃(U)/删除(R)]：　选择圆柱面　　选择要偏移的面

选择面或 [放弃(U)/删除(R)/全部(ALL)]：　回车　　结束选择

指定偏移距离：　7　　输入偏移距离

输入面编辑选项[拉伸(E)/移动(M)/旋转(R)/偏移(O)/倾斜(T)/删除(D)/复制(C)/颜色(L)/材质(A)/放弃(U)/退出(X)] <退出>：　O　　继续调用实体编辑—偏移面命令

选择面或 [放弃(U)/删除(R)]：　选择圆孔面　　选择要偏移的面

选择面或 [放弃(U)/删除(R)/全部(ALL)]：　回车　　结束选择

指定偏移距离：　7　　输入偏移距离

说明：如果输入的偏移距离为正值，增加实体体积，如图 7.4.7（b）所示；如果输入的偏移距离为负值，减少实体体积，如图 7.4.7（c）所示。

五、实体编辑—旋转面

1. 功　能

用于绕指定的轴旋转实体的表面。

2. 命令调用方式

功能区：“常用”标签/“实体编辑”面板/“拉伸面”下拉列表/“旋转面”按钮。

3. 命令举例

例 7.4.6　将长方体的顶面绕 AB 边旋转 30°，如图 7.4.8 所示。

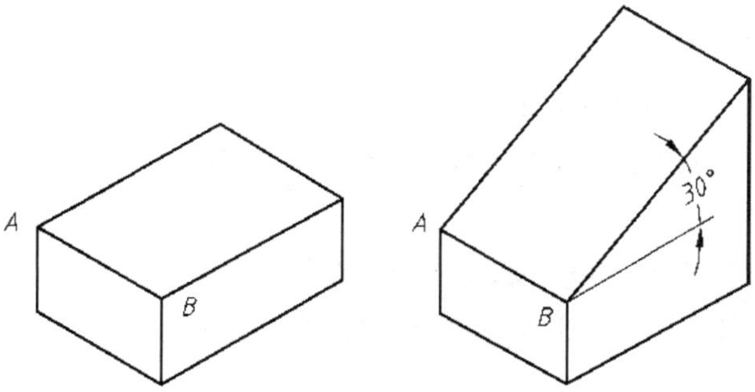

（a）选择要旋转的面　　（b）旋转结果

图 7.4.8　旋转顶面

操作步骤如下：

命令：　SOLIDEDIT

输入实体编辑选项 [面(F)/边(E)/体(B)/放弃(U)/退出(X)] <退出>：　FACE

输入面编辑选项[拉伸(E)/移动(M)/旋转(R)/偏移(O)/倾斜(T)/删除(D)/复制(C)/颜色(L)/材质(A)/放弃(U)/退出(X)] <退出>： ROTATE

调用实体编辑—旋转面命令

选择面或 [放弃(U)/删除(R)]： 选择长方体的顶面

选择要旋转的面

选择面或 [放弃(U)/删除(R)/全部(ALL)]： 回车

结束选择

指定轴点或 [经过对象的轴(A)/视图(V)/X 轴(X)/Y 轴(Y)/Z 轴(Z)] <两点>： 拾取 *A* 点

指定旋转轴的第 1 点

在旋转轴上指定第二个点： 拾取 *B* 点

指定旋转轴的第 2 点

指定旋转角度或 [参照(R)]： 30

输入旋转角度，右手拇指指向轴的方向，弯曲的四指指向正角度方向

六、实体编辑—倾斜面

1. 功 能

用于按一个角度将面进行倾斜。

2. 命令调用方式

功能区：“常用”标签/“实体编辑”面板/“拉伸面”下拉列表/“倾斜面”按钮。

功能区：“实体”标签/“实体编辑”面板/“倾斜面”下拉列表/“倾斜面”按钮。

3. 命令举例

例 7.4.7 将圆端形柱体四个侧面倾斜 30°，如图 7.4.9 所示。

操作步骤如下：

命令： SOLIDEDIT

实体编辑自动检查： SOLIDCHECK=1

输入实体编辑选项 [面(F)/边(E)/体(B)/放弃(U)/退出(X)] <退出>： FACE

输入面编辑选项[拉伸(E)/移动(M)/旋转(R)/偏移(O)/倾斜(T)/删除(D)/复制(C)/颜色(L)/材质(A)/放弃(U)/退出(X)] <退出>： TAPER

调用实体编辑—倾斜面命令

选择面或 [放弃(U)/删除(R)]： 选择圆端形柱体的两个侧面和两个曲面

选择这四个面进行倾斜

选择面或 [放弃(U)/删除(R)/全部(ALL)]： 回车

结束选择

指定基点： 拾取 *A* 点

指定沿倾斜轴的另一个点： 拾取 *B* 点

指定倾斜角度： 30

倾斜角度为 30°

（a）圆端形柱体　　（b）倾斜结果

图 7.4.9　倾斜四个侧面

七、实体编辑—复制面

1. 功　能

用于将面复制为面域或曲面。

2. 命令调用方式

功能区：“常用”标签/“实体编辑”面板/“拉伸面”下拉列表/“复制面”按钮。

3. 命令举例

例 7.4.8　复制图 7.4.10 中实体的顶面，如图 7.4.10 所示。

命令：　SOLIDEDIT

输入实体编辑选项 [面(F)/边(E)/体(B)/放弃(U)/退出(X)] <退出>：　FACE

输入面编辑选项[拉伸(E)/移动(M)/旋转(R)/偏移(O)/倾斜(T)/删除(D)/复制(C)/颜色(L)/材质(A)/放弃(U)/退出(X)] <退出>：　COPY　　调用实体编辑—复制面命令

选择面或 [放弃(U)/删除(R)]：　选择实体的顶面　　选择要复制的面

选择面或 [放弃(U)/删除(R)/全部(ALL)]：　回车　　结束选择

指定基点或位移：　任意拾取面上一点　　指定复制的基点

指定位移的第二点：　拾取面外的一点　　指定复制的目标点

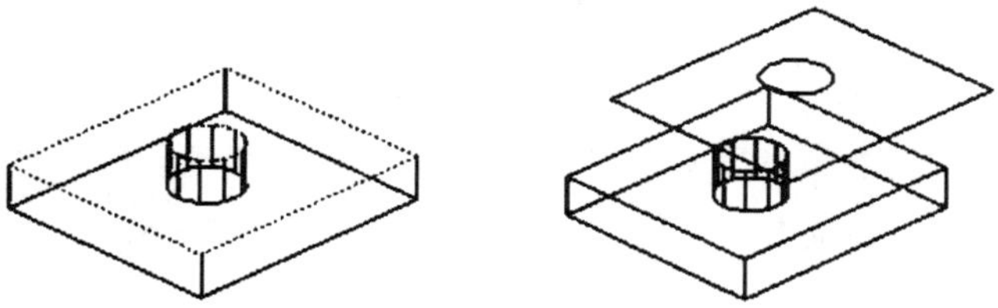

（a）选择要复制的表面　　（b）复制结果

图 7.4.10　复制实体的顶面

微课

三维对齐命令

八、三维对齐命令

1. 功　能

用于通过指定 3 个基点和三个目标点，使一个对象的表面与另一个对象的表面贴靠在一起。

2. 命令调用方式

功能区："常用"标签/"修改"面板/"三维对齐"按钮。

命令行：3DALIGN。

3. 命令举例

例 7.4.9 使用三维对齐命令，将半球体的底面贴放在三棱柱的斜面上，并且使球心落在斜面的中心，如图 7.4.11 所示。

命令：3DALIGN	调用三维对齐命令
选择对象：选择半球体	选择源对象
选择对象：	结束选择
指定源平面和方向 ...	
指定基点或 [复制(C)]：拾取 A 点	拾取源对象第 1 点
指定第二个点或 [继续(C)] <C>：拾取 B 点	拾取源对象第 2 点
指定第三个点或 [继续(C)] <C>：拾取 C 点	拾取源对象第 3 点
指定目标平面和方向 ...	
指定第一个目标点：拾取 A_1	拾取目标对象第 1 点
指定第二个目标点或 [退出(X)] <X>：拾取 B_1	拾取目标对象第 2 点
指定第三个目标点或 [退出(X)] <X>：拾取 C_1	拾取目标对象第 3 点

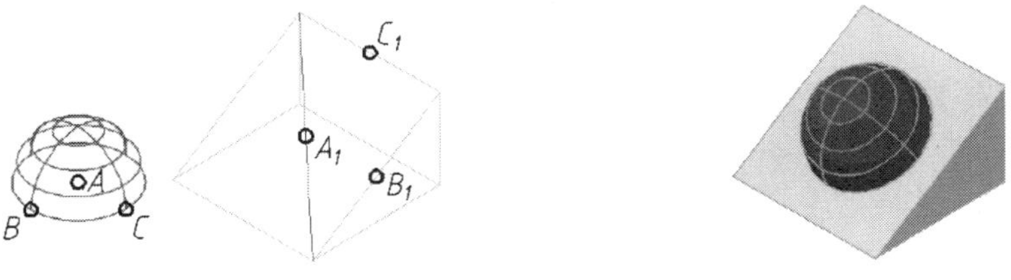

（a）三维对齐的 3 个源点与 3 个目标点　　（b）三维对齐结果

图 7.4.11　三维对齐

注：

（1）源对象的第 1 个源点（称为基点）将始终被移动到第 1 个目标点，保证对齐的位置。

（2）第 2 个、第 3 个源点和目标点是保证两个表面贴靠在一起，而不是保证对齐的位置。

九、三维用户坐标 UCS

微课

三维用户坐标的使用

1. 功　能

按用户需要设置用户坐标的工作平面 *XOY*，因为二维绘图都是在工作平面 *XOY* 上进行的，如果需要在其他面上进行操作，就必须设置用户坐标 UCS。

2. 命令调用方式

功能区："视图"标签/"坐标"面板/"UCS 用户坐标"按钮。

功能区："可视化"标签/"坐标"面板/"UCS 用户坐标"按钮。

命令行：UCS。

3. 命令举例

例 7.4.10 在一个三棱柱的每个表面上绘制一个圆，圆内写出该表面的名称，如图 7.4.12 所示。

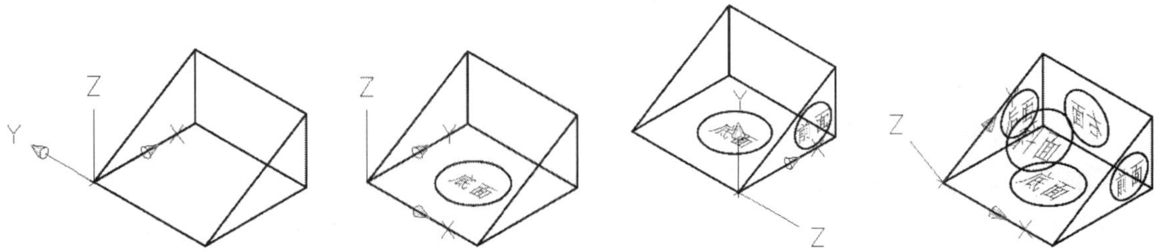

（a）UCS 原点移到底面角点 （b）UCS 绕 Z 轴旋转 −90° （c）UCS 设置在前面 （d）UCS 设置在斜面

图 7.4.12 用户坐标的应用

（1）将用户坐标原点设置到底面的角点，在底面上写字、绘制圆。

操作步骤如下：

命令： UCS 调用用户坐标命令

当前 UCS 名称： *没有名称*

指定 UCS 的原点或 [面(F)/命名(NA)/对象(OB)/上一个(P)/视图(V)/世界(W)/X/Y/Z/Z 轴(ZA)] <世界>： 单击底面角点 指定底面角点为 UCS 的原点，如图 7.4.12（a）所示

指定 X 轴上的点或 <接受>： 回车确定

命令： UCS 调用用户坐标命令

当前 UCS 名称： *没有名称*

指定 UCS 的原点或 [面(F)/命名(NA)/对象(OB)/上一个(P)/视图(V)/世界(W)/X/Y/Z/Z 轴(ZA)] <世界>： Z 将 UCS 绕 *Z* 轴旋转

指定绕 Z 轴的旋转角度 <90>： −90 顺时针旋转 90°，如图 7.4.12（b）所示

命令： UCS 调用用户坐标命令

当前 UCS 名称： *没有名称*

指定 UCS 的原点或 [面(F)/命名(NA)/对象(OB)/上一个(P)/视图(V)/世界(W)/X/Y/Z/Z 轴(ZA)] <世界>： NA 给当前的 UCS 命名

输入选项 [恢复(R)/保存(S)/删除(D)/?]： S 保存的 UCS 命名

输入保存当前 UCS 的名称或 [?]： DM 输入 UCS 的名称"DM"

在底面上写字、绘制圆

（2）将用户坐标设置到前面的角点，在前面上写字、绘制圆。

操作步骤如下：

命令： UCS　　调用用户坐标命令

当前 UCS 名称： DM

指定 UCS 的原点或 [面(F)/命名(NA)/对象(OB)/上一个(P)/视图(V)/世界(W)/X/Y/Z/Z 轴(ZA)] <世界>： F　　将 UCS 设定到某一表面上

选择实体对象的面： 单击前面的底边的左半段　　选定前面为 UCS 坐标面，如图 7.4.12（c）所示

输入选项 [下一个(N)/X 轴反向(X)/Y 轴反向(Y)] <接受>： 回车

命令： UCS　　调用用户坐标命令

当前 UCS 名称： *没有名称*

指定 UCS 的原点或 [面(F)/命名(NA)/对象(OB)/上一个(P)/视图(V)/世界(W)/X/Y/Z/Z 轴(ZA)] <世界>： NA　　给当前的 UCS 命名

输入选项 [恢复(R)/保存(S)/删除(D)/?]： S　　保存的 UCS 命名

输入保存当前 UCS 的名称或 [?]： QM　　输入 UCS 的名称“QM”

最后，在前面上写字、绘制圆。

（3）同样的方法将用户坐标设置到其他面上，然后在其他面上写字、绘制圆，如图 7.4.12（d）所示。

例 7.4.11　给图 7.4.12 的三棱柱的端点注写字母名称，如图 7.4.13（a）所示。

操作步骤如下：

命令： UCS　　调用用户坐标命令

当前 UCS 名称： XM

指定 UCS 的原点或 [面(F)/命名(NA)/对象(OB)/上一个(P)/视图(V)/世界(W)/X/Y/Z/Z 轴(ZA)] <世界>： V　　将 UCS 设置为与屏幕平行

注写端点字母名称如图 7.4.13（a）所示。

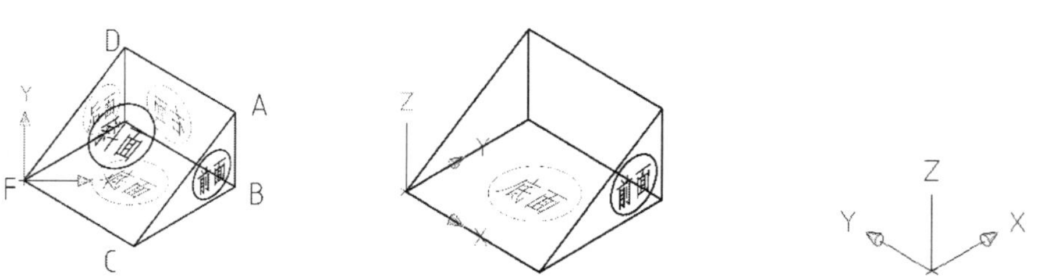

（a）UCS 平行于屏幕　（b）恢复名称为“DM”的 UCS　（c）恢复世界坐标

图 7.4.13　UCS 的恢复与控制

例 7.4.12　恢复名称为“DM”的 UCS，如图 7.4.13（b）所示；恢复世界坐标，如图 7.4.13（c）所示。

操作步骤如下：

命令： UCS	调用用户坐标命令
当前 UCS 名称： *没有名称*	
指定 UCS 的原点或 [面(F)/命名(NA)/对象(OB)/上一个(P)/视图(V)/世界(W)/X/Y/Z/Z 轴(ZA)] <世界>： NA	通过名称控制 UCS
输入选项 [恢复(R)/保存(S)/删除(D)/?]： R	恢复 UCS，
输入要恢复的 UCS 名称或 [?]： DM	恢复名称为“DM”的 UCS 如图 7.4.13（b）所示
命令： UCS	调用用户坐标命令
当前 UCS 名称： DM	
指定 UCS 的原点或 [面(F)/命名(NA)/对象(OB)/上一个(P)/视图(V)/世界(W)/X/Y/Z/Z 轴(ZA)] <世界>： W	恢复世界坐标，如图 7.4.13（c）所示

4. 动态 UCS

打开状态栏上的“动态 UCS”按钮，当创建对象时将光标移到实体的某个表面上，此时该表面会亮显，此时 UCS 的 *XY* 坐标面就自动地临时移到实体上的这个表面上。

注意： 动态 UCS 实现的 UCS 是临时性的，创建完对象后，UCS 还是要回到原有的 UCS 状态。

【任务实施】

一、新建图形文件

微课

创建笔架模型

新建图形文件，以文件名为“笔架.dwg”保存。

二、建立图层

打开“图层特性管理器”对话框，如图 7.4.14 所示，建立图层。

状态	名称	开	冻结	锁定	颜色	线型	线宽
	0				白	Continuous	默认
	Defpoints				白	Continuous	默认
	尺寸标注				白	Continuous	0.30 毫米
	粗实线				白	Continuous	0.50 毫米
	点划线				白	CENTER2	0.25 毫米
	辅助线				白	Continuous	默认
✓	实体				白	Continuous	0.30 毫米

图 7.4.14 建立图层

三、创建笔架母体

1. 创建第一个长方体

（1）将视图设置为“东南等轴测”。

（2）将视觉样式设为“三维隐藏”。

（3）进入“实体”图层，创建第一个长方体，长方体的长 300、宽 100、高 120，如图 7.4.15（a）所示。

2. 创建第二个长方体

创建第二个长方体，长方体的长 300、宽 100、高 30，第二个长方体的第一个角点与第一个长方体的角点重合，如图 7.4.15（b）所示。

3. 合并两个长方体

用并集命令 UNION 合并两个长方体，如图 7.4.15（c）所示。

4. 旋转实体的表面 *A*

用实体编辑—旋转面命令将表面 *A* 绕 *A* 面的上边 *BC* 向前旋转 20°，如图 7.4.15（d）所示。

操作步骤如下：

命令： SOLIDEDIT

输入实体编辑选项 [面(F)/边(E)/体(B)/放弃(U)/退出(X)] <退出>： FACE

输入面编辑选项[拉伸(E)/移动(M)/旋转(R)/偏移(O)/倾斜(T)/删除(D)/复制(C)/颜色(L)/材质(A)/放弃(U)/退出(X)] <退出>： ROTATE

选择面或 [放弃(U)/删除(R)]： 选择面 *A*

指定轴点或 [经过对象的轴(A)/视图(V)/X 轴(X)/Y 轴(Y)/Z 轴(Z)] <两点>： 选择 *B* 点

在旋转轴上指定第二个点： 选择 *C* 点

指定旋转角度或 [参照(R)]： －20

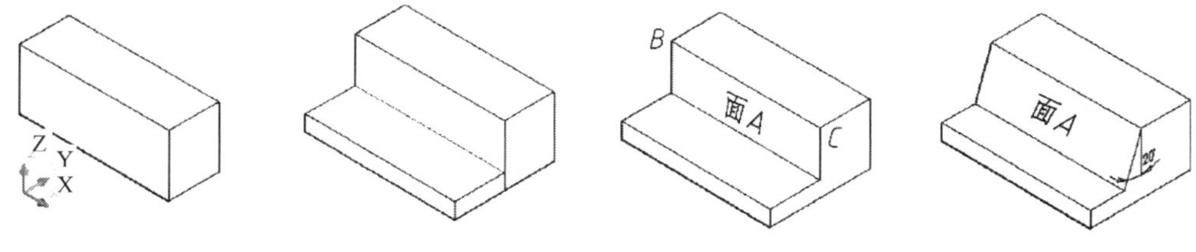

（a）创建第一个长方体　（b）创建第二个长方体　（c）合并两个长方体　（d）旋转面 *A*

图 7.4.15　创建笔架母体

四、在母体上拉伸出槽、孔

1. 在顶面上绘制圆、矩形

（1）用 UCS 命令将用户坐标的原点移到后面的高顶面上，如图 7.4.16（a）所示。

（2）按图 7.4.1 中投影图中的尺寸，绘制直径为 70 的三个圆，绘制一个长为 15、宽为 60 的矩形。

（3）同样的方法，将用户坐标的原点移到前面较低的顶面上，绘制一个直径为 55 的圆，绘制一个长为 120、宽为 55 的矩形，绘制一个边长为 40 的正方形，如图 7.4.16（b）所示。

2. 母体表面压印

用实体编辑—压印命令将上面绘制的七个图形在母体表面压印。

3. 修改母体的颜色及压印面的颜色

（1）修改母体的颜色为颜色“41”。

（2）用实体编辑—着色面命令将压印的面着色为颜色“111”，如图 7.4.16（c）所示。

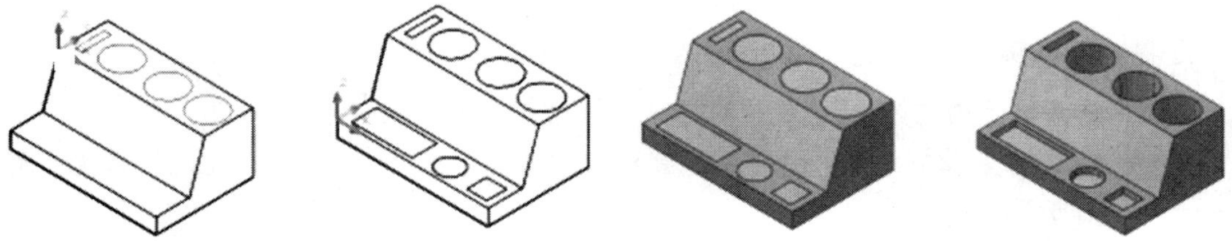

（a）绘制高顶面上的图形　（b）绘制低顶面上的图形　（c）修改母体的颜色，将压印的面着色　（d）在母体上拉伸出槽、孔

图 7.4.16　在母体上拉伸出槽、孔

4. 拉伸压印的面并在母体上拉伸出槽、孔

（1）高顶面上右面第一个圆面的拉伸高度为 – 100、拉伸的倾斜角度为 0°；右面第二个圆面的拉伸高度为 – 100、拉伸的倾斜角度为 5°；右面第三个圆面的拉伸高度为 – 50、拉伸的倾斜角度为 5°；左面的矩形面的拉伸高度为 – 100、拉伸的倾斜角度为 0°。

（2）低顶面上的三个压印面的拉伸高度都为 – 15、拉伸的倾斜角度为 5°，如图 7.4.16（d）所示。

五、在母体顶面作出带孔的凸台

（1）用实体编辑—偏移面的命令偏移高顶面上的左边圆孔面，偏移距离为 20，如图 7.4.17（a）所示。

（2）用实体编辑—移动面的命令移动偏移得到小圆孔面，移动距离为 15，如图 7.4.17（b）所示。

（3）在小圆孔面的后面绘制一个直径为 30 的圆，圆心距小圆孔中心为 40，然后将圆在顶面上压印，如图 7.4.17（b）所示。

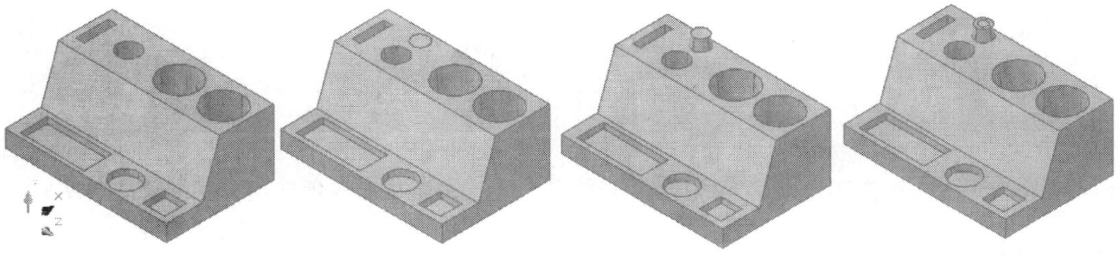

（a）偏移高顶面上的左圆孔面　（b）移动圆孔面，并在其后面绘制一个圆　（c）将新圆压印，并拉伸成凸台　（d）同理，在凸台上拉伸出孔

图 7.4.17　创建凸台，并在凸台上挖孔

（4）拉伸压印的面，拉伸高度为 20，拉伸的倾斜角度为 5°，在母体上拉伸凸台，如图 7.4.17（c）所示。

（5）同样的方法在凸台顶面拉伸出一个孔，孔直径为 16，拉伸高度为 –100，拉伸的倾斜角度为 0°，如图 7.4.17（d）所示。

六、制作斜面上的字匾

1. 制作三维实体文字

（1）将视图设置为“俯视”，将视觉样式设置为“二维线框”。

（2）绘制一个长 240、宽 55 的字匾轮廓矩形，并在矩形中用行楷字体书写“学无止境”四个字，如图 7.4.18（a）所示。

（3）先用文字分解命令 TXTEXP 将四个字分解成多条封闭多段线，再用普通分解命令 EXPLODE 将这些多段线分解为无数条直线段，如图 7.4.18（b）所示。

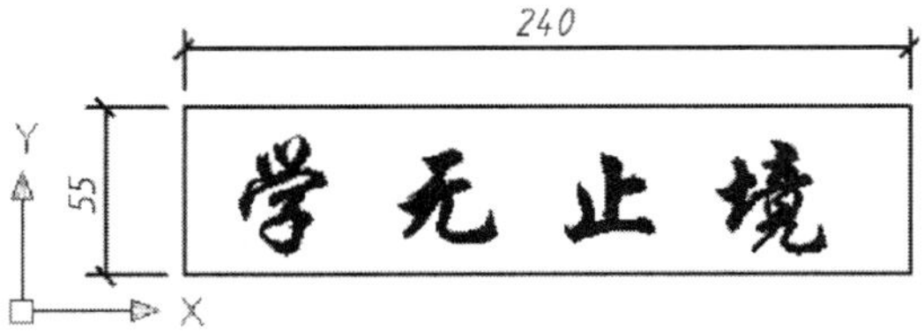

（a）绘制矩形外框，书写文字

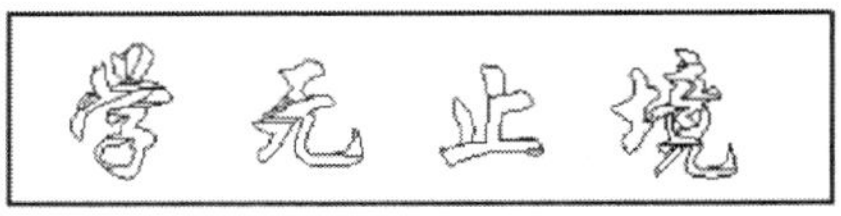

（b）先用文字分解命令分解文字，再用普通分解命令分解成无数条直线段

图 7.4.18　书写文字，并进行两次分解

（4）删除文字内部多余的直线段，如图 7.4.19 所示。

（5）以用边界命令 BOUNDARY 在文字轮廓内部拾取点的方式，将文字轮廓创建成几条封闭的多段线。

（6）用面域命令 REGION 将围成文字外轮廓的多段线转成面域，并将文字内部的 7 个孤岛多段线 1、2、3、4、5、6、7 也转成面域（图 7.4.20 中的 7 个白色区域）。

（7）用差集命令 SUBTRACT，选择文字外轮廓面域为被减对象，选择 7 个内部孤岛面域为要减去的对象，创建出与原文字形状相同的文字面域，如图 7.4.20 所示。

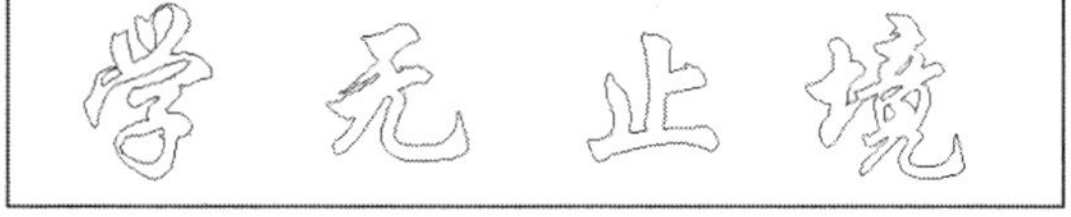

图 7.4.19　删除文字内部多余的直线段

图 7.4.20　用差集命令创建出文字形状的文字面域

（8）将视觉样式设置为“真实”。

（9）用创建拉伸实体命令 EXTRUDE，将文字面域拉伸成三维实体，拉伸高度为 5，拉伸的倾斜角度为 0°，用自由动态观察命令观察效果，如图 7.4.21 所示。

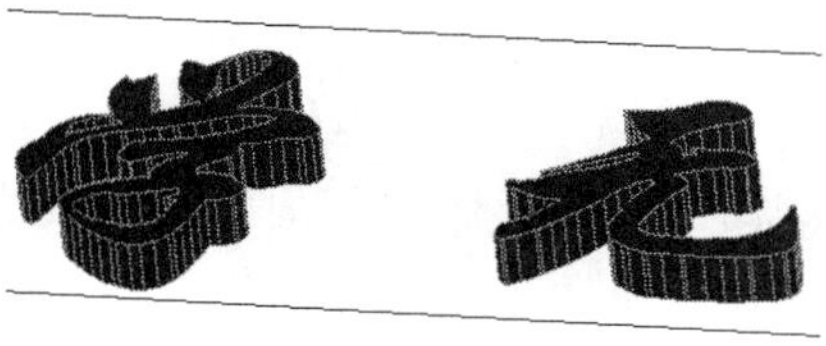

图 7.4.21　将文字面域拉伸成三维实体

2. 制作字匾外框造型

（1）将视图设置为“俯视”。

（2）绘制字匾外框造型的断面轮廓，如图 7.4.22（a）所示。

（3）用边界命令 BOUNDARY 将绘制的断面轮廓转成封闭多段线。

（4）将断面轮廓多段线移动到字匾外框的左下角，如图 7.4.22（b）所示。

（5）将视图设置为“东南等轴测”。

（6）用三维旋转命令 3DROTATE，将断面轮廓多段线绕 Y 轴旋转 90°，基点选择字匾外框的左下角点，如图 7.4.22（c）所示。

（7）用创建拉伸实体命令 EXTRUDE，采用沿路径拉伸的方式，选择断面轮廓多段线为拉伸对象，选择字匾矩形外框为拉伸路径，拉伸出字匾外框实体。

（8）将文字三维实体的颜色改为绿色，将字匾外框实体的颜色改为颜色“41”，用自由动态观察，如图 7.4.23 所示。

（9）用并集命令 UNION，将文字三维实体与字匾外框实体合并。

（a）绘制外框造型断面　（b）将外框断面移到外框角点　（c）三维旋转外框造型断面

图 7.4.22　绘制并放置外框造型断面

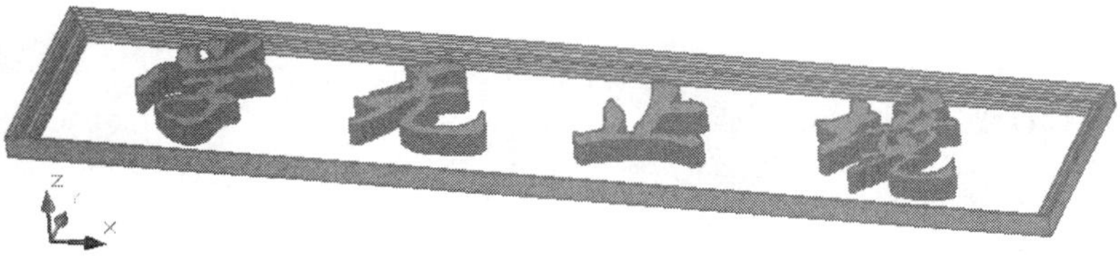

图 7.4.23　用拉伸实体命令创建外框实体

七、将字匾安装到笔架斜面上去

1. 在笔架斜面上挖出一个字匾槽

（1）使用用户坐标命令 UCS 的“面 F”选项，将 UCS 坐标平面设置到笔架的斜面上。

（2）在斜面中间绘制一个矩形，矩形长 240、宽 55，如图 7.4.24（a）所示。

（3）用实体编辑—压印的命令将矩形在斜面上压印。

（4）用实体编辑—着色面的命令将矩形的压印面的颜色改为“白色”（实际效果为黑色）。

（5）用实体编辑—拉伸面的命令将矩形的压印面进行拉伸，拉伸高度为 – 5，拉伸的倾斜角度为 0°，如图 7.4.24（b）所示。

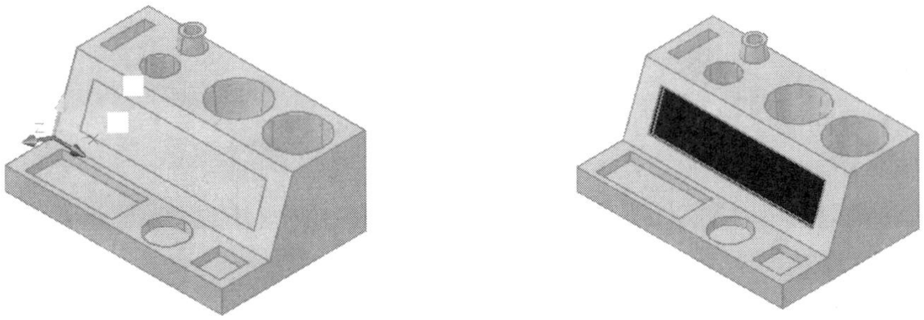

（a）在斜面上绘制一个矩形并压印　　（b）改变矩形压印面的颜色并拉伸出一个槽

图 7.4.24　在笔架斜面上挖出一个字匾槽

2. 将字匾放入笔架斜面上的字匾槽中

（1）用三维对齐命令 3DALIGN 将字匾对齐放入字匾槽中，三维对齐的具体操作方式如图 7.4.25 所示，对齐结果如图 7.4.26 所示。

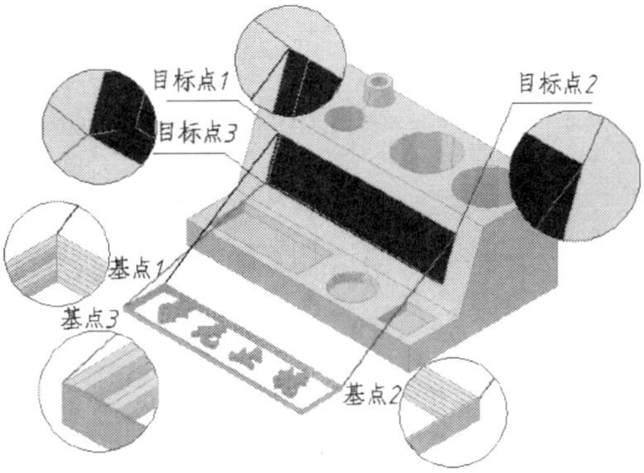

图 7.4.25　三维对齐的具体操作方式

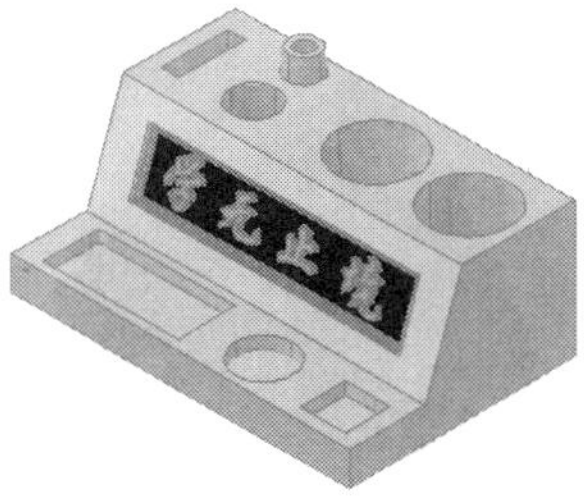

图 7.4.26　三维对齐的结果

操作步骤如下：

命令：　3DALIGN

选择对象：　选择字匾

选择对象：　回车

指定源平面和方向 ...

指定基点或 [复制(C)]：　打开对象捕捉中的端点捕捉功能，选择字匾边框上的基点 1

指定第二个点或 [继续(C)] <C>：　选择字匾边框上的基点 2

指定第三个点或 [继续(C)] <C>：　选择字匾边框上的基点 3

指定目标平面和方向 ...

指定第一个目标点：选择字匾边框上的目标点 1
指定第二个目标点或 [退出(X)] <X>：选择字匾边框上的目标点 2
指定第三个目标点或 [退出(X)] <X>：选择字匾边框上的目标点 3

（2）用并集命令 UNION 将字匾与笔架合并。

3. 对笔架的棱边进行圆角、倒角

（1）用圆角命令 FILLET 对笔架的棱边进行圆角，圆角半径为 2；

（2）用倒角命令 CHAMFER 对笔架高顶面上孔的边线进行倒角，第一、第二倒角距离均为 5，如图 7.4.27 所示。

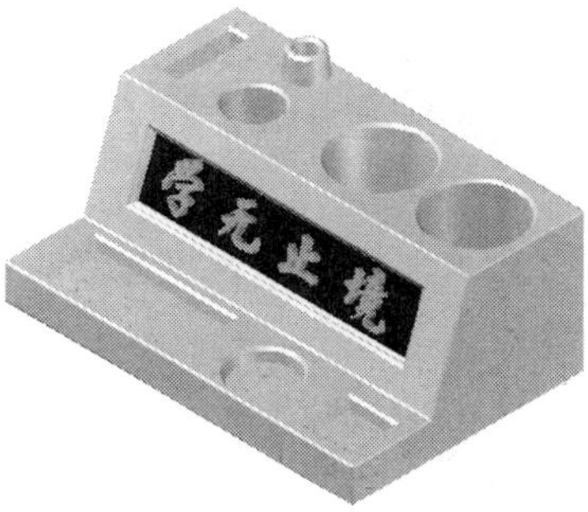

图 7.4.27 倒角、圆角完成后的笔架模型

项目 8　建立工程体三维实体模型

任务 1　制作桥墩模型

素质目标

1. 具备绘制和识读施工图所必需的职业素质，拥有吃苦耐劳、诚实守信、求真务实的职业道德观念；

2. 养成严谨、踏实、认真负责的工作作风，具备良好的学习能力和团队协作观念，能够理论联系实际解决问题，培养创新意识。

知识目标

1. 掌握创建放样实体命令；
2. 掌握绘制桥墩模型的过程和命令。

能力目标

1. 具备 CAD 软件三维模型熟练制作的能力；
2. 具备施工纸的三维模型制作能力；
3. 具备桥墩模型制作能力。

【任务分析】

图 8.1.1 所示为圆端形桥墩总图，图 8.1.2 所示为圆端形桥墩墩帽图，图 8.1.3 所示为圆端形桥墩的模型。桥墩由基础、墩身、墩帽三部分组成，其中墩帽又分为托盘、顶帽、垫石、排水坡。

基础的形状是两个长方体；墩身的中间是一个横卧的梯形柱，两边是两个半圆台，墩身的底面和顶面的形状都是圆端形；托盘的中间是一个纵卧的梯形柱，两边是两个半斜圆柱，托盘的底面和顶面的形状也都是圆端形；顶帽为一个长方体，顶部四条棱边带抹角（倒角）；垫石是两块长方体；排水坡的形状为一个在横卧三棱柱基础上的切割体，也可以理解为中间是横卧的三棱柱，两边是两个半四棱锥。

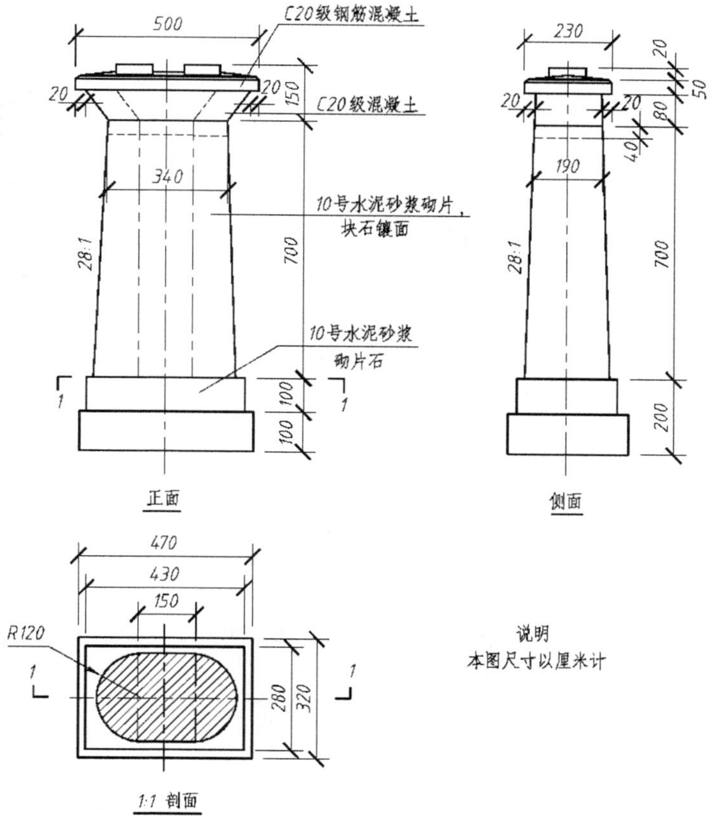

图 8.1.1　圆端形桥墩图

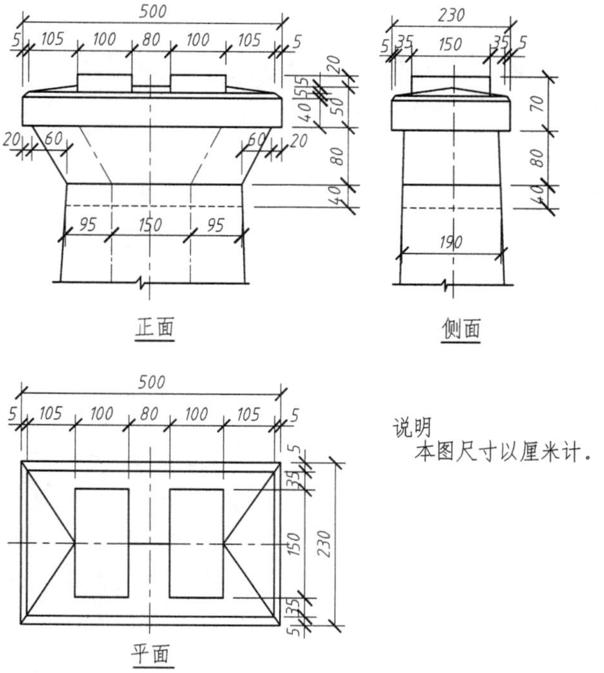

图 8.1.2　圆端形桥墩墩帽图

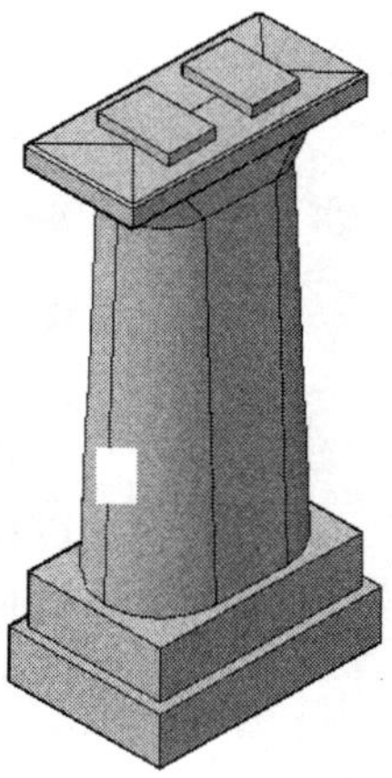

图 8.1.3　桥墩模型

【相关知识】

微课

放样实体创建命令

一、放样实体创建命令

1. 功　能

通过对两条或两条以上的横截面曲线进行放样来创建实体或曲面。

2. 命令调用方式

功能区：“常用”标签/“建模”面板/“拉伸”下拉列表/“放样”按钮。

功能区：“实体”标签/“实体”面板/“扫掠”下拉列表/“放样”按钮。

命令行：LOFT

3. 命令举例

例 8.1.1　按“仅横截面”方式创建放样实体，如图 8.1.4 所示。

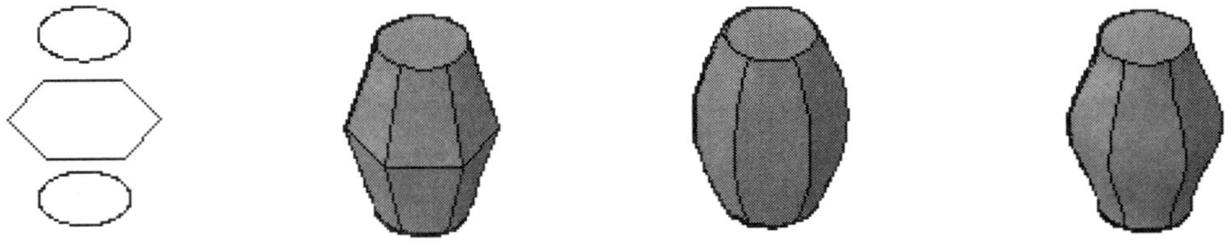

（a）三个截面　（b）直纹曲面实体　（c）平滑拟合曲面实体　（d）法线指向曲面实体

图 8.1.4　按“仅横截面”方式放样实体

操作步骤如下：

命令： LOFT	调用放样命令
当前线框密度：　ISOLINES=4，闭合轮廓创建模式 = 实体	
按放样次序选择横截面或 [点(PO)/合并多条边(J)/模式(MO)]: _MO 闭合轮廓创建模式 [实体(SO)/曲面(SU)] <实体>：_SO	
按放样次序选择横截面：　选择圆	由上往下或由下往上依次选择三个截面
按放样次序选择横截面：　选择六边形	
按放样次序选择横截面：　选择圆	
找到 1 个，总计 3 个	
按放样次序选择横截面：　回车	
输入选项 [导向(G)/路径(P)/仅横截面(C)] <仅横截面>：　回车	结束截面选择，命令结束

按“仅横截面”方式放样创建实体，回车后将打开“放样设置”对话框，如图 8.1.5 所示，在此对话框中可以设置放样参数，不同设置参数的结果如图 8.1.4 所示。

（1）直纹：指实体或曲面在横截面之间是直纹，并且在横截面处具有鲜明边界，如图 8.1.4（b）所示。

（2）平滑拟合：指在横截面之间绘制平滑实体或曲面，并且在起点和终点横截面处具有鲜明边界，如图 8.1.4（c）所示。

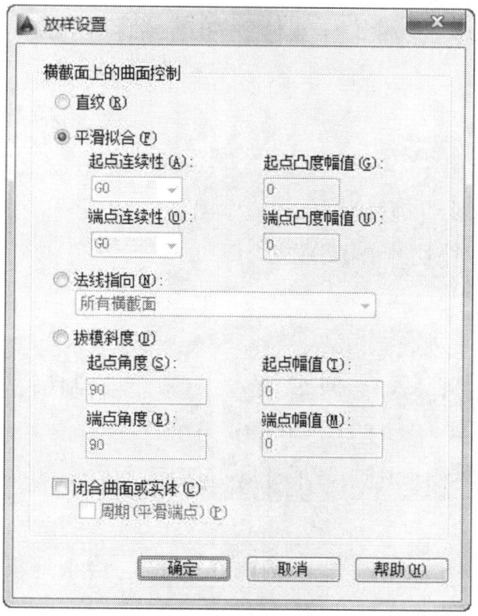

图 8.1.5　放样设置对话框

（3）法线指向：控制实体或曲面在其通过横截面处的曲面法线方向，如图 8.1.4（d）所示。

（4）拔模斜度：控制放样实体或曲面的第一个和最后一个横截面的拔模斜度和幅值。拔模斜度为曲面的开始方向。拔模斜度为 0°，定义为从曲线所在平面向外；介于 1° ~ 180°的值表示向内指向实体或曲面；介于 181° 和 359° 的值表示从实体或曲面向外。

（5）闭合曲面或实体：使用该选项时，多个横截面应该摆放成圆环形图案，以便放样曲面或实体可以闭合。

例 8.1.2　按“路径”方式创建放样实体，如图 8.1.6 所示。

操作步骤如下：

命令：LOFT　　调用放样命令

按放样次序选择横截面：选择大圆

按放样次序选择横截面：选择小圆

按放样次序选择横截面：回车　　结束选择

输入选项 [导向(G)/路径(P)/仅横截面(C)] <仅横截面>：P　　按路径方式放样

选择路径曲线：选择圆弧

（a）截面与路径　（b）放样实体

图 8.1.6　按“路径”方式创建放样实体

（a）截面与导向线　（b）放样实体

图 8.1.7　按导向方式创建放样实体

例 8.1.3 按“导向”方式创建放样实体，如图 8.1.7 所示。

操作步骤如下：

命令：POLYGON	绘制横截面——正六边形 1
输入边的数目 <4>：6	
指定正多边形的中心点或 [边(E)]：0，0，0	
输入选项 [内接于圆(I)/外切于圆(C)] <I>：回车	
指定圆的半径：100	
命令：POLYGON	
POLYGON 输入边的数目 <6>：回车	绘制横截面——正六边形 2
指定正多边形的中心点或 [边(E)]：0，0，100	
输入选项 [内接于圆(I)/外切于圆(C)] <I>：回车	
指定圆的半径：20	
将当前视图调整为主视图，用圆弧连接两正六边形端点；调整到西南等轴测视图，然后以（0，0，0）为中心将圆弧环行阵列六个，如图 8.1.7（a）所示。	绘制导向线圆弧
命令：LOFT	调用放样命令
按放样次序选择横截面：选择正六边形 1	
按放样次序选择横截面：选择正六边形 2	
按放样次序选择横截面：回车	结束选择
输入选项 [导向(G)/路径(P)/仅横截面(C)] <仅横截面>：输入 G	选择用“导向线”方式创建放样实体结束命名，生成放样实体。
选择导向曲线：依次选择六个圆弧	

【任务实施】

微课

创建桥墩模型

一、新建图形文件

新建图形文件，以文件名为“桥墩.dwg”保存。

二、建立图层

打开“图层特性管理器”对话框，如图 8.1.8 所示，建立图层。

三、制作桥墩基础模型

（1）将视图设置为“西南等轴测”，将视觉样式设置为“概念”，进入“基础”图层。

（2）用长方体命令 BOX 分别创建两个长方体，尺寸分别为 470 × 320 × 100 和 430 × 280 × 100。

（3）将小长方体叠放在大长方体的上面，长、宽方向上都居中放置，如图 8.1.9 所示。

（4）用并集命令将两个长方体合并。

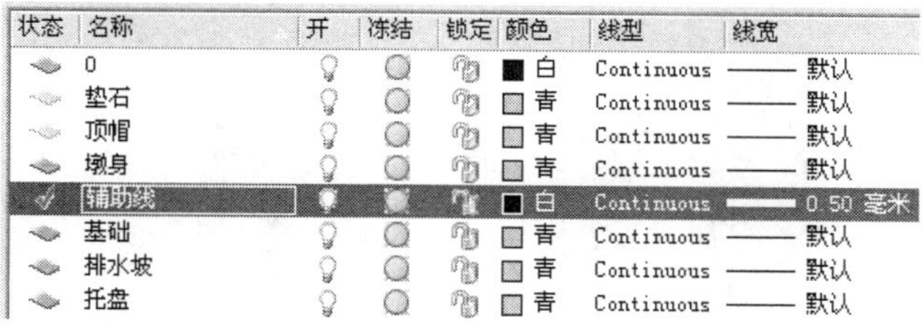

图 8.1.8 建立图层

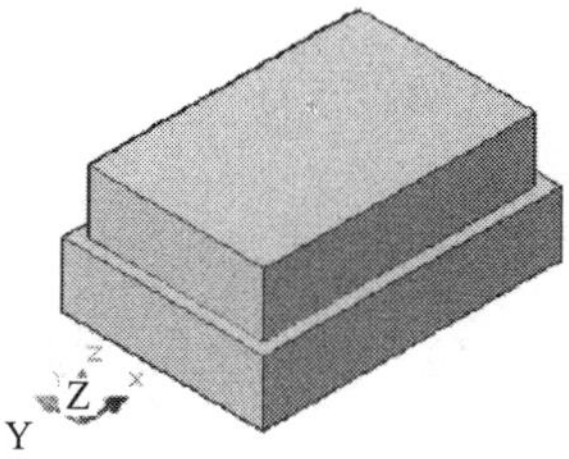

图 8.1.9 创建础模型

四、制作墩身模型

制作墩身模型有两种方法：一种是分解法，将墩身理解为三块组成，分别创建各块，然后合并在一起；另一种方法是整体放样法，将墩身整体理解为一块放样形体，放样截面是底面和顶面。

1. 用分解法制作墩身模型

（1）将视图设置为“左视”，进入“墩身”图层。

（2）用多段线命令，绘制墩身中间横卧梯形柱的梯形轮廓，如图 8.1.10（a）所示。

（3）将视图设置为“西南等轴测”。

（4）用创建拉伸实体的命令 EXTRUDE 拉伸梯形轮廓，拉伸高度为 150，得到梯形柱如图 8.1.10（c）所示。

（5）用创建旋转实体的命令 REVOLVE，以梯形柱断面轮廓的对称线为旋转轴，选择梯形柱中特征面梯形轮廓的一半为旋转对象［见图 8.1.10（b）］，旋转角度 360°，得到圆台，如图 8.1.10（d）所示。

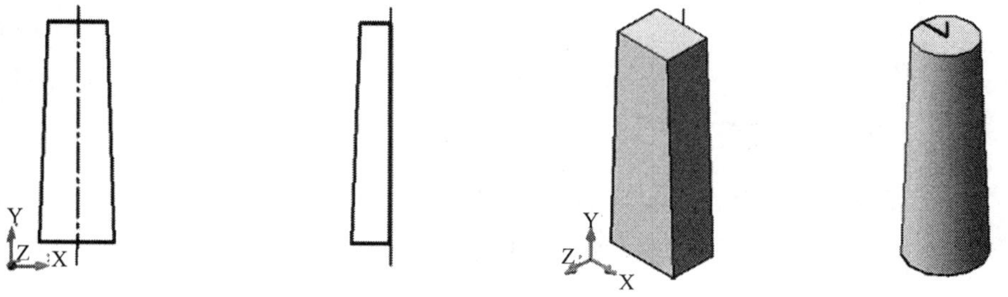

（a）绘制梯形柱的梯形面　（b）圆台回转截面　（c）拉伸出梯形柱　（d）旋转出圆台

图 8.1.10 创建梯形柱、圆台

（6）用剖切命令 SLICE 将圆台切成左、右两个半圆台，如图 8.1.11（a）所示。

（7）用移动命令将两个半圆台移到梯形柱的左、右两个端面上，如图 8.1.11（b）所示。

（8）用并集命令将梯形柱和两个半圆台合并，得到墩身的模型。

2. 用整体放样法制作墩身模型

（1）将视图设置为“俯视”，进入“墩身”图层。

（2）用多段线命令绘制桥墩的底面和顶面，如图 8.1.12（a）所示。

（3）将视图设置为“西南等轴测”。

（a）将圆柱切为两半圆柱　　（b）将两个半圆台移到梯形柱的左、右两个端面上，将三块合并

图 8.1.11　组合桥墩模型

（4）用移动命令将顶面沿 Z 轴升高 700，如图 8.1.12（b）所示。

（5）用放样命令创建墩身模型，如图 8.1.12（c）所示。

操作步骤如下：

命令：　LOFT

按放样次序选择横截面：选择墩身底面

按放样次序选择横截面：选择墩身顶面

按放样次序选择横截面：回车

输入选项[导向(G)/路径(P)/仅横截面(C)] <仅横截面>：回车，并选择“直纹”放样模式

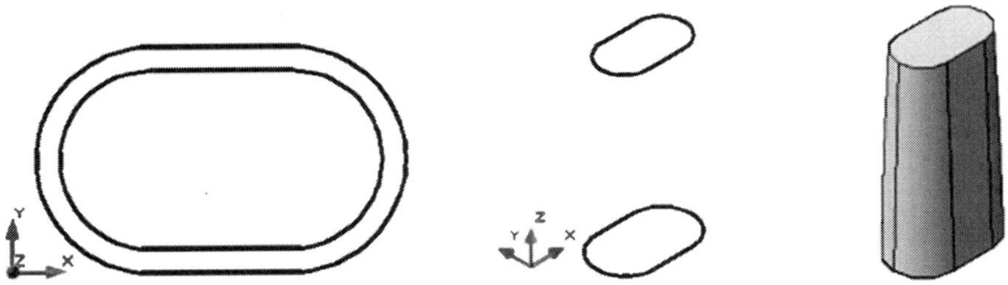

（a）绘制桥墩的底面和顶面　　（b）将顶面沿 Z 轴升高　　（c）放样创建墩身

图 8.1.12　用整体放样法创建墩身

五、制作托盘模型

制作托盘模型的方法与制作墩身模型相同，也有两种方法：一种是分解法，另一种是整体放样法。整体放样法与制作墩身模型的方法完全相同，不再讲述。下面只讲述用分解法制作托盘模型。

（1）将视图设置为“主视”，进入“托盘”图层。

（2）用多段线命令，绘制托盘中间纵卧梯形柱的梯形轮廓，如图 8.1.13（a）所示。

（3）将视图设置为“西南等轴测”。

（4）用创建拉伸实体的命令 EXTRUDE 拉伸梯形轮廓，拉伸高度为 190，得到梯形柱如图 8.1.13（b）所示。

（5）将视图设置为“俯视”。

（6）用绘制圆的命令，绘制斜圆柱底面，如图 8.1.13（c）所示。

（7）用实体编辑—复制边的命令，将梯形图的斜棱边复制到圆心上，如图 8.1.13（c）所示。

（8）将视图设置为“西南等轴测”。

（9）用创建拉伸实体的命令 EXTRUDE 拉伸圆，以复制的斜边为路径，得到斜圆柱如图 8.1.13（d）所示。

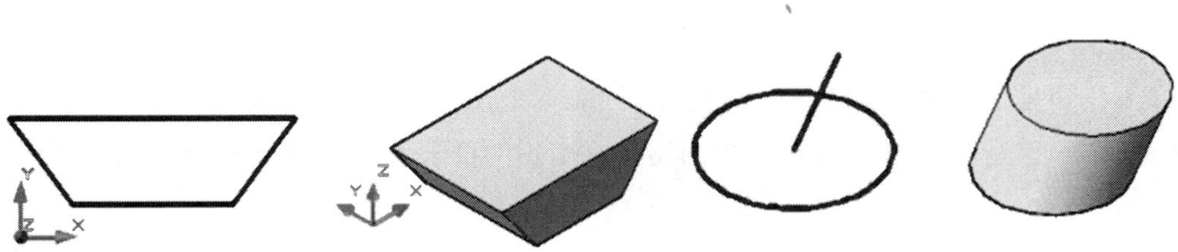

（a）绘制梯形柱断面　（b）拉伸出梯形柱　（c）绘制斜圆柱的底面与路径　（d）拉伸出斜圆柱

图 8.1.13　创建梯形柱、斜圆柱

（10）用剖切命令 SLICE 将斜圆柱切成左、右两个半斜圆柱，剖切面选择三点的方式，三个点分别为顶圆圆心、底圆圆心、顶圆上最前面的象限点，如图 8.1.14（a）所示。

（11）用移动命令将右半斜圆柱移到梯形柱的右端面上，如图 8.1.14（b）所示。

（12）用三维镜像命令 MIRROR3D 镜像出左半斜圆柱，镜像对称面为 *YZ*，通过点为梯形柱顶面长边的中点如图 8.1.14（c）所示。

（13）用并集命令将梯形柱和两个半斜圆柱合并，得到托盘的模型。

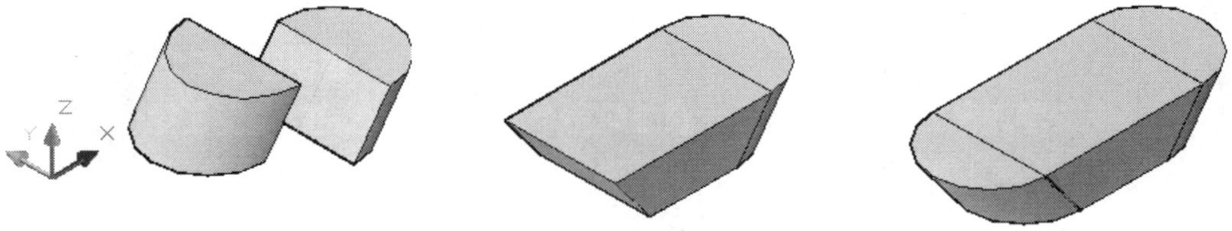

（a）将斜圆柱切为两半圆柱　（b）将右半斜圆柱移到梯形柱的右端面　（c）镜像出左半斜圆柱，将三块合并

图 8.1.14　组合托盘模型

六、制作顶帽模型

（1）将视图设置为“西南等轴测”，进入“顶帽”图层。

（2）用长方体命令创建一个 500 × 230 × 40 的长方体。

（3）用倒角命令 CHAMFEREDGE 对长方体顶面上的四条边进行倒角，第一、第二倒角距离都是 5，如图 8.1.15 所示。

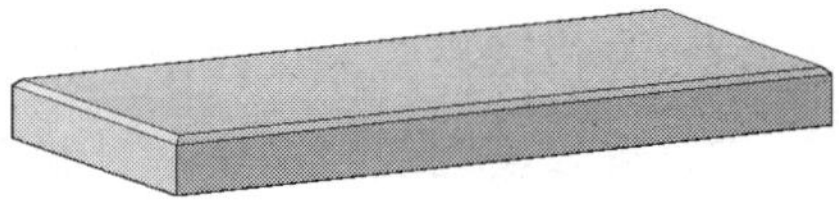

图 8.1.15　顶帽模型

七、制作排水坡模型

制作排水坡模型有分解法和切割法，这里按切割法制作。

（1）将视图设置为“左视”，进入“排水坡”图层。

（2）用多段线命令，绘制排水坡横卧三棱柱的三角形轮廓，如图 8.1.16（a）所示。

（3）将视图设置为“西南等轴测”。

（4）用创建拉伸实体的命令 EXTRUDE 拉伸梯形轮廓，拉伸高度为 490，得到梯形柱如图 8.1.16（b）所示。

（5）找到排水坡顶分水线上的切割点，如图 8.1.16（b）所示。

（6）用剖切命令 SLICE 分两次切割出左右两边的排水坡面，如图 8.1.16（d）所示。

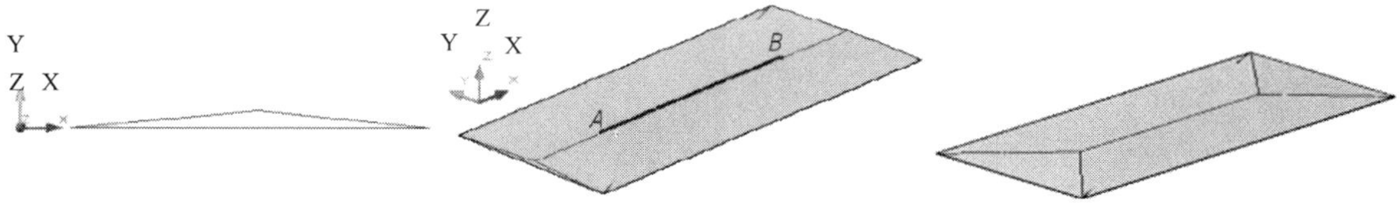

（a）绘制三棱柱的三角形面（b）拉伸出三棱柱，并找出切割点 A、B（c）切割出左、右排水坡面

图 8.1.16　创建排水坡模型

八、制作垫石模型

将视图设置为“西南等轴测”，进入“垫石”图层；用长方体命令创建一个 100 × 150 × 25 的长方体，如图 8.1.17 所示。

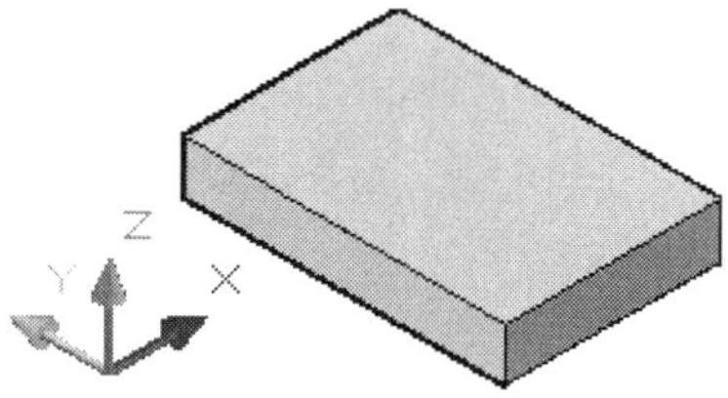

图 8.1.17　垫石模型

九、组合桥墩模型

1. 将墩身叠放到基础上面

（1）将视图设置为“西南等轴测”，将视觉样式设置为“二维线框”。

（2）进入辅助线层，作墩身底面两个圆心的连线和基础顶面的对角线。

（3）用移动命令将墩身移动到基础上面，移动时基点选择墩身底面两个圆心连线的中点，目标点选择基础顶面对角线的中点，如图 8.1.18（a）所示。

2. 将托盘叠放到墩身上面

用移动命令将托盘移动到墩身上面，移动时基点选择托盘底面前直线边的中点，目标点选择墩身顶面前直线边的中点，如图 8.1.18（a）所示。

3. 将顶帽叠放到托盘上面

（1）关闭“墩身”图层。

（2）进入辅助线层，作顶帽底面的对角线和托盘顶面两个圆心的连线。

（3）用移动命令将顶帽移动到托盘上面，移动时基点选择顶帽底面对角线的中点，目标点选择托盘顶面两个圆心连线的中点，如图 8.1.18（b）所示。

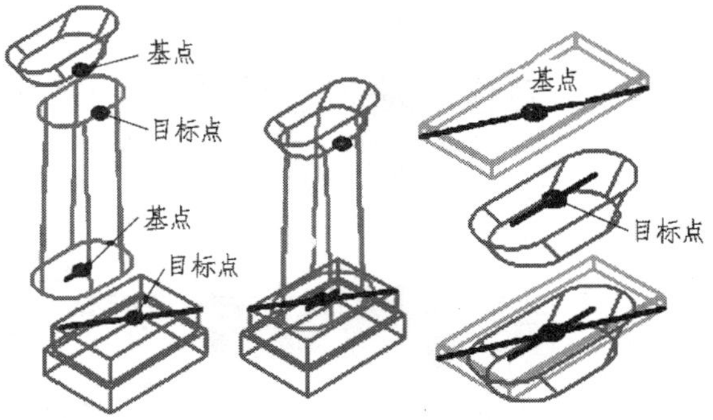

（a）组合基础、墩身、托盘　（b）组合托盘、顶帽

图 8.1.18　组合基础、墩身、托盘、顶帽

4. 将排水坡叠放到顶帽上面

（1）进入辅助线层，作排水坡底面对边中点的连线和顶帽顶面对边中点的连线。

（2）关闭“托盘”图层。

（3）用移动命令将排水坡移动到顶帽上面，移动时基点选择排水坡底面前边的中点，目标点选择顶帽抹角顶面前边的中点，如图 8.1.19（a）所示。

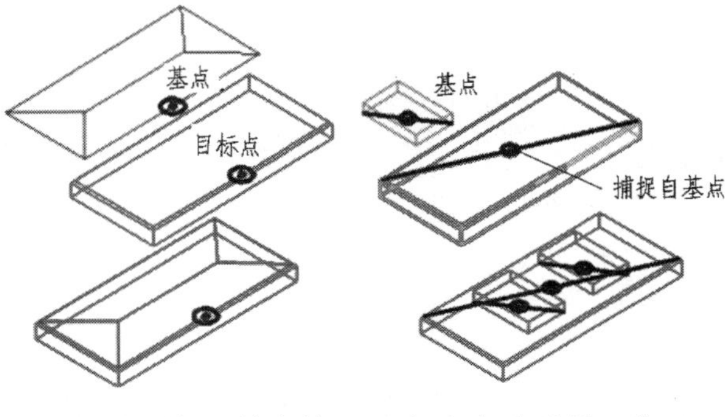

（a）组合顶帽、排水坡　　（b）组合顶帽、垫石

图 8.1.19　组合顶帽、排水坡、垫石

5. 将垫石叠放到顶帽上面

（1）进入辅助线层，作垫石底面底边的连线。

（2）关闭“排水坡”图层。

（3）用复制命令将两块垫石复制到顶帽上面，复制时基点选择垫石底面对角线的中点。第 1 个目标点选择用对象捕捉中的“捕捉自”方式，“捕捉自”的基点选择顶帽顶面对角线的中点，偏移点输入相对坐标“@－90，0”；第 2 个目标点选择，“捕捉自”的基点仍选择顶帽顶面对角线的中点，偏移点输入相对坐标“@90，0”如图 8.1.19（b）所示。

6. 将桥墩各组成部分合并

（1）打开“墩身”“托盘”“排水坡”图层，将视觉样式设置为“概念”。

（2）用并集命令将桥墩各组成部分合并，完成的桥墩模型如图 8.1.3 所示。

任务 2　制作翼墙式涵洞入口的模型

素质目标

1. 具备绘制和识读施工图所必需的职业素质，拥有吃苦耐劳、诚实守信、求真务实的职业道德观念；

2. 养成严谨、踏实、认真负责的工作作风，具备良好的学习能力和团队协作观念，能够理论联系实际解决问题，培养创新意识。

知识目标

1. 掌握创建截面命令；
2. 掌握三维多段线命令；
3. 掌握三维镜像命令；
4. 绘制翼墙式涵洞入口的模型。

能力目标

1. 具备 CAD 软件三维模型熟练制作的能力；
2. 具备施工纸的三维模型制作能力；
3. 具备翼墙式涵洞入口模型的制作能力。

【任务分析】

图 8.2.1 所示为翼墙式拱形涵洞入口构造图。涵洞入口由基础、翼墙、雉墙以及墙顶上带抹角的帽石组成。图 8.2.2 所示为整理出的入口后侧翼墙、雉墙的投影图。

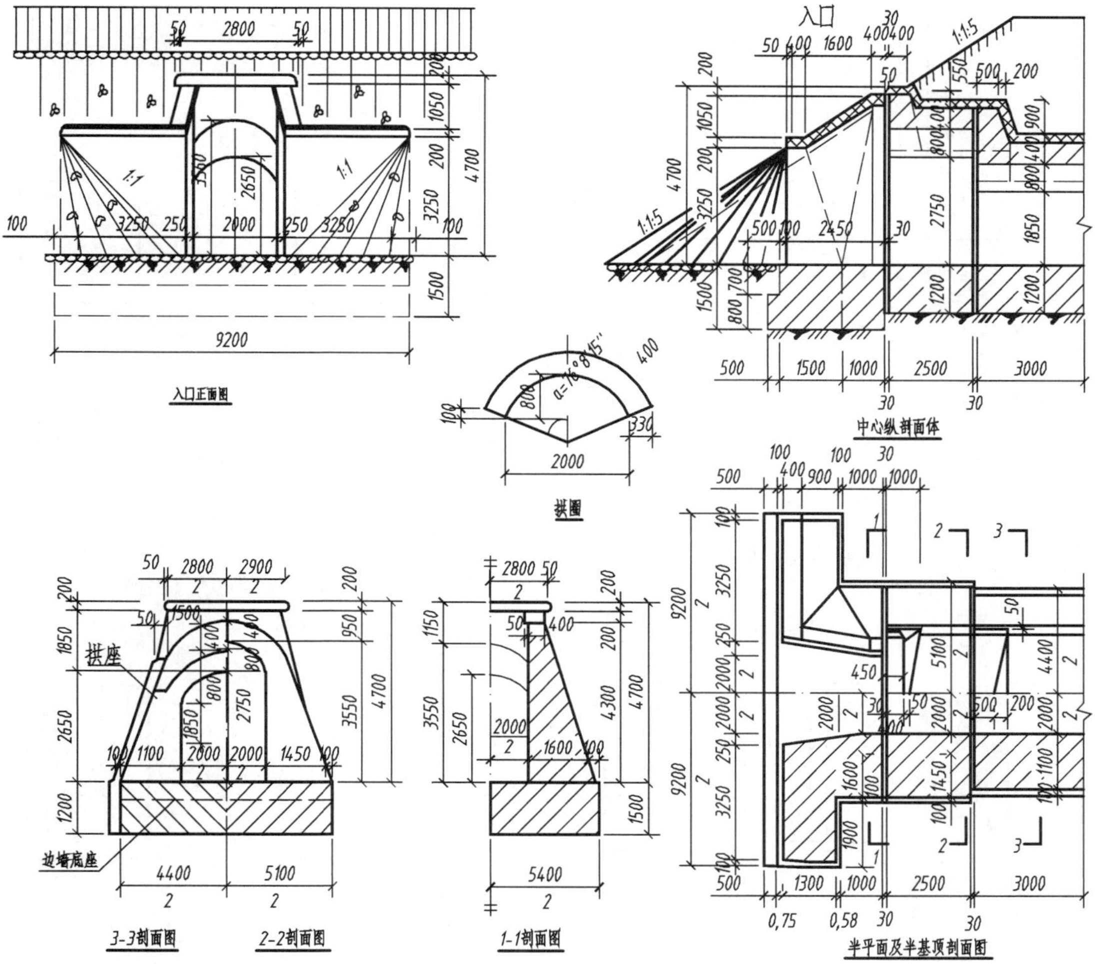

图 8.2.1　翼墙式涵洞入口构造图

从图中投影关系上来说，基础形状较为简单，是一个立放的“T”形柱，左上角挖去一个矩形切口；雉墙是入口最左端的矮墙，其形状是一个纵卧的梯形柱，内侧（前面）被一个铅垂面 P_1 切割，如图 8.2.3 所示。

翼墙靠近洞口，形状较为复杂，它是由一个横卧的梯形柱［见图 8.2.4（a）］经过四次切割而成的。第一次切割，翼墙的内侧（前面）被一个铅垂面 P1 切割，切出汇水的“八”字形，此切割面与切割雉墙内侧的铅垂面为同一平面 P1，如图 8.2.4（b）所示；第二次切割，翼墙的顶面被一个正垂面 P2 切割，如图 8.2.4（c）所示；第三次切割，翼墙的左面被雉墙的右面（正垂面）P3 切割，如图 8.2.4（d）所示；第四次切割，为了使翼墙顶部宽度都相同，翼墙的外侧（后面）被一个一般位置平面 P_4 切割，切出一个三角形的平面，如图 8.2.4（e）所示。

雉墙、翼墙顶部都有帽石，帽石内侧都带有抹角。

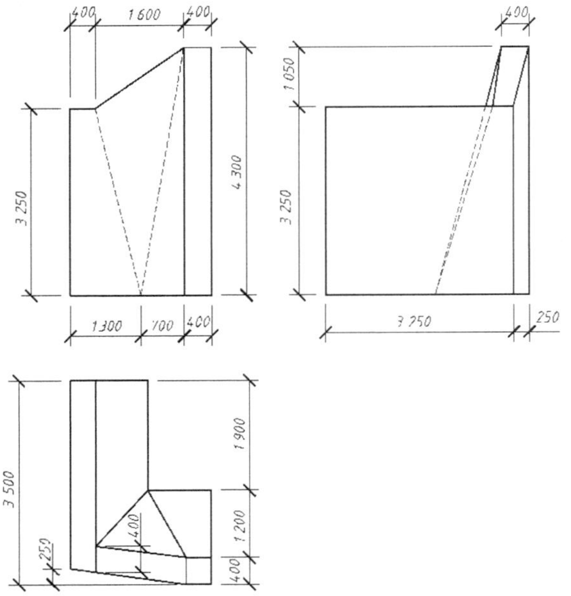

图 8.2.2　翼墙、雉墙的投影图

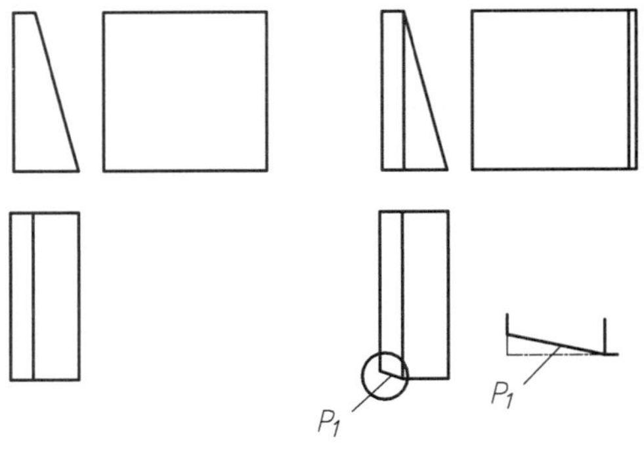

（a）纵卧的梯形柱　（b）被截平面 P_1 切割

图 8.2.3　雉墙的形状分析

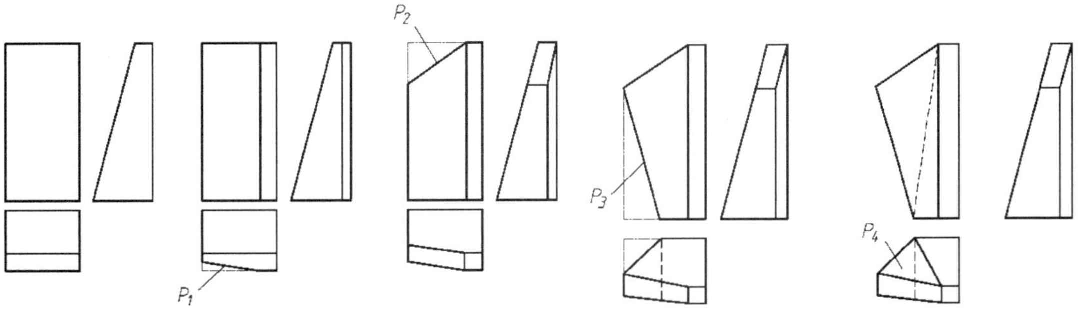

（a）横卧的梯形柱（b）第一次切割（c）第二次切割（d）第三次切割（e）第四次切割

图 8.2.4　翼墙的形状分析

制作涵洞入口模型用到的命令有三维多段线命令 3DPLINE、创建拉伸实体命令 EXTRUDE、剖切命令 SLICE、实体编辑—复制面命令、实体编辑—复制边命令、倒角命令 CHAMFER、创建截面命令 SECTION。

图 8.2.5 所示为雉墙、翼墙及帽石的模型，图 8.2.6 所示为翼墙式涵洞入口的模型。

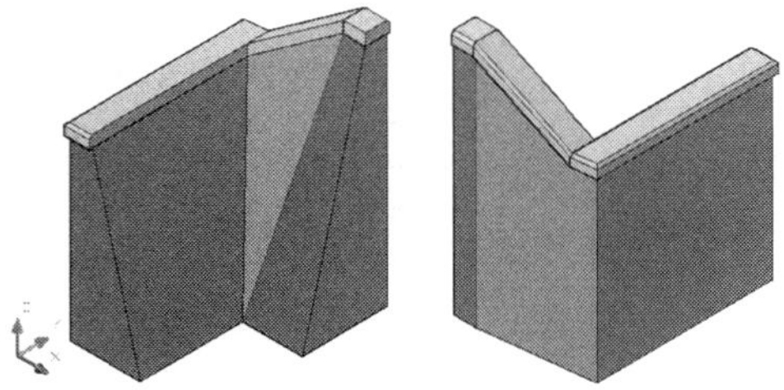

图 8.2.5　涵洞翼墙的模型

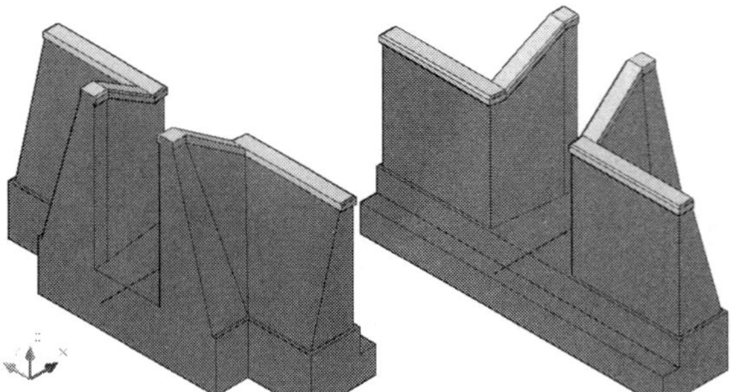

图 8.2.6　涵洞入口的模型

【相关知识】

一、三维多段线命令

1. 功　能

用于创建三维空间多段线。

2. 命令调用方式

功能区："常用"标签/"绘图"面板/"三维多段线" 按钮。

命令行：3DPOLY。

3. 命令说明

三维多段线的绘制方法与二维多段线类似，但在其使用过程中不能设置线宽，也不能绘制弧线。三维多段线绘制好后，可以使用 PEDIT 命令对三维多段线进行编辑。图 8.2.7 所示为三维多段线和拟合后的空间样条曲线。

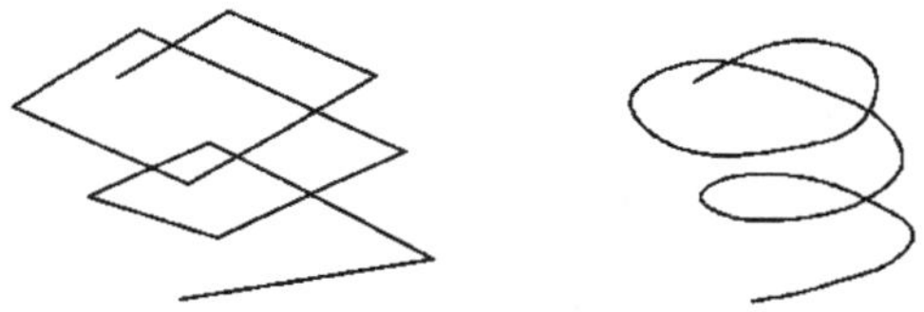

图 8.2.7　三维多段线和拟合后的空间样条曲线

二、截面创建命令

1. 功　能

创建截面的命令在三维实体上只创建并提取实体的截面，并不是真正剖切实体。

微课

截面创建命令

2. 命令调用方式

命令行：SECTION。

3. 命令举例

例 8.2.1　将如图 8.2.8（a）所示的实体在指定位置创建截面。

操作步骤如下：

命令： SECTION	调用创建截面命令
选择对象： 选择管道接头实体	选择要提取截面的实体
选择对象： 回车	结束选择
指定截面上的第一个点，依照 [对象(O)/Z 轴(Z)/视图(V)/XY/YZ/ZX/三点(3)] <三点>： YZ	创建平行于 *YOZ* 面的截面。
指定 YZ 平面上的点 <0, 0, 0>： 选取顶面圆心	指定截面上的点，截面结果如图 8.2.8（b）所示

调用移动命令 MOVE 移出截面，如图 8.2.8（c）所示。

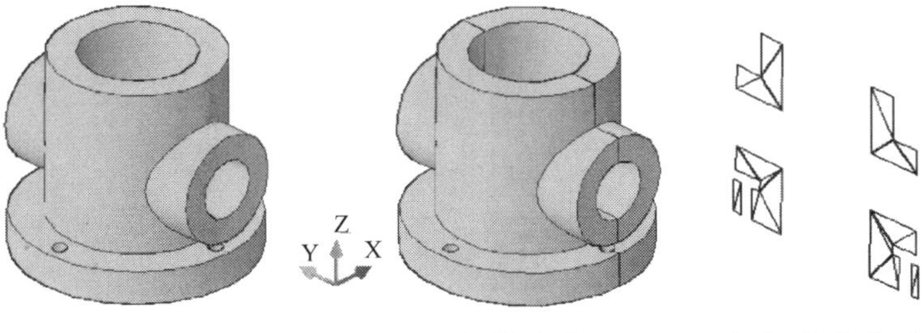

（a）管道接头实体　　（b）创建截面　　（c）移出截面

图 8.2.8　创建并移出实体截面

三、三维镜像命令

1. 功　能

三维镜像命令用于在三维空间中，将对象相对于某一平面镜像，作出相对于镜像平面对称的对象。

2. 命令调用方式

功能区：“常用”标签/“修改”面板/“三维镜像”按钮。

命令行：MIRROR3D。

3. 命令举例

例 8.2.2　以过 *A* 点的 *YOZ* 面的平行面为镜像面，将三棱柱镜像，如图 8.2.9 所示。

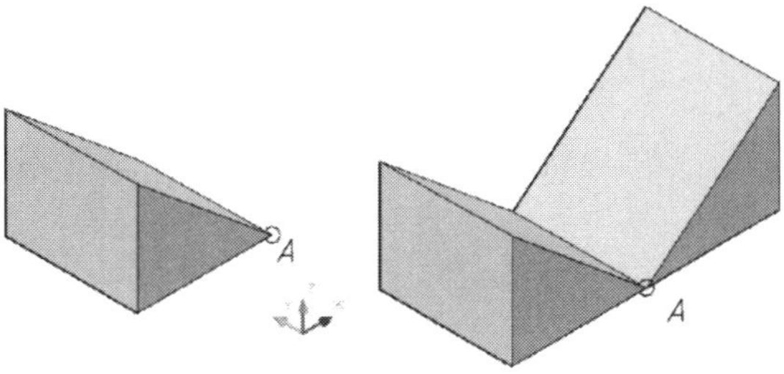

（a）三棱柱　　（b）镜像结果

图 8.2.9　以过 *A* 点的三维镜像 *YOZ* 平行面镜像

操作步骤如下：

命令：　MIRROR3D　　调用三维镜像命令

选择对象：　选择三棱柱　　选择要镜像的对象

选择对象：　回车　　结束选择

指定镜像平面（三点）的第一个点或[对象(O)/最近的(L)/Z 轴(Z)/视图(V)/XY 平面(XY)/YZ 平面(YZ)/ZX 平面(ZX)/三点(3)] <三点>：　YZ　　选择镜像面为 *YOZ* 的平行面

指定 YZ 平面上的点 <0，0，0>：　选择 *A* 点　　指定镜像面的通过点

是否删除源对象？[是(Y)/否(N)] <否>：　回车　　保留源对象

说明：

镜像面选择方式有多种。

（1）对象（O）：用指定对象所在的平面作为镜像面。这些对象可以是圆、圆弧或二维多段线。

（2）最近的（L）：用最后定义的镜像平面作为当前镜像面。

（3）*Z* 轴（*Z*）：通过确定平面上一点和该平面法线上的一点来定义镜像面。

（4）视图（V）：用与当前视图平面（即计算机屏幕）平行的面作为镜像面。

（5）*XY* 平面（*XY*）、*YZ* 平面（*YZ*）、*ZX* 平面（*ZX*）：这三个选项分别表示用与当前 UCS 的 *XY*、*YZ* 或 *ZX* 平面平行的平面作为镜像面。

（6）三点（3）：通过指定三个不在同一条直线上的点来作为镜像平面。

【任务实施】

一、新建图形文件

新建图形文件，以文件名为“涵洞入口.dwg”保存。

二、建立图层

打开“图层特性管理”对话框，如图 8.2.10 所示，建立图层。

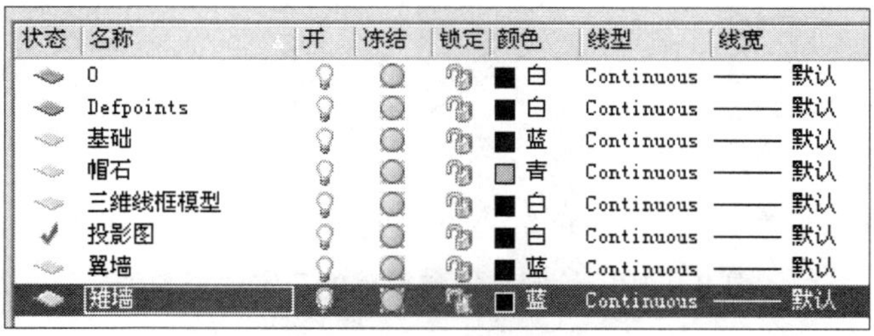

状态	名称	开	冻结	锁定	颜色	线型	线宽
	0				白	Continuous	默认
	Defpoints				白	Continuous	默认
	基础				蓝	Continuous	默认
	帽石				青	Continuous	默认
	三維线框模型				白	Continuous	默认
✓	投影图				白	Continuous	默认
	翼墙				蓝	Continuous	默认
	雉墙				蓝	Continuous	默认

图 8.2.10　建立图层

三、制作涵洞入口基础模型

（1）将视图设置为“俯视”，将视觉样式设置为“三维隐藏”，进入“基础”图层。

（2）用多段线命令 PLINE 绘制 T 形柱底面，如图 8.2.11（a）所示。

（3）将视图设置为“西南等轴测”。

（4）用创建拉伸实体的命令 EXTRUDE 拉伸出立放的 T 形柱，用长方体命令 BOX 创建切口的长方体，如图 8.2.11（b）所示。

（5）用移动命令 MOVE 将长方体放到 T 形柱的左上角，如图 8.2.11（c）所示。

（6）用差集命令 SUBTRACT 挖出左上角的矩形切口，如图 8.2.11（d）所示。

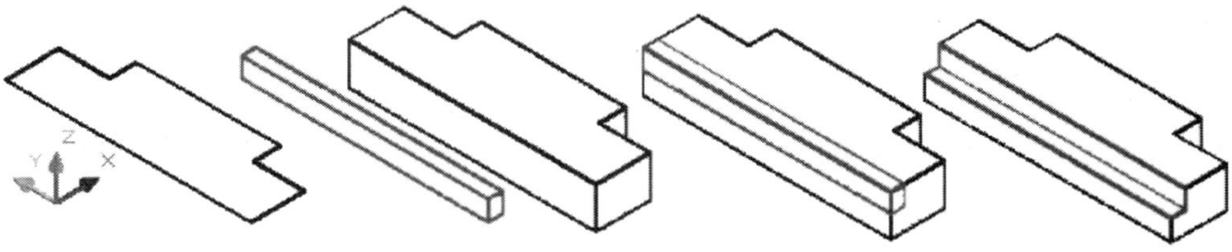

（a）绘制 T 形柱底面　（b）拉伸出立放的 T 形柱，创建长方体　（c）将长方体放到 T 形柱的左上角　（d）挖出左上角的矩形切口

图 8.2.11　创建涵洞入口基础的模型

四、绘制雉墙和翼墙的三维线框模型

（1）将视图设置为“俯视”，将视觉样式设置为“二维线框”，进入“三维线框模型”图层。

（2）绘制雉墙和翼墙的平面图，如图 8.2.12（a）所示。

（3）将视图设置为“西南等轴测”。

（3）用复制命令 COPY 将雉墙和翼墙顶面上的点升高到相应高度，如图 8.2.12（b）所示。

（4）绘制雉墙和翼墙的三维线框，如图 8.2.12（c）所示。

（5）用编组命令 GROUP 将雉墙和翼墙的三维线框编组，组名为“墙体线框”。

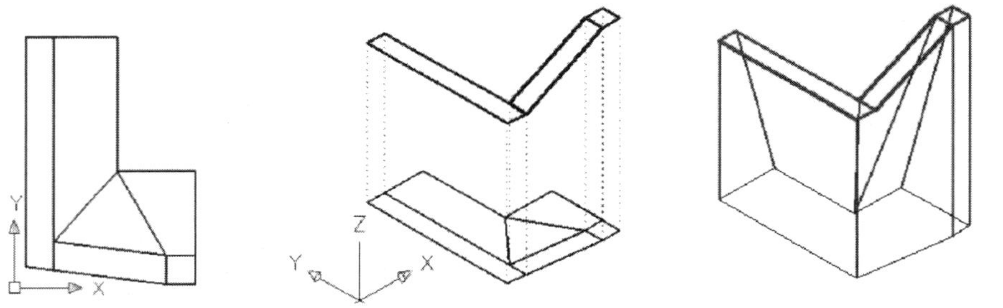

（a）绘制雉墙和翼墙的平面图　（b）升高雉墙和翼墙顶面上的点　（c）绘制雉墙和翼墙的三维线框

图 8.2.12　绘制雉墙和翼墙的三维线框模型

五、创建雉墙实体模型

（1）将视图设置为“西南等轴测”，将视觉样式设置为“三维线框”，进入“雉墙”图层。

（2）用三维多段线命令 3DPOLY，在墙体的三维线框中绘制雉墙梯形柱的特征面梯形，如图 8.2.13（a）所示。

（3）移动特征面梯形，用创建拉伸实体的命令拉伸出雉墙梯形柱，拉伸高度为 3 500，如图 8.2.13（b）所示。

（4）将雉墙和翼墙的三维线框放入雉墙梯形柱实体中，移动基点选择图 8.2.13（a）中的 A 点，目标点选择图 8.2.13（b）中的 B 点，结果如图 8.2.13（c）所示。

（5）用剖切命令 SLICE 切割雉墙梯形柱的内侧（前面），切割面为铅垂面 P1，切割面的选择采用“三点”的方式，选择 P1 上的三个点，如图 8.2.13（d）所示。

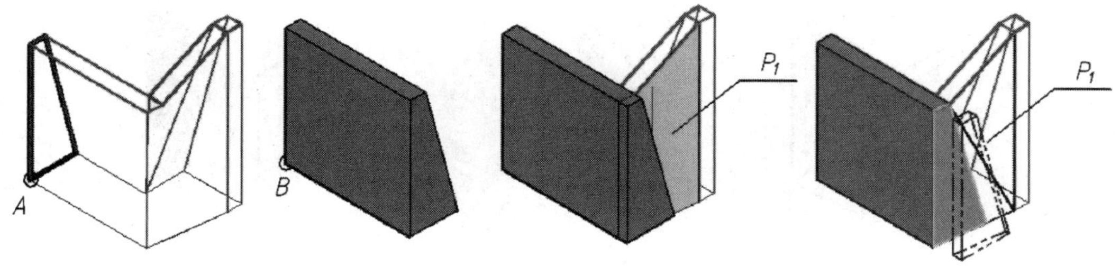

（a）在墙体线框中绘制雉墙梯形柱的特征面　（b）拉伸出雉墙梯形柱　（c）将墙体线框放入雉墙梯形柱实体中　（d）用平面 P_1 切割雉墙梯形柱实体

图 8.2.13　创建雉墙实体模型

六、创建翼墙实体模型

（1）将视图设置为“西南等轴测”，将视觉样式设置为“三维线框”，进入“翼墙”图层。

（2）用三维多段线命令 3DPOLY，在墙体的三维线框中绘制翼墙梯形柱的特征面梯形，如图 8.2.14（a）所示。

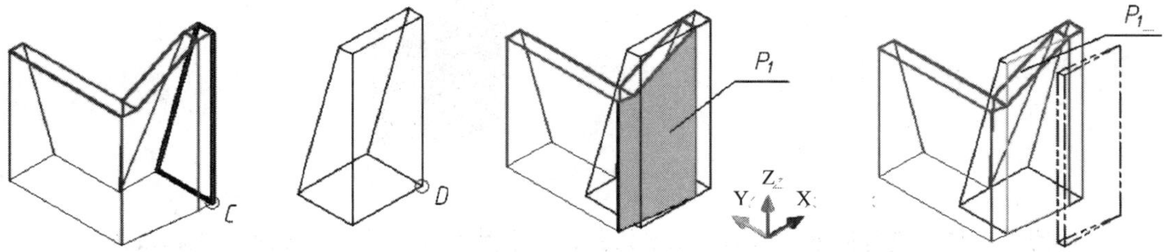

（a）在墙体线框中绘制翼墙梯形柱的特征面　（b）拉伸出翼墙梯形柱　（c）将墙体线框放入翼墙梯形柱实体中　（d）第 1 次切割，用平面 P_1 切出翼墙内侧的八字面

图 8.2.14　进行翼墙实体的第一次切割

（3）移动特征面梯形，用创建拉伸实体的命令拉伸出翼墙梯形柱，拉伸高度为 2 000，如图 8.2.14（b）所示。

（4）将雉墙和翼墙的三维线框模型放入翼墙梯形柱实体中，移动基点选择图 8.2.14（a）中的 C 点，目标点选择图 8.2.14（b）中的 D 点，结果如图 8.2.14（c）所示。

（5）第 1 次切割：用剖切命令 SLICE 切割翼墙梯形柱实体的内侧（前面），切割面为铅垂面 P1，切割面的选择采用“三点”的方式，选择 P1 上的三个点，切出内侧的八字面，如图 8.2.14（d）所示。

（6）第 2 次切割：用剖切命令 SLICE 切割翼墙梯形柱实体的顶面，切割面为正垂面 P2，切割面的选择采用“三点”的方式，选择 P2 上的三个点，切出翼墙的斜顶面，如图 8.2.15（a）所示。

（7）第 3 次切割：用剖切命令 SLICE 切割翼墙梯形柱实体的左面，切割面为雉墙的右面（正垂面）P3，切割面的选择采用“三点”的方式，选择 P3 上的三个点 E、F、G，切出翼墙的左面，如图 8.2.15（b）所示。

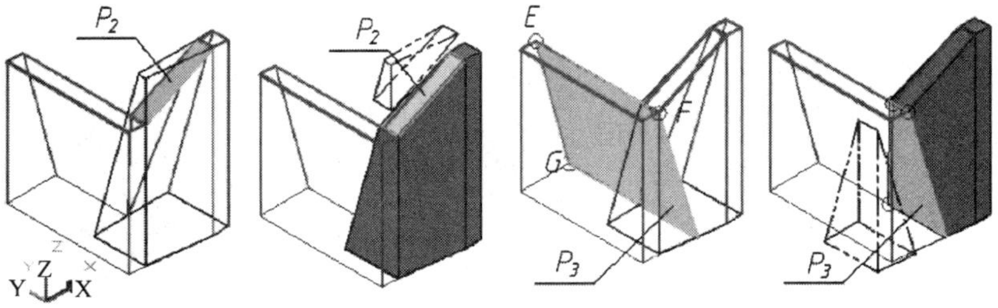

（a）第 2 次切割，用平面 P_2 切出翼墙的斜顶面　（b）第 3 次切割，用平面 P_3 切出翼墙的左面

图 8.2.15　进行翼墙实体的第二、三次切割

（8）第 4 次切割：为了使翼墙顶部宽度都相同，用剖切命令 SLICE 切割翼墙梯形柱实体的外侧（后面），切割面为一个一般位置平面 P_4 切割，切割面的选择采用“三点”的方式，选择 P_4 上的三个点，切出翼墙外侧的三角形表面，如图 8.2.16 所示。

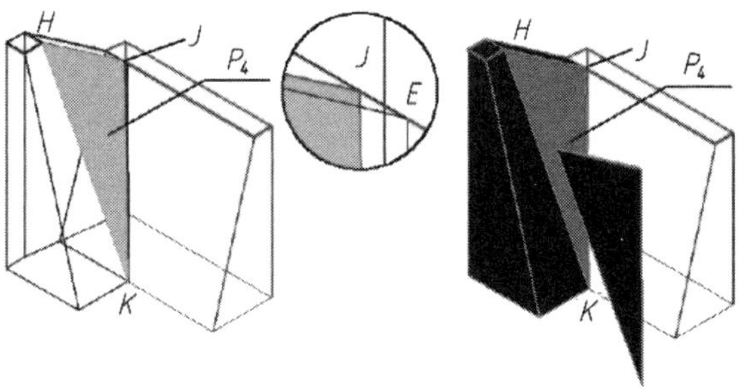

图 8.2.16　进行翼墙实体的第四次切割，用平面 P_4 切出翼墙外侧的三角形表面

七、创建雉墙帽石的模型

（1）将视图设置为“西南等轴测”，将视觉样式设置为“概念”，进入“帽石”图层。

（2）用三维多段线命令 3DPOLY，在雉墙顶面上绘制帽石的断面，断面在 ZX 平面内，断面的右下点与翼墙顶面的右后点重合，如图 8.2.17（a）所示。

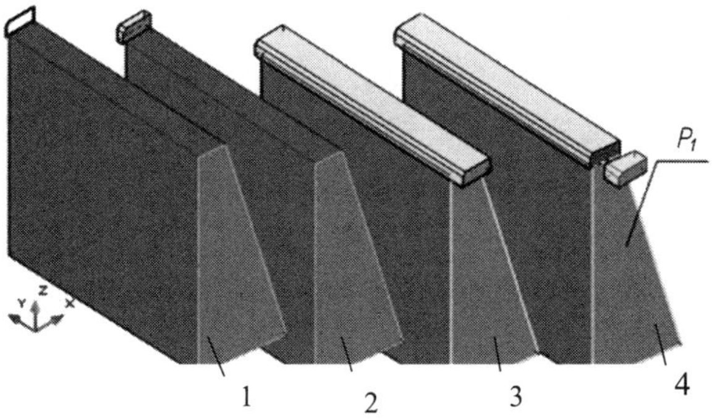

1—在雉墙顶面上绘制雉墙帽石的断面；2—将断面向后拉伸 50；
3—将前面向前拉伸 3 500；4—用平面 P_1 切割帽石的前面。

图 8.2.17　创建雉墙帽石的模型

（3）用创建拉伸实体的命令 EXTRUDE 拉伸断面，拉伸出一小段帽石，拉伸高度为 50，如图 8.2.17（b）所示。

（4）用实体编辑—拉伸面的命令拉伸图 8.2.17（b）中帽石的前面，拉伸高度为 3 500，如图 8.2.17（c）所示。

（5）用剖切命令 SLICE 切割帽石的内侧（前面），切割面为雉墙内侧的“八”字面 P_1，如图 8.2.17（d）所示。

（6）若将帽石的前面再向前延伸，则需沿 Y 轴反向绘制拉伸路径，路径长度为 50，如图 8.2.18（a）所示。

（7）用实体编辑—拉伸面的命令，沿绘制的路径拉伸帽石的前面，如图 8.2.18（b）所示。

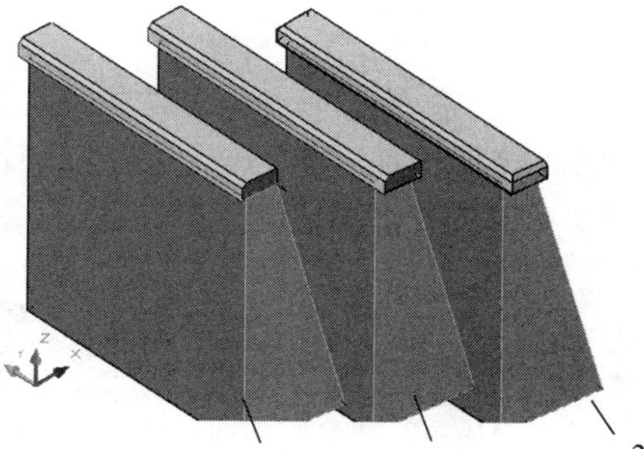

1—沿 Y 反向轴绘制帽石前面的延长路径；
2—沿路径拉伸帽石前面；
3—作出帽石前、后边的抹角。

图 8.2.18　创建雉墙帽石的模型

（8）用倒角命令 CHAMFER，作出帽石前、后边的抹角，抹角大小为 50，如图 8.2.18（c）所示。

八、创建翼墙帽石的模型

（1）将视图设置为“西南等轴测”，将视觉样式设置为“概念”，进入“帽石”图层。

（2）用三维多段线命令 3DPOLY，在翼墙顶面上绘制帽石的断面，断面在 YZ 平面内，断面的后下点与翼墙顶面的右后点重合，如图 8.2.19（a）所示。

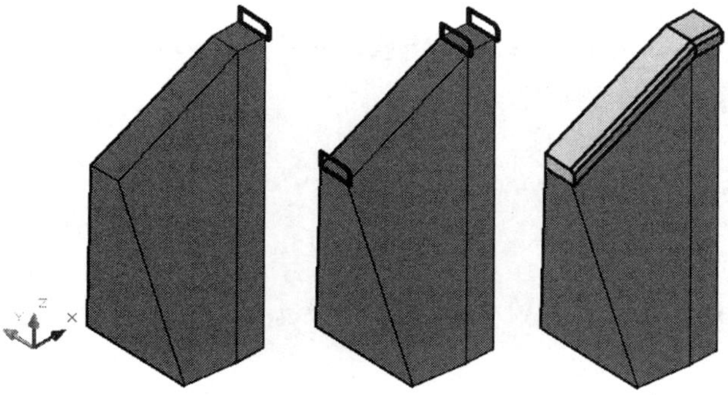

（a）用三维多段线命令绘制帽石的断面　（b）复制帽石的两个断面　（c）放样得到帽石实体

图 8.2.19　创建翼墙帽石的模型

（3）再复制两个断面放在翼墙顶面的转折处和前面，如图 8.2.19（b）所示。

（4）用放样命令 LOFT，放样创建帽石模型，放样截面选三个断面，采用仅“横截面”、“直纹”的放样模式，如图 8.2.19（c）所示。

九、组合涵洞入口的模型

（1）将视图设置为“西南等轴测”，将视觉样式设置为“概念”。

（2）用移动命令将雉墙、翼墙及帽石模型放置在一起，如图 8.2.20（a）所示。

（3）按涵洞入口结构图 8.2.1 中的位置尺寸，将雉墙、翼墙及帽石模型一起放在基础上面，如图 8.2.20（b）所示。

（4）用三维镜像命令 MIRROR3D，镜像出另一侧的雉墙、翼墙及帽石模型，镜像对称面选择 *ZX* 坐标面，基点选择基础对称轴上的一点，如图 8.2.20（c）所示。

（5）用并集命令 UNION 将基础、雉墙、翼墙及帽石模型合并在一起，如图 8.2.20（d）所示。

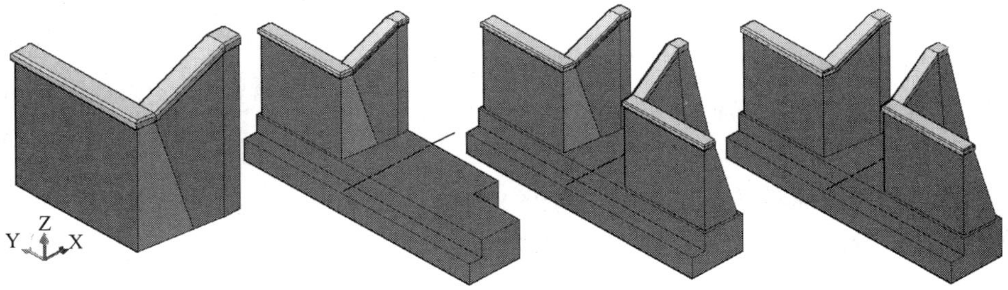

（a）将雉墙、翼墙及帽石放置在一起　（b）将雉墙、翼墙及帽石一起放在基础上面　（c）镜像出另一侧的雉墙、翼墙及帽石　（d）合并基础、雉墙、翼墙及帽石

图 8.2.20　组合涵洞入口的模型

任务 3　制作钢筋混凝土梁模型

素质目标

1. 具备绘制和识读施工图所必需的职业素质，拥有吃苦耐劳、诚实守信、求真务实的职业道德观念；

2. 养成严谨、踏实、认真负责的工作作风，具备良好的学习能力和团队协作观念，能够理论联系实际解决问题，培养创新意识。

知识目标

1. 掌握创建螺旋线命令；
2. 掌握创建扫掠体命令；
3. 掌握编组命令；
4. 制作钢筋混凝土梁模型。

能力目标

1. 具备 CAD 软件三维模型熟练制作的能力；
2. 具备施工纸的三维模型制作能力；
3. 具备钢筋混凝土梁模型的制作能力。

【任务分析】

图 8.3.1 所示为某公路桥的钢筋混凝土梁边板配筋图，图 8.3.2 所示为钢筋混凝土梁边板配筋的三维模型。

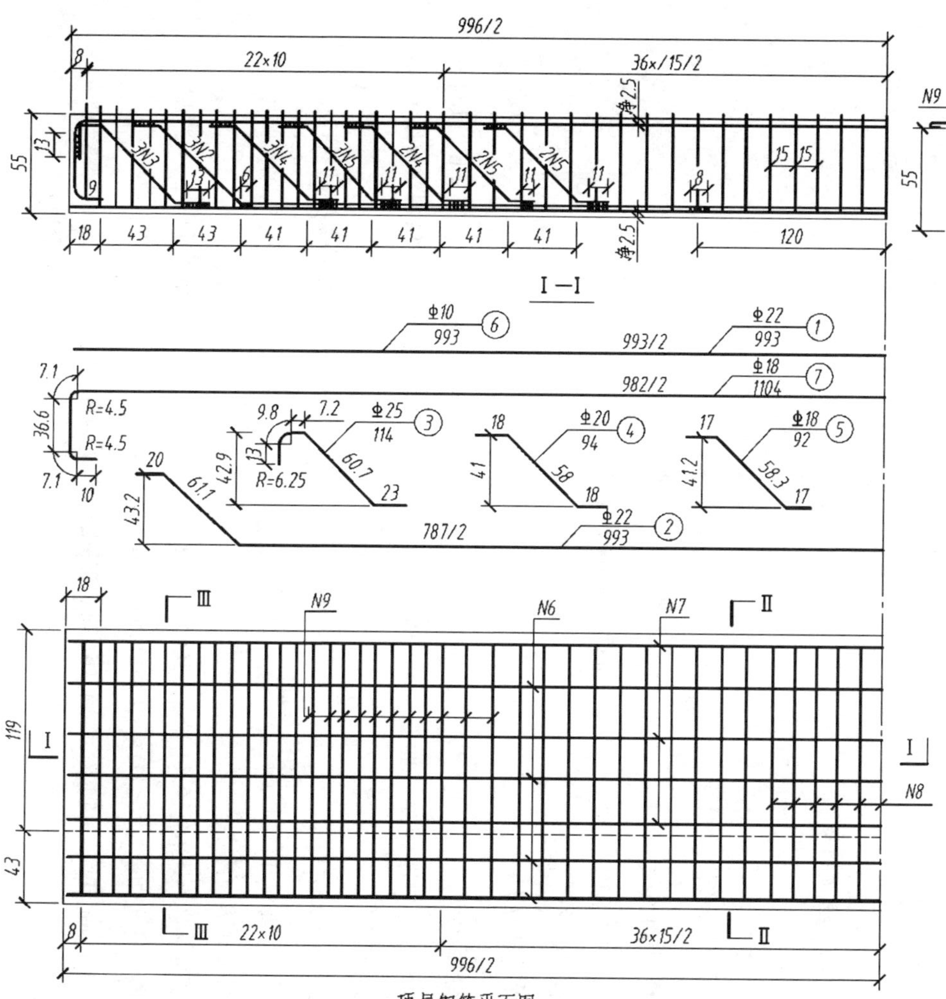

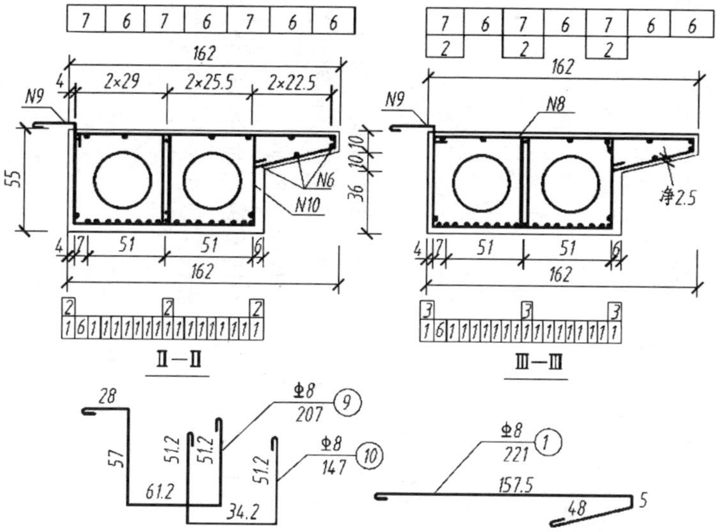

一块板钢筋明细表

编号	直径 /mm	每根长度 /mm	根数	总长 /m	质量 /kg
1	Φ22	993	17	168.8	503
2	Φ22	949	3	28.5	85
3	Φ25	114	6	6.8	26
4	Φ20	94	10	9.4	23
5	Φ18	92	14	12.9	26
6	Φ10	993	8	79.4	49
7	Φ18	1104	3	33.1	66
8	Φ10	22	81	179	71
9	Φ8	207	81	167.7	66
10	Φ8	167	81	135.3	53

说明：1.本图尺寸除钢筋直径以mm计外，其余 均以cm为单位；
2.焊接钢筋均采用双面焊，焊接长度按“公里桥规”办理；
3.N8与N9、N10钢筋对应设置，N9钢筋弯直伸入人行道。

图 8.3.1 某公路桥的钢筋混凝土梁边板配筋图

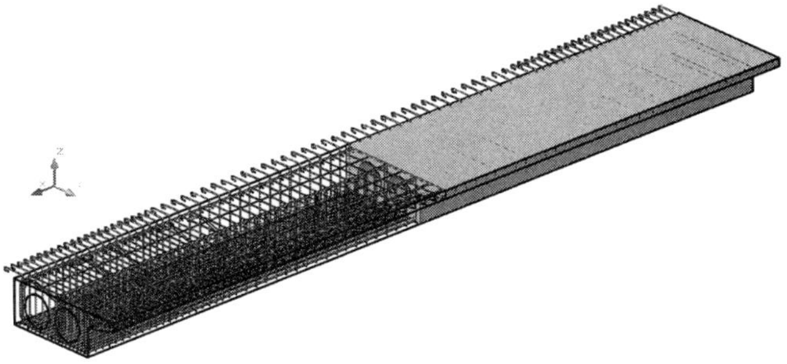

图 8.3.2　钢筋混凝土梁边板配筋的三维模型

制作钢筋混凝土构件配筋模型分为两部分工作：构件外形模型的创建和构件配筋模型的创建。构件外形模型的创建方法与其他任务相同；构件配筋模型的创建方法是将每种钢筋首先创建一根模型，然后再通过移动、复制、阵列等方法排列布置在构件模型内部。

制作一根钢筋模型要用到创建扫掠实体的命令 SWEEP。图形中的所有模型对象可以分类采用图层管理的方法，可以将构件外形实体放在一个图层，外形线框模型放在一个图层，每种钢筋放在一个图层。

制作钢筋混凝土构件配筋模型时还要用到编组命令 GROUP。

【相关知识】

一、创建螺旋线

1. 功　能

创建三维螺旋线。

2. 命令调用方式

功能区：“常用”标签/“绘图”面板/▼下拉列表/“三维镜像”按钮。

命令行：HELIX。

3. 命令举例

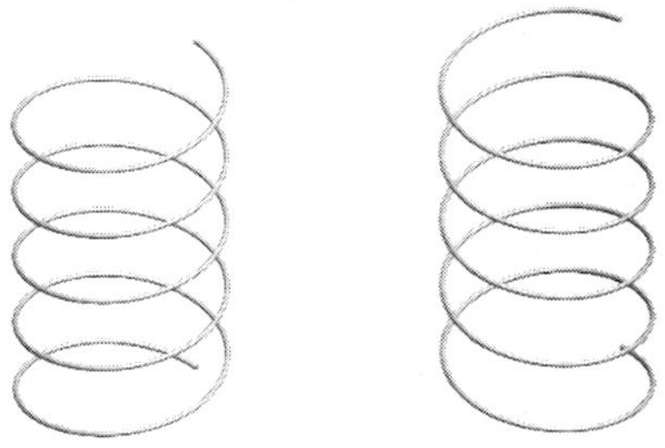

（a）逆时针　　　　（b）顺时针

图 8.3.3　绘制螺旋线

例 8.3.1　绘制螺旋线，如图 8.3.3 所示。

操作步骤如下：

命令：　HELIX　　　　调用螺旋线命令

圈数 = 3.0000　　扭曲=CCW

指定底面的中心点：　单击任一点

指定底面半径或 [直径(D)] <1.0000>：　80　　　　输入 80

指定顶面半径或 [直径(D)] <1.0000>：　80　　　　输入 80

指定螺旋高度或 [轴端点(A)/圈数(T)/圈高(H)/扭曲(W)] <1.0000>：　T　　　　设置圈数

输入圈数 <3.0000>：5

指定螺旋高度或 [轴端点(A)/圈数(T)/圈高(H)/扭曲(W)] <1.0000>：W　　设置螺旋线的扭曲方向

输入螺旋的扭曲方向 [顺时针(CW)/逆时针(CCW)] <CCW>：CCW　　选择逆时针螺旋线

指定螺旋高度或 [轴端点(A)/圈数(T)/圈高(H)/扭曲(W)] <1.0000>：300　　输入螺旋线高度为 300

4. 各选项的说明

（1）“轴端点”：指定螺旋轴的端点位置，用以确定螺旋高度。

（2）“圈数”和“圈高”：指定螺旋线的圈数和各圈之间的距离，螺旋线的默认圈数为 3。

（3）“扭曲”：指定螺旋线的扭曲方向。CCW 是“逆时针”，如图 8.3.3（a）所示；CW 是“顺时针”，如图 8.3.3（b）所示。

（4）“指定螺旋高度”：指定螺旋底面到顶面的距离。

微课

创建扫掠实体

二、扫掠体创建命令

1. 功　能

通过沿路径扫掠的方式创建实体或曲面。其中路径可以是开放的，也可以是闭合的，可以是二维的，也可以是三维的；扫掠对象可以是开放的，也可以是闭合的。

2. 命令调用方式

功能区：“常用”标签/“建模”面板/“拉伸”下拉列表/“扫掠”按钮。

功能区：“实体”标签/“实体”面板/“扫掠”下拉列表/“扫掠”按钮。

命令行：SWEEP。

3. 命令举例

例 8.3.2 通过扫掠命令创建实体，如图 8.3.4 所示。

命令：SWEEP　　调用扫掠命令

当前线框密度：　ISOLINES=4，闭合轮廓创建模式 = 实体

选择要扫掠的对象或 [模式(MO)]：_MO 闭合轮廓创建模式 [实体(SO)/曲面(SU)] <实体>：_SO

选择要扫掠的对象：选择圆　　选择扫掠对象

选择要扫掠的对象：回车　　结束选择

选择扫掠路径或 [对齐(A)/基点(B)/比例(S)/扭曲(T)]：分别选择矩形与多段线作为扫掠路径　　选择扫掠路径

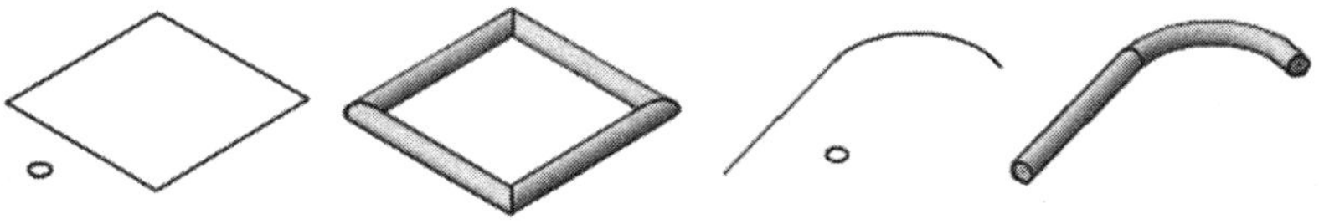

（a）扫掠路径选矩形　　　　（b）扫掠路径选多段线

图 8.3.4　创建扫掠实体

4. 选项说明

（1）“对齐”选项：用于设置扫掠轮廓与路径是否垂直对齐。

注意：如果轮廓曲线不垂直于（法线指向）路径曲线起点的切向，则轮廓曲线将自动对齐。

（2）“基点”选项：扫掠对象的基点经过扫掠后将落在扫掠路径上。

默认的基点为扫掠对象的质心，扫掠结果如图 8.3.5（b）所示；基点可以重新设置，以扫掠对象的角点 *A* 为基点的扫掠结果如图 8.3.5（c）所示。

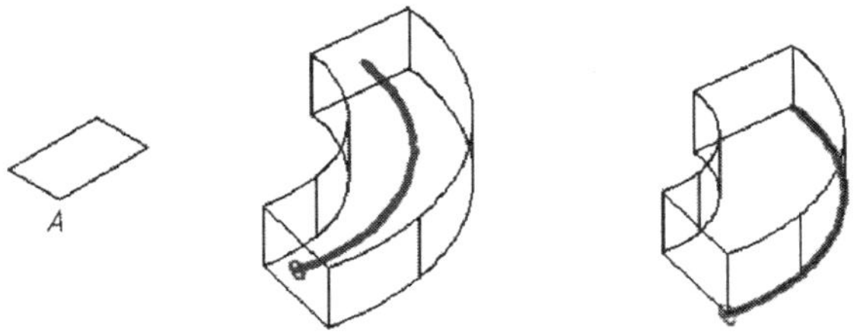

（a）扫掠对象　（b）默认的基点　（c）选择 *A* 为基点

图 8.3.5　扫掠基点的控制结果

（3）“比例”选项：用于控制轮廓扫掠过程中路径的终点与起点处断面大小的比值，如图 8.3.6（b）、（c）、（d）所示。

（a）扫掠对象与路径（b）比例为 1　（c）比例为 3　（d）比例为 0.3

图 8.3.6　扫掠比例的控制结果

（4）“扭曲”选项：用于设置轮廓扫掠时的扭曲角度，如图 8.3.7（b）、（c）所示。

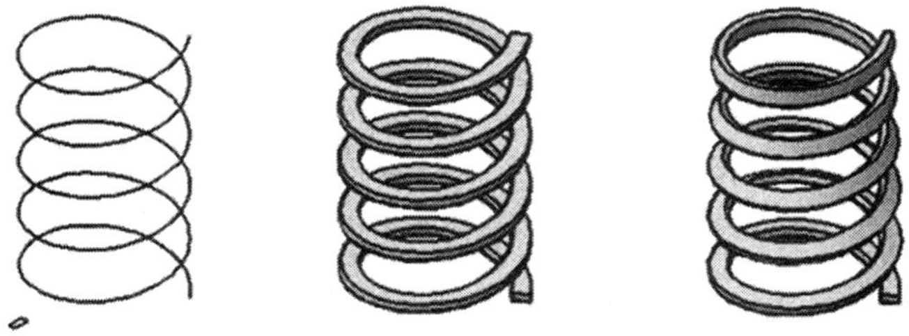

（a）扫掠对象与路径（b）扭曲角为 0°　（c）扭曲角为 90°

图 8.3.7　扭曲角的控制结果

（5）扫掠过程的断面方向的控制。扫掠过程中，扫掠对象的 Y 轴方向转为扫掠后的起始断面的 Z 轴方向，如图 8.3.8（a)、(b）所示。

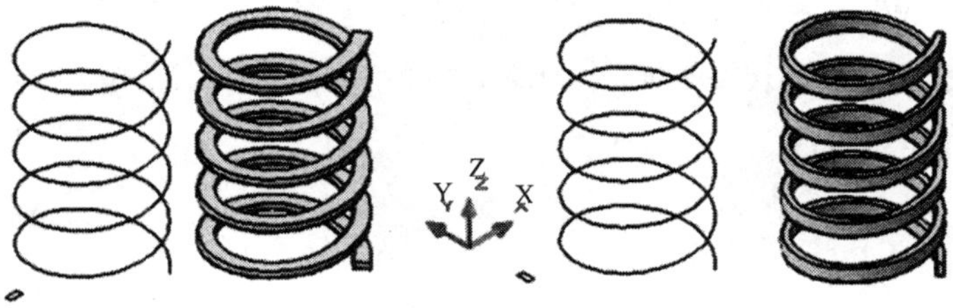

（a）扫掠对象 Y 轴方向较短　　（b）扫掠对象 Y 轴方向较长

图 8.3.8　扫掠过程中的断面方向的控制

三、编组命令

1. 功　能

编组是将不同对象保存为一个对象集，并给组起一个名称。编组提供了以组为单位操作图形的简单方法。

组在某些方面类似于图块，与块不同的是，组中的对象可以整体编辑，也可以单个对象编辑，而在图块中必须先分解才能编辑，另外组不能与其他图形共享。

2. 命令调用方式

功能区：“常用”标签/“组”面板/“组”按钮。

命令行：GROUP。

3. 命令举例

例 8.3.3　将图 8.3.9 中的圆、矩形、圆弧创建一个编组，组名为“3k”。

命令： _group 选择对象或 [名称(N)/说明(D)]： n	调用编组命令
输入编组名或 [?]： 3k	给组命名
选择对象或 [名称(N)/说明(D)]： 选择圆、矩形、圆弧，找到 3 个	选择编组对象
选择对象或 [名称(N)/说明(D)]：回车	结束选择
组“3K”已创建。	

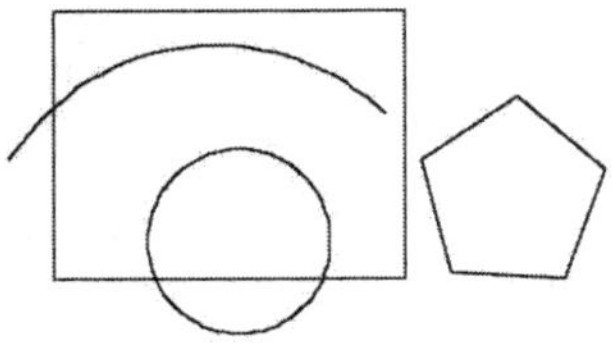

图 8.3.9　选择圆、矩形、圆弧创建一个编组

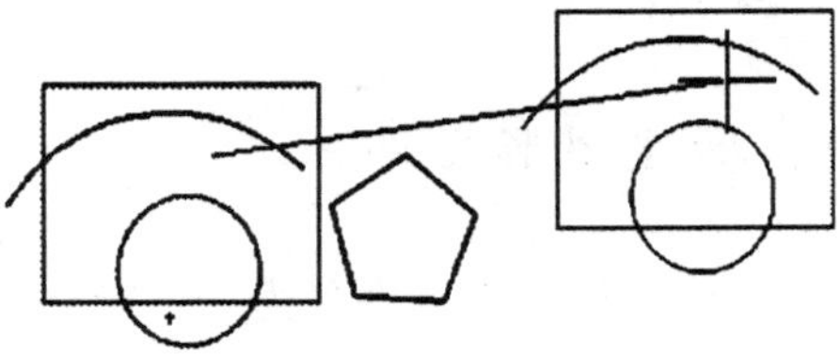

图 8.3.10　选择编组“3k”

例 8.3.4　执行复制命令时，调用编组“3k”来选择对象，如图 8.3.10 所示。

操作步骤如下：

命令： COPY　　调用复制命令

选择对象： ?　　显示选择对象方式

需要点或窗口(W)/上一个(L)/窗交(C)/框(BOX)/全部(ALL)/栏选(F)/圈围(WP)/圈交(CP)/编组(G)/添加(A)/删除(R)/多个(M)/前一个(P)/放弃(U)/自动(AU)/单个(SI)

选择对象： G　　选择编组

输入编组名： 3k　　输入要选的编组名称

找到 3 个

选择对象： 回车　　结束选择

指定基点或 [位移(D)] <位移>： 单击基点

指定第二个点或 <使用第一个点作为位移>： 单击目标点

指定第二个点或 [退出(E)/放弃(U)] <退出>： 回车　　结束命令

例 8.3.5 使用“禁用组选择”命令，将单独移动组中的圆位置，如图 8.3.11 所示。

（1）单击功能区：“常用”标签/“组”面板/“启用/禁用组选择”按钮。

（2）用移动命令 MOVE 移动圆的位置，如图 8.3.11（c）所示。

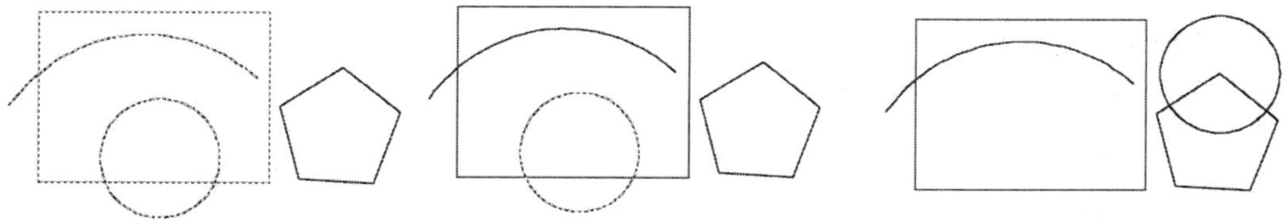

（a）启用组选择时，整体选中组　（b）禁用组选择时，只选中圆　（c）移动圆的位置

图 8.3.11 单独移动组“3k”中圆的位置

其他操作说明：

（1）通过编组命令可以增加或去掉原有编组中的对象。

（2）通过编组命令可以分解原有的编组，使被分解编组不再存在。

【任务实施】

一、新建图形文件

新建图形文件，以文件名为“钢筋混凝土梁边板配筋模型.dwg”保存。

二、建立图层

打开“图层特性管理器”对话框，如图 8.3.12 所示，建立图层。

状态	名称	开	冻结	锁定	颜色	线型	线宽
	0				白	Continuous	—— 默认
	N1				红	Continuous	—— 默认
	N10				20	Continuous	—— 默认
	N2				绿	Continuous	—— 默认
	N3				蓝	Continuous	—— 默认
	N4				洋红	Continuous	—— 默认
	N5				青	Continuous	—— 默认
	N6				蓝	Continuous	—— 默认
	N7				洋红	Continuous	—— 默认
	N8				蓝	Continuous	—— 默认
	N9				102	Continuous	—— 默认
	半梁体				绿	Continuous	—— 默认
	辅助线层				白	Continuous	—— 默认
	梁表面				青	Continuous	—— 默认
	梁体				40	Continuous	—— 默认
✓	梁外形线框				白	Continuous	—— 默认

图 8.3.12　建立图层

三、创建梁板的外形实体

（1）将视图设置为“左视”，视觉样式设为“概念”，进入“梁体”图层。

（2）用多段线命令，绘制梁板的断面轮廓，并在内部绘制两个圆，如图 8.3.13（a）所示。

（3）用创建面域的命令 REGION 以及差集命令 SUBTRACT，将断面图转成面域，如图 8.3.13（b）所示。

（4）将视图设置为“东北等轴测”。

（5）用创建拉伸实体的命令 EXTRUDE 拉伸梯形轮廓，拉伸高度为 996，得到梁板外形实体如图 8.3.14 所示。

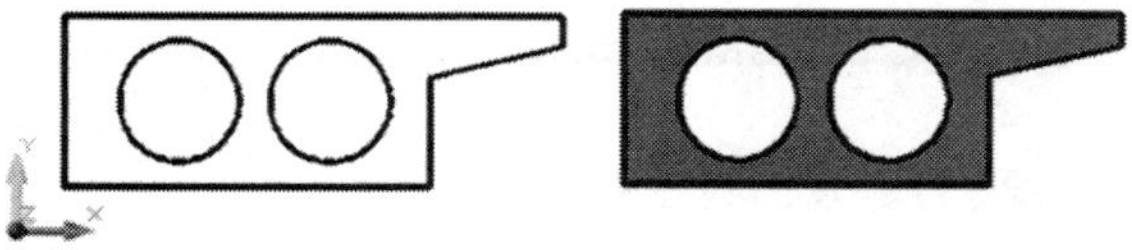

（a）绘制断面外轮廓与圆　（b）将断面转成面域

图 8.3.13　绘制梁板断面

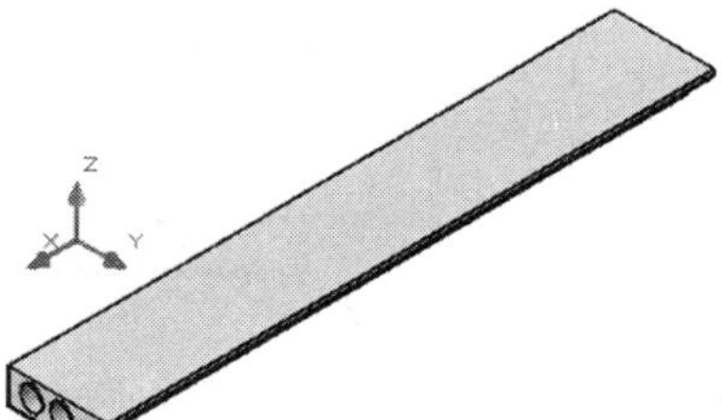

图 8.3.14　拉伸出梁板外形实体

四、创建梁板的表面模型和三维线框模型

1. 创建梁板的表面模型

（1）创建梁板的表面模型有两种方法：一种是通过实体编辑—复制面的命令从梁板实体模型中复制表面获得；另一种是用复制命令 COPY 复制一个梁板实体模型，然后通过分解命令 EXPLODE 将复制得到的实体模型分解，获得表面模型。

（2）将表面模型放入“梁表面”图层。

2. 创建梁板的三维线框模型

（1）创建梁板的三维线框模型也有两种方法：一种是通过实体编辑—复制边的命令从梁板实体模型中复制表面获得；另一种是用复制命令 COPY 复制一个梁板实体模型，然后通过分解命令 EXPLODE 将复制得到的实体模型经过两次分解，获得三维线框模型（也可用提取边命令 XEDGES）。

（2）将表面模型放入“梁外形线框”图层。

（3）用编组命令 GROUP 将梁板的三维线框模型编组，组名“梁板线框”。

五、将每种钢筋创建一根钢筋模型

创建每种钢筋模型的方法都相同，以 N2 钢筋为例。

（1）将视图设置为“俯视”，将视觉样式设置为“概念”，进入钢筋所在的“N2”图层。

（2）用多段线命令绘制 N2 钢筋的弯曲成型图。

（3）根据 N2 钢筋的直径绘制一个圆。

（4）用创建扫掠实体的命令 SWEEP 创建 N2 钢筋的模型，扫略对象选择圆，扫掠路径选择 N2 钢筋的弯曲成型图，即可得到 N2 钢筋的模型。

同样的方法，创建其余 9 种钢筋模型，如图 8.3.15 所示。

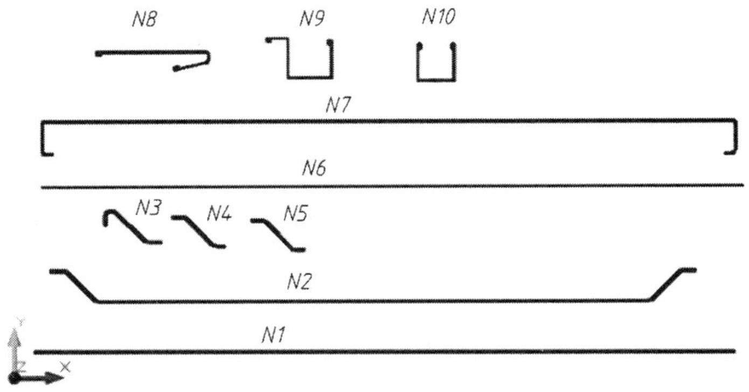

图 8.3.15　用扫掠命令创建的钢筋模型

六、将箍筋 N8、N9、N10 布置到梁板的线框模型中

1. 将箍筋 N8、N9、N10 各一根组成一个环链

（1）将视图设置为“俯视”，将视觉样式设置为“二维线框”。

（2）将箍筋 N8、N9、N10 各一根按图 8.3.1 中Ⅱ-Ⅱ剖视图位置组成一个环链，如图 8.3.16（a）所示。

（3）将视图设置为“东北等轴测”，如图 8.3.16（b）所示。

（4）用旋转命令 ROTATE 将环链绕 Z 轴旋转 90°，如图 8.3.16（c）所示。

（5）用三维旋转命令 3DROTATE 将环链再绕 Y 轴旋转 90°，如图 8.3.16（c）所示。

（6）将这一箍筋环链进行编组，组名“箍筋环链”。

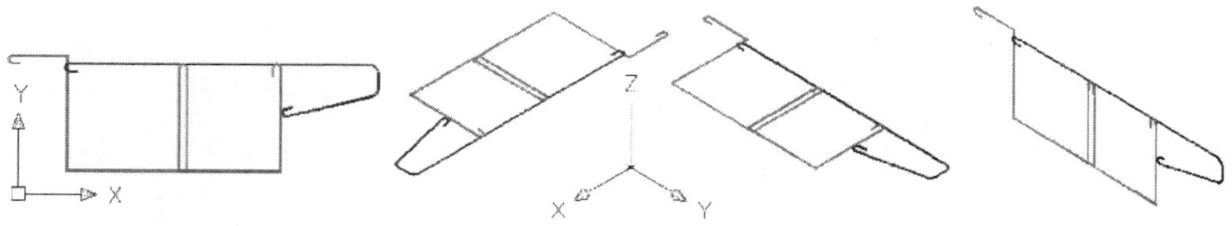

（a）组成一个箍筋环链　（b）绕 Z 轴旋转 90°　（c）再绕 Y 轴旋转 90°，并编组

图 8.3.16　将箍筋 N8、N9、N10 组成一个环链

2. 将“箍筋环链”组布置到梁板的线框模型中

（1）将视图设置为“右视”，将视觉样式设置为“二维线框”。

（2）将一个箍筋环链放在梁的端面，位置如图 8.3.17（a）所示。

（3）将视图设置为“东北等轴测”。

（4）将放入的箍筋环链沿 Z 轴反向移动距离为 8，如图 8.3.17（b）所示。

（5）用阵列命令 ARRAY 对箍筋环链进行矩形阵列，行数为 1，列数为 1，层数为 23，层间距为 – 10，如图 8.3.17（c）所示。

（6）用三维阵列命令 ARRAY 对最右面的箍筋环链进行矩形阵列，行数为 1，列数为 1，层数为 37，层间距为 – 15，如图 8.3.17（d）所示。

（7）用三维阵列命令 ARRAY 对最右面的箍筋环链进行矩形阵列，行数为 1，列数为 1，层数为 23，层间距为 – 10，如图 8.3.17（e）所示。

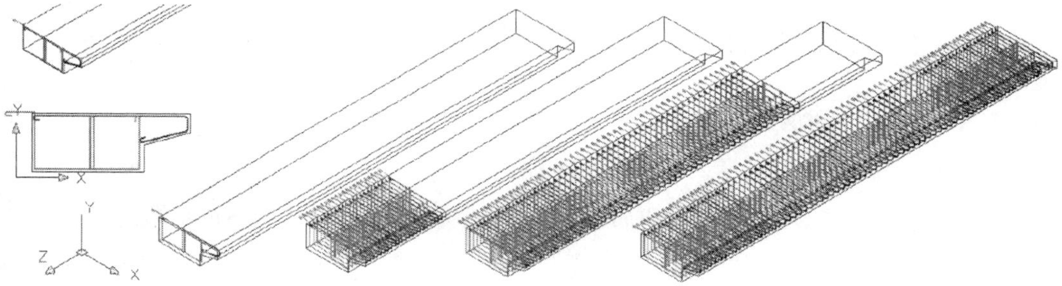

（a）在端面放置一个环链　（b）环链沿 Z 轴反向移动 8　（c）阵列 23 个环链　（d）阵列 37 个环链　（e）阵列 23 个环链

图 8.3.17　将箍筋布置到梁板的三维线框中

七、布置梁底的 N1、N6 钢筋

（1）将视图设置为“俯视”，将视觉样式设置为“二维线框”。

（2）将视图设置为“东北等轴测”。

（3）用复制命令 COPY 放置梁底后面的第一根 N1 筋，基点选择 N1 左端的圆心 C 点，目标点用“捕捉自”方式定位，“捕捉自”的基点选择 A 点，偏移坐标输入“@ – 1.5，4，4”，如图 8.3.18（a）所示。

（4）用复制命令 COPY 放置梁底前面的第一根 N1 筋，基点选择 N1 左端的圆心 C 点，目标点用“捕捉自”方式定位，捕捉自的基点选择 B 点，偏移坐标输入“@ – 1.5，– 6，4”，如图 8.3.18（a）所示。

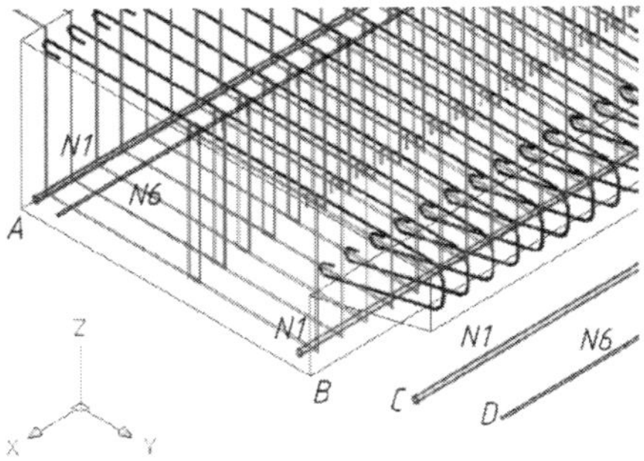

（a）放置梁底前、后面的第一根
N1 筋，放置梁底的一根 N6 筋

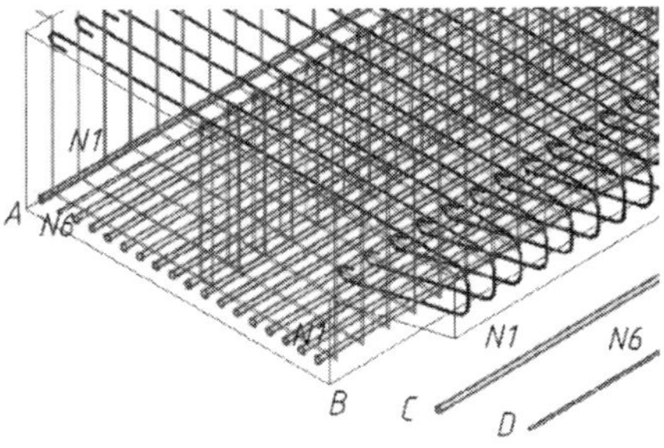

（b）阵列梁底前面的第一根
N1 筋，阵列数为 16

图 8.3.18 布置梁底的 N1、N6 钢筋

（5）用复制命令 COPY 放置梁底一根 N6 筋，基点选择 N6 左端的圆心 *D* 点，目标点用“捕捉自”方式定位，捕捉自的基点选择 A 点，偏移坐标输入“@－1.5，11，4”，如图 8.3.18（a）所示。

（6）用阵列命令 ARRAY 阵列出其他的 N1 筋，阵列方式是矩形阵列，阵列对象选择梁底前面的第一根 N1 筋，阵列行数为 16，阵列列数为 1，行间距为－6.375，如图 8.3.18（b）所示。

八、布置梁顶面的 N6、N7 钢筋

（1）关闭“N1”图层；视图设置为“右视”。

（2）将 UCS 调为世界坐标，如图 8.3.19 所示。

（3）用复制命令 COPY 放置梁顶后面的第一根 N6 筋，基点选择 N6 左端的圆心 *D* 点，目标点用“捕捉自”方式定位，捕捉自的基点选择 *A* 点，偏移坐标输入“@－1.5，33，－4”，其他的三根 N6 筋的复制，用极轴追踪方式输入距离定位，追踪方向 *Y* 轴，输入的追踪距离依次为 54.5、48、22.5，如图 8.3.19 所示。

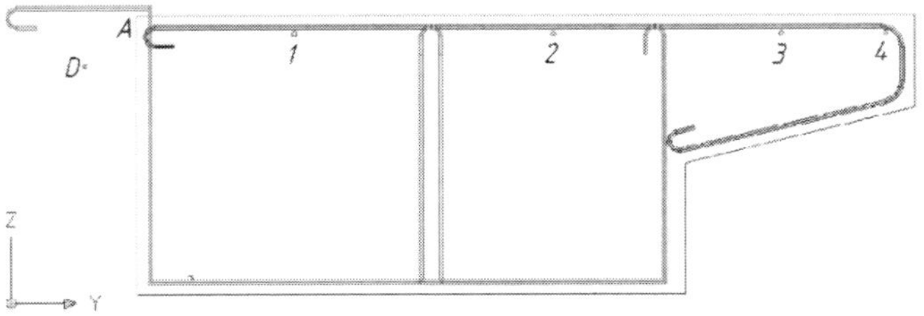

图 8.3.19 布置梁顶面的 N6 钢筋

（4）关闭“N8”“N9”“N10”图层；视图设置为“东北等轴测”。

（5）将 UCS 调为世界坐标。

（6）用三维旋转命令 3DROTATE 将 N7 筋绕 *X* 轴旋转 90°，如图 8.3.20（a）所示。

（7）用复制命令 COPY 放置梁顶后面的第一根 N7 筋，基点选择 N7 端部的圆心 *A*，目标点用“捕捉自”方式定位，“捕捉自”的基点选择 B 点，偏移坐标输入“@－18，4，4”。其他两根 N7 筋的复制，用极轴追踪方式输入距离定位，追踪方向 *Y* 轴，输入的追踪距离依次为 58、51，如图 8.3.20（b）、（c）所示。

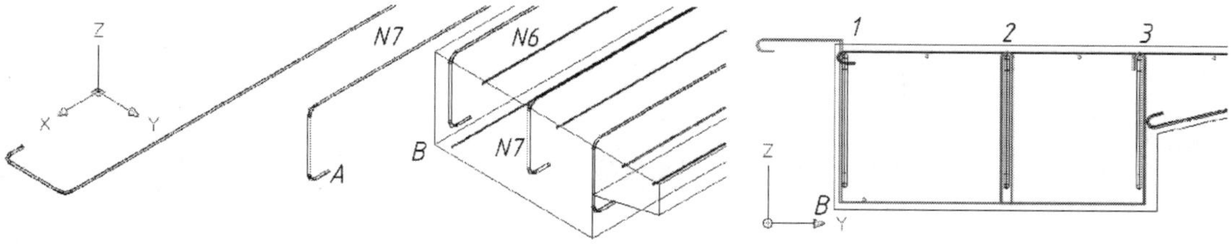

（a）将 N7 筋绕 *X* 轴旋转 90°　（b）复制三根 N7 筋　（c）右视图中显示的布置结果

图 8.3.20　布置梁顶面的 N7 钢筋

九、布置梁的 N2、N3、N4、N5 钢筋

（1）关闭“N1”“N6”“N7”“N8”“N9”“N10”图层；视图设置为“东北等轴测”。

（2）将 UCS 调为世界坐标，如图 8.3.21（a）所示。

（3）用三维旋转命令 3DROTATE 分别将 N2、N3、N4、N5 钢筋绕 *X* 轴旋转 90°。

（4）用移动命令将 N2、N3、N4、N5 钢筋放置成一串，位置如图 8.3.21（a）所示。

（5）用复制命令 COPY 放置图 8.3.21（a）中的三串 N2、N3、N4、N5 钢筋，基点选择 N3 筋中水平段左端的圆心 *A* 点，目标点用“捕捉自”方式定位，捕捉自的基点选择 *B* 点，偏移坐标输入“@－61，4，6.4”。其他两串筋的复制，用极轴追踪方式输入距离定位，追踪方向 *Y* 轴，输入的追踪距离依次为 58、51，如图 8.3.21（b）所示。

（6）删除靠近梁中的一根 N4 筋、两根 N5 筋，如图 8.3.21（c）所示。

（7）用三维镜像命令 MIRROR3D，镜像得到梁板另一端的 N3、N4、N5 筋，镜像对称面为 *YZ* 面，通过点选择梁板长边的中点，如图 8.3.22 所示。

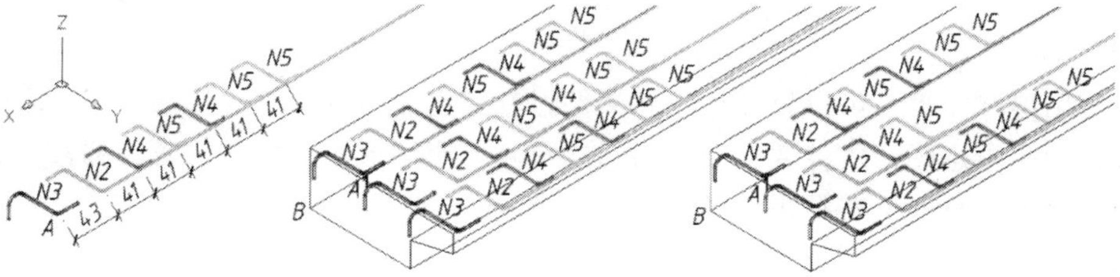

（a）将 N2、N3、N4、N5 筋放置成一串　（b）复制三串 N2、N3、N4、N5 筋　（c）删除靠近梁中的一根 N4 筋、两根 N5 筋

图 8.3.21　布置梁顶面的 N6 钢筋

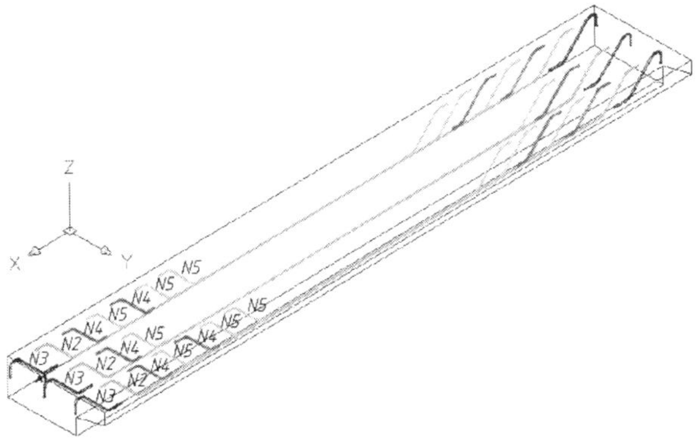

图 8.3.22　镜像得到梁板另一端的 N3、N4、N5 筋

十、完成梁板的配筋模型

（1）打开被关闭的图层，视觉样式设置为“概念”，得到的配筋模型如图 8.3.23（a）所示。

（2）复制一个梁体，用剖切命令 SLICE 将梁体切去半段，然后将半截梁体放入配筋模型中，得到配筋及梁体的剖切模型，如图 8.3.23（b）所示。

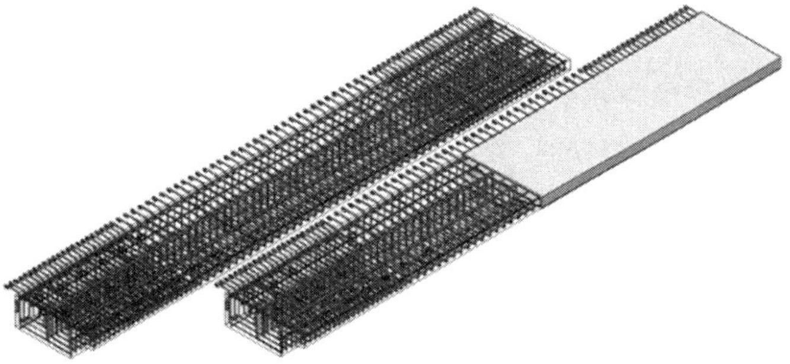

（a）配筋模型　　（b）配筋及梁体的剖切模型

图 8.3.23　完成梁板的配筋模型

【能力拓展】

一、外部参照命令

1. 功　能

通过使用参照图形，可以将任意图形文件附着到当前图形中作为外部参照。附着的外部参照将链接到所指定图形文件的模型空间。当打开参照图形或者重新加载外部参照时，对该图形所做的更改将自动反映在当前图形中。

2. 命令调用方式

功能区：“视图”选项卡/➤“选项板”面板/“外部参照选项板” 按钮。

功能区：“插入”选项卡/➤“选参照”面板/“外部参照” 按钮。

命令行：XATTACH 或 XREF

3. 命令说明

（1）通过在图形中参照其他用户的图形协调用户之间的工作，从而与其他设计师所做的更改保持同步。也可以使用组成图形装配一个主图形，主图形将随工程的开发而更改。

（2）确保显示参照图形的最新版本。打开图形时，将自动重载每个参照图形，从而反映参照图形文件的最新状态。

（3）请勿在图形中使用参照图形中已存在的图层名、标注样式、文字样式和其他命名元素。

（4）当工程完成并准备归档时，将附着的参照图形和当前图形永久合并（绑定）到一起。

注： 外部参照可以是图形文件、图像、PDF，也可以是其他几种文件类型之一。xref 是外部参照，特别是 DWG 文件。

4. 执行方法

以使用外部参照命令 XREF 实现团队协作绘图为例进行说明。在本示例中，因为钢筋的种类较多，如果要加快建模进度，可以通过外部参照命令 XREF 实现团队协作共同来完成建模，具体方法是：

（1）由组长首先创建构件外形的模型，建立各种钢筋的图层“N1”“N2”“N3”…保存为“总配筋图.dwg”，关闭文件。

（2）将“总配筋图.dwg”分别另存成若干的分工图形文件，命名分别为“N1.dwg”“N2.dwg”“N3.dwg”…

（3）在“总配筋图.dwg”中用外部参照命令 XREF 分别将“N1.dwg”“N2.dwg”“N3.dwg”…作为外部参照形式插入，插入点选择原点（0，0，0），再次保存“总配筋图.dwg”。

（4）由组长给其他成员进行分工，每人各自在一个文件（例如“N1.dwg”）中进行一种配筋的建模，完成后保存并拷贝到总图所在的计算机的相应路径下，覆盖原来的同名分工图形文件。

（5）在团队成员都完成各自配筋的建模并覆盖原来同名的分工图形文件后，再次打开“总配筋图.dwg”，即可得到完成的总配筋图。

项目 9　将三维实体模型转化成三视图

任务 1　将物体的三维模型转化成三视图

素质目标

1. 具备绘制和识读施工图所必需的职业素质，拥有吃苦耐劳、诚实守信、求真务实的职业道德观念；

2. 养成严谨、踏实、认真负责的工作作风，具备良好的学习能力和团队协作观念，能够理论联系实际解决问题，培养创新意识。

知识目标

1. 创建视图视口命令；

2. 在视口中将实体绘制成投影图的命令；

3. 掌握将三维实体模型转化成三视图命令和过程。

能力目标

1. 具备 CAD 软件三维图形应用能力；

2. 具备三维实体模型和三视图的相互对应能力；

3. 具备三维实体模型转化三视图所需的视口创建和视口中绘制投影图及修改等命令的操作能力。

【任务分析】

图 9.1.1 所示为一个零件的三维实体模型，图 9.1.2 所示为由零件的三维实体模型转成的投影图。图中包括主视图、俯视图、左视图和一个轴测图，其中左视图为剖面图的形式。

由零件的三维实体模型转成投影图的过程中用到的新命令有：创建视图视口的命令 SOLVIEW 和在视口中生成投影图的命令 SOLDRAW。

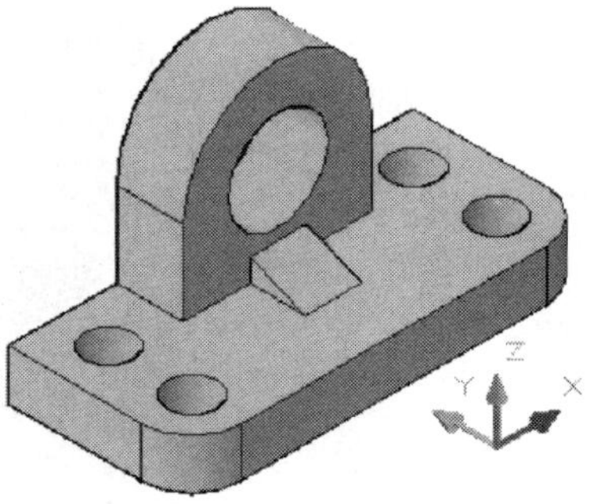

图 9.1.1　零件的三维模型

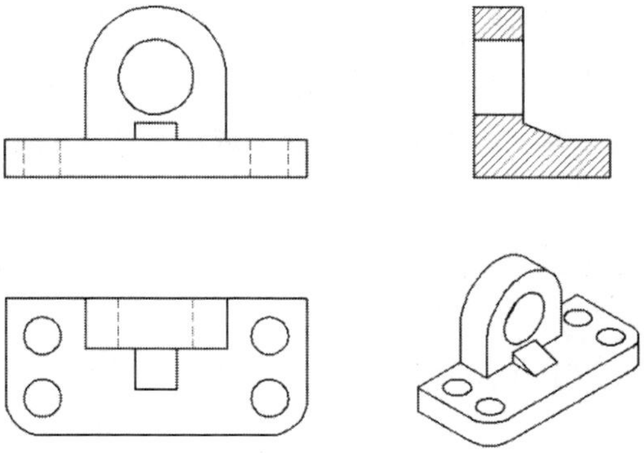

图 9.1.2　由三维实体模型转成的投影图

【相关知识】

一、创建视图视口命令

1. 功　能

在图纸空间的布局中用创建视图视口命令，可以创建的视图有正视图、斜视图、轴测图和截面图。

2. 命令调用方式

功能区：“常用”标签/“建模”面板/▼下拉列表/“实体视图”按钮。

命令行：SOLVIEW。

3. 命令说明

（1）自动为视口创建图层。

每创建一个视图视口，系统将自动为这个视口创建 4 个图层，分别放置该视口中的可见线、隐藏线、尺寸标注、截面填充图案，假如视口的名称为“主视图”，则为这个视口自动创建的 4 个图层名称分别为“主视图—VIS”“主视图—HID”“主视图—DIM”“主视图—HAT”。

（2）创建视口之前必须先加载线型“HIDDEN”。

自动为视口创建的 4 个图层中，系统自动将放置隐藏线的图层“XXX—HID”中的线型设置为“HIDDEN”。

二、在视口中将实体绘制成投影图的命令

1. 功　能

在用 SOLVIEW 命令创建的视口中，自动将实体绘制成投影轮廓图和剖视图。

2. 命令调用方式

功能区：“常用”标签/“建模”面板/▼下拉列表/“实体图形”按钮。

命令行：SOLDRAW。

3. 命令说明

（1）在视口中将实体绘制成投影图只限于用 SOLVIEW 命令创建的视口，其他视口则不行。

（2）自动将生成的图线分类放入该视口的相应图层。

微课

将三维实体模型
转化为三视图

【任务实施】

一、打开三维实体模型图文件

打开一个文件命名为“零件 1.dwg”，零件的三维实体模型图。

二、设置世界坐标

调用 UCS 命令，将用户坐标 UCS 设为世界坐标，将视图类型设为“西南等轴测”，如图 9.1.3 所示。

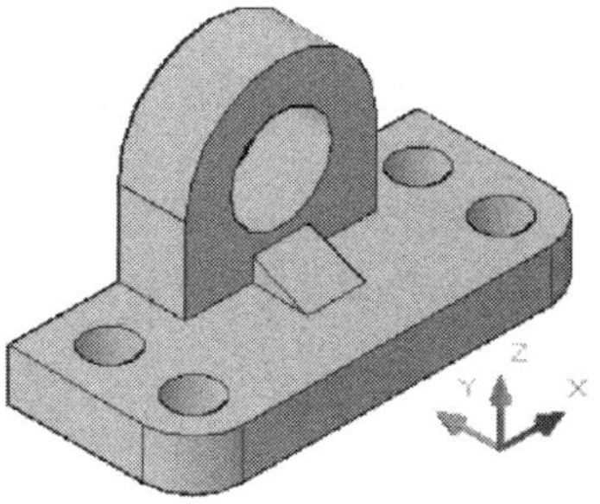

图 9.1.3　零件 1 的三维实体模型

三、设置布局中的系统配置参数

单击“右键快捷菜单”中的“选项”，打开“选项”对话框，在“显示”选项卡“布局元素”选项组中，取消“在新布局中创建视口（N）”选项。

四、加载 HIDDEN 线型

调用“线型”命令 LINETYPE，打开“线型管理器”对话框，加载 HIDDEN 线型，线型比例的大小设为 0.3。

五、新建布局“投影图-A3”

（1）调用创建布局 LAYOUT 命令，创建新布局，命名为“投影图-A3”。

（2）点击绘图区下面工作空间选项卡中的布局名称“投影图-A3”，进入图纸空间的这个布局。

（3）点击功能区：“输出”标签/“打印”面板/“页面设置管理器”按钮，选中布局“投影图-A3”，单击“修改”按钮，选择打印设备。单击“特性”按钮—“修改标准图纸尺寸”，将该设备的 A3 图纸取消边界区域。

六、创建三视图视口

点击布局“投影图-A3”，进入图纸空间，调用设置视图 SOLVIEW 命令，创建俯视图、主视图、左视图的视口，其中左视图创建成剖面图，剖切位置在零件模型的左右对称面上。

操作步骤如下：

命令： SOLVIEW	调用创建视图视口的命令
输入选项 [UCS(U)/正交(O)/辅助(A)/截面(S)]： U	选择视图的用户坐标
输入选项 [命名(N)/世界(W)/?/当前(C)] <当前>： 回车	使用当前坐标
输入视图比例 <1>： 2	视图比例设为 2
指定视图中心： 在图纸空间中单击俯视图的大致位置	指定视口的中心点位置
指定视图中心 <指定视口>： 调整合适后，回车确认	确定视口的中心点位置
指定视口的第一个角点： 在显示的零件模型周围单击一点	指定视口的大小与位置
指定视口的对角点： 单击视口的对角顶点	
输入视图名： 俯视图	完成“俯视图”视口的创建，如图 9.1.4 所示
（继续执行命令创建主视图）	
输入选项 [UCS(U)/正交(O)/辅助(A)/截面(S)]： O	启动“正交”模式，定位下一视图的中心
指定视口要投影的那一侧： 单击俯视图视口下边的中点	指定投影方向
指定视图中心： 在图纸空间中单击主视图大致位置	指定视口的中心点位置
指定视图中心 <指定视口>：调整合适后，回车确认	确定视口的中心点位置
指定视口的第一个角点： 在零件模型周围单击一点	
指定视口的对角点： 单击视口的对角点	指定视口的大小与位置
输入视图名： 主视图	完成“主视图”视口的创建，如图 9.1.5 所示
（继续执行命令创建其他视图）	
输入选项 [UCS(U)/正交(O)/辅助(A)/截面(S)]： S	选择创建截面视口
指定剪切平面的第一个点： 在主视图中选择大圆孔的中心	指定剪切平面的位置
指定剪切平面的第二个点： 在主视图中选择底边的中点	
指定要从哪侧查看： 单击主视图左边的中点	指定投影方向
输入视图比例 <1>： 2	视图比例设为 2
指定视图中心： 在图纸空间中单击左视图大致位置	指定视口的中心点位置
指定视图中心 <指定视口>： 调整合适后，回车确认	确定视口的中心点位置
指定视口的第一个角点： 在零件模型周围单击一点	指定视口的大小与位置
指定视口的对角点： 单击视口的对角点	完成“左视图”视口的创建，如图 9.1.6 所示
输入视图名： 左视图	
输入选项 [UCS(U)/正交(O)/辅助(A)/截面(S)]： 回车	结束命令

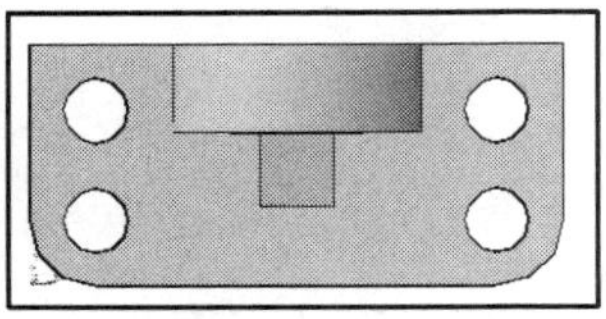
图 9.1.4 创建“俯视图”视口

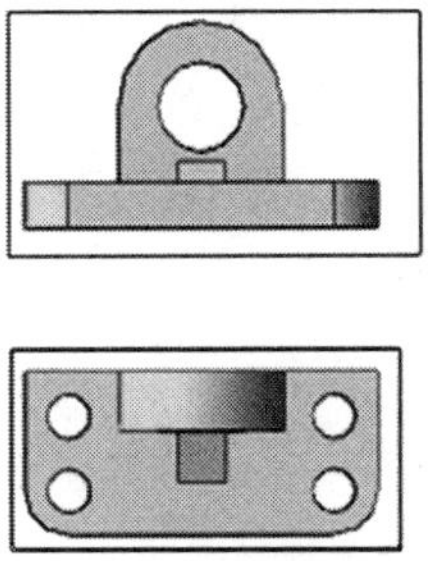
图 9.1.5 创建“主视图”视口

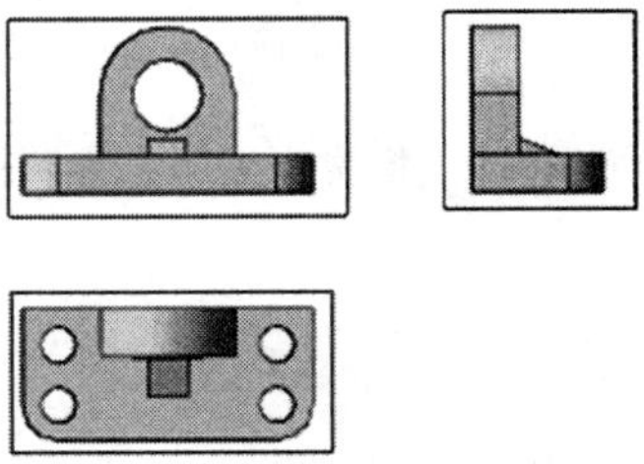
图 9.1.6 创建“左视图”视口

七、创建轴测图视口

再次调用设置视图 SOLVIEW 命令，创建一个轴测图的视口。

（1）点击工作空间选项卡中的“模型”，回到模型空间。

（2）用 UCS 命令将用户坐标设为与屏幕平行，如图 9.1.7 所示。

操作步骤如下：

命令： UCS

当前 UCS 名称： *没有名称*

指定 UCS 的原点或 [面(F)/命名(NA)/对象(OB)/上一个(P)/视图(V)/世界(W)/X/Y/Z/Z 轴(ZA)] <世界>： V

（3）点击布局“投影图-A3”，回到图纸空间。

（4）调用视图设置命令 SOLVIEW，创建一个轴测图的视口。

操作步骤如下：

命令： SOLVIEW	调用创建视图视口的命令
输入选项 [UCS(U)/正交(O)/辅助(A)/截面(S)]： U	选择视图的用户坐标
输入选项 [命名(N)/世界(W)/?/当前(C)] <当前>： 回车	使用当前坐标
输入视图比例 <1>： 1.5	视图比例设为 1.5
指定视图中心： 在图纸空间中单击轴测图的大致位置	指定视口的中心点位置
指定视图中心 <指定视口>： 调整合适后，回车确认	确定视口的中心点位置
指定视口的第一个角点： 在显示的零件模型周围单击一点	指定视口的大小与位置
指定视口的对角点： 单击视口的对角顶点	
输入视图名： 轴测图	完成“轴测图”视口的创建，如图 9.1.8 所示
输入选项 [UCS(U)/正交(O)/辅助(A)/截面(S)]： 回车	结束命令

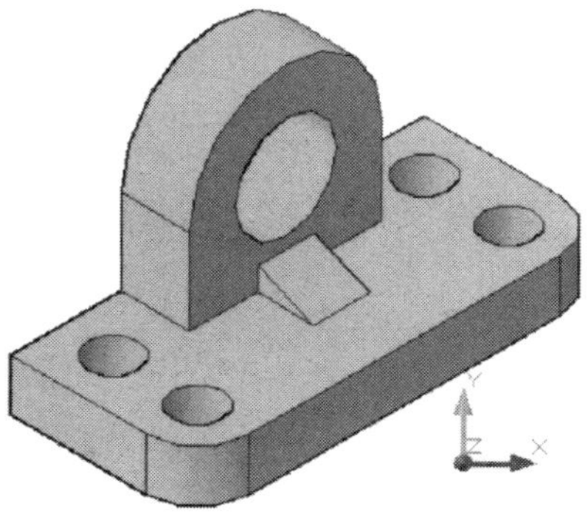

图 9.1.7 将用户坐标设为“视图”模式

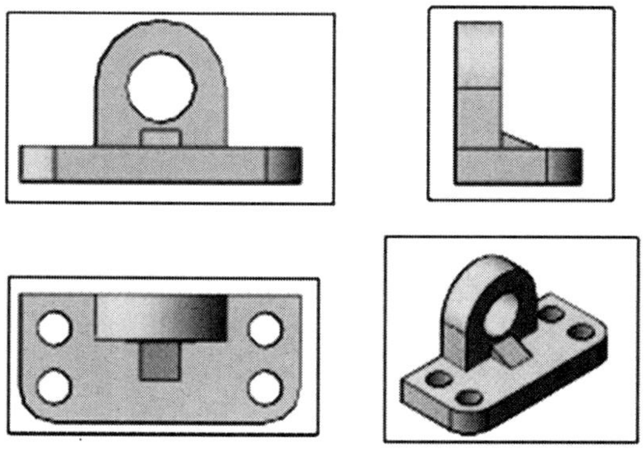

图 9.1.8 创建“轴测图”视口

八、绘制剖面线

调用在视口中生成投影图的命令 SOLDRAW，生成实体轮廓线及剖视图的剖面线。

操作步骤如下：

命令： SOLDRAW

选择要绘图的视口...

选择对象： 单击选中图中 9.1.8 中四个视口的边框

选择对象： 回车

系统自动画出这四个视图的投影图，如图 9.1.9 所示。

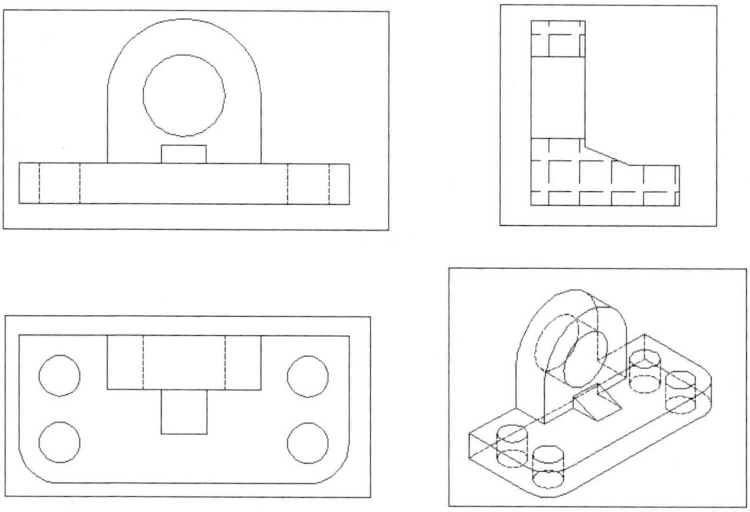

图 9.1.9　在四个视口中生成投影图

九、调整视图中的线型比例

调用“线型”命令 LINETYPE，打开“线型管理器”对话框，调整线型比例的“全局比例因子”的大小，直到显示合适，如图 9.1.10 所示。

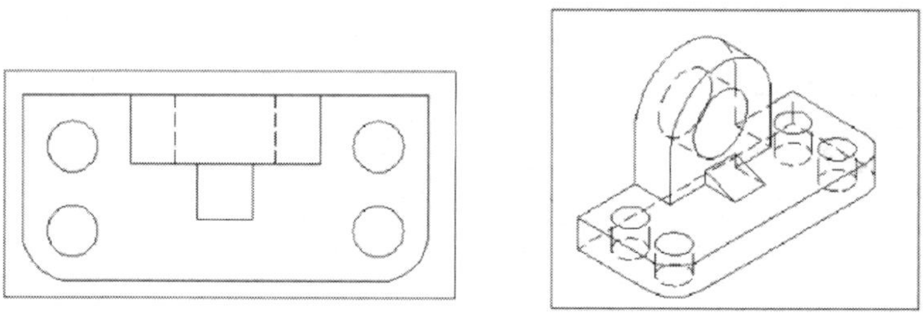

图 9.1.10　调整线型比例

十、修改截面的填充图案类型与填充比例

单击截面中的填充图案，右击鼠标，在弹出的菜单中选择“编辑填充图案”，打开“图案填充编辑”对话框，填充图案类型选择“ANSI31”，调整填充比例大小，预览观察结果，直到合适后按“确定”键，如图 9.1.11 所示。

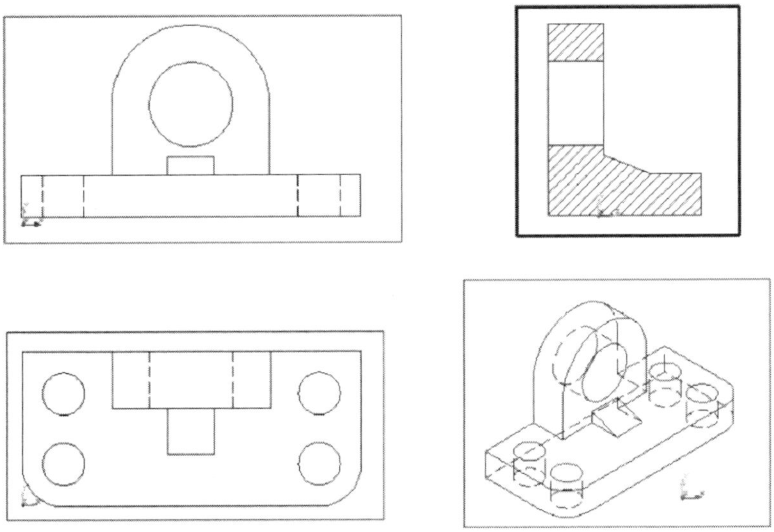

图 9.1.11　修改截面的填充图案类型与填充比例

十一、修改图层的线宽

打开“图层特性管理器”对话框，将所有的“×××-VIS”图层的线宽修改为 0.7 mm，将所有的“×××-HID”图层的线宽修改为 0.35 mm，其余的 HID、HAT 和 DIM 图层的线宽修改为 0.18 mm，如图 9.1.12 所示。

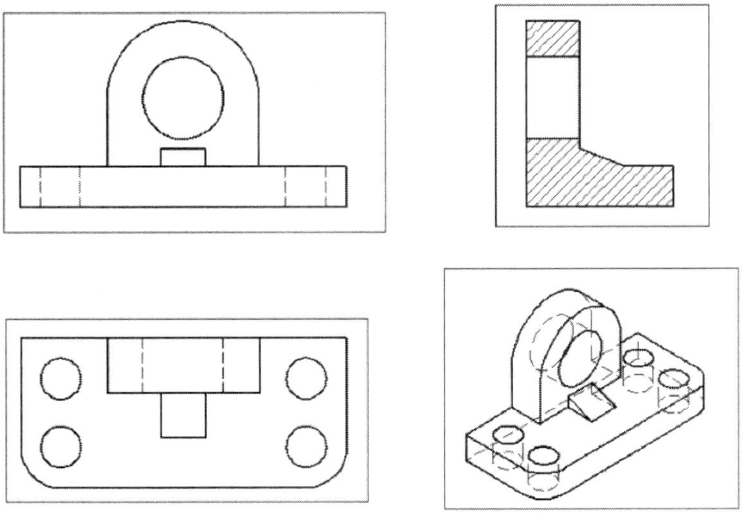

图 9.1.12　修改图层的线宽

十二、隐去视图边框和轴测图中的虚线

关闭“VPORTS”图层，冻结“轴测图-HID”图层，即可隐去视图边框和轴测图中的虚线，完成投影图的创建，如图 9.1.13 所示。

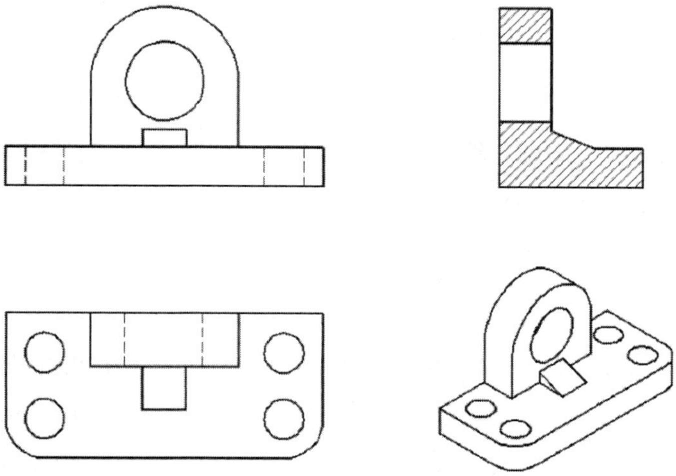

图 9.1.13　隐去视图边框和轴测图中的虚线

参考文献

[1] 贺振通，武国平，王丽娟，等. AutoCAD 2014 工程绘图实例教程（微课版）. 成都：西南交通大学出版社，2020.

[2] 程绪琦，汪建华，刘志峰，王慧. AutoCAD 2014 中文版标准教程. 北京：电子工业出版社，2014.

[3] 付春梅. AutoCAD 2012 工程绘图项目教程. 北京：高等教育出版社，2012.

[4] 唐广，邱荣茂. AutoCAD 2008 计算机绘图. 武汉：武汉理工大学出版社，2011.

[5] 及秀琴，杨小军. AutoCAD 中文版实用教程. 北京：中国电力出版社，2008.

[6] 黄和平，易臻. AutoCAD 2008 室内装潢设计. 北京：清华大学出版社，2007.

[7] 刘哲，刘宏丽. 中文版 AutoCAD 2006 实例教程. 大连：大连理工大学出版社，2006.